기계·자동화·설비기술

산업 전기전자

김성래 · 임호 정수경 공저

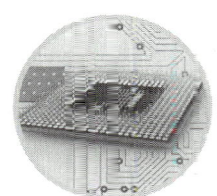

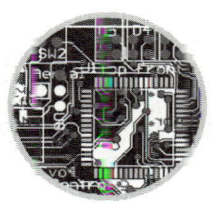

일진사

머리말

현재 산업 구조의 변화에 따라 기계, 전기, 전자라는 학문상의 구분이 점차 모호해지고 있다. 기계 분야에서도 전기 전자 분야에 대해 어느 정도의 지식을 요구하고 있으며, 전기 전자 분야에서도 기계 및 기타 여러 학문 분야와의 공통 부분이 생기고 있다.
  이 책은 이러한 경향에 맞추어 기계 계열 전공의 학생들이 비전공 분야인 전기 및 전자 공학 분야에 대해 쉽게 이해할 수 있도록 저술되었다. 시중에 출판되는 전기 전자 분야의 전공 서적들이 이론적이며 분석적으로 서술된 것에 비해 이 책은 그림 및 사진을 풍부하게 수록하여 보다 쉽게 개념을 이해할 수 있도록 하였다. 또한 가급적 수식적인 언급을 피함으로써 정량적인 분석보다는 개념 설명을 통해 기계 분야에 전기 전자를 접목할 수 있도록 하였다. 이 책의 전반적인 특징을 정리하면 다음과 같다.

  첫째, 전기적 관점에서 물리적인 전기의 본질을 이해함으로써 전기 회로의 기초 개념을 확립하고, 기본적인 교류 회로의 특성을 배워 현장 실무에 적용할 수 있도록 하였다. 또한 전동기의 종류와 그 제어 방법 및 전동력 응용의 예를 이해하고 관련된 기술을 습득할 수 있도록 하였다.
  둘째, 전자적 관점에서 아날로그와 디지털 및 자동 제어 이론에 대해 다루었다. 기본적인 소자의 특성 및 활용 방법에 대해 논하였으며, 어떻게 회로를 분석하고 설계하는가 하는 방법보다는 어떠한 소자를 실제로 어떻게 이용해야 할 것인지에 대해 설명하였다. 되도록이면 전자 분야에 대해 손쉽게 접근하기를 바라는 의미에서 약간의 관련만 있다 하더라도 사진을 첨부하여 이해를 도왔다. 관련 회로 설계에 대해서는 관련 전문 서적을 참고하기를 바란다.
  셋째, 각 장마다 내용의 이해를 돕기 위하여 다양한 예제와 연습 문제를 자세한 해설과 함께 수록하였다.

  끝으로 이 책을 충분히 학습함으로써 산업 현장에서 앞으로 요구되는 전기 전자 분야에 대한 전반적인 이해의 폭을 넓히고, 이 분야에서 유능한 기술자로서 국가 산업 발전에 이바지하기를 바란다. 또한 이 책이 출간되기까지 많은 도움을 주신 차홍식 교수님, 임동학 교수님과 도서출판 **일진사** 관계자 여러분께 진심으로 감사드린다.

저자 씀

차 례

제1장 ● 전기의 기초

1. 전기의 본질 ········· 9
   - 1-1 원자 구조(atomic structure) ········· 9
   - 1-2 전기의 발생 ········· 11
   - 1-3 쿨롱의 법칙 ········· 12
   - 1-4 도체, 절연체, 반도체 ········· 13
2. 전류와 전압 ········· 14
   - 2-1 전 류 ········· 14
   - 2-2 전 압 ········· 16
   - 2-3 전류와 전압의 측정 ········· 17
3. 저 항 ········· 18
   - 3-1 도체의 저항 ········· 18
   - 3-2 저항의 표시 ········· 20
   - 3-3 특수 저항 ········· 23
   - 3-4 옴의 법칙 ········· 25
   - 3-5 저항의 연결 ········· 26
   - 3-6 키르히호프의 법칙 ········· 34
   - 3-7 전원의 단자 전압과 전압 강하 ········· 37
   - 3-8 배율기와 분류기 ········· 38
4. 전 력 ········· 40
   - 4-1 전 력 ········· 40
   - 4-2 전력의 측정 ········· 41
   - 4-3 전력의 응용과 전력량, 효율 ········· 42
5. 인덕턴스 ········· 44
   - 5-1 인덕턴스의 정의 ········· 44
   - 5-2 인덕턴스의 전류 특성 ········· 45
   - 5-3 인덕턴스의 연결 ········· 46
6. 커패시턴스 ········· 48
   - 6-1 정전 용량 ········· 48
   - 6-2 콘덴서의 종류 ········· 51
   - 6-3 콘덴서의 연결 ········· 52
   - ● 연습 문제 ········· 57

제2장 ● 교류 회로

1. 정현파 교류 …………………………………………………… 59
2. 정현파 교류 기전력의 발생 …………………………………… 60
3. 주파수와 주기 ………………………………………………… 61
4. 정현파 교류의 크기 …………………………………………… 63
    4-1 순시값 ………………………………………………… 63
    4-2 최대값 ………………………………………………… 64
    4-3 평균값 ………………………………………………… 65
    4-4 실효값 ………………………………………………… 66
5. 정현파 교류 회로 ……………………………………………… 73
    5-1 저항만의 회로 ………………………………………… 73
    5-2 인덕턴스 회로 ………………………………………… 75
    5-3 커패시턴스 회로 ……………………………………… 77
6. 다상 교류 ……………………………………………………… 81
    6-1 대칭 n상 교류 ………………………………………… 82
    6-2 성형 결선과 환상 결선 ……………………………… 82
● 연습 문제 ……………………………………………………… 88

제3장 ● 전자 이론

1. 반도체 소자 …………………………………………………… 90
    1-1 전자의 운동 …………………………………………… 90
    1-2 에너지대 구조 ………………………………………… 91
    1-3 공유 결합 ……………………………………………… 92
    1-4 n형과 p형 반도체 …………………………………… 93
2. 다이오드 ……………………………………………………… 95
    2-1 pn 접합 ………………………………………………… 95
    2-2 바이어스 전압 ………………………………………… 95
    2-3 다이오드 ……………………………………………… 97
    2-4 기타 반도체 소자 …………………………………… 100
3. 트랜지스터 …………………………………………………… 108
    3-1 트랜지스터의 구조 ………………………………… 108
    3-2 트랜지스터의 작용 ………………………………… 109
    3-3 트랜지스터의 특성 ………………………………… 111
    3-4 바이어스 회로 ……………………………………… 114
    3-5 기본 증폭 회로 ……………………………………… 118
    3-6 전력 증폭기 ………………………………………… 121
4. 전계 효과 트랜지스터 ……………………………………… 123
    4-1 전계 효과 트랜지스터의 종류와 기호 …………… 123

4-2 JFET 바이어스 회로 ·· 128
　5. 연산 증폭기 ·· 131
　　　5-1 연산 증폭기의 기초 ·· 131
　　　5-2 연산 증폭기의 응용 ·· 136
　● 연습 문제 ··· 144

제4장 • 전력 전자 이론

　1. 전력 전자의 개요 ·· 146
　　　1-1 전력 전자의 개요 ·· 146
　　　1-2 전력 전자 관련 기술 ·· 147
　2. 전력 변환 시스템 ·· 148
　　　2-1 전력 변환의 정의 ·· 148
　　　2-2 전력 스위치 ·· 148
　　　2-3 전력 변환 시스템 ·· 152
　3. 전력 변환 방식 ·· 152
　　　3-1 순변환 ··· 154
　　　3-2 역변환 ··· 155
　　　3-3 주파수 변환 ·· 155
　　　3-4 교류 전력 조정 ·· 155
　4. 전력 반도체 소자 ·· 156
　　　4-1 사이리스터 ·· 156
　　　4-2 실리콘 제어 정류기 ··· 157
　　　4-3 다이악 ··· 159
　　　4-4 트라이악 ·· 160
　　　4-5 단일 접합 트랜지스터 ······································· 162
　5. 전원 회로 ··· 163
　　　5-1 반파 정류 회로 ·· 163
　　　5-2 전파 정류 회로 ·· 164
　　　5-3 평활 회로 ·· 166
　　　5-4 정전압 회로 ·· 168
　　　5-5 배전압 회로 ·· 169
　6. 전력 변환의 응용 및 전망 ··· 173
　　　6-1 정류기 응용 ·· 173
　　　6-2 인버터 응용 ·· 173
　　　6-3 직류 변환 응용 ·· 174
　　　6-4 교류 전력 조정 및 전력 변환의 응용 ················ 174
　● 연습 문제 ··· 176

제5장 디지털 이론

- 1. 논리 회로 ··· 177
  - 1-1 아날로그와 디지털 ··· 177
  - 1-2 수 체계와 2진수 연산 ··· 180
  - 1-3 수의 변환 ··· 182
  - 1-4 논리 소자 ··· 184
  - 1-5 디지털 IC ··· 188
  - 1-6 불 대수 ··· 193
- 2. 논리의 표현 ··· 194
  - 2-1 논리의 표현 ··· 194
  - 2-2 논리식의 간략화 ··· 195
- 3. 조합 논리 회로 ··· 200
  - 3-1 반가산기 ··· 201
  - 3-2 전가산기 ··· 202
  - 3-3 디코더 ··· 203
  - 3-4 인코더 ··· 204
  - 3-5 멀티플렉서 ··· 205
  - 3-6 디멀티플렉서 ··· 206
- 4. 순차 논리 회로 ··· 207
  - 4-1 클록 신호 ··· 208
  - 4-2 래치 ··· 208
  - 4-3 플립플롭 ··· 210
  - 4-4 카운터와 레지스터 ··· 220
- 5. A/D, D/A 변환 회로 ··· 223
  - 5-1 개요 ··· 223
  - 5-2 D/A 변환 ··· 224
  - 5-3 A/D 변환 ··· 226
- 6. 메모리 소자 ··· 227
  - 6-1 ROM ··· 227
  - 6-2 RAM ··· 230
- ◉ 연습 문제 ··· 232

제6장 제어 이론

- 1. 개요 ··· 235
  - 1-1 자동 제어의 정의 ··· 235
  - 1-2 개루프와 폐루프 ··· 237
- 2. 제어 시스템 ··· 238
  - 2-1 제어 요소 ··· 238

　　　　2-2 제어 시스템의 형태 ·· 243
　●연습 문제 ·· 248

제7장 ● 시퀀스 제어

1. 시퀀스 제어의 개요 ·· 249
　　1-1 시퀀스 제어의 정의 ··· 249
　　1-2 시퀀스 제어의 필요성 ·· 252
　　1-3 시퀀스 제어의 적용 ··· 253
　　1-4 시퀀스 제어의 구성 ··· 254
　　1-5 시퀀스 제어의 분류 ··· 257
　　1-6 시퀀스 제어의 종류 ··· 258
　　1-7 시퀀스 회로도 ··· 261
　　1-8 시퀀스 제어도 작성법 ·· 264
2. 시퀀스 제어 회로의 구성 기구 ··· 267
　　2-1 접점의 종류 ·· 267
　　2-2 조작용 스위치의 종류 ·· 270
　　2-3 검출용 스위치의 종류 ·· 277
　　2-4 계전기의 종류 ··· 281
　　2-5 구동용 기기 ·· 292
　　2-6 차단기 및 퓨즈 ·· 293
　　2-7 표시 및 경보용 기구와 조작용 기기 ···························· 300
3. 시퀀스 기본 제어 회로 ·· 307
　　3-1 계전기를 이용한 회로 ·· 307
　　3-2 기본 논리 회로 ·· 309
　　3-3 자기 유지 회로 ·· 315
　　3-4 우선 회로 ··· 320
　　3-5 타이머 회로 ·· 323
　　3-6 신호 검출 회로 ·· 327
●연습 문제 ·· 331

부록

●연습 문제 정답 및 해설 ··· 333

●찾아보기 ··· 348
●참고 문헌 ·· 353

전기의 기초

1. 전기의 본질

전기는 우리 생활에서 빼놓을 수 없는 필수품이다. 전기라는 것을 빼놓고서는 현대의 생활을 유지할 수 없을 것이다. 이러한 전기의 어원은 기원전 약 600년 전에 고대 그리스어로 호박이라는 뜻을 갖는 일렉트론(electron)에서 유래되었다. 4백여 년 전부터 자연계에는 전기라는 것이 있다는 사실이 알려졌으며, 물체와 물체를 서로 문지르던 마찰전기가 발생한다거나, 천둥 번개도 전기의 일종이라는 것을 알아냈지만 전기의 정체는 밝히지 못했다.

전기의 정체를 처음으로 연구한 사람은 영국의 물리학자 톰슨(Thomson, Joseph John : 1856~1940)이다. 톰슨은 실험의 결과를 통하여 전기는 극히 작은 입자이며, 이 작은 입자가 빛을 내거나 열을 발생시킨다는 것을 알았고 이 입자를 전자(electron)라 명명하였다. 전자는 원자의 일부를 이루는 극히 작은 입자이다.

따라서 전기의 본질은 에너지(일)이다.

1-1 원자 구조 (atomic structure)

모든 물질은 매우 작은 분자 또는 원자의 집합으로 이루어지며, 원자는 [그림 1-1]과 같이 기본적으로 전자와 양자 및 중성자로 구성되어 있다. 원자는 (+)전하를 띤 원자핵이 중심에 있고, 그 주위를 (-)전하를 띤 전자가 일정한 궤도를 이루며 돌고 있다. 원자의 크기는 10^{-19}m로 너무 작아서 눈으로 볼 수가 없다. 양자와 중성자는 핵을 형성하며, 원자는 질량의 대부분을 차지한다.

(1) 양자 (proton) : +

플러스(+) 전기를 가진 극히 작은 미립자이다.

(2) 중성자 (neutron)

전기를 갖지 않으며 양자와 거의 같은 질량이다.

(3) 전자 (electron) : −

마이너스(−) 전기를 가진 미립자이다.

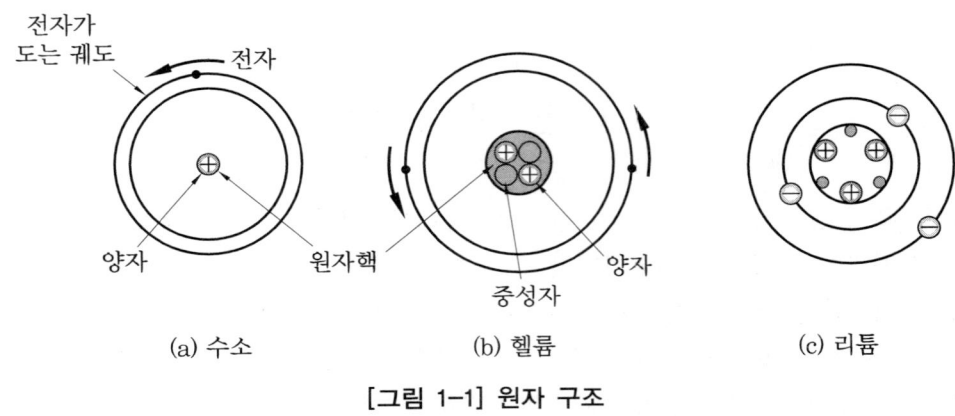

[그림 1-1] 원자 구조

전자는 질량이 9.107×10^{-31}kg으로 중성자의 $\dfrac{1}{2,000}$ 정도이나, 대략 1,840배 정도의 공간을 차지한다. 일반적으로 같은 수의 전자나 양자를 갖는 원자는 전기적으로 중성이며, 전하를 갖지 않으나 어떤 원인으로 인하여 원자가 정상보다 많은 수의 전자를 갖게 되면 전기적으로 불평형이 되어 음이온화(ionization)되고, 반대로 원자의 양자수가 전자의 수보다 많으면 양이온화 되어 역시 전기적으로 불평형 상태가 된다.

원자핵의 주위를 도는 전자의 수는 무거운 원자일수록 많으며, 제일 가벼운 수소는 전자의 수가 1개, 무거운 납은 82개를 가진다. 전자의 수는 원자마다 다르고 원자 특유의 성질을 만든다.

원자핵 주위를 돌고 있는 전자 중에서 가장 바깥쪽 궤도를 돌고 있는 전자를 최외각 전자라 하고, 이 전자는 원자핵과의 결합력이 약하여 외부에서 열이나 빛, 마찰을 가하면 이에 쉽게 자극되어, 그 전자는 원자의 구속력에서 벗어나 궤도를 이탈하여 자유롭게 움직일 수 있는데, 이와 같은 전자를 자유 전자(free electron)라 한다. 전기의 여러 가지 현상은 자유 전자의 작용에 의한 것이다. 자유 전자의 수가 많은 것이 도체이고 적은 것이 절연체이다.

1-2 전기의 발생

우리는 일상생활에서 플라스틱 빗으로 머리를 빗을 때 머리카락이 빗에 달라붙거나 겨울에 공기가 건조할 때 털옷이나 화학 섬유로 된 옷을 벗을 경우, 옷에서 찍찍하는 마찰음이 나고, 불꽃이 튀며 옷이 돋게 달라붙는 현상을 볼 수 있는데, 이러한 현상은 마찰에 의하여 전기가 발생하였기 때문이다.

[그림 1-2]와 같이 마찰에 의하여 발생한 전기를 정전기(static electricity)라 한다. 이와 같은 정전기의 대표적인 예가 번개(thunder)이다.

[그림 1-2] 마찰에 의한 전기의 발생

서로 다른 종류의 물체를 마찰하면 한쪽은 양(+)전기를 갖고 다른 한쪽은 음(-)전기를 갖는데, 이와 같이 전기를 갖는 것을 대전(electrification)이라 한다.

2개의 유리 막대를 명주로 마찰시키거나, 에보나이트 막대를 털가죽으로 문질러 가까이 놓으면, 두 막대 사이에는 반발력이 생기고, 에보나이트 막대를 모피로 마찰시켜 앞의 마찰된 유리 막대에 가까이 놓으면 흡인력이 생김을 알 수 있다.

이것은 마찰에 의해 유리 막대는 유리 막대에 있던 자유 전자가 명주로 이동하여 양전기를 띠게 되고, 에보나이트 막대는 반대로 모피에 있던 자유 전자가 에보나이트로 이동하여 음전기를 띠게 되어, 같은 종류의 전기는 반발하고, 다른 종류의 전기는 흡인한다는 사실을 나타내게 된다.

패러데이는 여러 가지 물질을 실제로 마찰하여 그 물질에 나타나는 전기를 조사하여 [그림 1-3]과 같이 패러데이의 정전 서열을 작성했다. 정전 서열이란 다른 두 개의 물질을 마찰했을 때, 어느 쪽이 플러스(+)로 대전하고, 어느 쪽이 마이너스(-)로 대전하는지를 알 수 있도록 작성한 것이다.

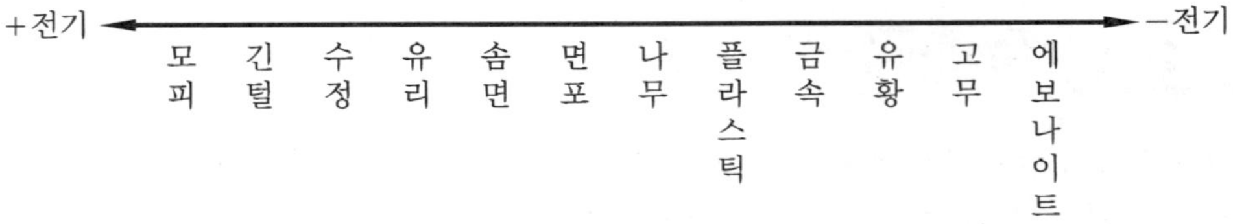

```
+전기 ←——————————————————→ -전기
     모  긴  수  유  솜  면  나  플  금  유  고  에
     피  틸  정  리  면  포  무  라  속  황  무  보
                              스              나
                              틱              이
                                              트
```

[그림 1-3] 패러데이의 정전 서열

1-3 쿨롱의 법칙

두 대전체 사이에서는 두 전하를 연결하는 직선상에서 다른 종류의 전하는 서로 끌어당기고(흡인력) 같은 종류의 전하는 서로 밀어내는 힘(반발력)이 작용하는데, 이와 같이 전기력이 작용하는 장소를 전기장(electric field)이라 한다.

두 전하 사이에 작용하는 힘의 크기 F[N]는 두 전하량의 크기에 비례하고, 전하 간의 거리 제곱에 반비례한다. 이러한 관계를 전하에 대한 쿨롱(coulomb)의 법칙이라 한다. 두 개의 전하 Q_1[C], Q_2[C]가 r[m] 떨어져 있을 때 힘 F[N]는

$$F = k\frac{Q_1 Q_2}{r^2} \text{[N]} \tag{1-1}$$

여기서, k는 힘이 작용하는 매질의 종류에 의해 정해지는 정수이다. 만약, 진공 중이면 $k = \dfrac{1}{4\pi\varepsilon_0} = 9 \times 10^9$이다. 일반적으로 이 계수는 $\varepsilon = \varepsilon_0 \varepsilon_s$로 표기하는데, 이때 ε_s는 각 매질에 따른 비유전율을 의미하며 공기 중에서 식 (1-1)은 다음과 같이 된다.

$$F = \frac{1}{4\pi\varepsilon_0} \times \frac{Q_1 Q_2}{r^2} = 9 \times 10^9 \times \frac{Q_1 Q_2}{r^2} \text{[N]} \tag{1-2}$$

두 전하 간의 작용력 F의 방향은 [그림 1-4]와 같이 (+)이면 반발력, (-)이면 흡인력이 작용한다.

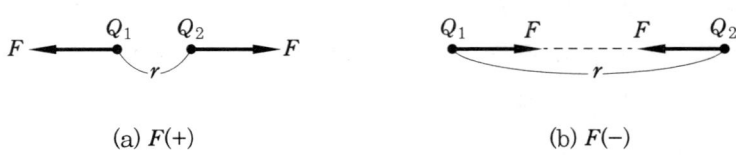

(a) $F(+)$　　　　　　　　　(b) $F(-)$

[그림 1-4] 쿨롱의 법칙

예제

공기 중에서 $Q_1 = 3 \times 10^{-7}$C와 $Q_2 = 4 \times 10^{-8}$C이 5cm 떨어져 있을 때 두 전하 사이에 작용하는 반발력의 크기를 구하라.

풀이 식 (1-2)로부터

$$F = 9 \times 10^9 \times \frac{3 \times 10^{-7} \times 4 \times 10^{-8}}{(5 \times 10^{-2})^2} = 0.0432 \text{N}$$

예제

공기 중에서 $Q_1 = 30$C과 $Q_2 = 60$C이 3m 떨어져 있을 때 작용하는 힘의 크기를 구하라.

풀이 식 (1-2)로부터

$$F = 9 \times 10^9 \times \frac{30 \times 60}{3^2} = 18 \times 10^{11} \text{N}$$

1-4 도체, 절연체, 반도체

(1) 도체

전선으로는 구리선이 많이 쓰인다. 이는 구리가 전기를 잘 통하기 때문이다. 일반적으로 금속은 다른 물질에 비하여 전기를 잘 통하는 성질을 갖고 있는데, 이는 금속 내에 자유 전자가 많이 있기 때문이다. 이와 같이 전기를 잘 통하는 물질을 도체라 한다. 도체라도 종류에 따라 전기가 쉽게 흐르는 정도는 같지 않다. 전기가 통하기 쉬운 정도를 도전율로 나타내며, [표 1-1]은 각 금속의 도전율을 비교한 것이다. 수치가 큰 물질이 전기가 잘 통하는 양도체이다.

[표 1-1] 구리를 100으로 했을 때 도전율의 비교

종 류	도전율
은	106
구리	100
금	71
알루미늄	61
니켈	25
철	17

(2) 절연체

고무, 종이, 비닐 등과 같이 전기가 통하지 않는 물질(극히 통하기 힘든 물질)을 절연체 또는 절연물이라 한다. 절연물의 종류와 용도는 [표 1-2]와 같다.

[표 1-2] 절연체의 종류와 용도

종 류	용 도
도기, 자기	애자, 전열기의 열판
운모	콘덴서, 전기다리미
고무, 비닐	전선의 피복
유리	축전기의 용기, 전구
목면, 견	전동기의 권선 절연
기름(절연유)	트랜스의 냉각
에보나이트, 플라스틱	전화기, 텔레비전의 부품
베이클라이트	소켓 및 플러그류
공기	바리콘

(3) 반도체

반도체는 도체나 절연체와는 다르게 20세기 후반에 인간이 새롭게 만들어 낸 물질이다. 아주 순수하게 정제한 실리콘(Si)이나 게르마늄(Ge)에 적당한 양의 인(P)이나 붕소(B)를 넣어서 결정을 만들면, 인이나 붕소 원자의 외각 전자가 이동하기 쉽게 된다.

도체와 절연체의 중간 정도로 전류가 흐르기 쉽다고 하여 반도체라고 한다.

2. 전류와 전압

2-1 전류

[그림 1-5]와 같이 양전하(양전기)를 가진 물질 A와 음전하(음전기)를 가진 물질 B를 금속선으로 연결하면 두 전하 사이의 흡인력에 의하여 B쪽의 음전하(자유 전자)는 A쪽의 양전하에 이끌리어 금속선을 통해 A쪽으로 이동하게 되어 B쪽에서 A쪽으로 전자의 흐름이 생기게 되고 이 흐름은 양전하가 중성이 될 때까지 계속된다. 이때 금속선에는 전류가 흘렀다고 말한다.

[그림 1-5]에서와 같이 전자는 (−)쪽에서 (+)쪽으로 흐르고 있으나, 우리는 전류의

흐름을 (+)에서 (-)로 흐른다고 약속하고 있다. 전류가 흐르는 방향은 전자가 흐르는 방향과 서로 반대이다. 이와 같이 도체 내의 다수의 전자가 외부의 어떤 힘에 의하여 한 방향으로 이동할 때 우리는 전류가 흘렀다고 한다.

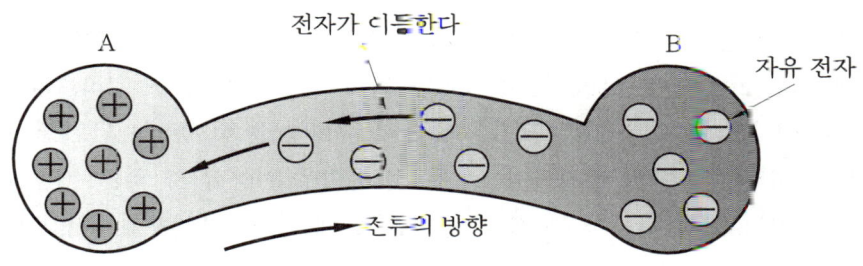

[그림 1-5] 전자의 이동

전류란 외부의 힘에 의하여 전자가 일정한 방향으로 흐르는 것이라 할 수 있다. 전류의 단위는 암페어(Ampere, 기호 A)이다. 1A는 1초 동안 1쿨롱의 전하가 이동한 전류의 양이다. 즉 1초당 6.24×10^{18}개의 전자가 흐르는 것을 말한다.

따라서 일정한 비율로 t초 동안에 Q[C]의 전하가 이동한다면 전류 I와 전하량 Q 사이에는 $I = \dfrac{Q}{t}$[A] 또는 $Q = It$[C]인 관계가 성립한다.

전류의 값이 작을 때는 밀리암페어(기호는 mA, 1A=1,000mA)나 마이크로암페어(기호 μA, 1A=1,000,000μA)를 사용한다.

예제
어떤 전선 내를 20초 동안 100C의 전하가 이동했다면 그 전선에 흐르는 전류는 몇 A인가?

풀이 20초 동안 100C의 전하가 이동하므로 1초 동안에 이동한 전하는 $\dfrac{100}{20}$C이 된다.

따라서 전류 $I = \dfrac{100}{20} = 5\,\text{A}$

예제
1초당 31.2×10^{19}개의 전자가 흐를 때 몇 암페어의 전류가 흐르는가?

풀이 1암페어는 1초당 6.24×10^{18}개의 전자가 흐르는 것이므로

$$I = \dfrac{31.2 \times 10^{19}}{6.24 \times 10^{18}} = 50\,\text{A}$$

2-2 전압

물은 수위가 높은 곳에서 낮은 곳으로 흐르는데, 두 지점 사이의 수위차가 클수록 물의 속도는 커지며 흐르는 유량도 많아진다. 마찬가지로 도선 내의 전하의 이동 역시 도선의 두 지점간의 전위차(electric potential difference)가 형성될 때 이루어진다고 볼 수 있다. 전위(electric potential)는 전기적인 위치 에너지라 할 수 있고, 이 전위차를 전압(voltage)이라고 하며, 전압의 크기를 표시하는 데는 볼트(V)라는 단위를 사용한다.

두 점 간의 전위차는 단위 정전하가 그 두 점 사이를 이동할 때 얻거나 잃는 에너지를 일컬으며, 1V는 1C의 전하가 두 점 간을 이동할 때 얻거나 잃는 에너지가 1J이 되는 두 점 간의 전위차이다.

[그림 1-6]과 같은 전기 회로에서 (+) 단자와 (-) 단자 사이에 전구를 연결하면 (+) 단자에서 (-) 단자로 전류가 흐르게 된다. 이는 전구에 흐르게 하려는 전기의 압력이 작용하기 때문이다. 즉, 전기의 압력이 가해지면 물질을 형성하고 있는 원자 내의 자유 전자가 움직이므로 전류는 흐르며, 이 전류를 흐르게 하는 압력이 전압이다.

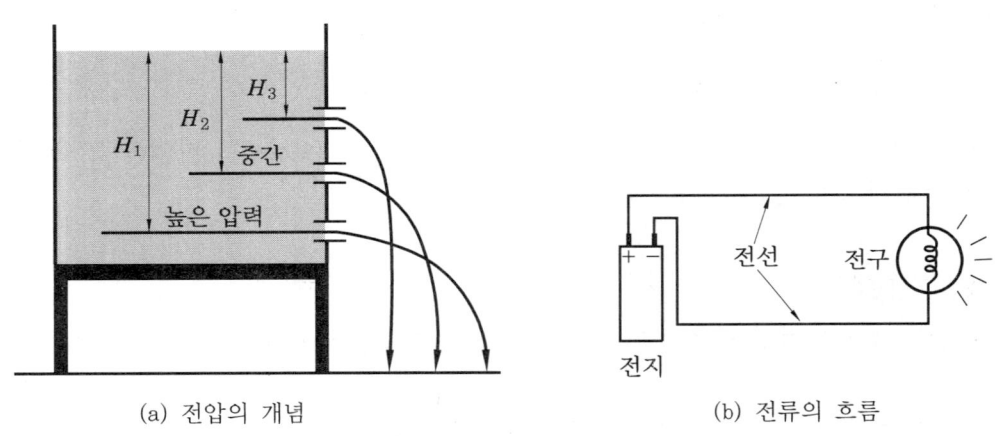

(a) 전압의 개념   (b) 전류의 흐름

[그림 1-6] 전압의 개념 및 전류의 흐름

이와 같은 입자는 각각의 성질에 의하여 대단히 많은 일을 할 수 있는데, 그 일들을 실생활에서 찾아보면 다음과 같다.
① 전동기를 이용한 속도 제어, 토크 제어, 위치 제어로 전기 철도 등이 있다.
② 전기의 발열 작용을 이용한 것으로 전기밥솥, 전기장판 등이 있다.
③ 발광 작용을 이용한 백열등, 형광등 등이 있다.
④ 전기 분해 작용을 이용한 도금 등이 있다.
⑤ 정전 작용을 이용한 복사기 등이 있다.

⑥ 정보 통신 분야가 있다(전화, 컴퓨터, 이동통신 등).
⑦ 계측 분야가 있다.

2-3 전류와 전압의 측정

(1) 전류 측정

회로에 흐르고 있는 전류를 측정하기 위해서는 [그림 1-7]과 같이 전류계(current meter)를 측정하려는 부하에 직렬로 연결하여 전류계의 눈금을 읽는 방법을 사용한다. 직류 전류계를 연결하는 방법은 전류계의 (+) 단자를 전원의 (+) 쪽에, 전류계의 (−) 단자를 전원의 (−) 쪽에 연결한다.

만일, 직류 전류계를 잘못 연결하여 (+), (−) 단자가 반대가 되면 전류계의 지침이 반대 방향으로 동작하여 전류계를 파손시킬 수도 있으므로 주의하여야 한다. 교류를 측정할 때도 교류 전류계를 부하에 직렬로 연결하여 사용하며, 교류 전류계의 단자에는 (+), (−)의 구별이 없다.

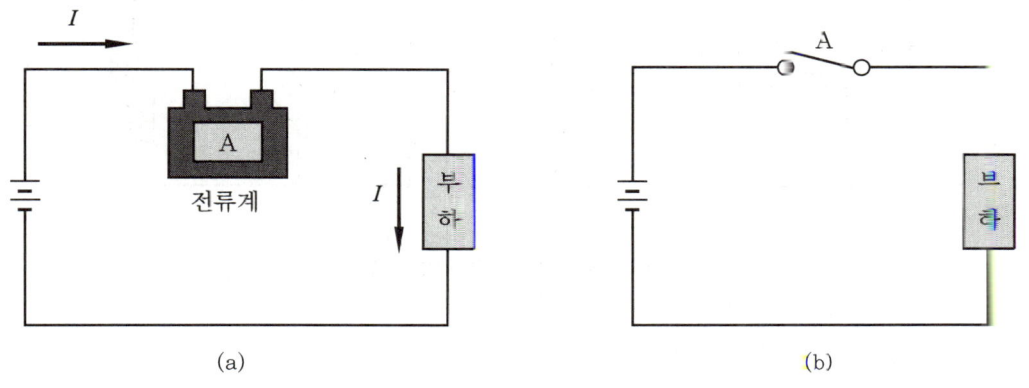

[그림 1-7] 전류계의 연결 원리도

(2) 전압 측정

전압을 측정하기 위해서는 전압계(voltmeter)를 사용하며, 측정하고자 하는 곳에 전압계의 두 단자를 병렬로 연결하면 된다. [그림 1-8]은 직류 전원의 전압을 측정하기 위한 전압계의 결선도를 나타낸 것이다.

직류 전압계는 직류 전류계와 마찬가지로 (+), (−)의 극성을 구별하여 사용하며 전압계의 (+) 단자를 피측정물의 (+) 쪽에, 전압계의 (−) 단자를 (−) 쪽에 각각 연결한다.

교류 전압계는 교류 전류계와 마찬가지로 (+), (−)의 극성이 불필요하므로 전압계의 단자를 전원의 어느 쪽에 연결해도 무방하다.

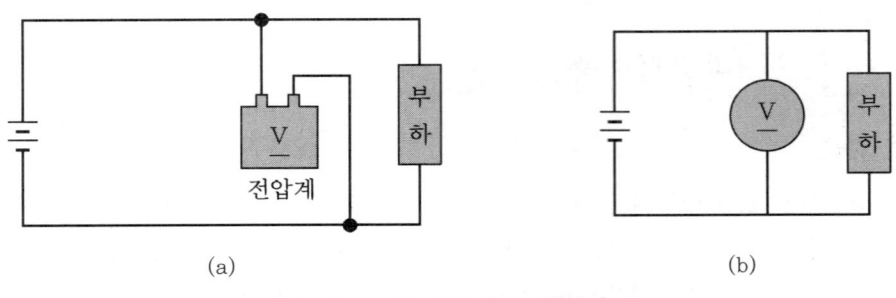

[그림 1-8] 전압계의 연결법

(3) 전류계, 전압계의 합성 연결법

앞에서 전압계, 전류계의 연결법을 배웠다. 이를 합성하면 [그림 1-9]와 같이 된다. 요약하면, 전류계는 부하와 직렬로, 전압계는 부하와 병렬로 연결한다.

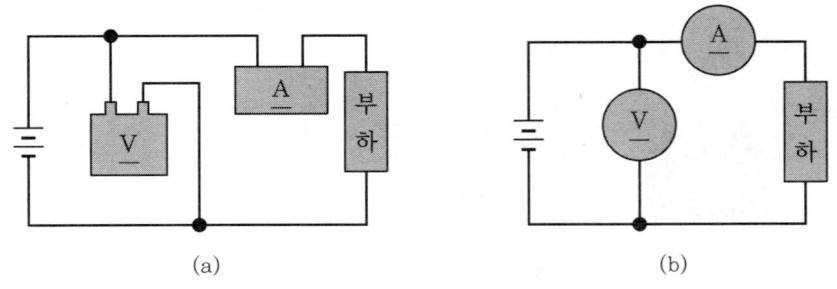

[그림 1-9] 전압계와 전류계의 합성 연결법

3. 저 항

3-1 도체의 저항

파이프에 물이 흐를 때, 일정한 수압을 가할 경우 파이프가 짧으면서 굵거나, 파이프의 안쪽 면이 매끄러우면 물은 쉽게 흐른다. 그러나 파이프가 가늘고 길며, 안쪽 면이 거칠면 물이 잘 흐르지 못한다. 이것은 파이프의 상태에 따라 물의 흐름을 방해하는 힘이 다르기 때문이다. 이러한 물의 흐름을 방해하는 힘을 파이프의 저항이라 한다.

3. 저항

이와 마찬가지로 도체나 전선에도 전류의 흐름을 방해하는 성질이 있다. 이와 같이 전류가 도체 내를 통과할 때 방해하는 작용을 하는 것을 저항(resistance) 또는 전기 저항(electric resistance)이라 한다. 저항의 크기를 나타내는 단위는 옴(ohm, 기호 Ω)을 사용한다. 균일한 단면적을 갖는 금속 도체는 금속의 종류, 길이, 단면적 및 온도 등의 영향에 의하여 금속의 저항이 결정되며, 같은 온도, 같은 재질의 금속이더라도 단면적과 길이에 따라 달라진다. 일반적으로 도체의 저항은 길이에 비례하고 단면적에 반비례하는 특성을 갖는다.

도선의 길이를 l[m], 단면적을 S[m^2]라 하면 저항 R은 다음 식과 같이 된다.

$$R = \rho \frac{l}{S} [\Omega] \tag{1-3}$$

여기서 비례 정수 ρ(rho)를 고유 저항(intrinsic resistance) 또는 저항률(resistivity)이라 하며, 물질에 따라 정해지는 정수로 단위는 옴 미터(Ω·m)로 표시한다. 전선의 저항이 크면 부하에 흐르는 전류가 감소하여 부하에 충분한 전기를 공급하지 못한다. 따라서 전선의 저항은 작을수록 좋다. 저항을 줄이기 위해서는 전선의 길이를 가능한 한 짧게 하는 것이 좋다.

[표 1-3]은 중요한 금속의 고유 저항의 크기를 나타낸 것이다.

[표 1-3] 도체의 고유 저항

재 료	저항률(10^{-8} Ω·m)	재 료	저항률(10^{-8} Ω·m)
은	1.62	철	10.0
구리	1.72	백금	10.5
알루미늄	2.62	수은	95.8
텅스텐	5.48	금	2.40
아연	6.1	니크롬	100~110
니켈	6.9	유리	$10^9 \sim 10^{14}$
목재	$10^8 \sim 10^{11}$	탄소	3.5×10^{-5}
고무	$(1\sim5) \times 10^{13}$	규소	2.3×10^7

예제

고유 저항이 1.72×10^{-8} Ω·m이며, 지름이 2mm이고 길이가 500m인 동선의 저항을 계산하여라.

풀이 지름이 2mm이므로 반지름 r은 1mm이다.

따라서 단면적 $S = \pi \times r^2 = 3.14 \times (1 \times 10^{-3})^2 = 3.14 \times 10^{-6} \text{m}^2$

따라서 저항 $R = 1.72 \times 10^{-8} \times 500 \times \dfrac{1}{3.14 \times 10^{-6}} = 2.7388\,\Omega$

일반적으로 금속 도체는 온도가 상승하면 금속 원자의 열운동 상태가 매우 활발해져 자유 전자와의 충돌 횟수가 많아지므로 이로 인해 자유 전자의 원자 간 이동이 보다 어려워지게 되어 도체의 저항이 증가하는데, 이를 열저항이라 한다.

따라서, 저항의 변화를 없애고 최적의 상태로 사용하기 위해서는 적절한 냉각이 필요하다.

3-2 저항의 표시

저항기 또는 저항소자(resistor)에는 저항값과 저항값의 허용 오차가 표시되어 있다. 저항소자의 종류에 따라 그 부품 자체에 저항값을 표시하며, 광범위하게 사용되는 저전력용 저항들은 일반적으로 저항값을 [그림 1-10]과 같이 색부호(color code)로 표시한다.

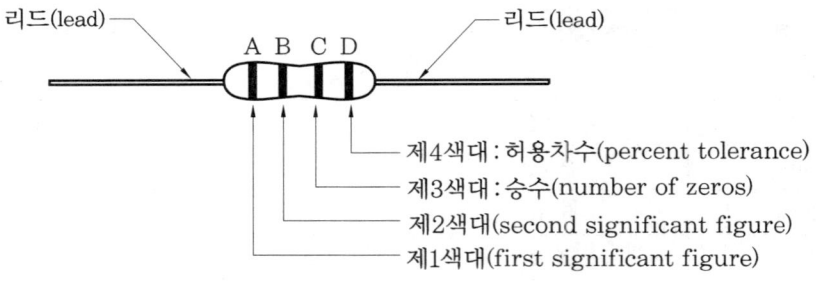

[그림 1-10] 색대 저항

색부호로 나타내는 색저항은 일반적으로 4개의 색띠로 구성되며, 4개의 색띠에 대한 저항값은 [표 1-4]와 같다.

제1색대는 저항의 첫째 자리수, 제2색대는 저항의 둘째 자리수, 제3색대는 10의 배수를, 제4색대는 허용 오차를 %로 표시한다. 제4색대의 경우 색부호가 보통 금색 또는 은

색으로 표현되어 각각 ±5% 및 ±10%의 허용 오차를 나타내고, 색부호가 표시되지 않는 무색의 경우는 허용 오차가 ±20%인 것을 의미한다.

[표 1-4] 색 부호와 저항값

색 깔	A 첫째 자리수	B 둘째 자리수	C 배수	D 허용 오차(%)
흑색	0	0	10^0	
갈색	1	1	10^1	
적색	2	2	10^2	
등색	3	3	10^3	
황색	4	4	10^4	
녹색	5	5	10^5	
청색	6	6	10^6	
자색	7	7	10^7	
회색	8	8	10^8	
백색	9	9	10^9	
금색	-	-	10^{-1}	±5%
은색	-	-	10^{-2}	±10%
무색	-	-		±20%

저항(R)에 전류(I)가 흐르면 I^2R의 줄열이 발생한다. 이 열 때문에 과도한 전류를 저항에 흘리면 저항이 타버리게 된다. 그러므로 저항의 크기는 허용 전력에 따라 결정되며, 허용 전력이 클수록 전류의 흐름과 열 소비를 높이기 위하여 저항의 크기가 커져야 한다.

일반적으로 표준 저항의 경우 [그림 1-1]과 같이 $\frac{1}{8}$W, $\frac{1}{4}$W, $\frac{1}{2}$W, 1W, 2W, 5W, 10W의 허용 전력을 가진 저항이 많이 사용된다.

어느 저항이 12kΩ±10%의 저항값을 표시하고 있을 경우 이 저항의 실제 값을 측정하면 10.8kΩ와 13.2kΩ 사이의 값을 나타내게 된다.

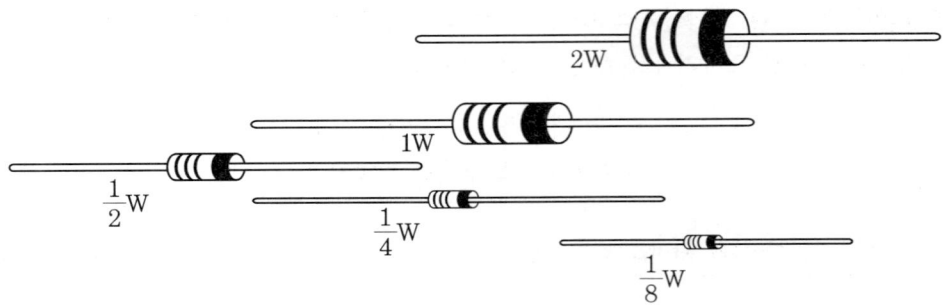

[그림 1-11] 허용 전력에 따른 저항

> **예제**
>
> 다음과 같은 색띠를 갖는 저항기의 저항값은 얼마인가?
> (1) 적색, 적색, 녹색, 금색   (2) 녹색, 청색, 등색, 은색
> (3) 갈색, 적색, 흑색   (4) 청색, 흑색, 녹색, 금색

풀이 (1) 적색(2)　적색(2)　녹색(5)　금색(5% 오차)

$R = 22 \times 10^5\,\Omega \pm 5\%$

$\quad = 2.2\,\text{M}\Omega \pm 5\%$

(2) 녹색(5)　청색(6)　등색(3)　은색(10% 오차)

$R = 56 \times 10^3\,\Omega \pm 10\%$

$\quad = 56\,\text{k}\Omega \pm 10\%$

(3) 갈색(1)　적색(2)　흑색(0)　무색(20% 오차)

$R = 12 \times 10^0\,\Omega \pm 20\%$

$\quad = 12\,\Omega \pm 20\%$

(4) 청색(6)　흑색(0)　녹색(5)　금색(5% 오차)

$R = 60 \times 10^5\,\Omega \pm 5\%$

$\quad = 6\,\text{M}\Omega \pm 5\%$

저항의 종류에는 고정 저항 이외에 전기 및 전자 회로에서 광범위하게 사용되는 가변 저항이 있다. 가변 저항은 다이얼이나 손잡이, 나사 같은 볼륨으로 용도에 알맞게 저항 값을 조절한다. 가변 저항은 두세 개의 단자를 가지고 있지만 대부분은 저항값만을 조절하기 위해 사용되는 것을 조절 기능 저항기(rheostat)라고 부르며, 전압 조절 장치의 기능으로 사용된다면 퍼텐쇼미터(potentiometer)라고 부른다.

조절 기능 저항기는 [그림 1-12]와 같이 주로 2단자 장치로 점 A와 B가 회로 내부에 연결되어 있다. 또한 화살표는 측정할 저항값이 점 A와 어떤 범위에 올 수 있도록 조정하는 기계적 기능을 의미한다.

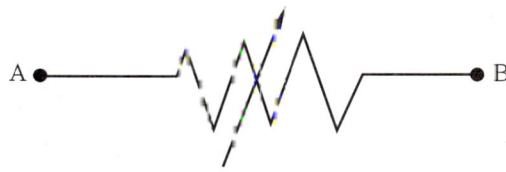

[그림 1-12] 가변 저항기의 구조

한편, 퍼텐쇼미터는 [그림 1-13]과 같이 3(A, B, C) 단자로 구성되어 있다. A와 B 사이의 저항은 고정되어 있고, 점 C는 저항값의 크기를 변화시킬 수 있는 회전자이다. 즉, AB 양단의 저항값은 C 단자의 회전자의 위치에 따라 변한다.

예를 들어, R_{AB}=1kΩ, R_{AC}=300Ω이면 R_{CB}=700Ω이다. 따라서 회전자와 다른 양끝 단자 간의 저항의 합은 1,000Ω이다. 즉, 퍼텐쇼미터의 정격 최고 저항과 같다. 이것을 식으로 표현하면 다음과 같다.

$$R_{AB} = R_{AC} + R_{CB} \tag{1-4}$$

여기서, R_{AB}는 점 A와 B의 저항값, R_{AC}는 점 A와 C의 저항값, R_{CB}는 점 C와 B의 저항값이다.

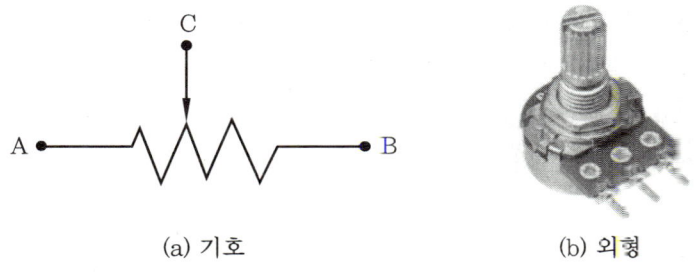

(a) 기호   (b) 외형

[그림 1-13] 퍼텐쇼미터의 구조

3-3 특수 저항

(1) 절연 저항

절연물은 부도체이며 전류를 흘리지 않는 것이지만 [그림 1-14]와 같이 매우 적기는 하나 절연물의 표면 또는 내부를 통하여 전류가 흐를 때가 있는데, 이와 같은 전류를 누설 전류(leakage current)라 한다.

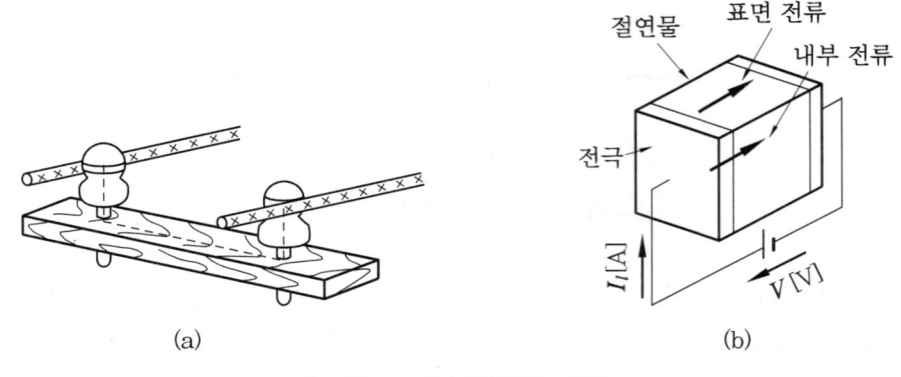

[그림 1-14] 절연물의 저항

전압 $V[\text{V}]$일 때 누설 전류 $I_l[\text{A}]$가 흘렀다고 하면 절연물의 저항 $R_i[\Omega]$는 MΩ 단위로 표시할 정도로 큰 값이다. 또 절연물에 가하는 전압이 높을수록 절연 저항은 적게 되며 식은 다음과 같다.

$$R_i = \frac{V}{I_l} \tag{1-5}$$

(2) 접지 저항

전기 회로의 한끝에 구리판이나 금속관을 접속하여 땅에 묻는 것을 접지(earth)라고 한다. [그림 1-15]와 같이 전기 기기의 외함 등을 접지하면 절연이 나빠져서 전류가 누설되어도 감전 사고의 위험성이 적어진다. 접지에 사용되는 구리판이나 금속관을 접지 전극이라 하고 접지 전극과 대지 사이에 저항을 접지 저항이라고 한다.

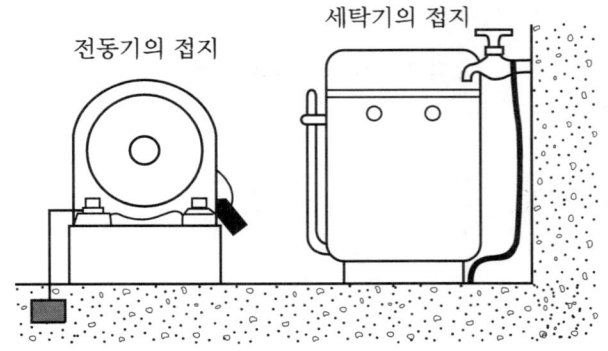

[그림 1-15] 전기 기기의 접지

전기 기기를 사용할 때에는 위험 방지를 목적으로 접지 공사를 하도록 법령으로 정해져 있다. 또한, 누전이라 하는 것은 전선의 절연이 파괴된 부분이 빗물받이 등에 접촉하여 전류가 흐르는 경우로서 감전이나 화재의 원인이 된다.

3-4 옴의 법칙

저항에 전압을 가하면 전기 회로에 전류가 흐르는데, 도체(conductor)를 흐르는 전류의 크기는 도체의 양끝에 가한 전압에 비례하고 그 도체의 전기 저항에 반비례한다. 이와 같은 전압, 전류, 저항의 관계를 나타낸 것을 옴의 법칙(ohm's law)이라 하며, 이 법칙은 전기 회로의 가장 기본이 되는 법칙이다.

도체에 가한 전압 V의 단위를 볼트(V), 도체의 저항 R의 단위는 옴(Ω), 도체에 흐르는 전류 I의 단위를 암페어(A)로 하면, 다음과 같은 식이 성립된다.

$$I = \frac{V}{R} [A] \tag{1-6}$$

식 (1-6)을 변형하여 저항을 구하면

$$R = \frac{V}{I} [\Omega] \tag{1-7}$$

이 된다. 즉 저항 R은 저항에 가해지는 전압과 저항에 흐르는 전류의 비율로 구한다.

예제

다른 그림과 같이 20Ω의 저항에 4A의 전류가 흐르려면 몇 볼트의 전압이 필요한가?

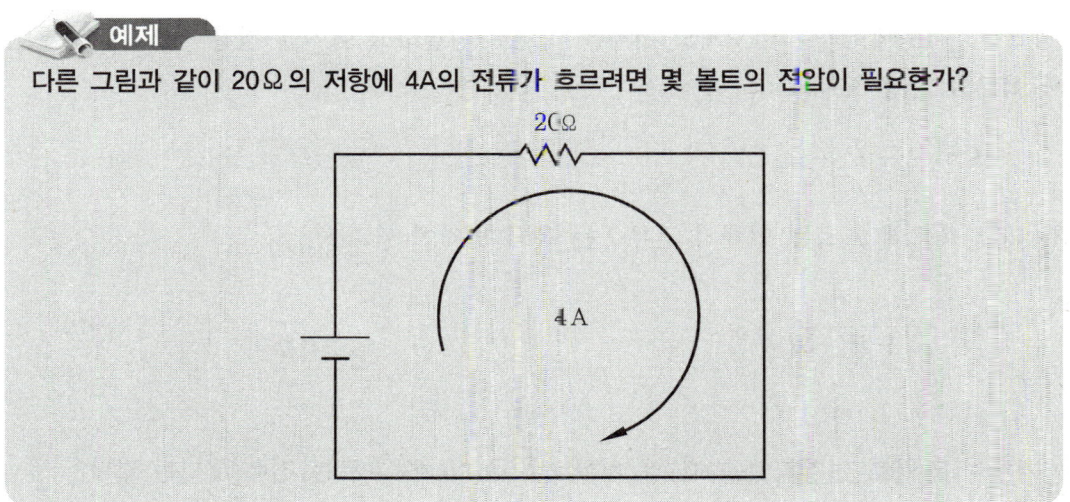

풀이 옴의 법칙에서 전압=저항×전류이므로
$V = 20\Omega \times 4A = 80V$

3-5 저항의 연결

(1) 저항의 직렬 연결

[그림 1-16]과 같이 전류가 한 개의 저항을 지나 다음의 다른 저항을 통하여 한 길로 흐르도록 저항을 일렬로 접속하는 방법을 직렬 접속(series connection) 또는 직렬 연결이라 한다. 이때 연결된 회로 전체의 저항을 그 회로의 합성 저항이라 한다. 저항을 직렬로 연결했을 때의 합성 저항은 각 저항의 크기의 합으로 계산되며, 각 저항에 흐르는 전류의 크기는 같다.

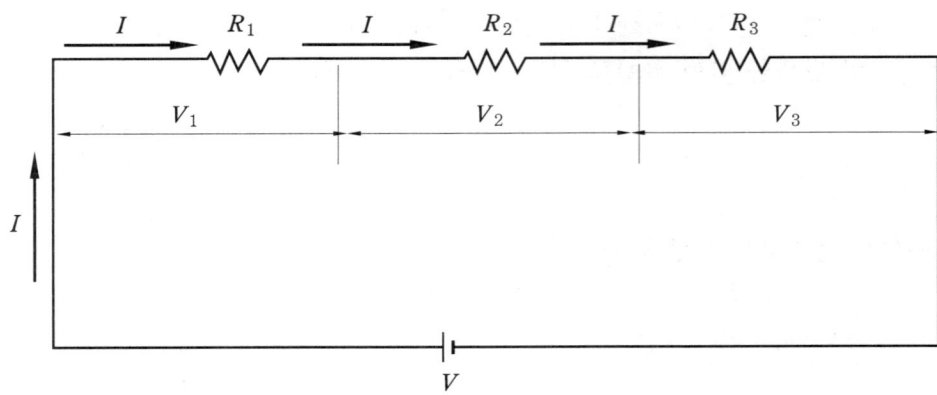

[그림 1-16] 저항의 직렬 접속 회로

[그림 1-16]에서와 같이 3개의 저항을 직렬로 연결하고 여기에 전압 $V[V]$를 가했을 때 회로의 합성 저항

$$R = R_1 + R_2 + R_3 \tag{1-8}$$

가 되고 회로에 흐르는 전체의 전류 I는 옴의 법칙에 따라

$$I = \frac{V}{R_1 + R_2 + R_3} [A] \tag{1-9}$$

가 된다.

저항이 직렬로 연결되었을 때 각 저항 R_1, R_2, R_3에 흐르는 전류 $I[A]$는 같다.

각 저항의 양단 전압을 각각 V_1, V_2, V_3라 하면 옴의 법칙에 의해

$$V_1 = IR_1, \quad V_2 = IR_2, \quad V_3 = IR_3 \tag{1-10}$$

가 된다.

V_1, V_2, V_3의 합이 전압 V와 같으므로

$$V = V_1 + V_2 + V_3 = IR_1 + IR_2 + IR_3 = I(R_1 + R_2 + R_3) \tag{1-11}$$

가 된다.

직렬 접속된 회로에서는 다음과 같은 특징이 있다.
① 회로의 전체 저항값은 각각 저항의 총합계와 같다.
② 회로 내에서의 각 저항에는 같은 크기의 전류가 흐른다.
③ 회로 내에서의 각 저항에 걸리는 전압의 총합계는 전원 전압과 같다.

예제

다음 그림에서 $R_1 = 15\,\Omega$, $R_2 = 5\,\Omega$, $R_3 = 20\,\Omega$일 때 V_1, V_2, V_3의 값과 회로에 흐르는 전류를 구하라.

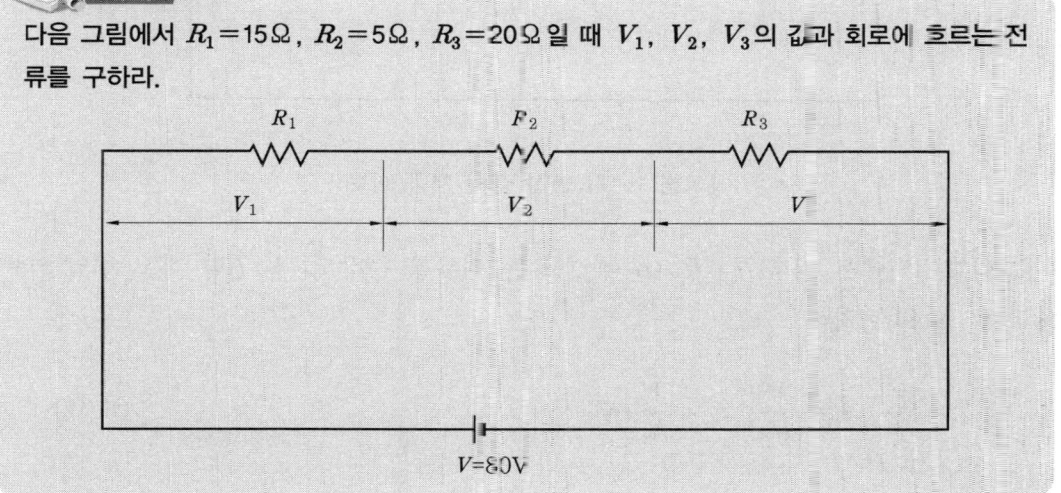

풀이 R_1, R_2, R_3 3개의 저항이 직렬로 연결되어 있으므로
회로의 합성 저항 $R = R_1 + R_2 + R_3 = 15 + 5 + 20 = 40\,\Omega$
옴의 법칙에 의하여 회로에 흐르는 전류 $I[\text{A}]$는
$$I = \frac{V}{R} = \frac{80}{40} = 2\,\text{A}$$
각 저항의 단자 전압은
$$V_1 = IR_1 = 2 \times 15 = 30\,\text{V}$$
$$V_2 = IR_2 = 2 \times 5 = 10\,\text{V}$$
$$V_3 = IR_3 = 2 \times 20 = 40\,\text{V}$$

저항이 직렬로 연결된 경우 각 저항에 흐르는 전류는 같으며, 각 저항 양단의 전압은 각 저항의 값에 비례하여 분배된다. 따라서 저항값이 큰 쪽이 작은 쪽보다 높은 전압이 발생한다.

(2) 저항의 병렬 연결

[그림 1-17]과 같이 몇 개의 저항을 나란히 연결하는 방법을 병렬 연결 또는 병렬 접속(parallel connection)이라 한다.

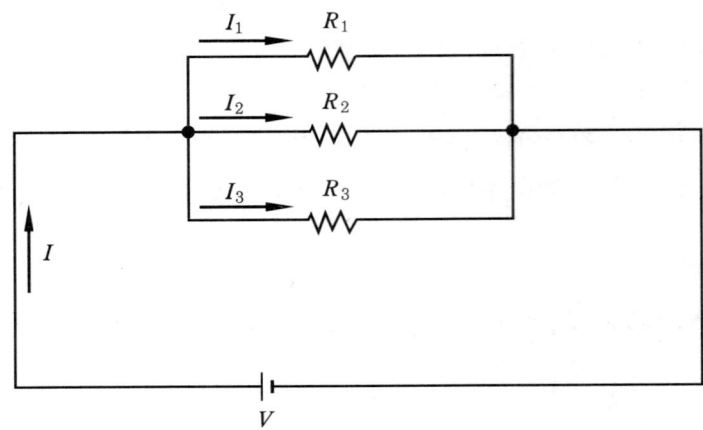

[그림 1-17] 병렬 접속 저항 회로

[그림 1-17]에서 저항 R_1, R_2, R_3에 흐르는 전류를 각각 I_1, I_2, I_3라 하고 전압을 V라 하면 옴의 법칙에 의해

$$I_1 = \frac{V}{R_1}, \quad I_2 = \frac{V}{R_2}, \quad I_3 = \frac{V}{R_3} \ [\text{A}] \tag{1-12}$$

전원으로부터 회로에 흐르는 전 전류 $I[\text{A}]$는 각 저항에 흐르는 전류 I_1, I_2, I_3의 합과 같게 된다.

$$\left. \begin{aligned} \text{즉}, \ I = I_1 + I_2 + I_3 &= \frac{V}{R_1} + \frac{V}{R_2} + \frac{V}{R_3} \\ &= V\left(\frac{1}{R_1} + \frac{1}{R_2} + \frac{1}{R_3}\right) \end{aligned} \right\} [\text{A}] \tag{1-13}$$

옴의 법칙을 이용하면

$$I = \frac{V}{R} = \frac{V}{\dfrac{1}{\dfrac{1}{R_1}+\dfrac{1}{R_2}+\dfrac{1}{R_3}}} \tag{1-14}$$

3개의 저항 R_1, R_2, R_3가 병렬로 연결되었을 때 합성 저항 $R[\Omega]$은

$$R = \frac{1}{\dfrac{1}{R_1}+\dfrac{1}{R_2}+\dfrac{1}{R_3}} \tag{1-15}$$

로 되어 합성 저항은 R 각각 저항의 역수의 합의 역수가 된다.

일반적으로 n개의 저항이 병렬로 연결되었을 때 합성 저항 R은

또는
$$\left.\begin{array}{l} R = \dfrac{1}{\dfrac{1}{R_1}+\dfrac{1}{R_2}+\dfrac{1}{R_3}\cdots\cdots\dfrac{1}{R_n}} \\[2ex] \dfrac{1}{R} = \dfrac{1}{R_1}+\dfrac{1}{R_2}+\dfrac{1}{R_3}\cdots\cdots+\dfrac{1}{R_n} \end{array}\right\} \tag{1-16}$$

이 된다. 즉, 병렬 접속한 경우의 합성 저항은 각각 저항값 역수의 합계를 역수로 나타낸다.

병렬 접속한 경우에 전류는 갈라져 흐르는데, 이것을 분류라 한다. 합성 저항 R은 R_1, R_2, R_3, ……, R_n 중의 어느 저항값보다도 작아지게 되는데, 이는 $R = \rho\dfrac{l}{S}$에서 알 수 있듯이 각 저항이 병렬로 접속되는 것은 도체의 단면적 S가 증대된 것과 같은 물리적 의미를 갖기 때문이다.

또한 병렬 연결 시 각 저항에 흐르는 전류의 비를 구해 보면 식 (1-12)로부터

$$I_1 : I_2 : I_3 : \cdots\cdots : I_n = \frac{1}{R_1} : \frac{1}{R_2} : \frac{1}{R_3} : \cdots\cdots : \frac{1}{R_n} \tag{1-17}$$

이 되어 병렬 접속점에서 분기되는 각각의 전류는 식 (1-17)에서와 같이 각 저항값에 반비례함을 알 수 있다.

병렬 접속된 회로에서는 다음과 같은 특징이 있다.
① 회로 내의 각 저항에는 같은 전원 전압이 걸린다.
② 각 저항에 흐르는 전류의 합은 전원으로부터 흐르는 전류와 같다.
③ 회로 전체 저항의 합계는 각 저항의 어느 것보다 작다.

예제

다음 그림과 같이 저항 R_1, R_2, R_3가 병렬로 연결된 회로에서 합성 저항 $R[\Omega]$과 회로에 흐르는 전전류 $I[A]$를 구하라.

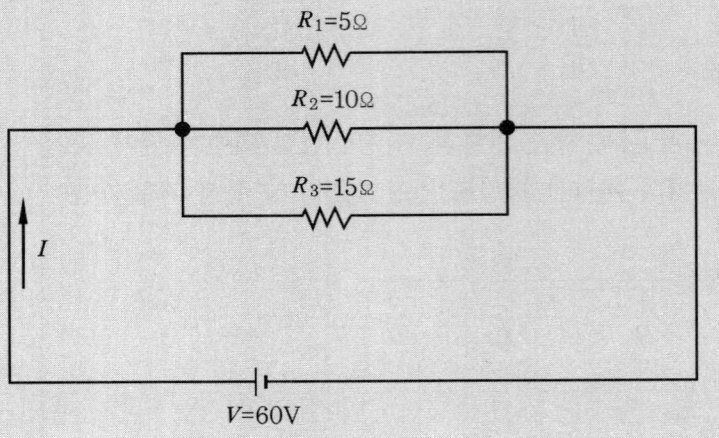

풀이 3개의 저항이 병렬로 연결되어 있으므로 합성 저항 R은

$$R = \cfrac{1}{\cfrac{1}{R_1}+\cfrac{1}{R_2}+\cfrac{1}{R_3}} \text{ 또는 } \frac{1}{R} = \frac{1}{R_1}+\frac{1}{R_2}+\frac{1}{R_3} \text{이 된다.}$$

$$\frac{1}{R} = \frac{1}{5}+\frac{1}{10}+\frac{1}{15} = \frac{11}{30}$$

$$\therefore R = \frac{30}{11} \; \Omega$$

회로에 흐르는 전류 $I[A]$는 옴의 법칙에 의해

$$I = \frac{V}{R} = \frac{60}{\frac{30}{11}} = 22A$$

[그림 1-18]과 같이 두 개의 저항 R_1, R_2가 병렬로 연결된 회로에 전원 전압 $V[V]$를 인가했을 때 전원에서의 전류는 A점에서 각 저항에 분류되어 흐른다.

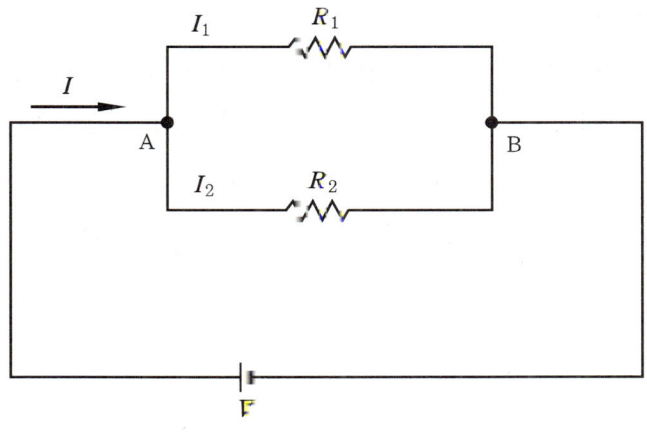

[그림 1-18] 병렬 회로

병렬로 연결되어 있으므로 각 저항에서의 전압은 같게 되므로 저항 R_1, R_2에 흐르는 전류를 I_1, I_2라 하고, 회로 전체에 흐르는 전류를 I, 회로의 합성 저항을 R이라 하면, 옴의 법칙에 의해

$$I_1 = \frac{V}{R_1}, \quad I_2 = \frac{V}{R_2} \tag{1-18}$$

$I = \dfrac{V}{R}$에서

$$I_1 : I_2 = \frac{V}{R_1} : \frac{V}{R_2} = \frac{1}{R_1} : \frac{1}{R_2} \tag{1-19}$$

이므로 각 저항에 흐르는 전류는

$$I_1 = \frac{V}{R_1} = \frac{R}{R_1} \cdot I = \frac{\frac{R_1 R_2}{R_1 + R_2}}{R_1} I = \frac{R_2}{R_1 + R_2} I \, [\text{A}] \tag{1-20}$$

$$I_2 = \frac{V}{R_2} = \frac{R}{R_2} \cdot I = \frac{\frac{R_1 R_2}{R_1 + R_2}}{R_2} I = \frac{R_1}{R_1 + R_2} I \, [\text{A}] \tag{1-21}$$

즉, 각 저항에 흐르는 전류는 각각의 저항에 반비례하여 흐른다.

(3) 저항의 직·병렬 연결

[그림 1-19]는 저항이 직렬과 병렬로 연결된 회로이다. 이와 같은 회로를 저항의 직·병렬 연결 회로라고 한다. [그림 1-19]는 저항 R_2와 R_3가 병렬로 연결된 회로에 다시 저항 R_1과 직렬로 연결된 회로이다.

이러한 회로에서 합성 저항을 구하기 위해서는 먼저 저항 R_2와 R_3의 병렬 합성 저항을 구해야 하는데, 이 합성 저항 R_{23}은 다음과 같다.

$$R_{23} = \frac{R_2 R_3}{R_2 + R_3} \tag{1-22}$$

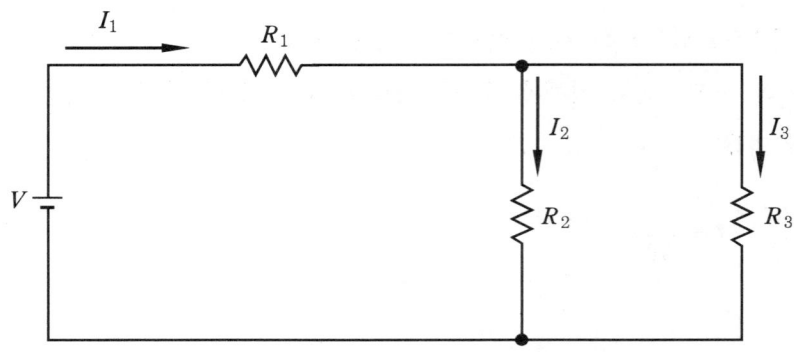

[그림 1-19] 저항의 직·병렬 접속

따라서 [그림 1-19]의 회로는 [그림 1-20]과 같이 등가 회로로 그릴 수가 있다.

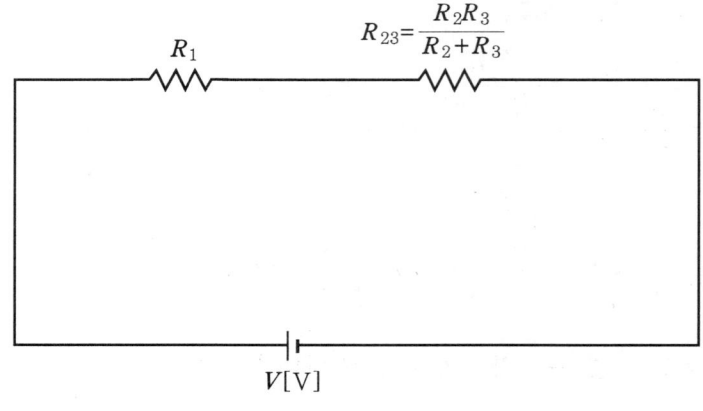

[그림 1-20] 등가 회로

[그림 1-20]은 저항 R_1과 저항 R_{23}가 직렬로 연결되어 있으므로 합성 저항을 R이라 하면

$$R = R_1 + R_{23} = R_1 + \frac{R_2 R_3}{R_2 + R_3} \qquad (1-23)$$

가 된다.

각 저항 R_1, R_2, R_3에 흐르는 전류를 구해 보면 저항 R_2, R_3에 흐르는 전류 I_2, I_3는 다음과 같이 된다.

$$I_2 = I_1 \cdot \frac{\frac{R_2 R_3}{R_2 + R_3}}{R_2} = I_1 \cdot \frac{R_3}{R_2 + R_3} \text{ [A]} \qquad (1-24)$$

$$I_3 = I_1 \cdot \frac{\frac{R_2 R_3}{R_2 + R_3}}{R_3} = I_1 \cdot \frac{R_2}{R_2 + R_3} \text{ [A]} \qquad (1-25)$$

$$I_1 = \frac{V}{R_1 + R_{23}} = \frac{V}{R_1 + \frac{R_2 R_3}{R_2 + R_3}} \text{ [A]} \qquad (1-26)$$

예제

다음 그림과 같은 회로에서 회로 전체에 흐르는 전류 I [A]와 저항 R_2와 R_3에 흐르는 전류 I_2, I_3를 구하라.

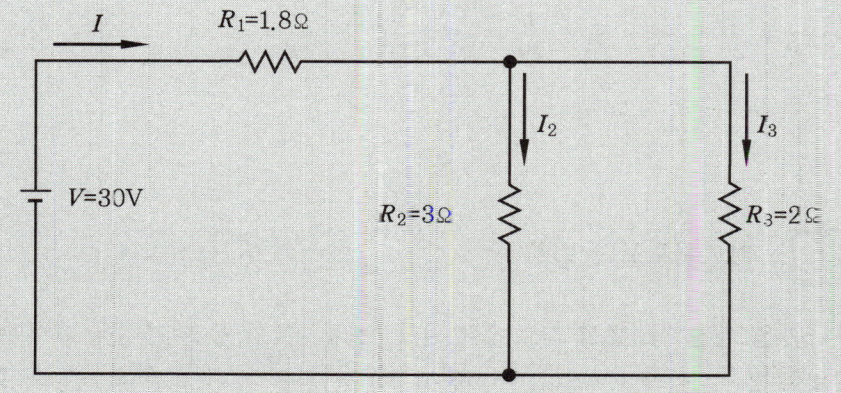

[풀이] R_2와 R_3가 병렬 연결이므로 그 합성 저항을 R_{23}라 하면

$$R_{23} = \frac{R_2 R_3}{R_2 + R_3} = \frac{3 \cdot 2}{3+2} = \frac{6}{5} = 1.2\,\Omega$$

R_1과 R_{23}이 직렬 연결이므로 전체 합성 저항은

$1.8 + 1.2 = 3\,\Omega$

회로에 흐르는 전류는 옴의 법칙에 의해

$$I = \frac{V}{R} = \frac{30\text{V}}{3\,\Omega} = 10\text{A}$$

저항 R_2에 흐르는 전류 I_2는

$$I_2 = I \cdot \frac{R_3}{R_2 + R_3} = 10 \cdot \frac{2}{5} = 4\text{A}$$

저항 R_3에 흐르는 전류 I_3는

$$I_3 = I \cdot \frac{R_2}{R_2 + R_3} = 10 \cdot \frac{3}{5} = 6\text{A}$$

예제
30Ω과 70Ω의 저항이 병렬로 연결된 경우 합성 저항을 구하라.

[풀이] $R = \dfrac{R_1 \times R_2}{R_1 + R_2} = \dfrac{30 \times 70}{30 + 70} = 21\,\Omega$

예제
5개의 20Ω 저항이 병렬로 연결되어 있을 때의 합성 저항을 구하라.

[풀이] 20Ω의 저항 5개가 병렬로 연결되어 있으므로 합성 저항 R은

$$\frac{1}{R} = \frac{1}{20} + \frac{1}{20} + \frac{1}{20} + \frac{1}{20} + \frac{1}{20} = \frac{5}{20}$$

$$\therefore R = \frac{20}{5} = 4\,\Omega$$

3-6 키르히호프의 법칙

전원 하나만을 가진 직·병렬 회로에서 전압, 전류, 저항 등을 계산할 때에는 옴의 법칙으로 쉽게 구할 수 있다. 그러나, 두 개 이상의 전원을 가진 회로나 저항의 특수한 접속으로 구성된 복잡한 회로는 옴의 법칙으로는 해결하기가 어렵다.

이와 같이 복잡한 전기 회로, 즉 회로망(network)의 해석에 자주 사용되는 법칙이 키

르히호프의 법칙(Kirchhoff's law)이다. 이것에는 전류 법칙(KCL : Kirchhoff's current law)과 전압 법칙(KVL : Kirchhoff's voltage law)이 있다.

(1) 키르히호프의 전류 법칙(KCL : 제1 법칙)

키르히호프의 전류 법칙은 도선의 임의의 분기점에 유입 또는 유출되는 전류의 대수 합은 각 순간에 있어서 0이다. 즉, 회로 내의 임의의 한 점에 들어오는 전류의 합은 나가는 전류의 합과 같다. 일반적으로 전류의 법칙에서 임의의 점에 들어오는 전류에는 (+) 부호를, 나가는 전류에는 (-) 부호를 사용한다.

[그림 1-21]에서 접속점 a에 들어오는 전류를 I_1, I_2, I_5라 하고 나가는 전류를 I_3, I_4라 하면 키르히호프의 전류 법칙에서

$$I_1 + I_2 - I_3 - I_4 + I_5 = 0 \tag{1-27}$$

또는

$$I_1 + I_2 + I_5 = I_3 + I_4 \tag{1-28}$$

가 된다.

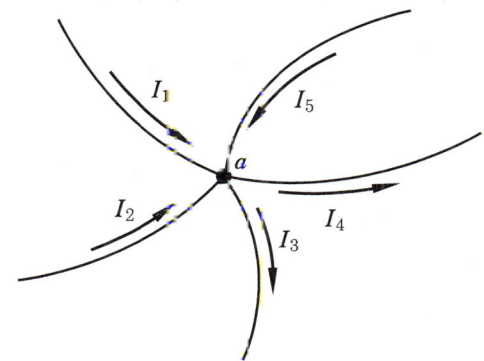

[그림 1-21] 키르히호프(Kirchhoff)의 전류 법칙(KCL)

일반적인 경우에는

$$\sum_{k=1}^{n} I_k = 0 \tag{1-29}$$

이 된다.

키르히호프의 전류 법칙은 간단히 요약하면

$$I_{in} = I_{out} \tag{1-30}$$

이라 할 수 있다.

(2) 키르히호프의 전압 법칙(KVL : 제 2 법칙)

키르히호프의 전압 법칙은 회로망 내의 임의의 폐회로에서 한 방향으로 일주하면서 취한 전압 상승 또는 전압 강하의 대수 합은 각 순간에 있어서 0이다. [그림 1-22]의 폐회로에서 시계 방향으로 일주할 때 전압 상승, 즉 먼저 접하게 되는 전압 단자의 극성이 (+)이면 그 전압의 대수 부호는 (+)가 되고, 반대로 전압 강하, 즉 전압의 극성이 (-)이면 그 전압의 대수 부호는 (-)가 된다.

[그림 1-22]에서 키르히호프의 전압 법칙을 적용하면

$$V_1 - V_2 + V_3 - V_4 = 0 \tag{1-31}$$

가 된다.

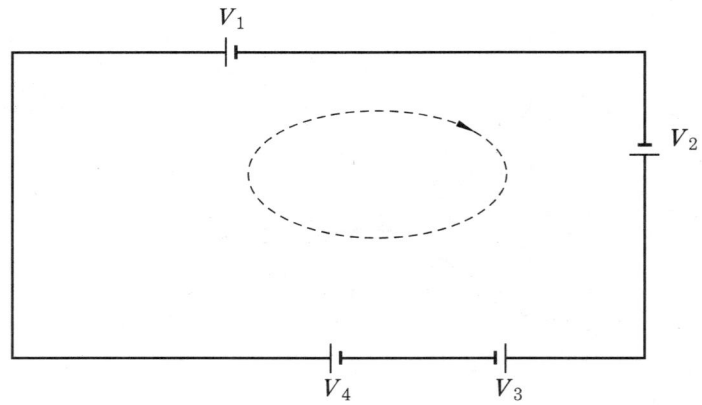

[그림 1-22] 키르히호프(Kirchhoff)의 전압 법칙(KVL)

일반적인 경우에는

$$\sum_{k=1}^{n} V_k = 0 \tag{1-32}$$

이 된다. 이는 폐회로에서 한 방향으로 일주하면서 취한 전압 상승의 총합은 전압 강하의 총합과 같음을 의미한다.

예제

다음 그림과 같은 회로에서 전류 I를 구하라.

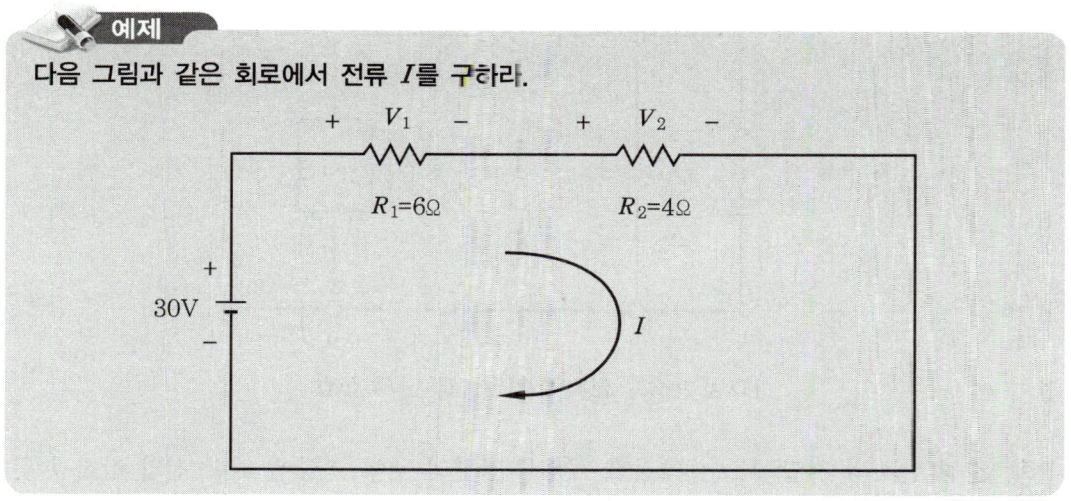

풀이 그림과 같이 시계 방향으로 일주하면서 전압 상승은 (+), 전압 강하를 (−)로 잡으면 다음과 같다.

$$30 - V_1 - V_2 = 0$$
$$V_1 + V_2 = 30$$

옴의 법칙에서

$$V_1 = IR_1 = 6I, \quad V_2 = IR_2 = 4I \text{ 이므로}$$
$$6I + 4I = V_1 + V_2 = 30$$
$$\therefore I = 3\text{A}$$

3-7 전원의 단자 전압과 전압 강하

발전기나 전지와 같은 모든 전원은 그 내부에 매우 작은 저항을 가지고 있다. 이와 같은 저항을 전원의 내부 저항이라 한다. [그림 1-23]은 내부 저항 r, 기전력 E의 전지에 R의 도체를 사용하여 R_L의 부하를 접속한 것으로 이 회로에는 r, R, R_L 등 3개의 저항이 직렬로 접속되어 있다.

따라서 전류 $I = \dfrac{E}{r + R + R_L}$가 되므로 $E = (r + R + R_L)I = rI + (R + R_L)I$이며 $(R + R_L)I$는 전원의 a, b 단자 사이의 전압 V_{ab}를 나타내므로, 기전력 $E = rI - V_{ab}$이다.

$$\therefore V_{ab} = E - rI \tag{1-33}$$

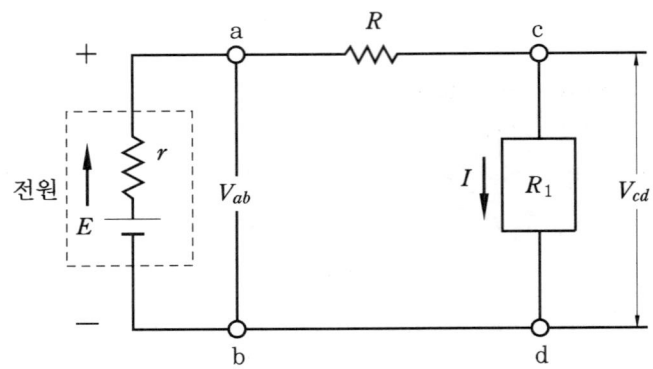

[그림 1-23] 전지의 기전력과 단자 전압

즉, 전원 단자의 전압 V_{ab}는 기전력 E에서 전원의 내부 저항에 의한 전압 강하 rI를 뺀 값이 된다. 이때 rI를 전원의 내부 강하(internal drop)라 하고 V_{ab}는 전원의 단자 전압(terminal voltage)이라 한다. 이때 부하의 단자 전압 V_{cd}는 $R_L \cdot I$ [V]가 되므로

$$V_{ab} = (R + R_L)I = RI + R_L I = RI + V_{cd}$$
$$\therefore V_{cd} = V_{ab} - RI \text{ [V]} \tag{1-34}$$

의 관계가 있다. 이것은 V_{ab}가 부하의 단자 c, d에 이르는 동안에 도선의 저항 R 때문에 RI의 전압이 떨어지는 것을 뜻하며, 이때의 RI를 R에 의한 전압 강하라고 한다.

3-8 배율기와 분류기

가동 코일형 계기는 구조상 수십 mA 이하의 전류밖에 통할 수 없게 되어 있으므로 이 계기를 그대로 사용하면 수십 mA의 전류밖에 측정할 수 없다. 따라서 이것으로 전압이나 전류를 측정할 때 측정 범위를 확대하고자 하는 경우에는 배율기와 분류기를 사용해야 한다.

(1) 배율기(multiplier)

전압계의 측정 범위를 확대하기 위하여 사용하는 저항으로서 [그림 1-24]와 같이 내부 저항 $r_v [\Omega]$의 전압계에 직렬로 $R_m [\Omega]$의 저항을 접속하고 이것에 V[V]의 전압을 가할 때 전압계는 몇 V를 표시할 것인가를 조사해 보자.

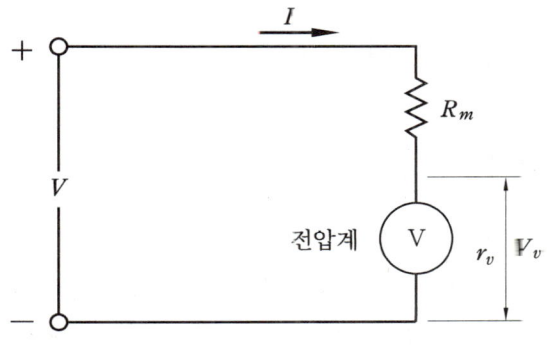

[그림 1-24] 배율기의 원리

그림에서 전압계 ⓥ는 이것의 내부 저항의 전압 강하를 지시하므로 다음과 같이 된다.

$$V_v = r_v I = \frac{r_v V}{r_v + R_m}$$

$$\therefore V = \frac{r_v - R_m}{r_v} V_v = \left(1 + \frac{R_m}{r_v}\right) V_v = mV_v \tag{1-36}$$

이때 R_m을 배율기 저항, n을 배율기의 배율이라고 한다.

(2) 분류기(shunt)

전류계의 측정 범위를 확대하기 위하여 사용하는 저항으로서 [그림 1-25]와 같이 내부 저항 $r_a[\Omega]$의 전류계에 병렬로 $R_s[\Omega]$의 저항을 접속하고 이것에 $I[A]$의 전류를 흘릴 때 전류계에 흐르는 전류 $I_a[A]$는 어떻게 되는가를 조사해 보자.

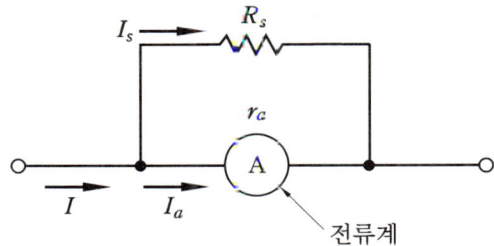

[그림 1-25] 분류기의 원리

$$I_a = \frac{R_s}{R_s + r_a} I$$

$$\therefore I = \frac{R_s + r_a}{R_s} I_a = (1 + \frac{r_a}{R_s}) I_a = n I_a \tag{1-37}$$

즉, 전류계에 병렬로 저항 R_s를 접속하면 전류계 지시의 $n = (1 + \frac{r_a}{R_s})$배의 전류를 측정할 수 있다. 이때 R_s를 전류계의 분류기 저항, n을 분류기의 배율이라고 한다.

분류기나 배율기를 사용하여 1개의 계기로 두 가지 이상의 전압이나 전류를 측정할 수 있는 계기를 만들 수 있다. 배전반용 계기는 일반적으로 소형(30A 정도) 계기와 대형(100A 정도) 계기가 있으며 분류기를 내장하고 있다. 그러나 그 이상의 전류에 대해서는 외부 설치용 분류기를 사용하며 휴대용 계기 중 소전류용에는 내장 분류기, 대전류용에는 외부 설치용 분류기가 사용된다.

4. 전 력

4-1 전 력

각종 전기 및 전자 기기에 전원을 인가하여 전류를 흘리면, 기기는 부하로 사용되어 일을 하게 되며 기기가 하는 일은 전압과 전류의 곱에 비례한다. 여기서, 전기가 단위 시간에 하는 일의 양, 엄밀하게는 단위 시간에 변환 또는 전송되는 에너지를 전력(electric power)이라 하며 MKS 단위로는 와트(watt, W)가 쓰인다.

1W는 매초 변환되는 에너지가 1J일 때의 전력을 말하며, 따라서 변환되는 에너지 W[J]이 시간적으로 일정할 때 전력 P는

$$P = \frac{W}{t} [\text{W}] \tag{1-38}$$

가 된다.

또한 1W는 1초 동안에 전압 1V로 1A의 전류가 흐를 때의 전력으로도 정의되며, 전압이 V[V]이고 전류가 I[A]일 때의 전력 P[W]는 다음과 같은 식으로 나타낼 수 있다.

$$P = V \times I = V \times \frac{V}{R} = I^2 R [\text{W}] \tag{1-39}$$

전력의 실용 단위로는 킬로와트(kW)와 마력(horsepower : HP)이 많이 쓰이며, 1kW =1,000W, 1HP=746W의 관계가 있다.

> **예제**
> 어떤 전열기에 220V의 전압을 인가하여 10A의 전류를 흘릴 때 이 전열기의 전력을 구하라.
>
> **풀이** 전압 220V, 전류 10A이므로
> 전력 $P = 220 \times 10 = 2,200\text{W} = 2.2\text{kW}$

4-2 전력의 측정

우리들의 일상생활 주변에는 전열기, 전등, 에어컨, 냉장고 등과 같은 전기 기구와 공장 등에서 사용하는 전동기와 같은 전기 기계 등이 있다. 이와 같은 전기 기구나 기계 장치 등에서 사용되는 전력을 측정하기 위해서는 일반적으로 전력계(power meter)를 사용하며, 전력계 대신에 전압계와 전류계를 이용하여 전력을 측정할 수도 있다.

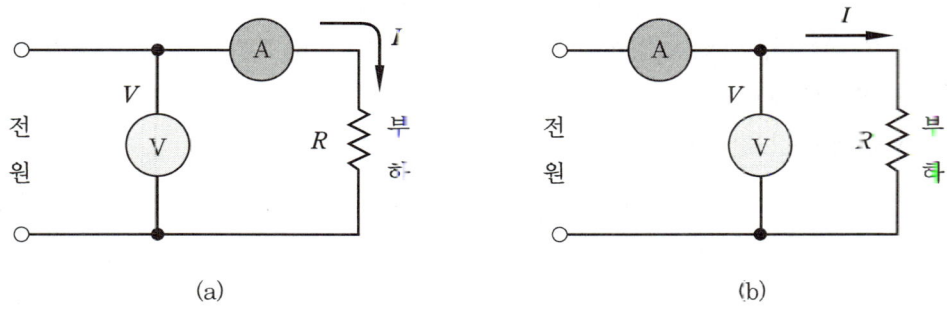

[그림 1-23] 전력의 측정

[그림 1-26]은 전압계와 전류계를 이용하여 전력을 측정하는 회로를 나타낸 것으로 전압계는 측정하고자 하는 부하와 병렬로 연결하고, 전류계는 측정하고자 하는 부하와 직렬로 연결한 후 전원을 투입하면 전압계, 전류계의 지침이 움직여 임의의 값을 지시한다.

이때 지시한 전압값과 전류값을 산술적으로 곱한 결과가 부하에서 소비된 전력의 크기를 나타내게 된다. 또한, 전력계를 사용하여 전력을 측정할 수 있으며 전력계를 연결할 때 전류 단자는 부하와 직렬로 연결하고 전압 단자는 부하와 병렬로 연결한다.

4-3 전력의 응용과 전력량, 효율

전기가 저항이 있는 곳을 통하면 열이 발생한다. 이러한 성질을 이용한 것이 전열기나 전등이다. 실험 결과 전열기에서 발생하는 열은 같은 발열체라도, 전류의 크기를 2배로 하면 발생하는 열량은 4배가 되며, 동일한 크기의 전류 조건에서 저항이 2배로 되면 발생하는 열량도 2배가 된다.

즉 전선에 전류가 흐를 때 발생하는 열 $H[J]$는 전선의 저항 $R[\Omega]$과 전선에 흐르는 전류의 크기 $I[A]$의 제곱에 비례한다. 발생하는 열량 $H[J]$는 실제로는 시간 $t[s]$를 고려한 줄의 법칙(Joule's law)으로부터 다음 식으로 표현할 수 있다.

$$H = I^2 \times R \times t \,[\text{J}] = 0.24 \times I^2 \times R \times t \,[\text{cal}] \tag{1-40}$$

1칼로리(cal)는 1g의 물의 온도를 1℃(14.5℃~15.5℃) 높이는 데 필요한 열량으로 1cal=4.2J의 관계를 갖는다.

우리들이 일반적으로 사용하는 전선에 많은 전류가 흐르면 온도가 높아져서 전선에 피복되어 있는 절연물의 특성이 변하여 전선으로 사용할 수 없게 된다. 그러므로 전선의 구리선을 굵게 하면 단면적이 커져 저항이 작아지므로 발생하는 열도 적어져서 온도가 올라가지 않는다. 이로 인하여 어떤 굵기의 전선에는 몇 A까지 전류를 흘려도 좋다는 것을 규칙으로 정하고 있다. 이와 같이 정해진 전류를 허용 전류라 한다. [표 1-6]에 전선의 허용 전류값을 표시하였다.

[표 1-6] 전선의 허용 전류

소선수/소선의 지름(mm)	허용 전류(A)
30/0.18	7
50/0.18	12
37/0.26	17
45/0.32	23
70/0.32	35

지름(mm)	허용 전류(A)	
	옥내용	옥외용
1.2	19	19
1.6	27	27
2.0	35	35

2.6	13	48
3.2	32	63
4.0	31	83
5.0	107	110

1kW의 전력을 1시간 사용했을 때의 전기의 사용량을 1kWh라 하며, 이것을 전력량이라 한다. 전력량이 소용량인 경우는 와트시(Wh) 또는 와트초(Ws)의 단위를 사용하고, 1Wh는 1W의 전력을 1시간 사용했을 때의 전력량이며 1Ws는 1W의 전력을 1초 동안 사용했을 때의 전력량을 의미한다.

또한, 1Ws의 전력량으로 전기가 한 일이 1[J]이므로, P[W]의 전력을 t[s] 동안 사용했을 때의 전력량은 다음과 같은 식으로 나타낼 수 있다.

$$\left. \begin{array}{l} P[\text{Ws}] = P[\text{W}] \times t[\text{s}] \\ P[\text{kWh}] = P[\text{kW}] \times t[\text{h}] \end{array} \right\} \quad (1\text{-}41)$$

효율(efficiency)이란 출력 에너지와 입력 에너지의 비로서 손실로 에너지를 얼마나 잃었는지, 즉 얼마나 입력 에너지가 유효하게 작용하는지를 나타내는 것으로 능률이라고도 한다.

$$\text{효율} = \frac{\text{출력}}{\text{입력}} \text{ 또는 효율} = \frac{\text{입력} - \text{손실}}{\text{입력}} = \frac{\text{출력}}{\text{출력} + \text{손실}} \quad (1\text{-}42)$$

예제

어느 가정에서 60W의 전구 5개를 6시간, 40W의 전구 4개를 5시간, 900W의 오븐 1개를 1시간, 600W의 청소기를 30분, 500W의 전열기를 2시간, 100W의 TV를 5시간 사용하는 경우 이 가정에서 사용하는 하루의 전력량을 구하라.

풀이 60W의 전구 5개를 6시간 사용한 전력량 : 60W×5개×6h = 1,800Wh
40W의 전구 4개를 5시간 사용한 전력량 : 40W×4개×5h = 800Wh
900W의 오븐 1개를 1시간 사용한 전력량 : 900W×1개×1h = 900Wh
600W의 청소기를 30분간 사용한 전력량 : 600W×1개×0.5h = 300Wh
500W의 전열기를 2시간 사용한 전력량 : 500W×1개×2h = 1,000Wh
100W의 TV를 5시간 사용한 전력량 : 100W×1개×5h = 500Wh
따라서, 하루 사용한 총 전력량 P[Wh]는 다음과 같다.
P[Wh] = 1,800+800+900+300+1,000+500 = 5,300Wh = 5.3kWh

5. 인덕턴스

5-1 인덕턴스의 정의

인덕터(inductor)는 전선을 원통에 몇 회 감은 코일의 전기적인 기능을 나타내는 용어이며, 실제의 부품은 [그림 1-27]과 같이 원통에 감은 것, 철이나 페라이트의 자성체에 코일을 감은 것, 두 개의 권선을 갖는 트랜스 등 여러 가지가 있다.

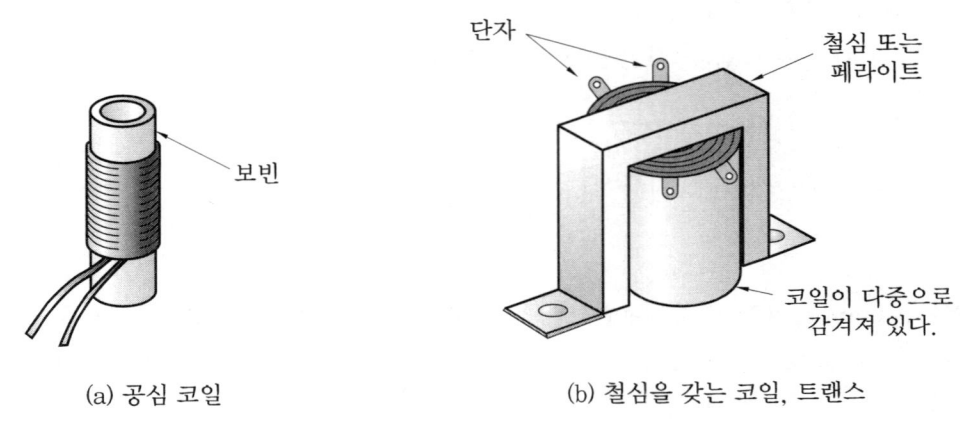

(a) 공심 코일 (b) 철심을 갖는 코일, 트랜스

[그림 1-27] 인덕턴스를 갖는 부품들

인덕터는 철심 또는 부도체에 감겨 있거나 공심(air core)을 갖는다. 인덕터를 코일(coil) 또는 초크(choke)라고도 한다. 인덕터는 일정의 인덕턴스를 가지며 인덕턴스의 단위는 헨리[H]이다.

인덕터가 가지는 인덕턴스는 권선 수 및 철심의 성질에 의하여 결정되며, 보통 수 μH에서 수 H의 범위의 것이 사용되고 있다.

인덕터는 [그림 1-28]에 나타낸 것과 같이 인덕터 내부를 통하여 연결되는 자계를 형성한다. 전류가 통하고 있는 도체에는 인덕턴스와 자계가 존재하고 도선을 감아 코일을 형성하면 이 효과는 증가하며, 특히 투자율이 높은 자성재료를 사용하는 경우는 인덕턴스의 증가와 더불어 자계의 강도가 보다 강하게 된다.

1H는 매초 1A의 전류 변화에 의해 그 양단에 1V의 전압이 유기되는 코일의 인덕턴스로 정의한다. 그 전기적인 성질이 주로 인덕턴스로 되는 구체적인 실물을 인덕터 또는

통상 코일이라고 한다.

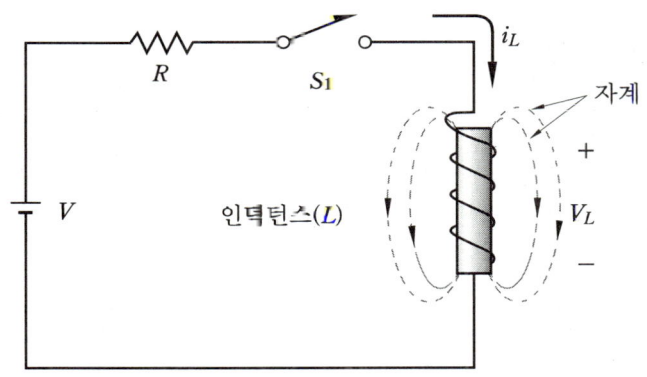

[그림 1-28] 직렬 유도성 부하

5-2 인덕턴스의 전류 특성

[그림 1-29]의 (a)와 같이 인덕터를 흐르는 전류는 순간적으로 급격히 변화할 수 없다. 왜냐하면 전류가 어떤 한 값에서 다른 값으로 순간적으로 변화하려면 전류의 시간 변화, 즉 $\frac{di}{dt}$가 무한대가 되어야 하므로 $v = L\frac{di}{dt}$로부터 무한대의 단자 전압(기전력)이 필요하기 때문이다.

따라서 인덕터를 흐르는 전류는 [그림 1-29]의 (b)특성 곡선과 같이 연속적으로만 변화한다.

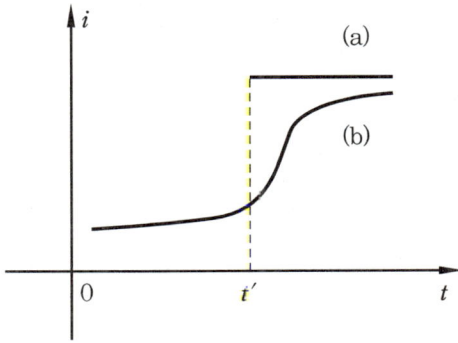

[그림 1-29] 인덕턴스 내에서의 전류 특성

5-3 인덕턴스의 연결

(1) 인덕턴스의 직렬 연결

[그림 1-30]과 같이 n개의 인덕턴스가 직렬 연결된 회로 (a)와 하나의 인덕턴스 L_0 만으로 구성된 회로 (b)에 같은 전압 v_0가 인가되어 역시 같은 크기의 전류 i_0가 유입된다면 인덕턴스 L_0는 직렬 접속된 n개 인덕턴스에 대한 합성 인덕턴스라 할 수 있다.

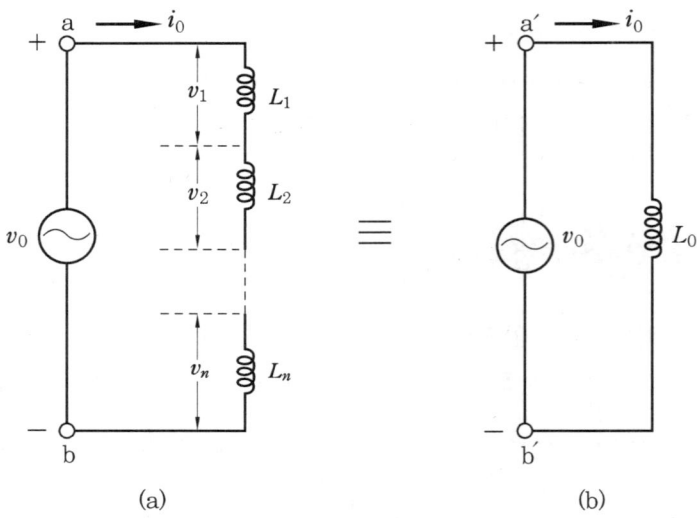

[그림 1-30] 인덕턴스의 직렬 연결

[그림 1-30]의 (a)에서 보면 전압 v_0는 각 인덕턴스 양 단자에 형성되는 전위차의 합으로 표시되며 각 인덕턴스에 흐르는 전류는 일정하므로

$$\left.\begin{aligned} v_0 &= v_1 + v_2 + \cdots\cdots + v_n \\ &= L_1 \frac{di_0}{dt} + L_2 \frac{di_0}{dt} + \cdots\cdots + L_n \frac{di_0}{dt} \\ &= (L_1 + L_2 + \cdots\cdots + L_n) \frac{di_0}{dt} \end{aligned}\right\} \qquad (1\text{-}43)$$

[그림 1-30]의 (b)에서는

$$v_0 = L_0 \frac{di_0}{dt} \qquad (1\text{-}44)$$

가 된다. 따라서 식 (1-43), (1-44)로부터 직렬 합성 인덕턴스 L_0는

$$L_0 = L_1 + L_2 + \cdots\cdots + L_n \tag{1-45}$$

이 되어 저항을 직렬 연결하는 것과 같다.

(2) 인덕턴스의 병렬 연결

[그림 1-31]의 (a), (b) 회로에 같은 전압 v_0를 인가해서 같은 전류 i_0가 두 회로에 유입된다면 [그림 1-31] (b)의 인덕턴스 값 L_0는 병렬 연결된 n개 인덕턴스에 대한 합성 인덕턴스가 된다.

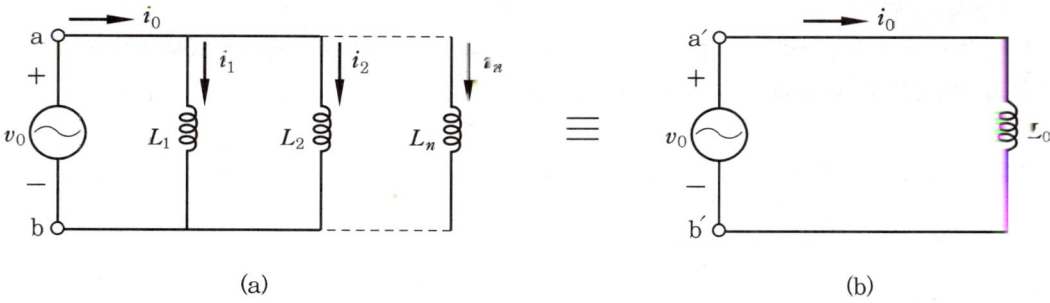

[그림 1-31] 인덕턴스의 병렬 연결

[그림 1-31]의 (a)에서 보면 병렬 회로이므로 각 인덕턴스 양단의 전압은 v_0로 모두 같고 각 인덕턴스에 유입되는 모든 전류의 합은 전체 유입 전류 i_0와 같다. 따라서 i_0는 다음과 같이 쓸 수 있다.

$$\left. \begin{aligned} i_0 &= i_1 + i_2 + \cdots\cdots + i_n \\ &= \frac{1}{L_1}\int v_0 dt + \frac{1}{L_2}\int v_0 dt + \cdots\cdots + \frac{1}{L_n}\int v_0 dt \\ &= \left(\frac{1}{L_1} + \frac{1}{L_2} + \cdots\cdots + \frac{1}{L_n}\right)\int v_0 dt \end{aligned} \right\} \tag{1-46}$$

[그림 1-36]의 (b)에서

$$i_0 = \frac{1}{L_0}\int v_0 dt \tag{1-47}$$

이므로 식 (1-46), (1-47)로부터 합성 인덕턴스 L_0는

$$\frac{1}{L_0} = \frac{1}{L_1} + \frac{1}{L_2} + \cdots\cdots + \frac{1}{L_n}$$

또는

$$L_0 = \frac{1}{\dfrac{1}{L_1} + \dfrac{1}{L_2} + \cdots\cdots + \dfrac{1}{L_n}} \tag{1-48}$$

이 되어 병렬 저항의 합성과 마찬가지로 합성 인덕턴스 값이 감소된다.

예제

어떤 코일에 흐르는 전류가 0.1초 사이에 일정하게 40A에서 10A로 변할 때 30V의 유도 기전력이 발생한다면 이때 코일의 자기 인덕턴스는 얼마인가?

풀이 유도 기전력의 크기 $e = L\dfrac{di}{dt}$ 로부터

$$L = e \cdot \frac{dt}{di} = 30 \times \frac{0.1}{40-10} = 0.1\text{H} = 100\text{mH}$$

예제

$L = 10$H인 인덕터에 $i(t) = 10e^{-3t}$ [A]인 전류를 가할 때 L의 단자 전압을 구하라.

풀이 $v(t) = L\dfrac{di}{dt} = 10 \times \dfrac{d(10e^{-3t})}{dt} = -300e^{-3t}$ [V]

6. 커패시턴스

6-1 정전 용량

전하(electric charge)를 축적할 목적으로 두 개의 도체 사이에 절연물 또는 유전체를 삽입한 것을 콘덴서(condensor) 또는 커패시터(capacitor)라 한다.

콘덴서의 두 전극 사이에 V[V]의 전압을 가하면 전하량 Q는 다음과 같다.

$$Q = CV [\text{C}] \tag{1-49}$$

여기서, 비례 정수 C를 용량 계수 드는 정전 용량(capacitance)이라 한다. 한쪽 극판의 전하가 $+Q[\text{C}]$이면 반대편 극판에는 반드시 $-Q[\text{C}]$의 전하가 생긴다. 정전 용량 C는 도체가 전하를 축적할 수 있는 전하의 축적 능력을 표시하는 정수이다.

식 (1-49)를 정전 용량의 식으로 나타내면

$$C = \frac{Q}{V} [\text{F}] \tag{1-50}$$

로 쓸 수 있다.

1F는 양 극판 간에 1V의 전압이 인가될 때 양 극판에 축적되는 정·부 전하량이 각각 1C이 되는 커패시터의 용량을 말한다. 양 극판에 정·부 전하가 1C씩 유입됨으로써 극판 간에 1V의 전위차가 형성되는 커패시터의 용량이라고도 할 수 있다.

따라서 용량이 크다는 것은 양 극판 간의 전위차를 단위 볼트(1V) 높이는 데 보다 많은 전하의 주입이 요구된다는 것을 의미한다. 정전 용량의 단위는 F(farad)이지만 1F의 단위는 매우 큰 값이기 때문에 대개는 μF, pF 등이 쓰인다.

$1\mu\text{F} = 10^{-6}\text{F}$

$1\text{pF} = 10^{-12}\text{F}$

커패시턴스 C값은 극판의 유효 면적 S 및 극판간 절연체의 유전율 ε에 비례하며 극판의 거리 d에 반비례하게 된다.

$$C \propto \frac{\varepsilon S}{d} [\text{F}] \tag{1-51}$$

정전 용량을 크게 하기 위해서는 도체간의 간격 $d[\text{m}]$를 충분히 작게 할 필요가 있다. 따라서, 도체 간에 절연 내력을 갖는 얇은 절연물을 삽입하는 것이 일반적이다. 콘덴서 내부에 유전체를 삽입한 일반적인 콘덴서의 경우, 진공의 유전율을 $\varepsilon_0 (= 8.85 \times 10^{-12}$ F/m), 콘덴서 내부 유전체의 비유전율(relative permittivity)을 ε_r이라 하면 정전 용량 $C[\text{F}]$는 다음과 같이 나타낼 수 있다.

$$C = \varepsilon_0 \varepsilon_r \frac{S}{d} \tag{1-52}$$

유전체로 흔히 사용되는 대표적인 재료의 비유전율을 [표 1-7]에 나타내었다. 운모의 비유전율은 공기의 비유전율의 5배 정도이므로 그 판의 면적이 같고 극판 사이의 이격거리가 동일하면 커패시턴스는 5배가 된다.

따라서 콘덴서의 용량을 크게 하기 위해서는 금속판의 면적을 넓게 하거나 금속판과 금속판 사이의 간격을 좁게 하는 방법과 금속판 사이에 넣는 절연물의 비유전율이 큰 것을 사용하는 방법 등이 있다.

[표 1-7] 비유전율

유 전 체	비유전율(ε_r)	유 전 체	비유전율(ε_r)
진 공	1.0	운 모	5.0
공 기	1.006	자 기	6.0
테플론	2.0	베이클라이트	7.0
파라핀 종이	2.5	유 리	7.5
고 무	3.0	물	80.0
변압기유	4.0		

예제
100μF의 콘덴서에 100V의 직류 전압을 인가하면 충전되는 전하량(C)은 얼마인가?

식 (1-49)에서 전하량 $Q = CV$ 이므로
$Q = 100 \times 10^{-6} \times 100 = 10^{-2}\,\text{C}$

예제
면적 10m²의 금속판을 2mm 간격으로 하였을 때 이 금속판 사이의 정전 용량 C를 계산하라.

풀이 정전 용량 C는 $\varepsilon_0 = 8.855 \times 10^{-12}$일 때

$C = 8.855 \times 10^{-12} \times \dfrac{10}{2 \times 10^{-3}}$

$\quad = 4.4275 \times 10^{-8}\,\text{F}$

$\quad = 442.75\,\mu\text{F}$

예제
면적이 5m²이고 금속판의 간격이 1mm일 때 운모를 유전체로 사용하는 콘덴서의 정전 용량 C를 계산하라.

[풀이] [표 1-7]에서 운모의 비유전율이 5이므로 식 (1-52)를 이용하면

$$C = \varepsilon_0 \varepsilon_s \frac{S}{d}$$
$$= 8.855 \times 10^{-12} \times 5 \times \frac{5}{1 \times 10^{-3}}$$
$$= 221.375 \times 10^{-9} \text{F} = 221375 \text{pF} = 0.221 \mu\text{F}$$

6-2 콘덴서의 종류

커패시터(정전 용량 C를 갖는 회로 부품) 또는 콘덴서에는 여러 종류가 있다. 이들은 정전 용량, 사용 전압, 사용 주파수 값 등 전기적 특성 외에 목적에 따라서 여러 가지로 구분된다. 콘덴서는 정전 용량이 고정된 고정 콘덴서(fixed condenser)와 정전 용량을 가변할 수 있는 가변 콘덴서(variable condenser)로 크게 나눌 수 있다.

일반적으로 다양하게 사용되는 고정 콘덴서는 전극 간에 삽입하는 절연물의 종류 및 유전체 박막을 제조하는 방법 등에 따라 종이 콘덴서(paper condenser), 마이카 콘덴서(mica condenser), 세라믹 콘덴서(ceramic condenser), 전해 콘덴서(electrolytic condenser) 등이 사용되고 있다.

종이 콘덴서는 알루미늄 박막 사이에 절연지를 감아 놓은 형태이고, 마이카 콘덴서는 운모(mica)와 금속 박막으로 되어 있으나, 운모 위에 은을 발라서 표준 전극을 만들며, 온도 변화에 의한 용량 변화가 작고 절연 저항이 높은 우수한 특성을 가져 표준 콘덴서로 이용된다.

세라믹 콘덴서는 비유전율이 큰 산화티탄 등을 유전체로 사용하고, 전해 콘덴서는 다공성의 종이 등에 전해액을 흡수시킨 절연지와 알루미늄박을 샌드위치로 하여 원형으로 둘둘 말은 형식이며, 크기에 비해 용량이 크다는 장점이 있으나 온도가 올라가면 전기 분해가 일어나 사용할 수 없게 되는 단점이 있다.

가변 콘덴서는 [그림 1-32]와 같이 알루미늄 한쪽 전극은 고정해 두고 다른 쪽의 전극은 가변이 가능하도록 하여 극판 간격 중복 면적의 변화로 인해 정전 용량이 변하는 구조로 되어 있다.

라디오(radio)에 붙어 있는 방송국을 선택하는 동조용 손잡이를 돌리는 것은 이 원리를 응용한 것이다.

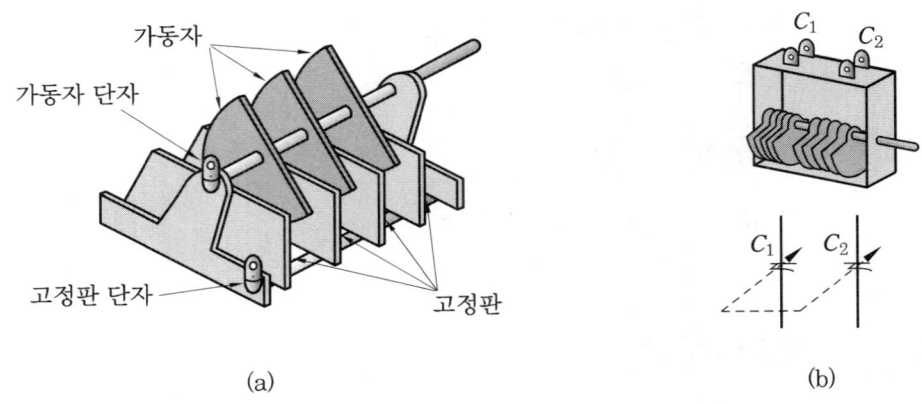

[그림 1-32] 용량 가변 콘덴서의 구조와 원리

콘덴서는 본체에 정전 용량(단위는 μF)과 정격 사용 전압(단위는 V)의 값이 숫자로 직접 표시되어 있다. 또 [그림 1-33]과 같이 저항의 색코드에 해당하는 숫자로 용량을 표시하는 경우도 있다. 콘덴서의 정격 사용 전압은 연속하여 사용 가능한 직류 전압으로 정격 이상의 전압을 가하면 누설 전류가 증가하여 발열되므로 특성을 저하시키고 경우에 따라서는 절연을 파괴하기도 한다.

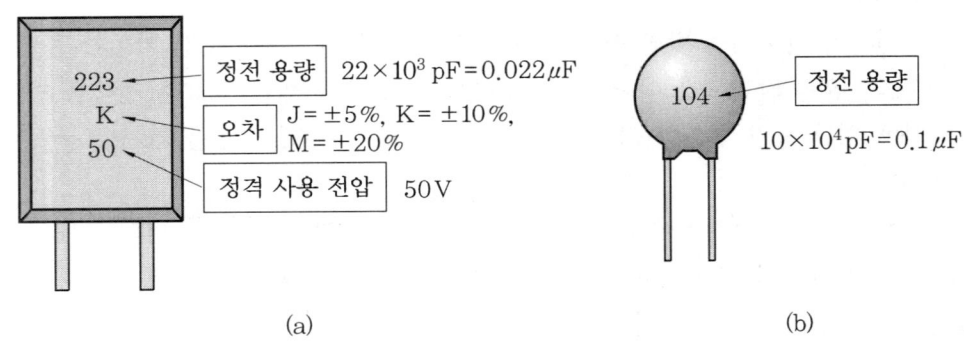

[그림 1-33] 콘덴서의 용량 표기법

6-3 콘덴서의 연결

(1) 콘덴서의 직렬 연결

콘덴서는 도체 간의 정전 용량을 이용하여 전하를 축적할 목적으로 사용한다. 하나의 콘덴서에 인가할 수 있는 전압은 한계가 있으므로 콘덴서에 걸리는 전압의 크기가 커지면 두 개 이상의 콘덴서를 직렬로 연결하여 사용한다.

[그림 1-34]는 정전 용량 C_1, C_2, C_3[F]인 3개의 콘덴서를 직렬로 연결하고 양단에 전압(V)을 가한 경우이다. 그림과 같이 C_1 의 Ⓐ측 전극판에는 $+Q$[C]의 전하가 축적되고 Ⓑ측 전극판에는 $-Q$[C]의 전하가 생긴다. C_2 의 Ⓒ측 전극판에는 $+Q$[C]의 전하가, Ⓓ측 전극판에는 $-Q$[C]의 전하가 축적된다. 또한 C_3 의 Ⓔ측 전극판에는 $+Q$[C]의 전하가, Ⓕ측 전극판에는 $-Q$[C]의 전하가 생긴다.

이와 같이 각 전극의 한쪽에 전하가 주어지면 다른 쪽의 전극에는 이것과 극성이 반대이고 크기가 같은 전하가 나타난다.

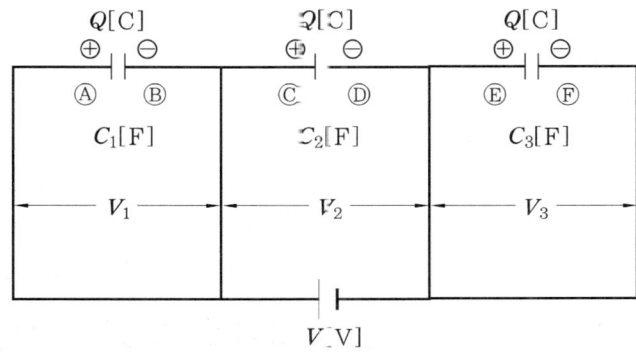

[그림 1-34] 콘덴서의 직렬 연결

따라서 콘덴서를 직렬로 연결했을 때 각각의 콘덴서에 축적되는 전하는 동일하게 되기 때문에 각 콘덴서에 인가한 전압을 V_1, V_2, V_3[V]라 하고 전체의 전압을 V라 하면 다음과 같은 관계가 성립된다.

$$V_1 = \frac{Q}{C_1}[V], \quad V_2 = \frac{Q}{C_2}[V], \quad V_3 = \frac{Q}{C_3}[V] \tag{1-53}$$

$$V = V_1 + V_2 + V_3 [V]$$

$$= \frac{Q}{C_1} + \frac{Q}{C_2} + \frac{Q}{C_3} = Q\left(\frac{1}{C_1} + \frac{1}{C_2} + \frac{1}{C_3}\right) \tag{1-54}$$

따라서, 합성 정전 용량 C[F]는 다음과 같이 쓸 수 있다.

$$C = \frac{Q}{V} = \frac{Q}{Q\left(\frac{1}{C_1} + \frac{1}{C_2} + \frac{1}{C_3}\right)} = \frac{1}{\frac{1}{C_1} + \frac{1}{C_2} + \frac{1}{C_3}}[F] \tag{1-55}$$

각각의 정전 용량이 C_1, C_2, C_3 ……, C_n인 커패시터 n개가 직렬로 연결된 경우 합성 커패시턴스를 C_0라 하면

$$\frac{1}{C_0} = \frac{1}{C_1} + \frac{1}{C_2} + \frac{1}{C_3} + \cdots\cdots + \frac{1}{C_n}$$

또는

$$C_0 = \frac{1}{\frac{1}{C_1} + \frac{1}{C_2} + \frac{1}{C_3} + \cdots\cdots + \frac{1}{C_n}} \tag{1-56}$$

가 된다.

즉, 콘덴서를 직렬로 연결했을 때 정전 용량의 합은 각각의 콘덴서의 정전 용량의 역수의 합의 역수와 같다. 같은 용량의 콘덴서 2개를 직렬로 연결했을 때의 합성 정전 용량은 하나의 정전 용량의 1/2이 되고, 4개를 직렬로 연결하면 합성 정전 용량은 하나의 정전 용량의 1/4이 된다. 커패시턴스를 직렬로 연결하면 합성 정전 용량이 감소된다는 것 외에 각 커패시터에 축적되는 전하량이 같기 때문에 각 커패시터 양단에 형성되는 전위차는 $Q = CV$에 의해 각각의 용량에 반비례한다.

$$V_1 : V_2 : \cdots\cdots : V_n = \frac{1}{C_1} : \frac{1}{C_2} : \cdots\cdots : \frac{1}{C_n} \tag{1-57}$$

(2) 콘덴서의 병렬 연결

[그림 1-35]는 정전 용량 C_1, C_2, C_3[F]인 3개의 콘덴서를 병렬로 연결하고 양 단자 사이에 V[V]의 전압을 인가한 회로이다.

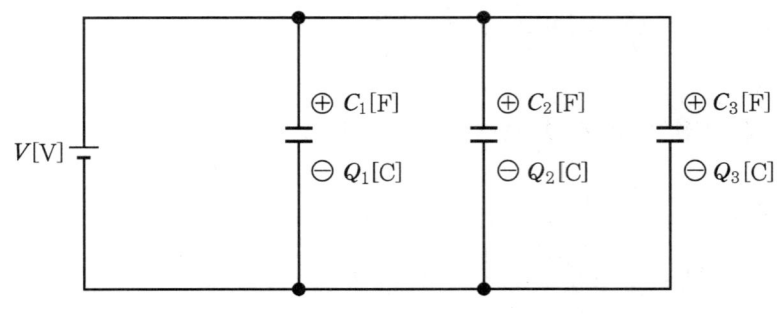

[그림 1-35] 콘덴서의 병렬 연결

각 콘덴서에 축적되는 전하량 Q_1, Q_2, Q_3[C]은 각각의 콘덴서의 정전 용량에 비례하므로 회로 전체에 축적되는 전하를 Q[C]라 하면 다음과 같은 관계가 성립된다.

$$Q_1 = C_1 V [C], \quad Q_2 = C_2 V [C], \quad Q_3 = C_3 V [C]$$
$$Q = Q_1 + Q_2 + Q_3 = C_1 V + C_2 V + C_3 V = V(C_1 + C_2 + C_3)$$
(1-58)

따라서, 합성 정전 용량 C[F]는 다음과 같이 된다.

$$C = \frac{Q}{V} = C_1 + C_2 + C_3 [F]$$
(1-59)

각각의 정전 용량이 C_1, C_2, C_3, ……, C_n인 n개의 커패시터가 병렬로 접속될 경우 합성 커패시턴스를 C_0라 하면

$$C_0 = C_1 + C_2 + C_3 + \cdots + C_n$$
(1-60)

가 된다.

콘덴서를 병렬 연결하면 커패시터 양 극판의 면적이 증대되는 것과 같은 물리적 효과가 있어 합성 정전 용량은 각각의 콘덴서 용량의 합과 같게 된다.

예제

정전 용량이 같은 콘덴서 2개를 직렬로 연결했을 때의 합성 정전 용량을 C_s, 병렬로 연결했을 때의 합성 정전 용량을 C_p라고 할 때 C_p는 C_s의 몇 배가 되는가?

풀이 콘덴서의 정전 용량을 C_0라 하면

직렬 연결 시 : $C_s = \dfrac{C_0 \cdot C_0}{C_0 + C_0} = \dfrac{C_0}{2}$

병렬 연결 시 : $C_p = C_0 + C_0 = 2C_0$

$$\therefore \frac{C_p}{C_s} = \frac{2C_0}{\dfrac{C_0}{2}} = 4$$

병렬로 연결했을 때가 직렬로 연결했을 때보다 4배 크게 된다.

예제

다음 그림과 같은 회로에서 합성 정전 용량과 $3\mu F$에 걸리는 전압 $V_2[V]$를 구하라.

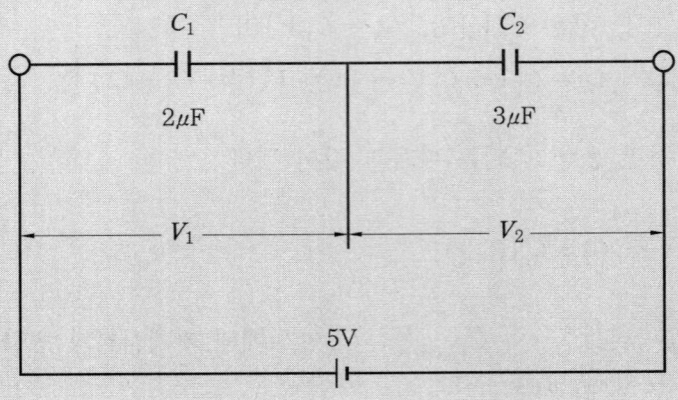

풀이 정전 용량 C_1과 C_2가 직렬 연결이므로 합성 정전 용량 C는

$$C = \frac{C_1 C_2}{C_1 + C_2} = \frac{2 \times 3}{2 + 3} = \frac{6}{5} = 1.2 \mu F$$

$3\mu F$에 걸리는 전압 V_2는

$$V_2 = \frac{C_1}{C_1 + C_2} V = \frac{2}{2+3} \times 5 = \frac{2}{5} \times 5 = 2V$$

Chapter 01 연습 문제

1. 기전력 2V, 내부 저항 0.5Ω의 전지 9개가 있다. 이것을 3개씩 직렬로 하여 3조 병렬 접속한 것에 부하 저항 1.5Ω을 접속하면 부하 전류(A)는?

㉮ 1.5　　㉯ 3　　㉰ 4.5　　㉱ 5

2. 그림과 같은 회로에 있어서 단자 a, b 사이에 24V의 전압을 가하여 2A의 전류를 흘리고 또한 R_1, R_2에 흐르는 전류를 1 : 2로 하고자 한다. R_1의 값(Ω)은?

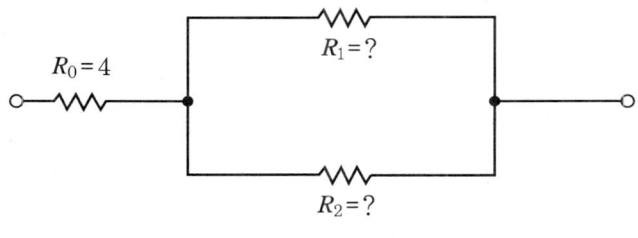

㉮ 3　　㉯ 6　　㉰ 12　　㉱ 24

3. 일정 전압의 직류 전원에 저항을 접속하고 전류를 흘릴 때 이 전류값을 20% 증가시키기 위해서는 저항값을 몇 배로 하여야 하는가?

㉮ 1.25배　　㉯ 1.20배　　㉰ 0.83배　　㉱ 0.80배

4. 그림과 같은 회로의 저항 R_4에서 소비되는 전력(W)은?

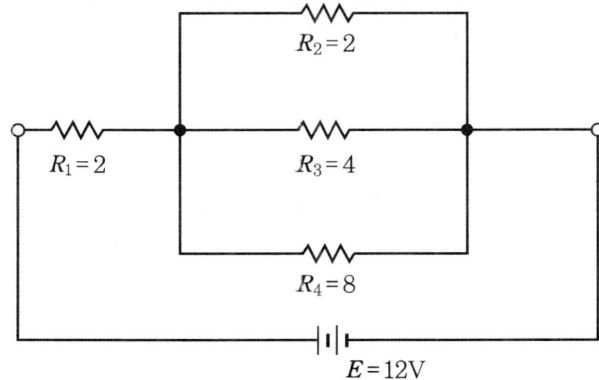

㉮ 2.38　　㉯ 4.76　　㉰ 9.52　　㉱ 29.2

5. 어떤 전압계의 측정 범위를 20배로 하려면 배율기의 저항 R_m을 전압계의 저항 R_s의 몇 배로 해야 하는가?
   ㉮ 30   ㉯ 10   ㉰ 19   ㉱ 29

6. 100V, 60W의 전구에 50V를 가했을 때의 전류는?
   ㉮ 0.3A   ㉯ 0.4A   ㉰ 0.5A   ㉱ 0.6A

7. 정격 전압에서 1kW 전력을 소비하는 저항에 정격의 70%의 전압을 가할 때의 전력(W)은?
   ㉮ 490   ㉯ 580   ㉰ 640   ㉱ 860

8. $i = 3t^2 + 2t$로 표시되는 전류가 도체에 30초간 흘렀을 때 통과한 전체 전기량(Ah)은?
   ㉮ 4.25   ㉯ 6.75   ㉰ 7.75   ㉱ 8.25

9. 20Ω의 저항에 120V의 전압을 가했을 때 회로에 흐르는 전류는 몇 A인가?
   ㉮ 3   ㉯ 6   ㉰ 9   ㉱ 12

10. 0.5A의 전류가 1시간 동안 흐르면 전기량은 몇 C인가?
    ㉮ 1,200   ㉯ 1,400   ㉰ 1,600   ㉱ 1,800

Chapter 02 교류 회로

1. 정현파 교류

전기 회로에는 전원과 회로 소자의 종류 및 상태에 따라 시간적으로 변화하는 전류가 흐른다. [그림 2-1]의 (a)와 같이 시간의 변화에 관계없이 그 크기와 방향이 일정한 전류를 직류(DC : direct current)라 하며, 시간의 변화에 따라 그 크기와 방향이 주기적으로 변화하는 전류를 교류(AC : alternating current)라 한다.

교류 중에서도 그 변화가 [그림 2-1]의 (b)와 같이 정현적일 때 정현파(sinusoidal wave) 교류라 하며, [그림 2-1]의 (c)와 같이 정현파가 일그러진 모양의 파형을 왜형파(distdrted wave) 또는 비정현파(nonsinusoidal wave) 교류라 한다. 일반적으로 교류라 함은 정현파를 의미한다.

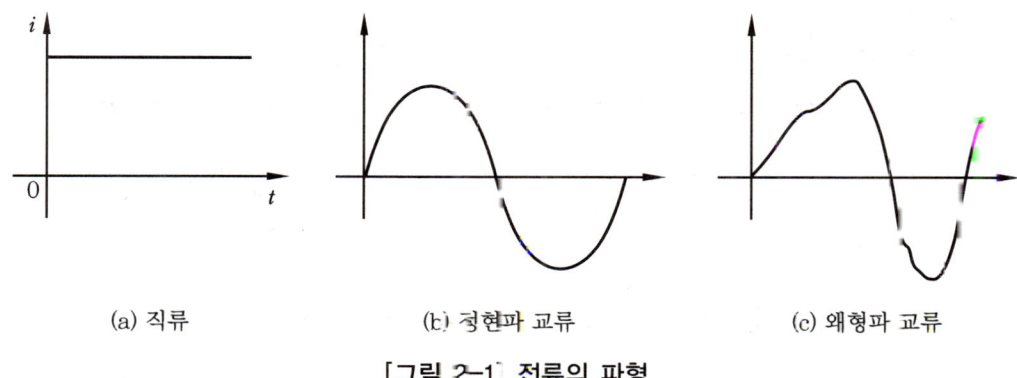

(a) 직류   (b) 정현파 교류   (c) 왜형파 교류

[그림 2-1] 전류의 파형

2. 정현파 교류 기전력의 발생

정현파 교류 기전력을 발생하는 가장 간단한 장치는 [그림 2-2]의 (a)와 같은 2극 발전기이며 [그림 2-2]의 (b)는 [그림 2-2]의 (a)에 대한 단면도이다. [그림 2-2]의 (a)와 같이 한 변의 길이 l[m]의 직사각형의 코일을 자속 밀도가 B[Wb/m^2]인 평등 자계 내에서 코일의 축을 중심으로 ω[rad/s]의 각속도와 v[m/s]의 선속도로 원운동을 한다고 생각해 보자.

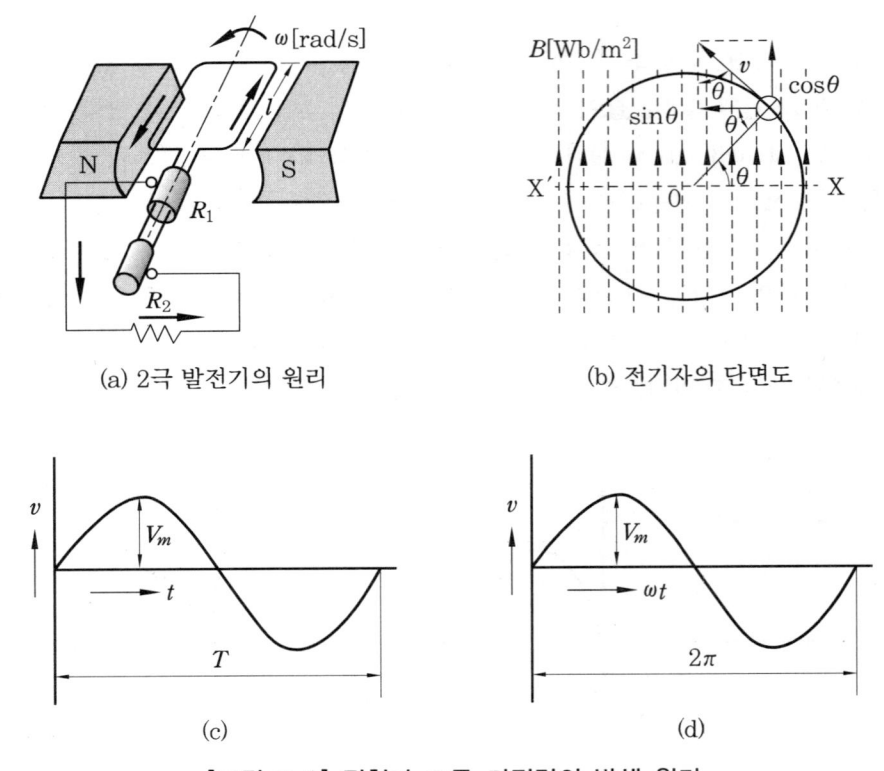

(a) 2극 발전기의 원리   (b) 전기자의 단면도

(c)   (d)

[그림 2-2] 정현파 교류 기전력의 발생 원리

[그림 2-2]의 (b)와 같이 도체 단면에 대해 중심각 θ의 위치에서 도체의 선속도 v를 벡터적으로 자계의 방향에 수직인 성분과 평행인 성분으로 직각 분해해 보면 그때 수직인 성분의 크기는 $v\sin\theta$, 평행인 성분의 크기는 $v\cos\theta$가 된다.

따라서 매초당 한쪽 도체에 의해 잘리는 자속의 양은 자속 밀도가 B[Wb/m^2]이므로 $Blv\sin\theta$[Wb]가 되며, 양쪽 도체를 감안하면 $2Blv\sin\theta$[Wb]가 된다. 패러데이 법칙에 의해 도체가 매초 1Wb의 비율로 자속을 자를 때 도체 내에 1V의 기전력이 유기되므로 도체에 발생되는 유기 기전력은 다음과 같다.

$$e = 2Blv\sin\theta [V] \tag{2-1}$$

또 도체가 회전을 시작하여 $t[s]$ 동안에 각도 θ만큼 회전했다면 $\theta = \omega t [rad]$이므로 식 (2-1)은

$$e = 2Blv\sin\omega t [V] \tag{2-2}$$

로 표현된다.

식 (2-1)을 그래프로 표시하면 [그림 2-2]의 (c)와 같은 정현파가 되며, 여기서 $2Blv$를 정현파의 진폭(amplitude) 또는 최대값(maximum value)이라 한다.

$2Blv$를 V_m이라 하면 V_m은 유기 기전력 e의 최대값이 된다. 즉,

$$e = 2Blv\sin\omega t = V_m\sin\omega t = V_m\sin\theta \tag{2-3}$$

여기서, $B[Wb/m^2]$: 자속 밀도 $v[m/s]$: 선속도
$t[s]$: 시간 $l[m]$: 도체의 길이
$\omega[rad/s]$: 각속도 θ : 회전각

[그림 2-2]의 (c)와 (d)에서 기전력이 한 번 변화하여 다시 원상태가 되기까지를 1사이클(cycle)이라 하고, 1초 동안의 사이클의 수를 주파수(frequency) f라 한다. 주파수의 단위는 헤르츠(Hertz ; [Hz])가 사용된다. 헤르츠는 전파가 존재한다는 사실을 실험을 통해 처음으로 밝혀낸 독일의 물리학자 이름을 딴 것이다.

3. 주파수와 주기

교류가 직류와 다른 점은 시간에 따라 크기와 방향이 주기적으로 변화하는 것이다. 교류의 방향이 변화하는 속도를 표시하기 위해서, 똑같은 변화가 반복해서 나타날 경우, 1회의 변화를 하는 데 걸리는 시간으로 표시할 수 있다. 이와 같은 시간을 주기(period)라고 하며 단위는 초(sec)를 사용한다. 또는 [그림 2-2]의 (d)에서와 같이 2π [rad] 변화하는 데 걸리는 시간을 주기라고 한다. 주기를 표시하는 데는 기호 T가 사용

된다. 1주기는 1주파에 걸리는 시간이라 할 수 있다.

[그림 2-3]에 주기의 예를 표시하였으며, 주기 T[s], 주파수 f[Hz] 사이에는 다음과 같은 관계가 있다.

$$T = \frac{1}{f}\,[\text{s}],\ f = \frac{1}{T}\,[\text{Hz}] \tag{2-4}$$

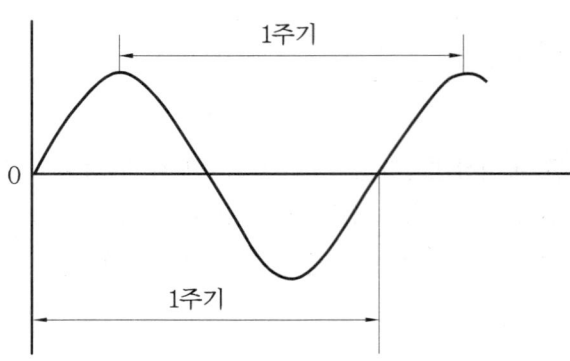

[그림 2-3] 정현파 기전력의 주기

교류는 그 주파수에 따라 특성이 다르므로, 사용은 주파수에 따라서 달라진다. 전등이나 동력과 같이 큰 전력을 필요로 할 경우에는 낮은 주파수의 교류가 사용되고 통신 등에는 높은 주파수의 교류가 사용된다.

[표 2-1]에 주파수와 사용되는 용도를 나타내었다.

[표 2-1] 주파수와 사용 용도

주파수	용 도
60Hz	교류 전력
50~150Hz	음성장치
535~1600kHz	AM 라디오 대역
88~108MHz	FM 라디오 대역
30kHz~1GHz	인터넷 통신 대역

1kHz=1,000Hz
1MHz=1,000kHz=1,000,000Hz

 예제

우리나라 전원의 상용 주파수인 60Hz에 대한 각속도를 구하라.

풀이 $\omega = 2\pi f = 2 \times 3.14 \times 60 = 377\,\text{rad/s}$

예제
다음 그림과 같은 파형의 주파수를 구하라.

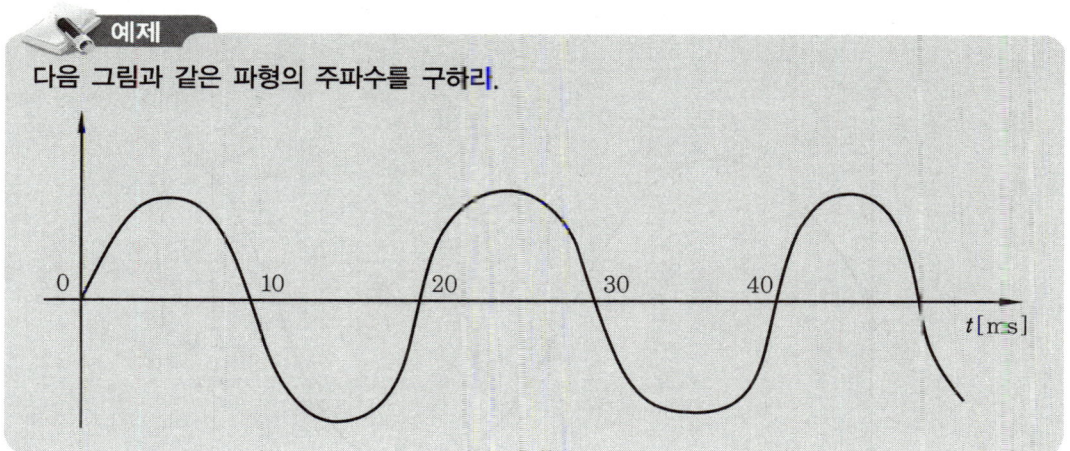

풀이 그림으로부터 주기 $T = 20\,\text{ms}$이므로

주파수 $f = \dfrac{1}{T} = \dfrac{1}{20 \times 10^{-3}} = 50\,\text{Hz}$

4. 정현파 교류의 크기

교류는 시간의 변화에 따라 그 크기와 방향이 변한다. 시간에 따라 변화하는 교류의 전압, 전류의 크기를 나타낼 때 일반적으로 특별한 언급이 없을 때는 실효값을 가리킨다. 교류값을 표시할 때 실효값 이외에 순시값, 최대값, 평균값이 있다.
여기에서는 이들에 관하여 알아보기로 한다.

4-1 순시값

일반적으로 교류 전압 v는 식 (2-5)와 같이 나타내며 그 파형은 [그림 2-4]와 같은 정현 파형이 된다.

$$v = V_m \sin\theta = V_m \sin\omega t \tag{2-5}$$

위 식에서 전압 v의 값은 회전각 θ의 값 또는 시간 t의 값이 변함에 따라 달라진다. 이와 같이 v는 시간의 변화에 따라 순간순간 나타나는 정현파의 값을 의미하기 때문에 순시값 또는 순시치(instantaneous value)라 하며 식 (2-5)와 같이 표현한 것을 순시값 표시식이라 한다. 통상 순시값은 소문자로 표시한다.

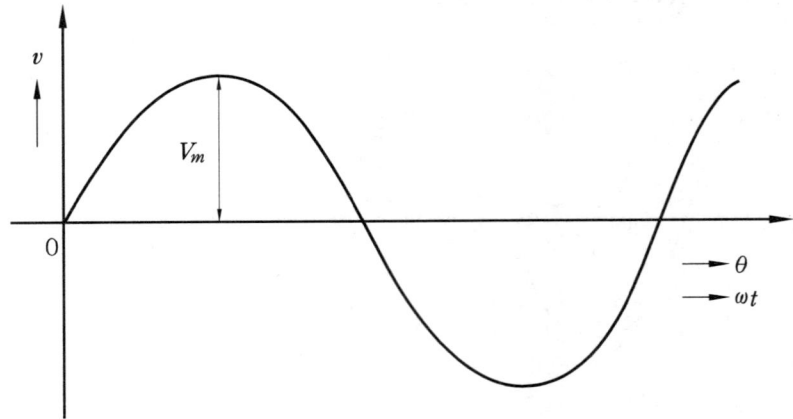

[그림 2-4] 정현파 교류의 표현

예제

$v = 100\sin 200\pi t$ [V]로 표시되는 정현파 전압에서 주파수를 구하라. 또 $t = \dfrac{1}{200}$ 초인 순간의 전압을 구하라.

풀이 $\omega = 200\pi$ 이므로 주파수 $f = \dfrac{\omega}{2\pi}$ 에서 $f = \dfrac{200\pi}{2\pi} = 100\,\mathrm{Hz}$

$t = \dfrac{1}{200}$ 초인 순간의 전압은

$v = 100\sin 200\pi \times \dfrac{1}{200} = 100 \times 0 = 0\,\mathrm{V}$

4-2 최대값

[그림 2-4] 순시값 중에서 가장 큰 값 V_m을 최대값(maximum value) 또는 진폭(amplitude)이라 한다. 최대값은 하나의 교류에 대하여 일정한 값이다. 일반적으로 최대값의 기호는 전압을 V_m, 전류를 I_m과 같이 대문자에 m을 부가하여 사용한다. 그림에서 파형의 양의 최대값과 음의 최대값 사이의 값 V_{p-p}[V]를 피크-피크값(peak-to-peak)이라고 한다. 전류의 경우에는 I_{p-p}[A]를 사용한다.

> **예제**
>
> 순시 전압 $v = 100\sin\omega t$[V]일 때, 전압 파형의 최대값 V_m과 피크값 V_{p-p}[V]는 얼마인가?
>
> **풀이** $V_m = 100\text{V}$이고, $V_{p-p} = 100-(-100) = 200\text{V}$이다.

4-3 평균값

정현파 교류는 한 주기 내에 정(+)의 값과 부(−)의 값이 번갈아 존재하기 때문에 1주기 간을 평균하면 0이 된다. 따라서 교류의 평균값은 교류의 순시값이 0으로 되는 순간부터 다음 0으로 되기까지의 정(+)의 반파에 대한 순시값의 평균을 평균값 또는 평균치(Average value or mean value)라고 한다. 평균값의 기호로는 V_{av} 및 I_{av}를 사용한다.

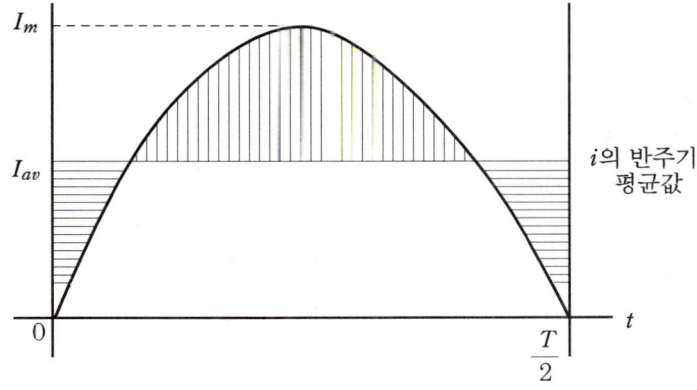

[그림 2-5] 정현파 교류의 평균값

[그림 2-5]와 같은 $i = I_m\sin\omega t$[A]로 표시되는 정현파 교류 전류의 평균값 I_{av}를 구해 보면

$$I_{av} = \frac{1}{\frac{T}{2}}\int_0^{\frac{T}{2}} i(t)dt = \frac{1}{\frac{T}{2}}\int_0^{\frac{T}{2}} I_m\sin\omega t\,dt \qquad (2\text{-}6)$$

또는

$$I_{av} = \frac{1}{\pi}\int_0^\pi i(\theta)d\theta = \frac{1}{\pi}\int_0^\pi I_m \sin\theta d\theta \qquad (2-7)$$

에 의해

$$I_{av} = \frac{1}{\pi}\int_0^\pi I_m \sin\theta d\theta = \frac{I_m}{\pi}[-\cos\theta]_0^\pi = \frac{2}{\pi}I_m \simeq 0.637 I_m \qquad (2-8)$$

결국 정현파 전류 및 전압의 평균값은

$$I_{av} = \frac{2}{\pi}I_m \simeq 0.637 I_m$$

$$V_{av} = \frac{2}{\pi}V_m \simeq 0.637 V_m \qquad (2-9)$$

따라서 정현파 교류의 평균값은 최대값의 $\frac{2}{\pi}$배 또는 약 0.637배가 된다.

4-4 실효값

[그림 2-6]과 같이 교류 전류 i를 저항 R에 임의의 시간 동안 흘렸을 때의 발열량이 같은 저항 R에 직류 전류 I[A]를 같은 시간 동안 흘렸을 때의 발열량과 같을 때 그 교류 i를 실효값 또는 실효치(effective value)라고 한다.

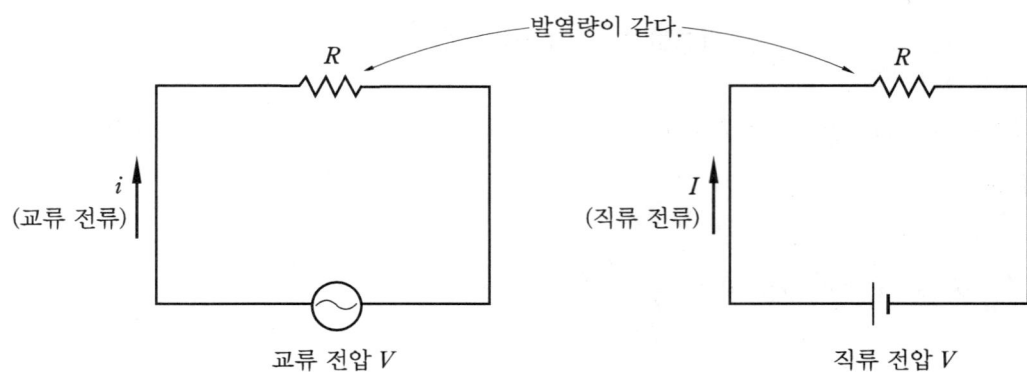

[그림 2-6] 정현파 교류의 실효값

저항 $R[\Omega]$에 직류 전류 $I[A]$를 $t[s]$ 동안 흘렸을 때의 전력 P_{dc}와 발열량 W는

$$P_{dc} = V \cdot I = I^2 \cdot R \text{ [W]} \tag{2-10}$$

$$W = I^2 \cdot R \cdot t \text{[J]} \tag{2-11}$$

가 된다.

같은 저항 $R[\Omega]$에 가변 전류 또는 주기파 전류 $i(t)$가 흐를 때의 순시 전력은

$$p = i^2 R \text{[W]} \tag{2-12}$$

가 된다.

그런데 전류 i가 직류와 같이 일정한 크기가 아니고 시간에 따라 변하고 있으므로 $i^2 R$도 [그림 2-7]과 같이 주기적으로 변한다.

순시 전력 p에 대한 1주기 동안의 평균 전력을 P_{av}라고 하면

$$P_{av} = (I^2 R\text{의 평균}) = (i^2\text{의 평균}) \times R \tag{2-13}$$

이므로 $t[s]$ 동안의 발열량을 W''라고 하면

$$W'' = (i^2\text{의 평균}) \times R \times t \text{[J]} \tag{2-14}$$

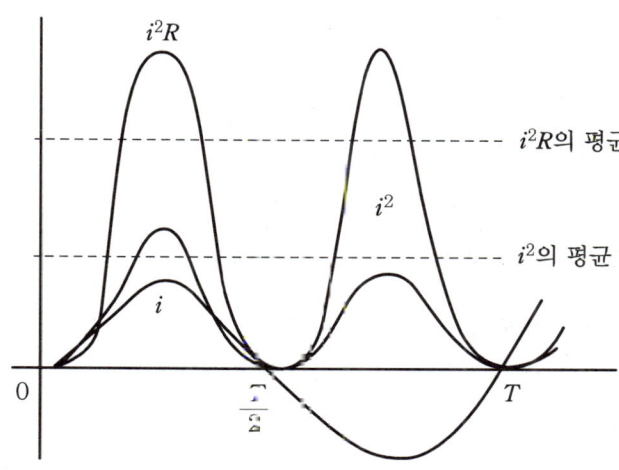

[그림 2-7] 정현파 교류의 순시 전력

이 된다.

따라서 실효값의 정리에 의하여 직류에 의한 발열량 W'와 교류에 의한 발열량 W''를 같다고 하면

$$I^2 \times R \times t = (i^2 의\ 평균) \times R \times t$$
$$\therefore I = \sqrt{i^2 의\ 평균} \tag{2-15}$$

식 (2-15)가 일반적으로 교류의 실효값을 정하는 식이다. 실효값은 순시값의 제곱에 대한 평균값의 제곱근을 나타내므로 실효값을 은(root mean square value)라 한다. $i = I_m \sin\omega t = I_m \sin\theta$ [A]로 표시되는 정현파 교류 전류의 실효값을 구해 보면 실효값의 정리에 의해

$$I = \sqrt{\frac{1}{T} \int_0^T i^2 \cdot dt} = \sqrt{\frac{1}{T} \int_0^T (I_m \sin\omega t)^2 dt} \tag{2-16}$$

또는

$$I = \sqrt{\frac{1}{2\pi} \int_0^{2\pi} i^2 \cdot d\theta} = \sqrt{\frac{1}{2\pi} \int_0^{2\pi} (I_m \sin\theta)^2 d\theta} \tag{2-17}$$

따라서

$$I = \sqrt{\frac{1}{2\pi} \int_0^{2\pi} I_m^2 \sin^2\theta\, d\theta} = \sqrt{\frac{I_m^2}{2\pi} \int_0^{2\pi} \frac{1}{2}(1-\cos 2\theta) d\theta}$$
$$= \sqrt{\frac{I_m^2}{4\pi} \left[\theta - \frac{1}{2}\sin 2\theta\right]_0^{2\pi}} = \frac{I_m}{\sqrt{2}} \simeq 0.707 I_m \tag{2-18}$$

정현파 교류의 실효값은 최대값의 $\dfrac{1}{\sqrt{2}}$ 배가 된다.

결국 정현파 전류 및 전압의 실효값은 각각

$$\left. \begin{array}{l} I = \dfrac{I_m}{\sqrt{2}} \simeq 0.707 I_m \\ V = \dfrac{V_m}{\sqrt{2}} \simeq 0.707 V_m \end{array} \right\} \tag{2-19}$$

이 된다.

식 (2-19)로부터

$$I_m = \sqrt{2}\,I, \quad V_m = \sqrt{2}\,V \qquad (2-20)$$

가 되므로 정현파의 순시값 표시식은

$$\left.\begin{array}{l} i = I_m \sin\omega t = \sqrt{2}\,I\sin\omega t \\ v = V_m \sin\omega t = \sqrt{2}\,V\sin\omega t \end{array}\right\} \qquad (2-21)$$

와 같이 표시될 수 있다.

전압계, 전류계 등 대부분의 교류용 계기는 순시값의 제곱에 비례하는 토크(torque)를 지시하도록 되어 있기 때문에 계기가 가리키는 눈금은 실효값을 나타낸다.

[표 2-2]는 정현파의 최대값, 실효값, 평균값과의 관계를 수치로 나타내었고, [그림 2-8]은 정현파의 최대값, 실효값, 평균값의 관계를 그림으로 나타내었다.

[표 2-2] 정현파의 최대값, 실효값, 평균값

최대값	실효값	평균값
1	0.707	0.637
1.414	1	0.900
1.571	1.11	1

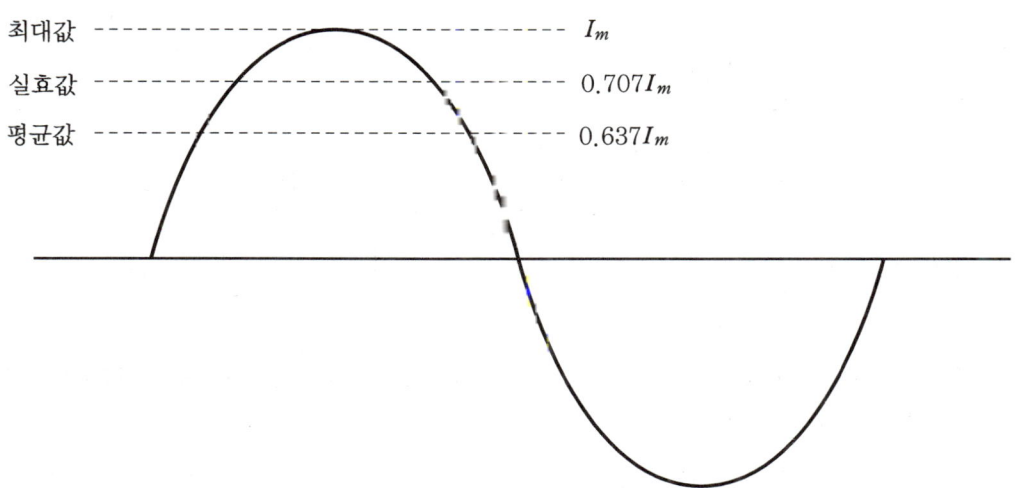

[그림 2-8] 정현파 교류의 최대값, 평균값, 실효값의 관계

예제

다음 그림과 같이 처음 10초간은 50A의 전류를 흘리고, 다음 20초간은 40A의 전류를 흘릴 때 전류의 실효값을 구하라.

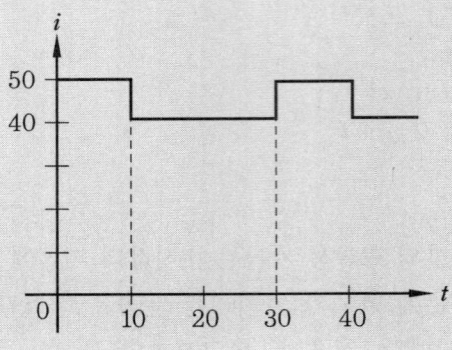

풀이 주기가 30초이므로 실효값

$$I = \sqrt{\frac{1}{T}\int_0^T i^2 dt} = \sqrt{\frac{1}{30}\left(\int_0^{10} 50^2 dt + \int_{10}^{30} 40^2 dt\right)}$$

$$= \sqrt{\frac{1}{30}([2500t]_0^{10} + [1600t]_{10}^{30})} = \sqrt{1900} \fallingdotseq 43.58[A]$$

예제

다음 그림과 같은 비정현파 교류 파형을 갖는 전류의 실효값과 평균값을 구하라.

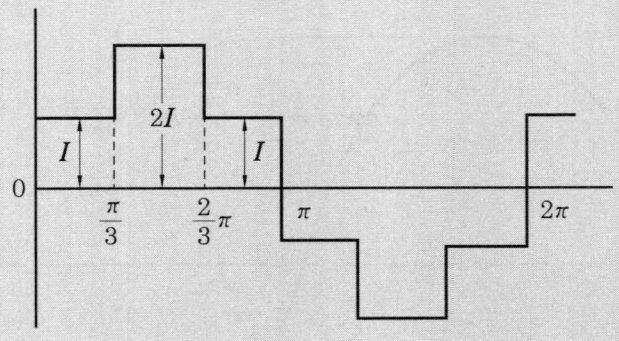

풀이 정현파와 같이 반주기에 대하여 정·부 대칭형이므로 반주기에 대한 실효값과 평균값을 구하면 된다.

$$\text{실효값} = \sqrt{\frac{[I^2 + (2I)^2 + (I)^2] \cdot \frac{\pi}{3}}{\pi}} = \sqrt{\frac{I^2 + 4I^2 + I^2}{3}}$$

$$= \sqrt{\frac{6I^2}{3}} = \sqrt{2}\,I$$

예제

최대값 1A인 정현파 교류 전류의 평균값은 몇 A인가?

풀이 정현파인 경우 [표 2-2]에서 평균값은 최대값의 약 0.637배이므로
평균값 = 1A×0.637 = 0.637A

예제

다음 그림과 같은 $i = I_m \sin\omega t$[A]인 정현파 교류 전류 파형의 평균값과 실효값을 구하라.

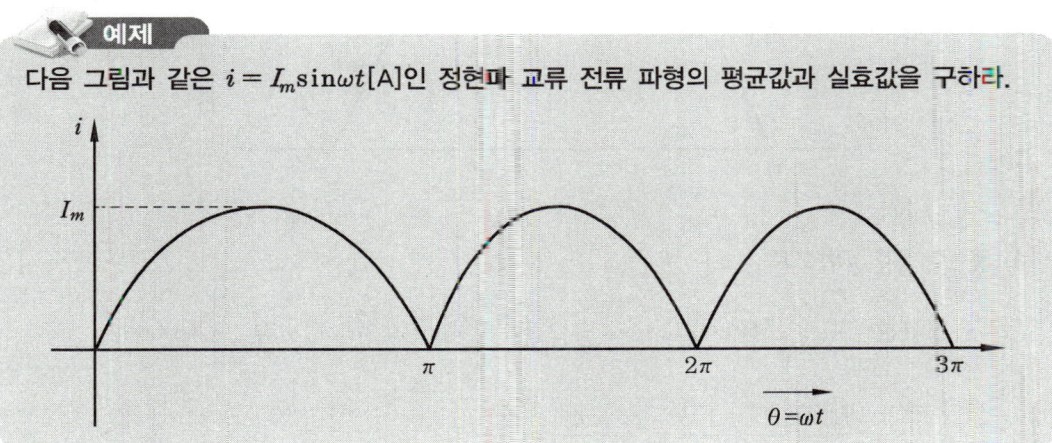

풀이 주기가 π이므로

$$\text{평균값 } I_{av} = \frac{1}{\pi}\int_0^\pi I_m \sin\omega t\, d(\omega t) + \frac{1}{2\pi}\int_\pi^{2\pi} I_m \sin\omega t\, d(\omega t)$$

$$= \frac{1}{2\pi} \times 2\int_0^\pi I_m \sin\omega t\, d(\omega t)$$

$$= \frac{I_m}{\pi}\int_0^\pi \sin\omega t\, d(\omega t) = \frac{I_m}{\pi}[-\cos\omega t]_0^\pi$$

$$= \frac{I_m}{\pi}[-(-1)+1] = \frac{2}{\pi}I_m$$

$$\text{실효값 } I = \sqrt{\frac{1}{\pi}\int_0^\pi (I_m\sin\omega t)^2 d\omega t}$$

$$= \sqrt{I_m^2 \cdot \frac{1}{2\pi}\int_0^{2\pi}(1-\cos 2\omega t)d\omega t}$$

$$= I_m\sqrt{\frac{1}{2\pi}[1-\cos 2\theta]_0^\pi}$$

$$= \frac{I_m}{\sqrt{2}}$$

예제

다음 그림과 같은 제형 파형의 평균값을 구하라.

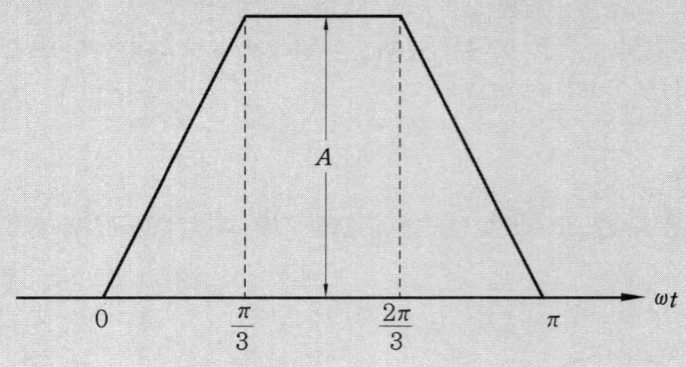

풀이 주기가 π이므로

$$평균값 = \frac{1}{\pi}\int_0^\pi A(\omega t)d(\omega t) = \frac{1}{\pi}[2\int_0^{\frac{\pi}{3}} \frac{A}{\frac{\pi}{3}} \cdot (\omega t)d(\omega t) + \int_{\frac{\pi}{3}}^{\frac{2\pi}{3}} A d(\omega t)]$$

$$= \frac{1}{\pi}\left[\frac{6A}{\pi} \cdot \frac{1}{2} \cdot \pi^2 + \frac{\pi A}{3}\right] = \frac{2A}{3}$$

예제

어떤 교류 전압의 실효값이 314V일 때 평균값을 구하라.

풀이 $V_{av} = \frac{2\sqrt{2}}{\pi} \cdot V = \frac{2\sqrt{2}}{\pi} \cdot 314 ≒ 283\text{V}$

예제

다음 그림과 같은 구형파 전압의 평균값을 구하라.

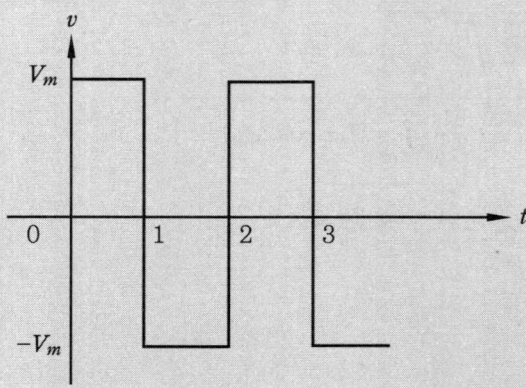

풀이 $V_{av} = \dfrac{1}{T}\displaystyle\int_0^T vdt = \dfrac{1}{1}\displaystyle\int_0^1 V_m [t]_0^1 = V_m$

예제 다음 그림과 같이 시간 축에 대하여 대칭인 3각파 교류 전압의 평균값을 구하라.

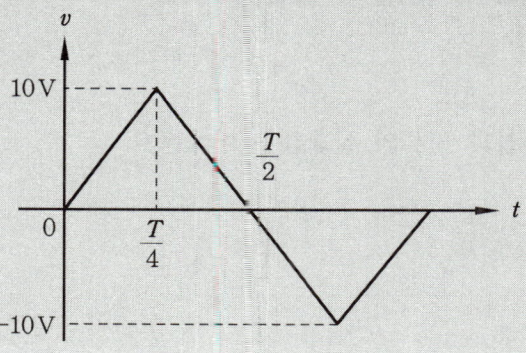

풀이 $V_{av} = \dfrac{1}{\frac{T}{4}}\displaystyle\int_0^{\frac{T}{4}} vdt = \dfrac{4}{T}\displaystyle\int_0^{\frac{T}{4}} \dfrac{4V_m}{T} t\, dt$

$= \dfrac{16}{T^2} V_m \displaystyle\int_0^{\frac{T}{4}} t\, dt = \dfrac{16}{T^2} V_m \dfrac{1}{2} [t^2]_0^{\frac{T}{4}} = \dfrac{V_m}{2}$

$\therefore V_{av} = \dfrac{V_m}{2} = \dfrac{10}{2} = 5\,\text{V}$

5. 정현파 교류 회로

전기 회로에서 가장 기본적인 소자인 R, L, C 회로에 정현파 전압이 인가되었을 때의 전류, 또는 이곳에 정현파 전류가 흐를 때의 소자 양단의 단자 전압에 대해 알아보기로 한다. 이때 회로는 정상 상태라고 가정하며 전류는 주어진 것으로 한다.

5-1 저항만의 회로

[그림 2-9]의 (a)와 같이 저항 R만을 가지는 회로에 $i = I_m \sin\omega t\,[\text{A}]$의 정현파 전류가 흐를 때 저항 양단의 전압은 옴의 법칙에 의해

$$v = Ri = RI_m \sin\omega t \, [\text{V}] \tag{2-22}$$

여기서 v의 최대값을 V_m이라 하면 식 (2-22)에서는 RI_m이 된다.
전압과 전류의 최대값 사이에는

$$V_m = RI_m \tag{2-23}$$

인 관계가 있으며, 전압과 전류의 실효값 사이에는

$$V = RI \text{ 또는 } I = \frac{V}{R} \tag{2-24}$$

가 성립된다.

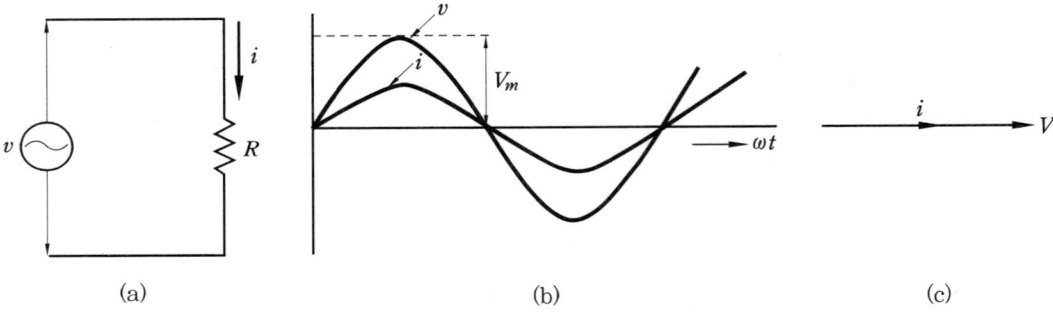

[그림 2-9] 저항만의 회로와 전압과 전류 사이의 위상 관계

[그림 2-9]의 (b)는 저항 R만으로 된 교류 회로에서의 순시값 전압과 전류의 관계를 보여주며, (c)는 전압과 전류의 위상 관계를 보여준다. 저항 회로만의 교류 회로에서의 특징은 다음과 같다.
① 전압과 전류는 동일 주파수의 정현파이다.
② 전압과 전류는 동상이다.
③ 전압과 전류의 실효값, 최대값의 비는 R이다.

예제

저항 $R_1 = 10\,\Omega$, $R_2 = 40\,\Omega$이 직렬로 연결된 회로에 200V, 주파수 60Hz인 교류 전압을 인가할 때 회로에 흐르는 전류 및 R_1 양단 전압의 크기를 구하라.

풀이 교류 200V라 함은 실효값을 의미하므로 전압 방정식은

$$v = \sqrt{2} \cdot 200\sin\omega t = \sqrt{2} \cdot 200\sin 2\pi \cdot 60t \simeq \sqrt{2} \cdot 200\sin 377t$$

가 되며, 순시값 전류 i는 다음과 같다.

$$i = \frac{v}{R_1 + R_2} = \frac{\sqrt{2} \cdot 200\sin 377t}{50} = \sqrt{2} \cdot 4\sin 377t$$

R_1 양단의 전압을 v_1이라 하면

$$v_1 = R_1 \cdot i = 10 \cdot \sqrt{2} \cdot 4\sin 377t = \sqrt{2} \cdot 40\sin 377t$$

전류, 전압의 크기는 실효값을 의미하며, 실효값은 최대값의 $\frac{1}{\sqrt{2}}$이므로 회로에 흐르는 전류 $I = \frac{\sqrt{2} \cdot 4}{\sqrt{2}} = 4\mathrm{A}$

R_1 양단 전압의 크기 $V_1 = \frac{\sqrt{2} \cdot 40}{\sqrt{2}} = 40\mathrm{V}$

5-2 인덕턴스 회로

[그림 2-10]의 (a)와 같이 인덕턴스 $L[\mathrm{H}]$만을 가지는 회로에 $i = I_m\sin\omega t[\mathrm{A}]$인 정현파 교류 전류가 흐를 때 전류의 방향으로 생기는 전압 강하 v는

$$v = e_L = L \cdot \frac{di}{dt} = L \cdot \frac{d}{dt}(I_m\sin\omega t) = \omega L I_m\cos\omega t$$
$$= \omega L I_m\sin(\omega t + 90°)[\mathrm{V}] \tag{2-25}$$

가 된다. $\omega L I_m$은 v의 최대값이 된다.

$$V_m = \omega L I_m \tag{2-26}$$

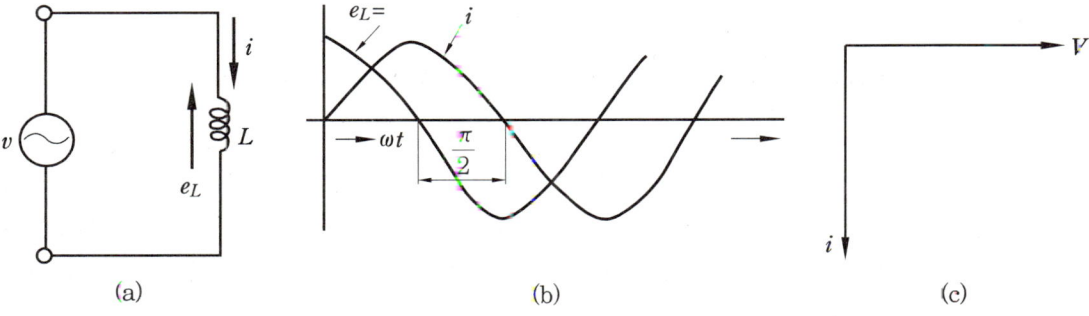

[그림 2-10] 인덕턴스만의 회로와 전압과 전류 사이의 위상 관계

전압과 전류의 실효값을 V 및 I라 하면

$$V = \omega L I \text{ 또는 } I = \frac{V}{\omega L} \tag{2-27}$$

가 성립한다.

[그림 2-10]의 (b)는 인덕턴스만의 회로에서 전압과 전류의 관계를 보여주고 있으며, (c)는 전압과 전류의 위상 관계를 보여주고 있다. 인덕턴스만의 회로에서의 특징은 다음과 같다.
① 전압과 전류는 동일 주파수의 정현파이다.
② 전압은 전류보다 위상이 90° 앞서고, 전류는 전압보다 위상이 90° 뒤진다.
③ 전압과 전류의 실효값 또는 최대값의 비는 ωL이다.

인덕턴스 회로를 저항 회로와 비교하면 ωL은 저항회로에서의 R과 같은 일종의 교류 저항임을 알 수 있다. 그러나 전압과 전류 사이에 90°의 위상차를 생기게 하는 효과가 있으므로 이 ωL을 유도성 리액턴스(inductive reactance)라 부르며 X_L로 표시한다. X_L의 단위는 옴(Ω)이다.

$$\omega L = X_L = 2\pi f L [\Omega] \tag{2-28}$$

따라서, 식 (2-25)와 (2-26)은

$$v = X_L I_m \sin(\omega t + 90°) \tag{2-29}$$

$$V = X_L I \text{ 또는 } I = \frac{V}{X_L} \tag{2-30}$$

로 쓸 수 있다.

식 (2-28)에서 알 수 있듯이 유도성 리액턴스 X_L은 인덕턴스 L과 각 주파수 ω(또는 주파수 f)에 비례하기 때문에 일정한 전압에서는 X_L이 클수록 회로 전류는 작아지게 된다.

결국 주파수가 클수록 전류는 인덕터를 통하여 흐르기 어렵기 때문에 인덕터는 여러 가지 신호 전압이 인가되는 회로에서 고주파의 신호 전류가 흐르는 것을 억제하는 데 사용할 수 있다. 직류 전원이 인덕터에 인가되는 경우 시간의 변화에 따른 전류의 변화가 일정하므로 $\frac{di}{dt} = 0$이므로 직류에 의한 전압 강하는 0이 된다.

$$v_L = L\frac{di}{dt} = 0 \tag{2-31}$$

예제
0.1H인 코일의 인덕턴스가 377Ω일 때의 주파수를 구하라.

풀이 유도 리액턴스 $X_L = 2\pi f L$에서
$$f = \frac{X_L}{2\pi L} = \frac{377}{2 \times 3.14 \times 0.1} \simeq 600\text{Hz}$$

예제
$L = 2\text{H}$인 인덕턴스에 $i(t) = 20e^{-2t}[\text{A}]$의 전류가 흐를 때 L의 단자 전압을 구하라.

풀이 $v_L = L\frac{di(t)}{dt} = 2 \times \frac{d}{dt}(20e^{-2t}) = -80e^{-2t}[\text{V}]$

예제
어떤 코일에 흐르는 전류가 0.01s 사이에 일정하게 50A에서 10A로 변하는 경우 20V의 전력이 발생한다고 할 때의 인덕턴스를 구하라.

풀이 $V_L = L\frac{di(t)}{dt}$에서 $L = \dfrac{V_L}{\dfrac{di(t)}{dt}} = \dfrac{20}{\dfrac{50-10}{0.01}}$
$$= 5 \times 10^{-3}\text{H} = 5\text{mH}$$

5-3 커패시턴스 회로

[그림 2-11]의 (a)와 같이 커패시턴스 C만을 가지는 회로에 $i = I_m \sin\omega t[\text{A}]$로 표시되는 정현파 전류가 흐를 때 전류 방향으로의 전압 강하를 v라 하면

$$\left.\begin{aligned}v &= \frac{1}{C}\int i \cdot dt = \frac{1}{C}\int I_m \sin\omega t\, dt = -\frac{1}{\omega C}I_m \cos\omega t \\ &= \frac{1}{\omega C}I_m \sin(\omega t - 90°)[\text{V}]\end{aligned}\right\} \tag{2-32}$$

가 된다.

여기서, v의 최대값은 $\frac{1}{\omega C} \cdot I_m$이 된다.

$$V_m = \frac{1}{\omega C} I_m \tag{2-33}$$

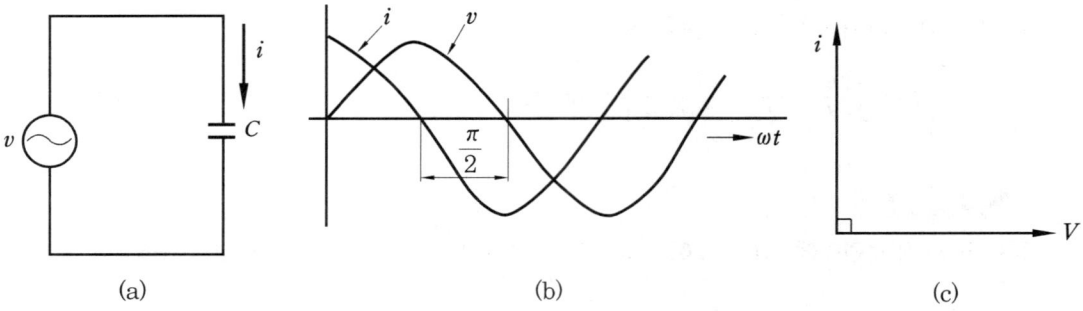

[그림 2-11] 커패시턴스만의 회로와 전압과 전류 사이의 위상 관계

전압과 전류의 실효값을 V 및 I라 하면 이들 사이에는

$$V = \frac{1}{\omega C} I \quad \text{또는} \quad I = \omega CV = \frac{V}{\frac{1}{\omega C}} \tag{2-34}$$

의 관계가 성립한다.

[그림 2-11]의 (b)는 커패시턴스만의 회로에서의 전압과 전류 사이의 관계를 보여주고 있으며, (c)는 전압과 전류 사이의 위상 관계를 보여주고 있다. 커패시턴스만의 회로에서의 전압과 전류는 다음과 같은 특징이 있다.

① 전압과 전류는 동일 주파수의 정현파이다.
② 전압은 전류보다 위상이 90° 늦고, 전류는 전압보다 위상이 90° 빠르다.
③ 전압과 전류의 최대값 및 실효값의 비는 $\frac{1}{\omega C}$이다.

식 (2-34)에서 $\frac{1}{\omega C}$은 커패시턴스 회로의 전류를 제한하는 일종의 교류 저항으로서의 역할을 하지만 인덕턴스와는 달리 전류가 전압보다 위상이 90° 앞서게 하는 효과가 있으므로 이 $\frac{1}{\omega C}$을 용량성 리액턴스(capacitive reactance)라 부르며 보통 X_C로서 표시한다. X_C의 단위도 역시 옴(Ω)이다.

$$X_C = \frac{1}{\omega C} = \frac{1}{2\pi f C}[\Omega] \tag{2-35}$$

따라서 식 (2-34)는

$$V = X_c I \text{ 또는 } I = \frac{V}{X_c} \tag{2-36}$$

와 같이 쓸 수 있다.

용량성 리액턴스는 커패시턴스 C와 주파수 f에 반비례하기 때문에 일정 전압에서 커패시턴스와 주파수가 클수록 X_c가 작아져서 회로 전류는 증가하게 된다.

결국 주파수가 낮을수록 X_C, 즉 저항성분이 커지므로 전류는 커패시터를 통하여 흐르기 어렵기 때문에 커패시턴스는 저주파의 신호 전류가 흐르는 것을 억제하는 데 사용한다.

정상 상태의 직류 회로에서는 커패시턴스 양단의 전위차가 일정하므로 $\frac{dv}{dt} = 0$이 되고 따라서,

$$i_c = C\frac{dv}{dt} = 0 \tag{2-37}$$

이 되어 커패시턴스에는 직류가 흐르지 못하게 된다.

이는 직류를 주파수가 0인 교류로 간주함으로써 설명될 수 있다.

> **예제**
>
> 60Hz에서 5Ω의 리액턴스를 갖는 자기 인덕턴스 및 정전 용량의 값을 구하라.

풀이 인덕턴스의 값은 $X_L = \omega L = 2\pi f L$에서 $X_L = 5\Omega$이므로

$$5 = 2\pi \times 60 \times L$$

$$L = \frac{5}{2\pi \times 60} \fallingdotseq 0.01326$$

$$\therefore L \fallingdotseq 13.26 \text{ mH}$$

정전 용량의 값은 $X_C = \frac{1}{\omega C} = \frac{1}{2\pi f C}$에서 $X_C = 5\Omega$이므로

$$5 = \frac{1}{2\pi \times 60 \times C}, \quad C = \frac{1}{2 \times \pi \times 60 \times 5} \fallingdotseq 0.000531$$

$$\therefore C \fallingdotseq 531 \mu F$$

예제

$5\mu F$와 $3\mu F$의 콘덴서 2개를 직렬로 연결했을 때의 합성 정전 용량을 C_s, 병렬로 연결했을 때의 합성 정전 용량을 C_p라고 할 때 $\dfrac{C_p}{C_s}$를 구하라.

풀이 $C_s = \dfrac{5 \times 3}{5+3} = \dfrac{15}{8}$, $C_p = 5 + 3 = 8$

$\therefore \dfrac{C_p}{C_s} = \dfrac{8}{\dfrac{15}{8}} = \dfrac{64}{15} ≒ 4.3$

예제

$100\mu F$인 콘덴서의 양단에 20V/ms의 비율로 전압을 변화시킬 때 콘덴서에 흐르는 전류의 크기를 구하라.

풀이 $i = C\dfrac{dv}{dt} = 100 \times 10^{-6} \times 20 \times \dfrac{1}{10^{-3}} = 2\,\text{A}$

예제

1H의 코일 양단에 $v = 300\sin 30t\,[\text{V}]$의 교류 전압을 가했을 때 흐르는 전류를 구하라.

풀이 유도성 리액턴스 $X_L = \omega L$이므로

$X_L = 30 \times 1 = 30\,\Omega$

전압의 최대값 $V_m = 300\text{V}$이므로

전류의 최대값은 $I_m = \dfrac{V_m}{X_L} = \dfrac{300}{30} = 10\text{A}$

인덕턴스만의 회로이므로 전류는 전압보다 위상이 90° 뒤진다. 따라서 전류의 순시값은 다음과 같이 된다.

$i = 10\sin(30t - 90°)[\text{A}]$

예제

$100\mu F$ 커패시턴스 양단의 전압이 $v = 50\sin 100t\,[\text{V}]$인 커패시턴스만의 회로에 흐르는 전류를 구하라.

풀이 용량성 리액턴스 $X_C = \dfrac{1}{\omega C}$이므로

$X_C = \dfrac{1}{100 \times 100 \times 10^{-6}} = 100\,\Omega$

전압의 최대값 $V_m = 50\text{V}$이므로

전류의 최대값 $I_m = \dfrac{V_m}{X_c} = \dfrac{50}{100} = 0.5\text{A}$

커패시턴스만의 회로에서 커패시턴스에 흐르는 전류는 전압보다 위상이 90° 앞서므로 순시 전류값 i 는 다음과 같다.

$i = 0.5\sin(100t - 90°)\text{[A]}$

예제

두 저항 $R_1 = 10\,\Omega$, $R_2 = 20\,\Omega$이 직렬로 연결된 회로의 양단에 150V, 60Hz의 교류 전압을 가했을 때 R_1 양단의 전압을 구하라.

풀이 $v = \sqrt{2} \cdot 150\sin 2\pi \cdot 60t = \sqrt{2} \cdot 150\sin 377t\ \text{[V]}$

회로에 흐르는 전류 i 는 저항 R_1과 R_2가 직렬로 연결되어 있으므로

$i = \dfrac{v}{R_1 + R_2} = \dfrac{\sqrt{2} \cdot 150}{30}\sin 377t = \sqrt{2} \cdot 5\sin 377t\ \text{[A]}$

따라서 R_1 양단의 전압을 v_1이라 하면

$v_1 = R_1 i = 10 \cdot \sqrt{2} \cdot 5\sin 377t = 50\sqrt{2}\sin 377t\ \text{[V]}$로 되고 전압의 실효값은 50V가 된다.

6. 다상 교류

교류 회로에서 주파수가 같고 위상이 다른 2개 이상의 기전력을 1조로 사용할 때 이것을 다상 기전력(polyphase-electromotive force)이라 하며, 이런 접속 방식을 다상 방식이라 한다. 이 장에서는 다상 방식 중 많이 사용되는 3상 교류를 주로 설명한다.

3상 교류 회로는 위상이 다른 3개의 단상 교류 회로를 1조로 사용하는 것으로 왕복 6개 전선을 필요로 하며, 전선은 3개만 있어도 된다. 3상 교류 회로에서 각 상의 기전력과 전류의 크기가 같고 위상만 $\dfrac{2\pi}{3}$ 일 때 평형 3상 회로(blanced three phase circuit)라 하며, 그렇지 않을 때를 불평형 3상 회로(unbalanced three phase circuit)라 한다.

다상 방식 중에서 주로 3상을 이용하는 이유는 단상에 비해 경제적이고, 회전자계를 쉽게 얻을 수 있으며, 회전기의 진동이 작기 때문이다. 따라서 발전, 송전·배전 등과 같은 전력 계통에서는 대부분 3상 방식을 사용하고 있다.

6-1 대칭 n상 교류

n개의 기전력의 크기가 서로 같고 위상차가 차례로 $\dfrac{2\pi}{n}$[rad]만큼 다를 때, 이러한 교류를 대칭 n상 교류라 하고, 그렇지 않을 경우를 비대칭 n상 교류라 한다. 대칭 n상 기전력을 발생하고, 각 상의 내부 임피던스가 같은 전원을 대칭 n상 전원 또는 단순히 대칭 전원이라 하고, 그렇지 않은 전원을 비대칭 전원이라 한다. 또한, 부하의 경우에는 각 상의 임피던스가 같은 부하를 평형 부하, 그렇지 않은 부하를 불평형 부하라 한다.

대칭 n상 전원에 평형 n상을 접속하면, 전류는 각 상 모두 같고 상차도 $\dfrac{2\pi}{n}$[rad]이 된다. 이와 같은 회로를 평형 n상 회로라 하고, 그렇지 않은 회로를 불평형 n상 회로라 한다.

다상 방식에는 각 상이 각각 독립하고 있는 독립 다상 방식과 각 상이 결합되어 있는 결합 다상 방식이 있으며, 일반적으로 거의 모두 결합 다상 방식이 사용되고 있다. 결합 다상 방식의 결선에는 성형 결선과 환상 결선이 있다.

6-2 성형 결선과 환상 결선

[그림 2-12]와 같이 동일 극성의 단자(주로 저전위 단자)를 0점으로 함께 묶어 결선한 방식을 성형 결선(star connection)이라 한다. 이때 0점을 중성점(neutral point)이라 하며, 각 상의 외부 단자를 전원 단자로 사용한다.

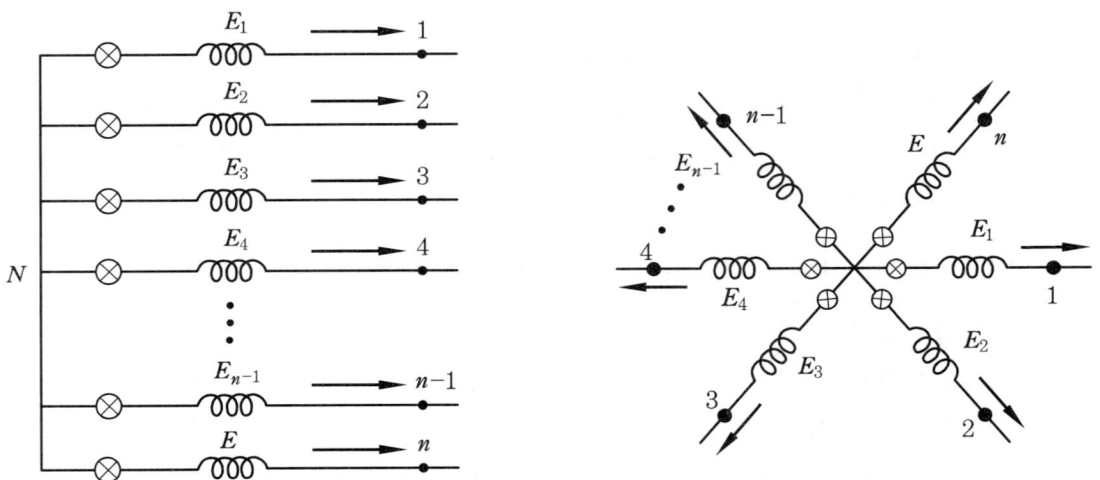

[그림 2-12] 성형 결선

또 [그림 2-13]과 같이 각 상의 극성이 다른 단자끼리 직렬로 접속하여 고리 모양으로 접속하는 방식을 환상 결선(ring connection)이라 한다. 이때는 각 상의 접속 단자를 전원 단자로 사용한다.

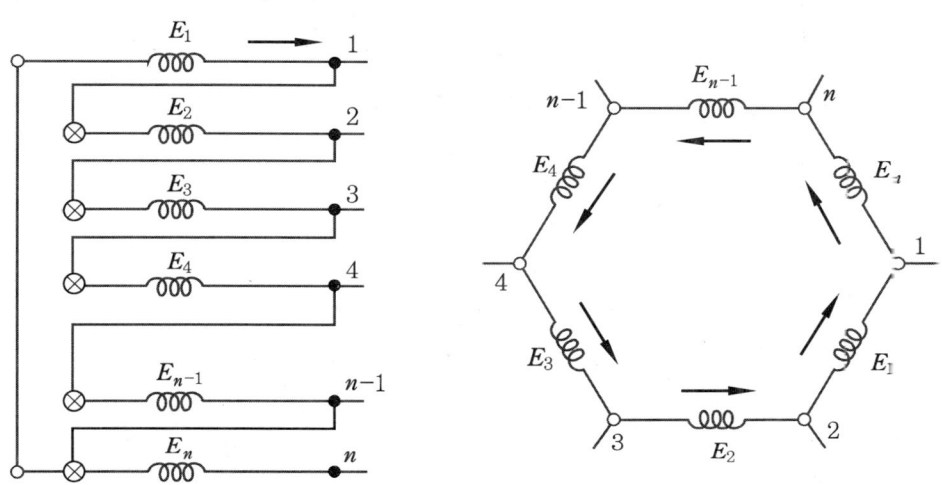

[그림 2-13] 환상 결선

특히, 3상 결선의 경우에는 [그림 2-14]와 같이 성형 결선은 Y 결선(Y connection), 환상 결선은 △결선(△ connection)이라고 한다.

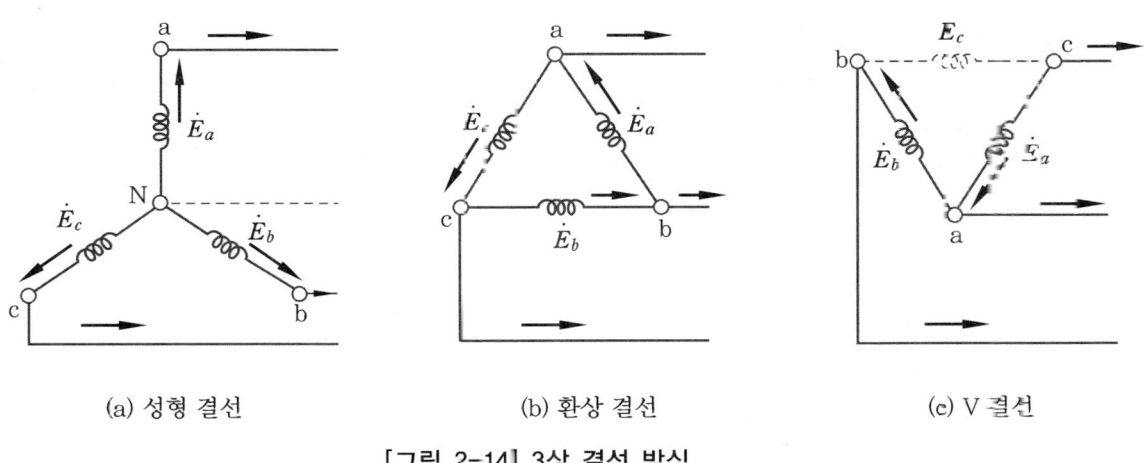

(a) 성형 결선　　　　(b) 환상 결선　　　　(c) V 결선

[그림 2-14] 3상 결선 방식

다상 교류 회로에서 부하의 임피던스의 접속 방법도 [그림 2-15]와 같이 기전력의 결선 방식과 같은 방식으로 결선하고 전원 단자와 연결하여 사용한다.

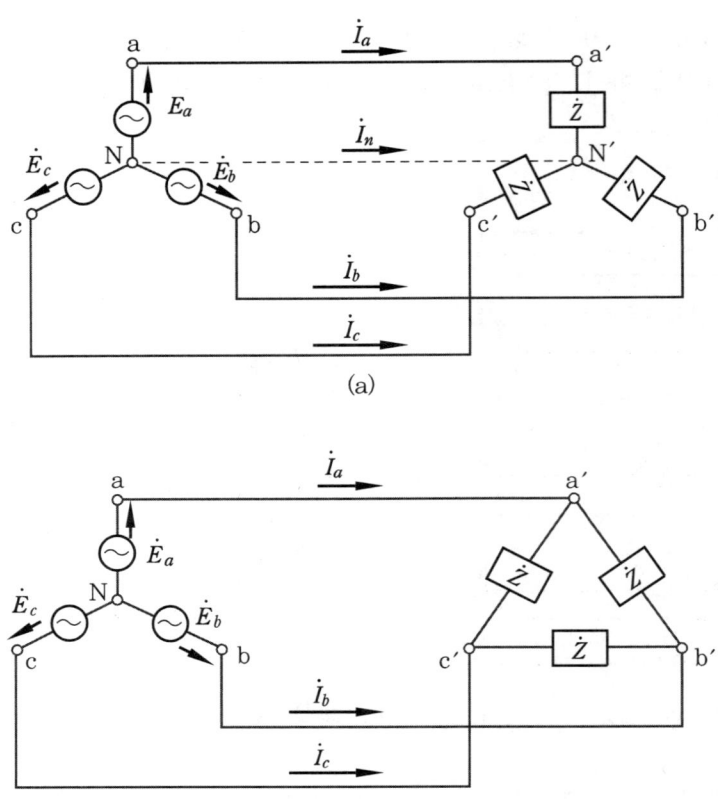

[그림 2-15] 부하 임피던스 결선

(1) 기전력

대칭 n상 교류에서 각 상의 기전력의 순시값 e_1, e_2, e_3, ⋯, e_n은 모두 크기가 같고 순차적으로 $\dfrac{2\pi}{n}$의 위상차가 있으므로 다음과 같이 나타낼 수 있다.

$$\left.\begin{aligned}
e_1 &= \sqrt{2}\,E\sin\omega t \\
e_2 &= \sqrt{2}\,E\sin\left(\omega t - \frac{2\pi}{n}\right) \\
e_3 &= \sqrt{2}\,E\sin\left(\omega t - \frac{2\pi}{n}\times 2\right) \\
&\vdots \\
e_n &= \sqrt{2}\,E\sin\left\{\omega t - \frac{(n-1)2\pi}{n}\right\}
\end{aligned}\right\} \tag{2-38}$$

또, $\dot{E}_1$을 기본 벡터로 하여 실효값 벡터로 나타내면

$$\dot{E_1} = \dot{E} \angle 0$$

$$\dot{E_2} = E_e^{-j\frac{2\pi}{n}} = E\left(\cos\frac{2\pi}{n} - j\sin\frac{2\pi}{n}\right) = E\angle -\frac{2\pi}{n}$$

$$\dot{E_3} = E_e^{-j\frac{4\pi}{n}} = E\left(\cos\frac{4\pi}{n} - j\sin\frac{4\pi}{n}\right) = E\angle -\frac{4\pi}{n} \qquad (2\text{-}39)$$

$$\vdots$$

$$\dot{E_n} = E_e^{-j\frac{n-1}{n}2\pi} = E\left(\cos\frac{n-1}{n}2\pi - j\sin\frac{n-1}{n}2\pi\right) = E\angle -\frac{n-1}{n}2\pi$$

가 된다. 따라서

$$\dot{E_1} + \dot{E_2} + \dot{E_3} + \cdots + \dot{E_n} = 0 \qquad (2\text{-}40)$$

그러므로 대칭 n상 교류에서는 각 상의 전압이나 전류의 총합은 항상 0이 된다. 이와 같은 관계로부터 대칭 n상 교류에서는 각 기전력을 합하도록 환상으로 접속하도 합성 기전력은 항상 0이 되기 때문에 환상 결선 내에서 순환 전류는 흐르지 않는다.

만일 각 상의 기전력이 대칭이 아니거나 극성을 잘못 접속하면 환로 내의 합성 기전력이 0이 되지 않고 큰 순환 전류가 흘러서 권선은 과전류로 인하여 때로는 타버릴 우려가 있다.

식 (2-38)과 같이 각 상의 기전력이 $\frac{2\pi}{n}$씩 뒤지는 상의 순서, 즉 각 상의 전압의 최대값이 되는 순서를 상순(phase sequence) 또는 상회전(phase rotation)이라 한다.

(2) 성형 결선의 전압과 전류

대칭 n상 교류의 성형 전압을 $E_1, E_2, E_3, \cdots, E_n$, 성형 전류를 $I_1, I_2, I_3, \cdots, I_n$이라 하면 [그림 2-12]의 성형 결선에서

성형 전압(상전압) $= E_1, E_2, E_3, \cdots, E_n$

성형 전류(상전류) $= I_1, I_2, I_3, \cdots, I_n$

이다. 그러나 [그림 2-12]에서 알 수 있듯이 성형 전류는 곧 선전류가 되어 유출하므로

$$\text{성형 전류(상전류)} = \text{선전류} \qquad (2\text{-}41)$$

$$I_1 + I_2 + I_3 + \cdots + I_n = 0 \qquad (2\text{-}42)$$

의 관계가 성립한다.

일반적으로 전원 단자에서 부하 단자로 연결되는 외선의 전류를 선전류(line current), 외선의 2선 간의 전압을 선간 전압(line voltage)이라 한다.

그리고 권선의 내부 임피던스를 무시하거나 무부하 시의 선간 전압을 $\dot{V}_{12}$, $\dot{V}_{23}$, $\dot{V}_{34}$, ……, $\dot{V}_{n1}$이라 하면

$$\dot{V}_{12} = \dot{E}_1 - \dot{E}_2, \quad \dot{V}_{23} = \dot{E}_2 - \dot{E}_3, \cdots\cdots, \quad \dot{V}_{n1} = \dot{E}_n - \dot{E}_1 \tag{2-43}$$

이 성립되며, 이것을 벡터 그림으로 나타내면 [그림 2-16]과 같다.

이 그림에서 선간 전압 $\dot{V}_{12}$와 상전압 $\dot{E}_1$의 관계를 구하면

$$\dot{V}_{12} = 2\dot{E}_1 \sin\frac{\pi}{n} \, [\text{V}] \tag{2-44}$$

이 되고, $\dot{V}_{12}$는 $\dot{E}_1$보다 $\dfrac{\pi}{2} - \dfrac{\pi}{n} = \dfrac{\pi}{2}\left(1 - \dfrac{2}{n}\right)$ [rad]만큼 위상이 앞선다. 이 관계는 각 상에 있어서 마찬가지이다. 따라서 선간 전압을 V_l, 상전압을 V_p라 하면 일반적으로 다음과 같은 관계가 된다.

$$V_l = 2\sin\frac{\pi}{n} V_p r \angle \frac{\pi}{2}\left(1 - \frac{2}{n}\right) \tag{2-45}$$

이상은 전원에 관하여 설명했지만 부하 임피던스 접속도 같은 방법이다.

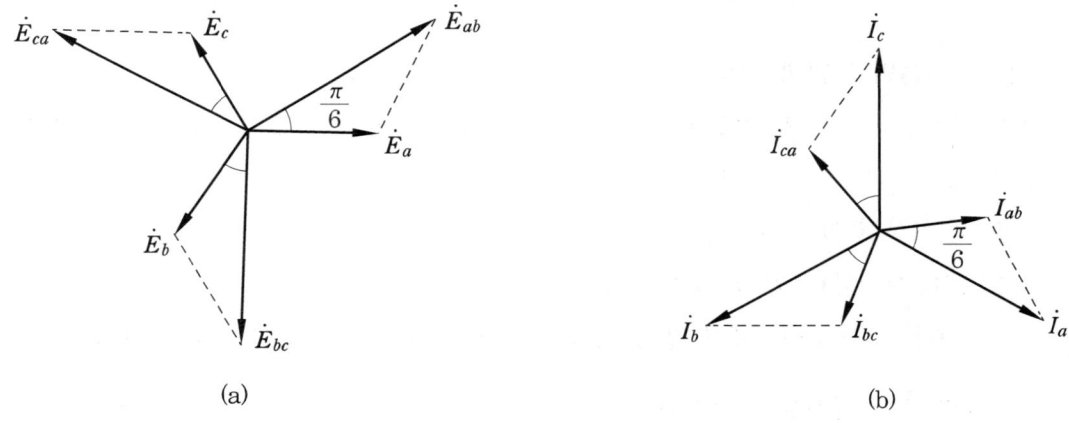

[그림 2-16] 다상 교류의 벡터도

(3) 환상 결선의 전압과 전류

[그림 2-13]의 환상 결선에서

환상 전압(상전압)= $E_1, E_2, E_3, \cdots, E_n$

환상 전류(상전류)= $I_{12}, I_{23}, I_{34}, \cdots, I_{n1}$

이다. 이때 권선의 내부 임피던스를 무시하면 [그림 2-13]에서 알 수 있듯이 환상 전압은 그대로 선간 전압이 되므로

$$\left.\begin{array}{l} \text{환상 전압(상전압)} = \text{선간 전압} \\ E_1 = V_{12}, \; E_2 = V_{23}, \cdots, \; E_n = V_{n1} \end{array}\right\} \qquad (2\text{-}46)$$

이 된다.

다음에 선전류를 $I_1, I_2, I_3, \cdots, I_n$ 이라 하면

$I_1 = I_{12} - I_{n1}, \; I_2 = I_{23} - I_{12}, \cdots, \; I_n = I_{n1} - I_{(n-1)n}$ 가 성립하며, 벡터 그림은 [그림 2-16]과 같다. 이 그림에서 선전류 I_1 와 상전류 I_{12} 의 관계를 구하면

$$I_1 = 2I_{12}\sin\frac{\pi}{n} \qquad (2\text{-}47)$$

이 되고, I_1 은 I_{12} 보다 $\dfrac{\pi}{2}\left(1-\dfrac{2}{n}\right)$ [rad]만큼 위상이 뒤진다. 크기와 위상의 관계는 각 상에 있어서 동일하므로 선전류를 I_l, 상전류를 I_p 라 하면

$$I_l = 2\sin\frac{\pi}{n}I_p \angle -\frac{\pi}{2}\left(1-\frac{2}{n}\right) \qquad (2\text{-}48)$$

이 된다.

Chapter 02 연습 문제

1. $v = V_m \sin(\omega t + 30°)$와 $i = I_m \cos(\omega t - 100°)$와의 위상차는 몇 도인가?

㉮ 40° ㉯ 70° ㉰ 130° ㉱ 210°

2. $v = 141\sin\left(377t - \dfrac{\pi}{6}\right)$인 파형의 주파수(Hz)는?

㉮ 377 ㉯ 100 ㉰ 60 ㉱ 50

3. 정현파 교류 전압 $v = V_m \sin(\omega t + \theta)$[V]의 평균값은 최대값의 몇 %인가?

㉮ 약 41.4 ㉯ 약 50 ㉰ 약 63.7 ㉱ 약 70.7

4. 어떤 정현파 전압의 평균값이 191V이면, 최대값(V)은 약 얼마인가?

㉮ 450 ㉯ 300 ㉰ 230 ㉱ 115

5. 정현파 교류의 서술 중 전류의 실효값을 나타낸 것은? (단, T는 주기파의 주기, i는 주기 전류의 순시값이다.)

㉮ $\dfrac{2}{T}\displaystyle\int_0^{\frac{T}{2}} i\,dt$ ㉯ $\sqrt{i^2}$의 주기 간의 평균값

㉰ $\dfrac{2\sqrt{2}}{\pi}\sqrt{\dfrac{1}{T}\displaystyle\int_0^T i^2 dt}$ ㉱ $\dfrac{2\pi}{T}\displaystyle\int_0^{\frac{T}{2}} i\,dt$

6. 파형률 및 파고율이 모두 1.0인 파형은?

㉮ 구형파 ㉯ 3각파 ㉰ 정현파 ㉱ 반원파

7. 최대값이 E_m[V]인 반파 정류 정현파의 실효값은 몇 V인가?

㉮ $\dfrac{2E_m}{\pi}$ ㉯ $\sqrt{2}\,E_m$ ㉰ $\dfrac{E_m}{\sqrt{2}}$ ㉱ $\dfrac{E_m}{2}$

8. 정현파 전압 및 전류를 복소수로 표시하는 페이저 기호 방법 중 잘못된 것은?

㉮ 정현파 전압 또는 전류를 복소수 평면에 있어서의 페이저로서 표시한다.
㉯ 정현파 전압 또는 전류의 순시값을 구할 때에는 복소수의 허수부를 취급하지 않는다.
㉰ 회전 페이저를 정지 페이저로서 취급한다.
㉱ 최대값 대신에 실효값을 쓰기도 한다.

9. 복소 전압 $E = -20e^{j\frac{3}{2}\pi}$를 정현파의 순시값으로 나타내면 어떻게 되는가?

㉮ $e = -20\sin\left(\omega t + \frac{\pi}{2}\right)$[V]
㉯ $e = 20\sin\left(\omega t + \frac{2}{3}\pi\right)$[V]
㉰ $e = 20\sqrt{2}\sin\left(\omega t - \frac{\pi}{2}\right)$[V]
㉱ $e = 20\sqrt{2}\sin\left(\omega t + \frac{\pi}{2}\right)$[V]

10. 2개의 교류 전류 i_1, i_2가 있다. 이것의 합성 전류 $i_1 + i_2$를 구하여라.

$$i_1 = 50\sin\left(\omega t + \frac{\pi}{6}\right),\ i_2 = 50\sqrt{3}\sin\left(\omega t - \frac{\pi}{3}\right)$$

㉮ $100\sin\left(\omega t + \frac{\pi}{6}\right)$
㉯ $141\sin\left(\omega t - \frac{\pi}{6}\right)$
㉰ $100\sin\left(\omega t - \frac{\pi}{6}\right)$
㉱ $141\sin\left(\omega t + \frac{\pi}{6}\right)$

11. $v_1 = V_1\sin\omega t$, $v_2 = V_2\sin(\omega t + 30°)$일 때, $v_1 + v_2$의 최대값은?

㉮ $(V_1 + V_2)\sin 30°$
㉯ $\frac{V_1 + V_2}{2}\sin 30°$
㉰ $\frac{\sqrt{V_1^2 + V_2^2}}{2}$
㉱ $\sqrt{\left(V_1 + \frac{\sqrt{3}}{2}V_2\right)^2 + \frac{1}{4}V_2^2}$

12. 정현파 교류 $i = 10\sqrt{2}\sin\left(\omega t + \frac{\pi}{3}\right)$[A]를 복소수의 극좌표형으로 표시하면 어느 것인가?

㉮ $10\sqrt{2} \angle \frac{\pi}{3}$
㉯ $10 \angle 0$
㉰ $10 \angle \frac{\pi}{3}$
㉱ $10 \angle -\frac{\pi}{3}$

Chapter 03 전자 이론

1. 반도체 소자

1-1 전자의 운동

모든 물질은 매우 작은 분자 또는 원자의 집합으로 되어 있고, 원자는 원자핵과 그 주위를 돌고 있는 전자들로 구성되어 있다. 원자는 그 물질의 특성을 유지하는 원소 중의 아주 작은 입자이다.

고전적인 보어(Bohr)의 원자 모델에 의하면 원자는 [그림 3-1]과 같이 원자핵 중심을 둘러싼 궤도를 돌고 있는 전자들로 구성되어 있으며, 마치 태양 주위를 지구가 돌고 있는 것과 같은 형태의 구조를 갖는다.

이때 원자핵은 양으로 대전된 입자인 양자와 비대전된 입자인 중성자로 구성된다. 전자는 기본적으로 음으로 대전된 입자이다. 전자 하나가 갖고 있는 에너지를 1eV라 정의하며, $1eV = 1.6 \times 10^{-19} J$이다.

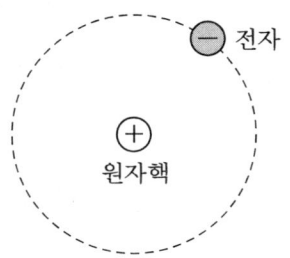

[그림 3-1] 보어에 의한 수소 원자 모델

전자는 핵으로부터 일정한 거리만큼 떨어져 원자핵 주위의 궤도를 돌고 있다. 원자핵 가까이 있는 전자들은 더 멀리 떨어진 궤도에 있는 전자들보다 훨씬 작은 에너지를 갖고 있으며 원자 구조 내에서는 불연속적인 전자 에너지만을 가질 수 있다.

1-2 에너지대 구조

원자핵으로부터 불연속적으로 떨어진 거리(궤도)는 특정 에너지 준위에 대응되며, 원자 내의 궤도는 각(shell)이라 알려진 에너지대로 분류된다. 이러한 각은 태양을 중심으로 각각의 행성들이 정해진 궤도를 가지고 공전하는 것과 유사하다. 원자는 주기율표에 따라 한정된 각을 갖게 되며, 개개의 각은 허용된 에너지 준위(궤도)에서 한정된 수의 최대 전자를 갖는다. 이러한 각들을 K, L, M, N … 각이라 하며, 원자핵으로부터 n번째 각에는 최대 $2n^2$개의 전자가 들어갈 수 있다. 에너지 준위에 따른 전자의 분포는 [그림 3-2]와 같다.

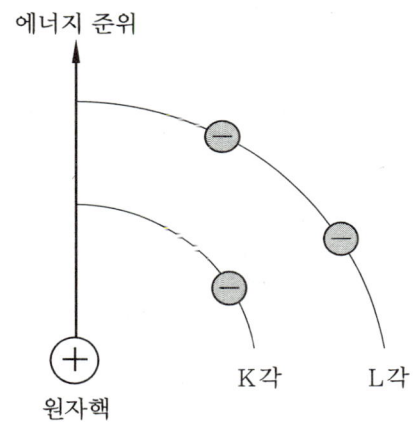

[그림 3-2] 에너지 준위에 따른 전자의 분포

가장 바깥쪽 궤도의 전자(최외각 전자)는 핵 가까이 있는 전자에 비해 원자핵에 의한 구속이 약하다. 이러한 최외각의 전자를 가전자라 부른다. 이러한 가전자들은 에너지를 얻게 되면 에너지 대역을 이동할 수 있게 되며, 쉽게 이동할 수 있느냐의 여부에 따라 물질은 다음과 같은 전기적 특성을 갖는다. 이에 따른 에너지 다이어그램은 [그림 3-3]과 같다.

(1) 절연체

절연체는 유리, 나무와 같이 가전자들이 원자핵에 강하게 구속이 되어 있어 전류가 흐르지 못하는 물질이다. 가전자대와 전도대의 에너지 갭(energy gap)이 크기 때문에 가전자대의 전자가 쉽게 전도대로 이동을 하지 못한다.

(2) 반도체

도체와 절연체 사이에 존재하는 물질로 가전자대와 전도대의 에너지 갭이 작아 에너지를 받으면, 쉽게 가전자대의 전자가 전도대로 이동을 할 수 있다. 일반적인 반도체는 실리콘(Si), 게르마늄(Ge)이다.

(3) 도체

도체는 전도대와 가전자대가 중복되어 쉽게 전자가 이동할 수 있는 물질이다. 금, 은, 동과 같은 단일 물질로 느슨하게 묶여진 가전자들이 쉽게 전기 전도도에 관계되는 자유 전자가 될 수 있다.

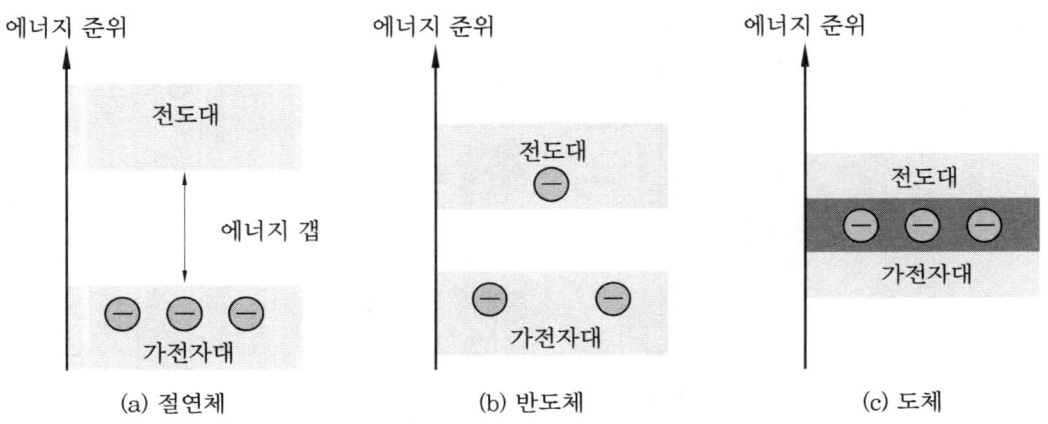

[그림 3-3] 절연체, 반도체, 도체의 에너지 다이어그램

1-3 공유 결합

실리콘, 게르마늄과 같은 반도체 물질은 최외각에 4개의 전자를 갖는다. 이러한 4개의 전자들은 원자핵에 대한 구속력이 약하나, [그림 3-4]와 같이 인접한 원자들과 4개의 전자들을 공유하게 되면 각 원자에 대해 8개의 가전자를 갖는 화학적인 안정 상태를 이루며, 이러한 결합을 공유 결합이라 한다.

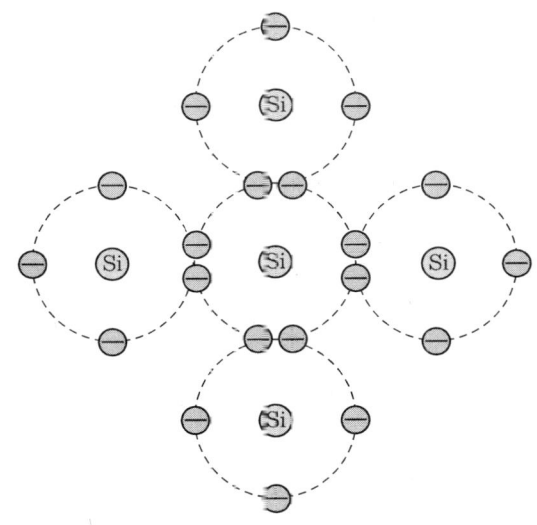

[그림 3-4] 공유 결합

1-4 n형과 p형 반도체

여러 가지 방법에 의한 반도체 제조 공정을 통하여 만들어지는 반도체를 진성 반도체라 하며, 이러한 진성 반도체에 불순물을 넣는 도핑이라는 과정을 통하여 실리콘, 게르마늄의 전기 전도성을 크게 증가시킬 수 있다.

(1) n형 반도체

4개의 가전자를 갖는 순수 반도체에 비소(As), 인(P), 안티몬(Sb)과 같은 5가의 불순물을 첨가한다. 5가의 불순물 원자의 4개 가전자들은 인접한 실리콘 원자의 4개의 가전자들과 공유 결합을 이루지만 나머지 한 개의 가전자는 잉여 전자가 된다. 이러한 잉여 전자는 구속력이 약하기 때문에 쉽게 전도 전자가 되어 전기 전도에 영향을 끼친다. n형 반도체의 구조는 [그림 3-5]와 같다.

(2) p형 반도체

순수 실리콘에 알루미늄(Al), 붕소(B), 인듐(In), 갈륨(Ga)과 같은 3가의 불순물을 첨가한다. 첨가된 불순물의 3개의 가전자들은 인접한 실리콘 원자의 4개의 가전자들과 공유 결합을 이루지만 하나의 전자가 부족하여 전자를 받아들일 수 있는 빈 자리가 발생하며, 이것을 정공이라 한다. 이러한 정공은 전기 전도도에 관계되며 (+)인 전기적 성질을 갖는다. p형 반도체의 구조는 [그림 3-6]과 같다.

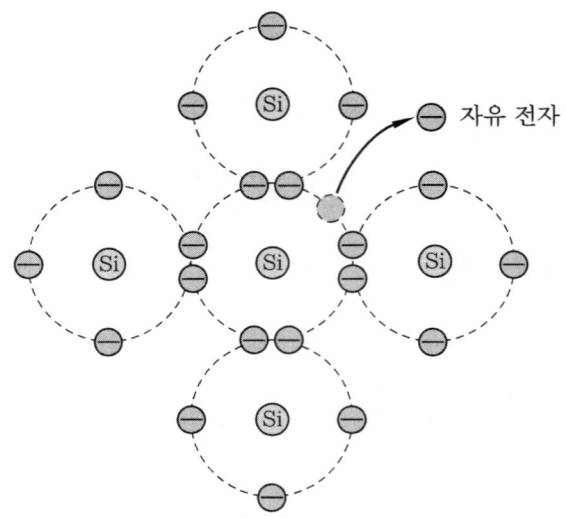

[그림 3-5] n형 반도체 구조

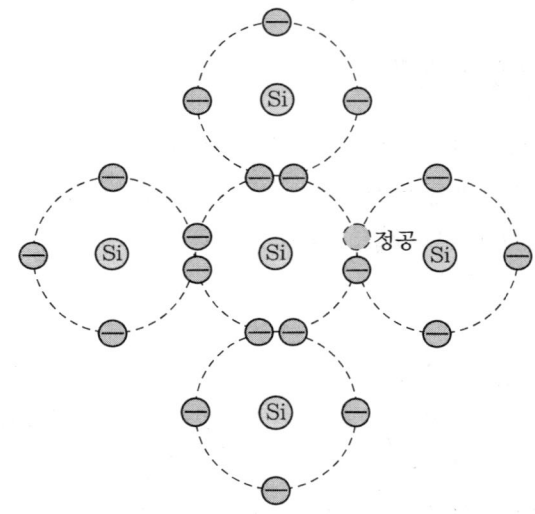

[그림 3-6] p형 반도체 구조

(3) 다수 반송자와 소수 반송자

n형 반도체에서 전기 전도도에 관계되는 전류 반송자(carrier)는 5가 불순물에 의해 발생하는 잉여 전자이다. 이러한 전자들을 다수 반송자(majority carrier)라 부른다. 이와는 별도로 외부 에너지에 의해 극소수의 전자-정공쌍이 발생한다. 이때의 n형 반도체에서의 정공을 소수 반송자(minority carrier)라 한다.

이와 마찬가지로 p형 반도체에서는 다수 반송자가 정공이 되고, 소수 반송자는 전자가 된다.

2. 다이오드

2-1 pn 접합

실리콘에 일부는 5가의 불순물을 첨가하여 n형 반도체를 만들고, 일부는 3가의 불순물을 첨가하여 p형 반도체를 만들면, n형 반도체와 p형 반도체 사이에는 pn 접합이 생성된다. pn 접합이 형성되는 순간 접합면에서는 n형 반도체의 자유 전자가 확산하여 일부는 p형 반도체 영역으로 넘어가 p형 반도체의 정공과 결합한다.

이와 같은 전자와 정공의 결합으로 접합면에서는 캐리어가 존재하지 않는 영역이 생성되는데, 이것을 공핍층(depletion region) 또는 공간 전하 영역이라 하며, [그림 3-7]과 같다. 전자가 이러한 영역을 뛰어 넘기 위해서는 외부 에너지가 필요하게 된다. 공핍층 양단에는 전위차가 존재하는데, 이러한 전위차는 전자가 움직이기 위한 에너지의 양을 의미하며, 전위 장벽이라 한다. 전위차는 실리콘의 경우 0.7V, 게르마늄의 경우 0.3V이다.

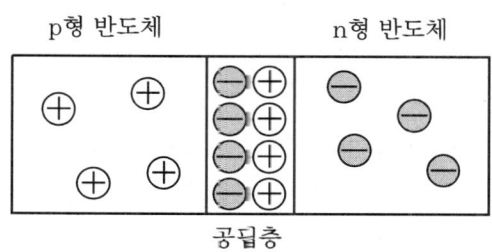

[그림 3-7] 공핍층

2-2 바이어스 전압

(1) 순방향 바이어스

pn 접합 양단에 직류 전압을 인가할 때 [그림 3-8]과 같이 p형 영역에는 (+) 단자를, n형 영역에는 (-) 단자를 인가하는 것을 순방향 바이어스라 한다. 서로 같은 극성끼리는 미는 힘이 작용하므로 n형 영역에 인가된 (-) 전압은 전자를 접합면으로 이동시킨다. 바이어스 전압을 0으로부터 서서히 증가시키면 처음에는 전자가 전위 장벽을 뛰어 넘지 못하여 전류가 흐르지 않으나, 전위 장벽의 전위차 이상의 바이어스 전압이 인가되면 전자가 전위 장벽을 뛰어 넘어 p형 영역으로 이동하고, 다른 극성끼리는 잡아당기는 힘이 작용하므로 p형 영역에 인가된 (+)극으로 이동하여 전류가 급격히 증가하여 흐르게 된다.

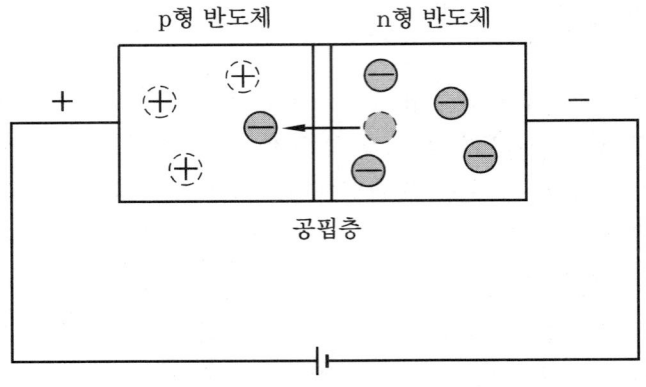

[그림 3-8] 순방향 바이어스

(2) 역방향 바이어스

[그림 3-9]와 같이 p형 영역에는 (-) 단자를, n형 영역에는 (+) 단자를 인가하는 것을 역방향 바이어스라 한다. 서로 다른 극성끼리는 잡아당기는 힘이 작용하므로 n형 영역에 인가된 (+) 단자는 전자를 잡아당기고, p형 영역에 인가된 (-) 단자는 정공을 잡아당긴다. 이와 같은 캐리어의 이동으로 인해 공핍층이 넓어지고, 전위 장벽이 높아져서 캐리어의 이동이 더욱 어려워 전류가 흐르지 않게 된다.

이와 같은 역방향 바이어스 인가 시 소수 캐리어의 경우 순방향 바이어스의 동작과 마찬가지의 캐리어의 동작으로 인해 실리콘의 경우 $4\mu V$ 정도의 미소한 전류가 흐르게 되며, 이를 역전류(reverse current)라 한다.

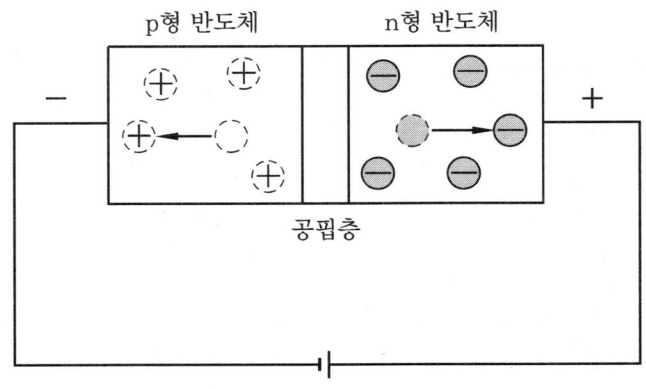

[그림 3-9] 역방향 바이어스

(3) 항복

역방향 바이어스 전압이 인가되는 경우 pn 접합에는 소수 캐리어로 인한 미소한 전류가 흐른다. [그림 3-10]과 같이 역방향 바이어스를 크게 증가시키면 p형 영역의 소수 캐리어인 전자가 에너지를 크게 얻어 충분히 가속하여 다른 원자들과 충돌한다. 소수 캐리어의 충돌로 인해 새로운 전자-정공쌍을 생성시키며, 새로 생성된 전자와 원래의 전자가 또 다른 원자를 두드리면서 또 다른 전자-정공쌍을 형성한다. 이에 따라 우라늄이 핵분열을 일으키는 것과 같이 p형 영역에서 전자의 수가 급격히 증가한다.

이러한 현상을 항복(breakdown)이라 하며, 이때의 전압을 항복 전압이라 한다. 급격히 증가한 전자들은 높은 에너지를 얻어 공핍층을 넘어 n형 영역으로 이동할 수 있으며 급격한 전류의 흐름으로 나타난다.

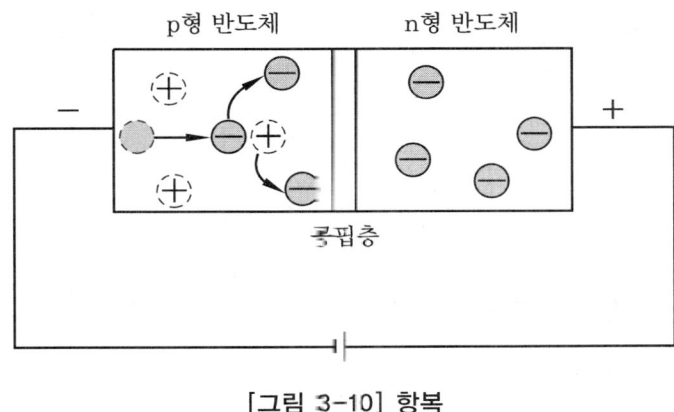

[그림 3-10] 항복

2-3 다이오드

(1) 다이오드의 동작

pn 접합 양단에 도선을 연결한 소자를 다이오드(diode)라 하며, [그림 3-11] (a)와 같이 표시한다. p형 영역을 양극(anode), n형 영역을 음극(cathode)이라 부르고, 전류의 방향을 화살표로 표시한다.

다이오드의 실제 외형은 [그림 3-11] (b)와 같다. 위의 소자는 빠른 동작 속도를 갖고 있어 스위칭 회로에 사용되는 스위칭 다이오드인 1N4148이며, 밑의 소자는 정류 회로에 사용되는 정류용 다이오드인 1N4004다. 소자의 바깥쪽에 부품 번호가 나타나 있으며, 실선으로 표시되는 것이 음극을 나타낸다.

실리콘의 경우 [그림 3-11] (c)와 같이 순방향 바이어스를 처음 인가시킨 경우 전류가 흐르지 않으나 전위 장벽을 넘어서는 바이어스 전압을 인가하는 경우 급격히 전류가 흐르기 시작한다. 역방향 바이어스를 인가한 경우 처음에는 미소한 역전류가 흐르다가 항복 전압을 넘어서는 경우 급격히 전류가 흐르기 시작한다.

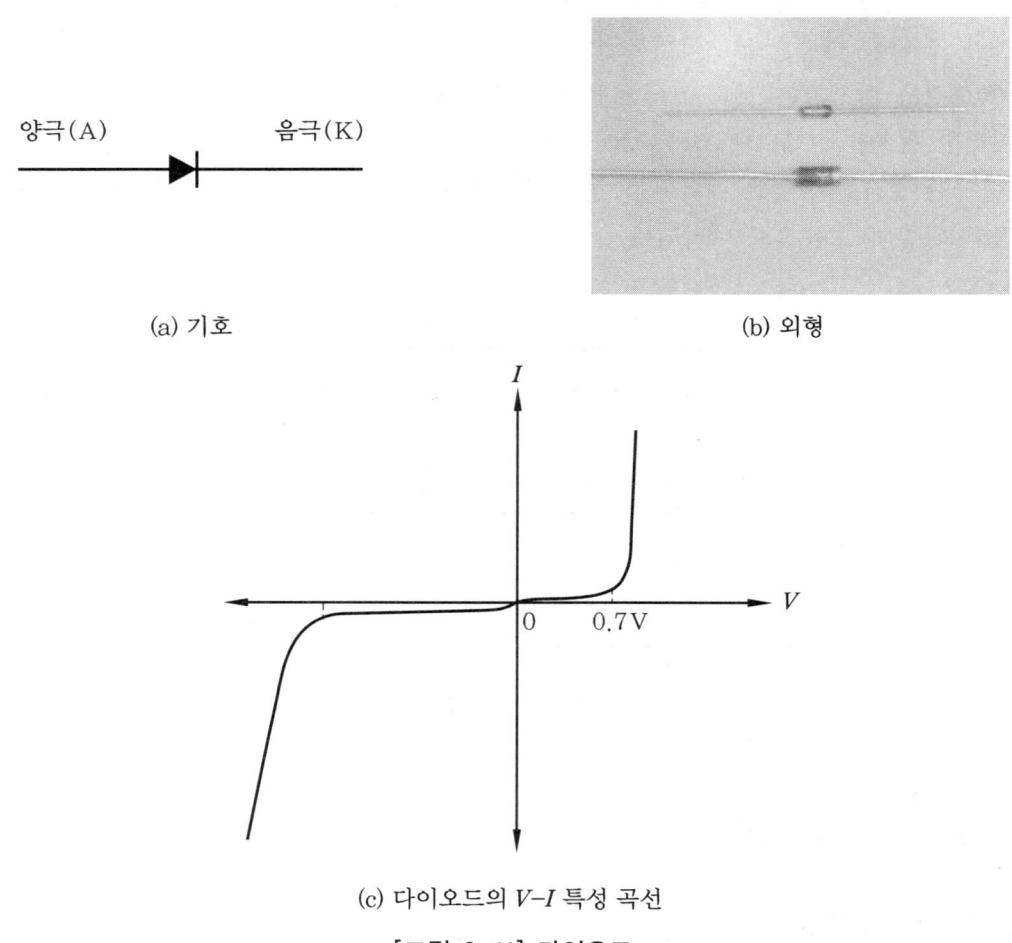

(a) 기호 (b) 외형

(c) 다이오드의 V-I 특성 곡선

[그림 3-11] 다이오드

(2) 다이오드의 근사화

다이오드는 [그림 3-12]와 같이 순방향 바이어스의 경우에는 단락 회로로, 역방향 바이어스의 경우에는 개방된 것으로 근사화할 수 있다. 이러한 특성을 이용하여 다이오드를 스위칭 회로로 널리 사용하고 있다.

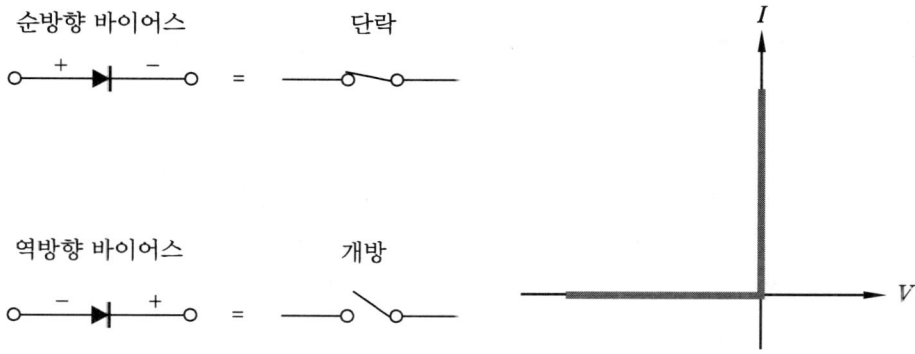

[그림 3-12] 다이오드의 근사화

(3) 다이오드의 시험

다이오드는 테스터를 사용하여 간단하게 시험할 수 있다. 양호한 다이오드의 경우 순방향 시에는 매우 낮은 저항값을, 역방향 시에는 매우 높은 저항값을 나타낸다. 다이오드의 고장이 발생한 경우 순방향이나 역방향 모두 낮은 저항값을 나타내면 다이오드가 단락된 것이며, 순방향이나 역방향 모두 높은 저항값을 나타내면 다이오드가 개방된 것이다.

예제

다음 그림과 같은 다이오드 회로에서 다이오드에 대한 순방향 전압, 전류를 구하고 저항에 걸리는 전압을 구하라. (단, 다이오드는 실리콘 다이오드로 가정한다.)

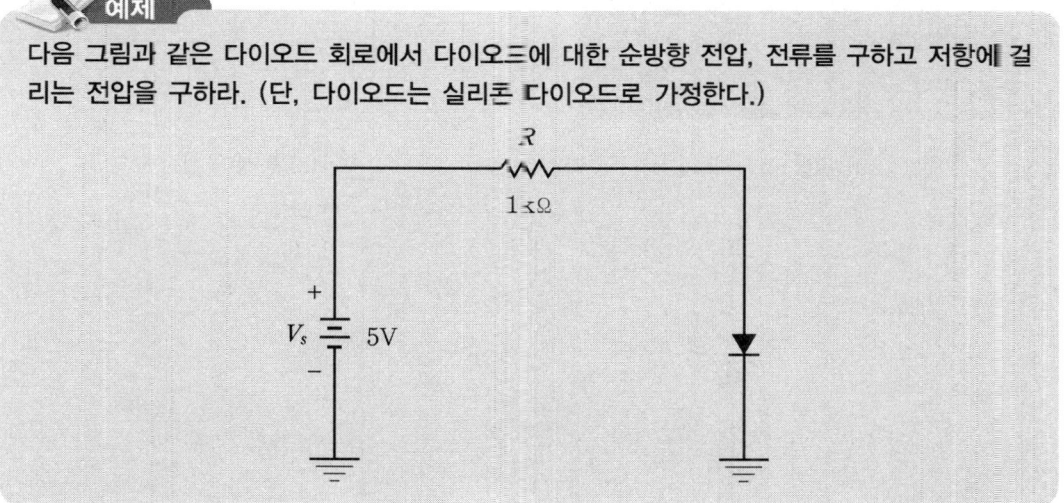

풀이 실리콘 다이오드이므로 다이오드의 순방향 전압은

$V_F = 0.7\text{V}$

저항을 흐르는 전류는 옴의 법칙에 의해

$I_F = \dfrac{V_S}{R} = \dfrac{5\text{V} - 0.7\text{V}}{1\text{k}\Omega} = \dfrac{4.3\text{V}}{1\text{k}\Omega} = 4.3\text{mA}$

2-4 기타 반도체 소자

(1) 제너 다이오드

제너 다이오드는 일반 다이오드와는 달리 역방향 항복에서 동작하도록 설계된 다이오드로서 전압 안정화 회로로 사용되며, 외형은 [그림 3-13] (a)와 같다. 위의 소자는 5.6V, 밑의 소자는 10.8V의 특성을 갖는다. 일반 다이오드와 마찬가지로 외형에 나타난 실선은 음극을 나타낸다.

[그림 3-13] (b)에서 나타난 바와 같이 제너 영역에서 특성은 제너 전압인 V_Z의 역바이어스 전압에서 거의 수직으로 떨어진다. 실리콘 도핑 레벨을 변화시켜 항복 전압을 약 2V에서 200V로 조절할 수 있다. [그림 3-13] (c)에 제너 다이오드의 등가 회로를 나타내었다.

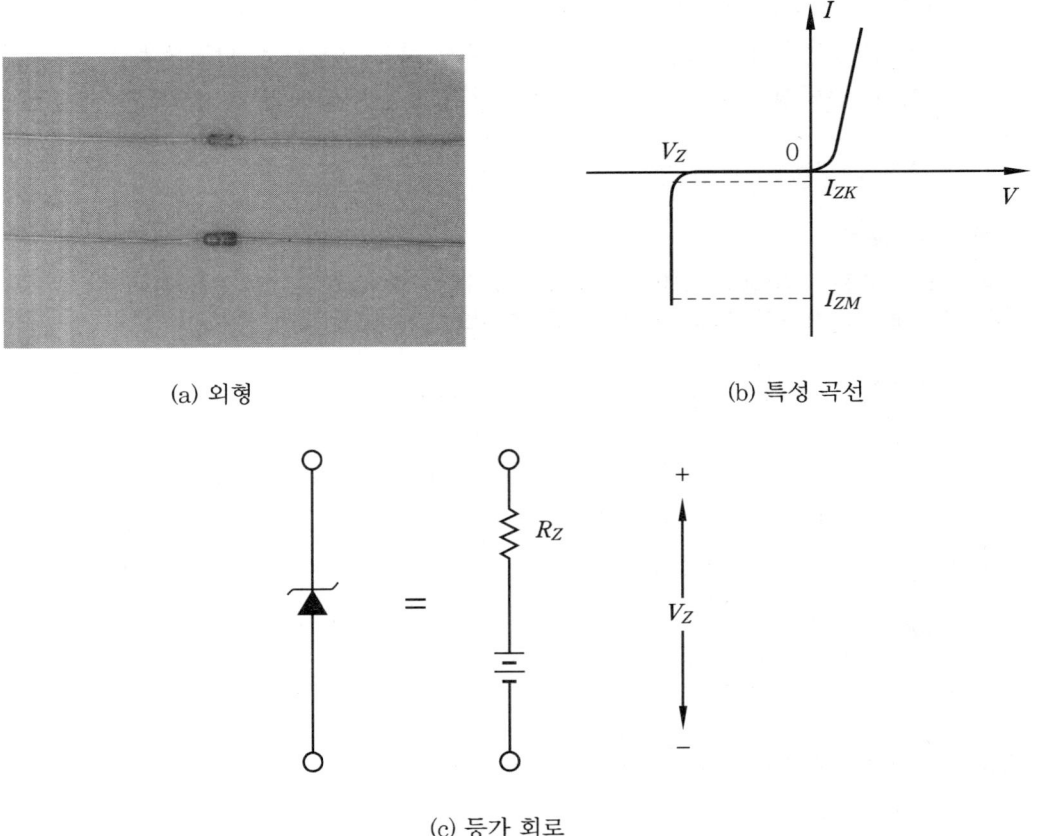

(a) 외형　　　　　　　　　(b) 특성 곡선

(c) 등가 회로

[그림 3-13] 제너 다이오드

[그림 3-14]는 제너 다이오드를 이용하여 항상 일정한 전압을 부하 R_L에 인가하도록 하는 정전압 회로이다. 인가 전압 V_i에 의해 저항 R_i를 통해 제너 다이오드와 부하에 전류 I_Z와 I_L이 유도된다. 제너 다이오드가 항복 전압에서 동작하는 경우, 제너 다이오드에 흐르는 전류가 최소 제너 전류인 I_{ZK}보다 크고 최대 제너 전류인 I_{ZM}보다 작은 전류 범위에서 제너 다이오드의 특성에 따라 부하 R_L에는 항상 일정한 전압이 유도된다.

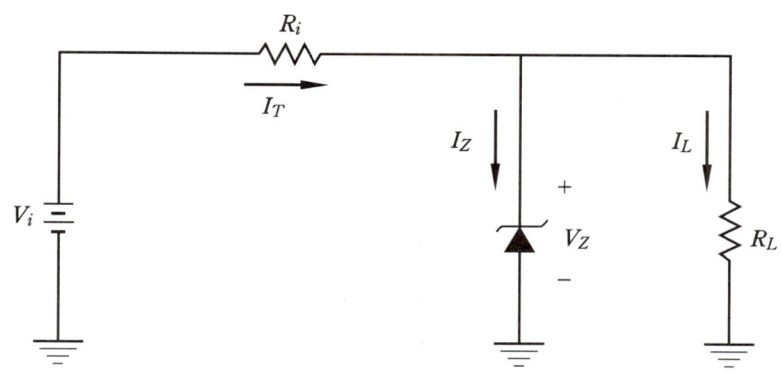

[그림 3-14] 정전압 회로

(2) 발광 다이오드

계산기, 시계 및 모든 표시 장치에 있어 널리 사용되는 것이 [그림 3-15] (a)에 나타낸 발광 다이오드(LED : light emitting diode)와 [그림 3-15] (b)에 나타낸 컴퓨터 모니터나 핸드폰에 많이 사용되는 액정 표시기(LCD : liquid crystal display)이다. LED의 기호는 [그림 3-15] (c)에 나타내었다.

이 중 LED는 순방향 바이어스 되는 경우 전기적인 에너지를 빛 에너지로 바꾸는 소자이다. 소자의 외형으로 볼 때 긴 리드선을 갖는 것이 양극이며, 소자 내부를 보았을 때 도끼 모양을 갖는 것이 음극이다.

순방향 바이어스 된 다이오드에서 n형 영역의 자유 전자는 공핍층을 넘어 p형 영역으로 이동하여 정공과 재결합하며, 재결합되는 전자들은 열 또는 빛 에너지를 발산한다. 갈륨 아세나이드 포스파이드(GaAsP)는 붉은색 또는 노란색의 가시광을 발산하고, 갈륨 포스파이드(GaP)는 붉은색 또는 녹색의 가시광을 발산하며, 갈륨 아세나이드(GaAs)는 적외선을 발산한다.

가시광선의 경우 계측기, 계산기 등에 사용하며, 적외선의 경우 카드 판독기, 시프트 인코더, 데이터 전송 시스템, 도난 경보기 등에 응용된다. 최근에는 파란색을 발산하는 고휘도 LED를 핸드폰 등에 사용하기도 한다.

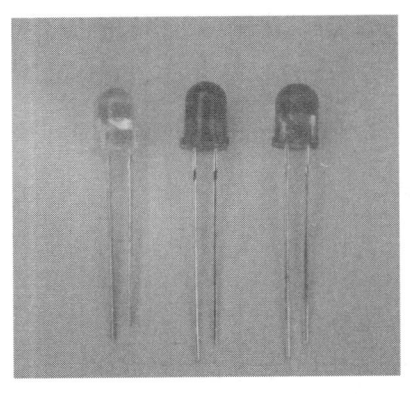
(a) LED

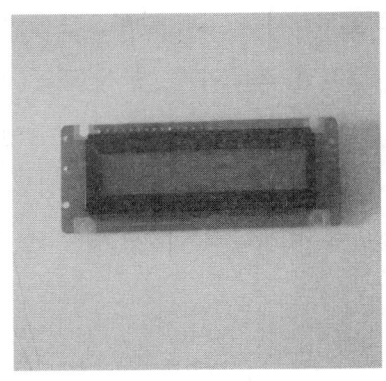
(b) LCD

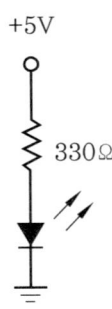

[그림 3-15] 표시 장치

(3) 7-세그먼트 표시기

7-세그먼트 표시기(FND)는 8개의 LED로 구성되는 소자이다. [그림 3-16] (a)에 7-세그먼트 표시기의 외형을 나타내었다. [그림 3-16] (a)에서 오른쪽 그림에 나타난 것과 같이, 뒷면에서 보았을 때 10개의 핀을 가지며 위 중앙에 위치한 핀과 아래 중앙에 위치한 핀은 서로 공통이다. 소자에 따라 (+) 공통 또는 (-) 공통을 가진다.

[그림 3-16] (b)와 같이 A에서 P까지의 기호를 가지며, 계측기나 산업용 제어 기기 등의 숫자 표시에 사용된다. (+) 공통으로 사용되는 경우의 회로도를 [그림 3-16] (c)에 나타내었다.

회로를 구성하는 경우 [그림 3-17]에서 나타낸 것과 같은 8개의 저항으로 제작된 어레이 저항(array resistor)을 많이 사용한다. 왼쪽에 표시된 ● 단자를 공통으로 하여 저항 8개가 같이 모여 있다. 저항에 331이라고 표시된 경우 앞의 두 자리를 유효 숫자, 뒤의 한 자리를 승수로 하여 $33 \times 10^1 = 330\,\Omega$이 된다.

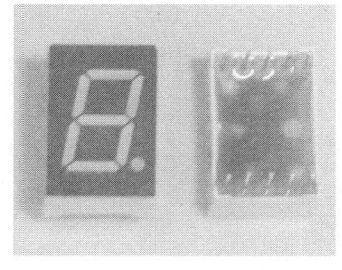
(a) 외형

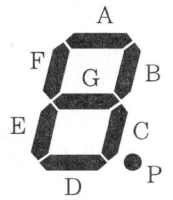
(b) 구조

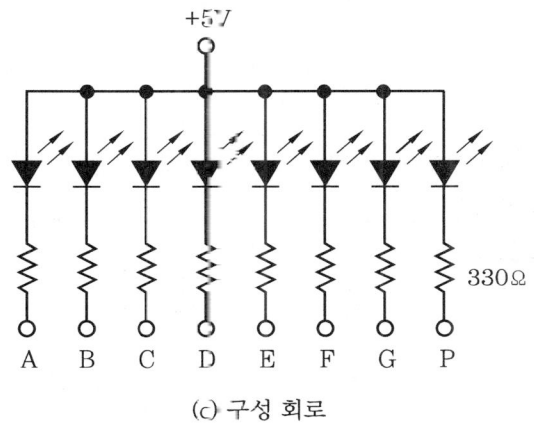
(c) 구성 회로

[그림 3-16] 7-세그먼트 표시기

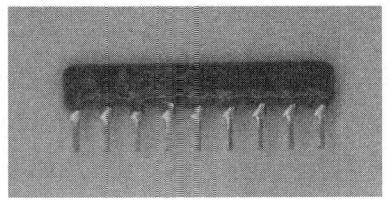

[그림 3-17] 어레이 저항

(4) 포토 다이오드

포토 다이오드는 역바이어스로 동작하는 소자로서 빛이 투과할 수 있는 작은 투명한 창을 갖고 있으며, 들어오는 빛의 강도에 따라 역전류가 증가한다. 이런 성질을 이용하여 빛의 강도로 제어되는 가변 저항 소자로서 사용될 수 있다.

포토 다이오드와 광원(light source)을 이용하여 경보 시스템을 구성할 수도 있다. 광원에서 발사되는 광의 빔이 끊어지지 않는 한 역전류가 계속 흐르나 침입자가 발생하는 경우 빔이 끊어져 전류값이 낮아지게 된다. 마찬가지로 컨베이어 벨트 시스템에서 물체가 지나가는 것을 인지하여 역전류가 낮아질 때마다 물건의 개수를 증가시켜 수량을 파악할 수도 있다. 포토 다이오드의 외형은 [그림 3-18] (a)와 같으며, 외형에서 케이스의 볼록 튀어 나온 부분이 양극이다. 구성 회로는 [그림 3-18] (b)와 같다.

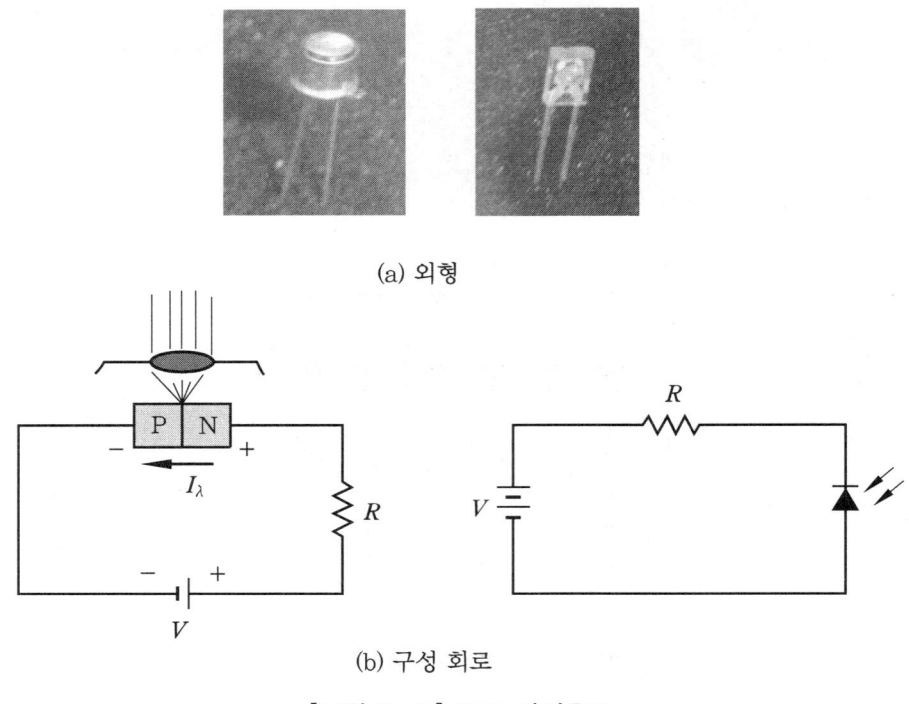

[그림 3-18] 포토 다이오드

포토 다이오드와 같은 동작을 하는 소자로서 [그림 3-19]에 나타낸 포토 트랜지스터 ST1K-LB가 있으며, 핀의 극성은 케이스의 볼록 튀어 나온 부분이 컬렉터이다. 이와 마찬가지로 [그림 3-20]에 나타난 것과 같이 적외선에 의해 동작하는 적외선 센서 RA-E001S가 있다.

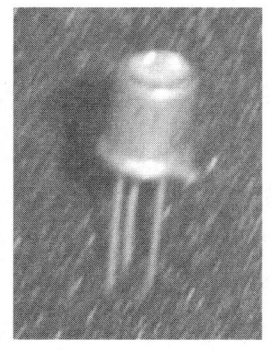 

[그림 3-19] 포토 트랜지스터   [그림 3-20] 적외선 센서

(5) 광 결합기

광 결합기(photo coupler)는 LED와 포토 다이오드 또는 포토 트랜지스터가 결합된 소자로서 입력 회로와 출력 회로 사이에 완전한 전기적 절연을 위해 사용된다. 포토 인터럽터(photo interrupter) 또는 포토 인터럽트 소자(OID : optical interrupt device)라고도 부른다.

광 결합기는 LED로부터 방출되는 빛의 변화가 포토 다이오드 또는 포토 트랜지스터에 의해 포착되어 입력 신호를 공급한다. [그림 3-21] (a)는 외형을 나타낸 것이며, 소자의 극성 및 배치는 부품의 상단에 표시되어 나타난다. [그림 3-21] (b)에 포토트랜지스터가 사용된 광 결합기의 기본 형태를 나타내었으며, [그림 3-21] (c)에 외부 접속을 갖는 경우에 대한 회로도를 나타내었다.

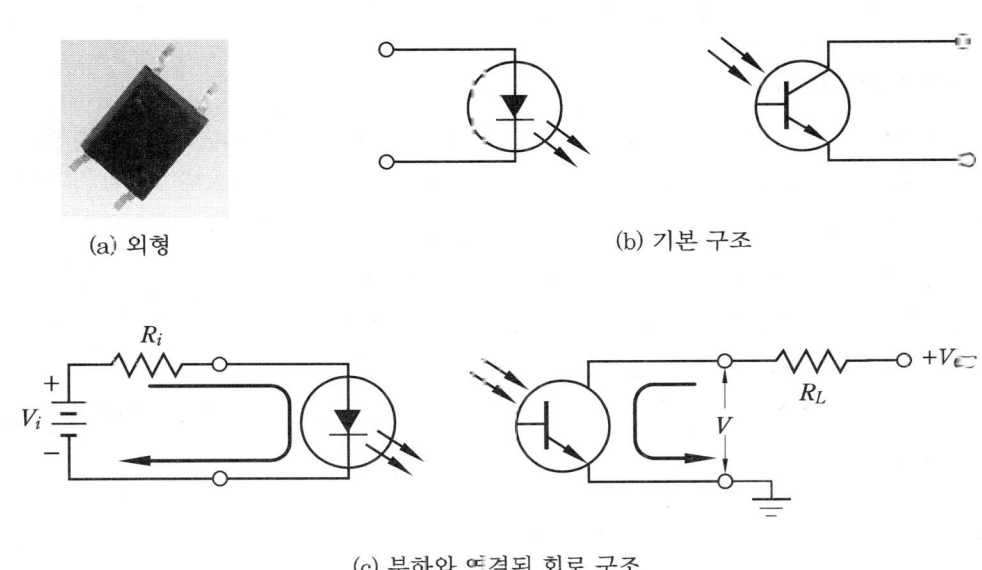

(a) 외형 (b) 기본 구조

(c) 부하와 연결된 회로 구조

[그림 3-21] 광 결합기

(6) 쇼트키 다이오드

낮은 주파수에서 일반 다이오드는 바이어스가 순방향에서 역방향으로 변했을 때 쉽게 차단 가능하나, 고주파의 경우에는 전류를 제한시킬 만큼 빨리 차단시킬 수가 없게 된다. 이러한 역방향 회복 시간의 해결책으로 [그림 3-22]와 같이 접합면의 한쪽에 몰리브덴, 백금, 크롬, 텅스텐 등과 같은 금속을, 다른 쪽에는 도핑된 실리콘으로 구성되는 쇼트키 다이오드를 사용한다.

반도체의 형태는 대부분 n형 반도체이며, 금속은 정공이 없으므로 전하 축적과 역방향 회복 시간이 없다. 저전압, 고전류를 갖는 전원과 교류-직류 변환기, 레이더 시스템, 컴퓨터에 사용되는 쇼트키 논리 회로, 통신 장비의 혼합기와 검파기, A/D 변환기 등에 많이 사용되고 있다.

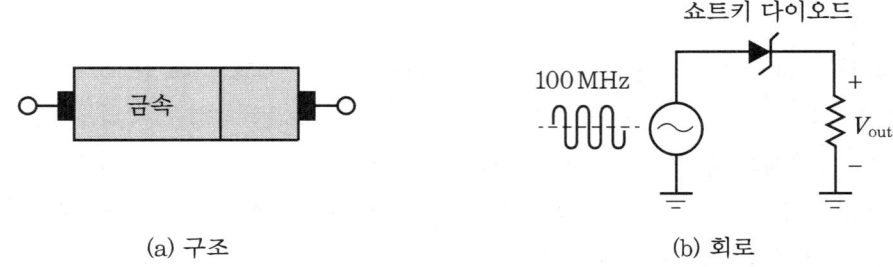

(a) 구조   (b) 회로

[그림 3-22] 쇼트키 다이오드

(7) 가변 용량 다이오드

가변 용량 다이오드는 버랙터(varactor), 배리캡(varicap), 전압 가변 커패시턴스(VVC : voltage-variable capacitance), 튜닝(tunning) 다이오드라고도 하며, 전압에 의존하는 가변 커패시터이다. 다이오드에 역방향 전압을 인가하는 경우 공핍층이 확산되며, 공핍층의 고유 정전 용량이 최대가 되도록 도핑하면, 공핍층은 역방향 바이어스에 크기에 따라 콘덴서와 같은 동작을 하게 된다. 이러한 특성을 이용하여 약 2~100pF의 용량을 갖는 가변 용량 다이오드로 이용할 수 있다.

[그림 3-23]은 가변 용량 다이오드의 기호와 특성을 나타낸 것이다. 가변 용량 다이오드는 FM 수신기, 조정 가능한 대역 통과 필터 및 기타 통신 장비에 널리 사용된다.

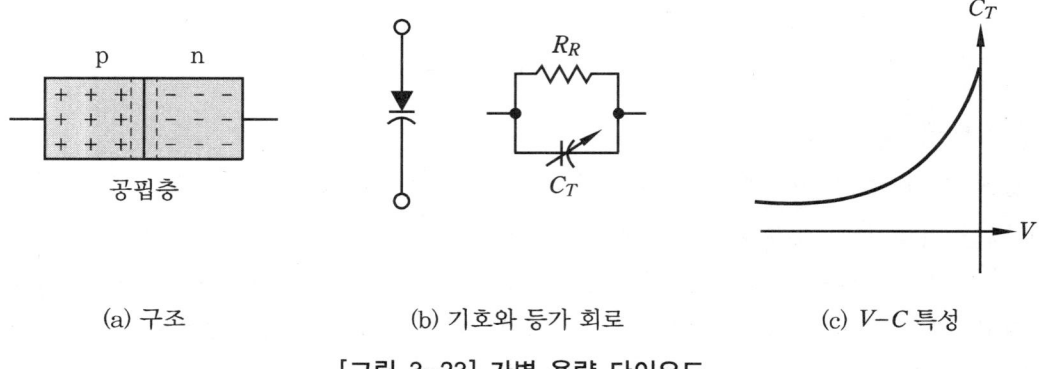

(a) 구조   (b) 기호와 등가 회로   (c) $V-C$ 특성

[그림 3-23] 가변 용량 다이오드

(8) 터널 다이오드

[그림 3-24]와 같이 터널(tunnel) 다이오드는 일반 다이오드와는 달리 전압이 증가할 때 다이오드 전류가 감소하는 부성 저항을 갖는다. 일반적인 반도체 다이오드보다 수백에서 수천 배까지 도핑 농도를 증가시켜 제작한다. 이로 인해 공핍층이 일반 다이오드에 비해 $\frac{1}{100}$ 정도로 매우 감소된다. 따라서 캐리어가 에너지를 얻어 공핍층을 넘어가기보다는 관통하여 지나게 된다. 컴퓨터와 같이 스위칭 타임이 나노 세크(ns)나 피코 세크(ps) 정도인 고속 응용에 사용될 수 있으며, 부성 저항 영역을 이용하여 발진기, 스위칭 회로, 펄스 발생기, 증폭기 설계에 사용된다.

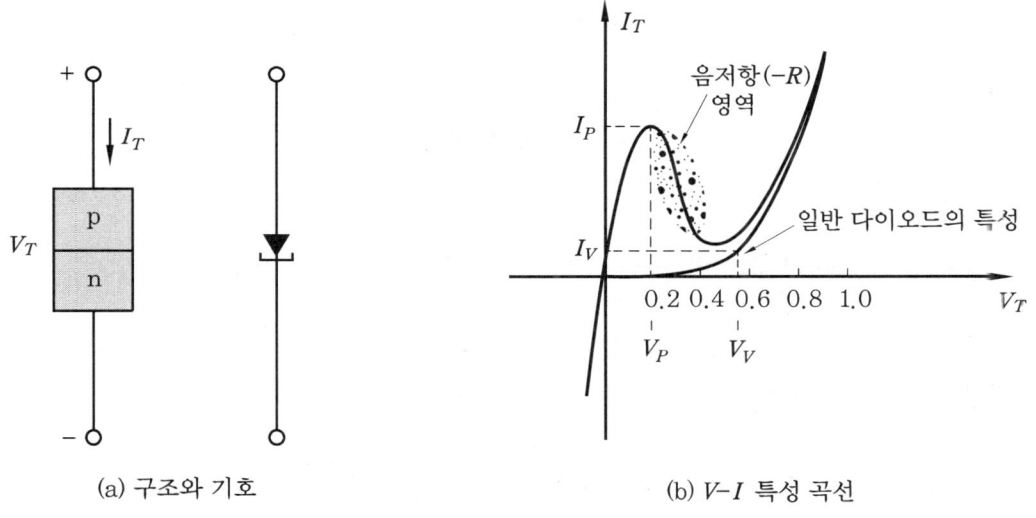

[그림 3-24] 터널 다이오드

(9) 서미스터

서미스터(thermistor)는 [그림 3-25] (a)와 같이 온도에 따라 저항값이 변화하는 소자이다. 서미스터의 온도 계수는 보통 온도가 올라가면 저항값이 낮아지는 부(-)의 온도 계수(NTC : negative temperature coefficient)이며, 여러 분야의 온도 제어를 위한 통신기용, 계측용, 온도 보상용으로 사용한다.

최근 실용화된 정(+)의 온도 계수(PTC : positive temperature coefficient), 임계의 온도 계수(CTC : critical temperature coefficient)를 갖는 서미스터의 경우에는 냉장고의 자동 서리 제거, 화재 경보기 등에 이용되고 있다. [그림 3-25] (b)는 서미스터의 외형을 나타낸 것으로, 첫 번째와 두 번째 소자는 부성 저항 특성을 갖는 서미스터이며, 세 번째 소자는 정특성을 갖는 서미스터이다.

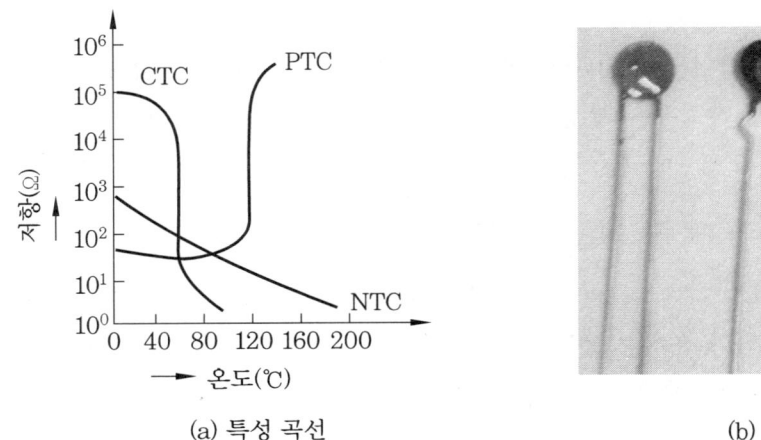

(a) 특성 곡선　　　　　　　(b) 외형

[그림 3-25] 서미스터

3. 트랜지스터

3-1 트랜지스터의 구조

트랜지스터는 크게 바이폴라 접합 트랜지스터(BJT : bipolar bunction transistor)와 전계 효과 트랜지스터(FET : field effect transisitor)로 나뉜다.

트랜지스터는 두 개의 pn 접합으로 이루어지며, [그림 3-26]과 같이 구성되는 반도체형에 따라 npn 또는 pnp 트랜지스터로 부른다. pn 접합으로 이루어지는 각각의 영역을 이미터(emitter), 베이스(base), 컬렉터(collector)라 부르며, 머리글자를 따서 E, B, C로 표시한다. 일반적으로 이미터 영역은 캐리어의 농도를 높게, 베이스 영역은 매우 좁게 그리고 얇게 도핑한다.

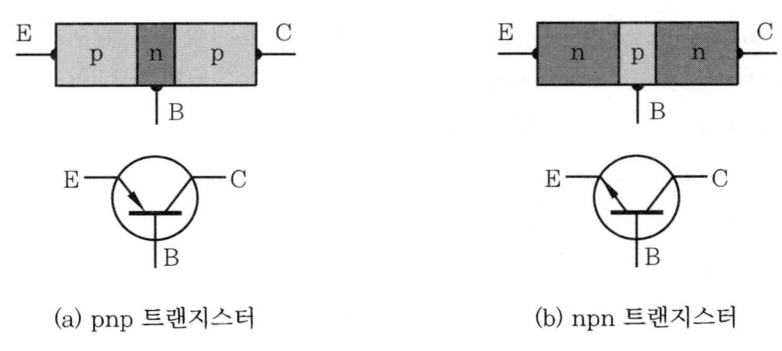

(a) pnp 트랜지스터　　　　(b) npn 트랜지스터

[그림 3-26] 접합 트랜지스터의 구조와 기호

트랜지스터의 외형은 [그림 3-27]과 같다. 단자의 구분은 기본적으로 데이터 시트를 참조해야 한다. 일반적으로 [그림 3-27] (a)의 2SC1815의 경우 부품 번호를 정면으로 하여 왼쪽으로부터 E, B, C이다. [그림 3-27] (b)의 경우에는 케이스 윗부분의 볼록 튀어나온 부분을 컬렉터로 기준하여 이미터와 베이스를 구분하며, [그림 3-27] (c)의 경우와 같이 리드선이 2개인 경우에는 케이스 외형을 컬렉터로 한다.

[그림 3-27] 트랜지스터의 외형

3-2 트랜지스터의 작용

트랜지스터가 증폭기(amplifier)로서 동작하기 위해서는 베이스와 이미터(BE) 접합은 순방향 바이어스가 인가되어야 하고, 베이스와 컬렉터(BC) 접합은 역방향 바이어스가 인가되어야 한다. npn형 트랜지스터를 예로 들어 설명하면, [그림 3-28]과 같이 순방향 바이어스 된 다이오드와 마찬가지로 전자들이 n형 이미터 영역으로부터 p형 베이스 영역으로 확산되어 간다.

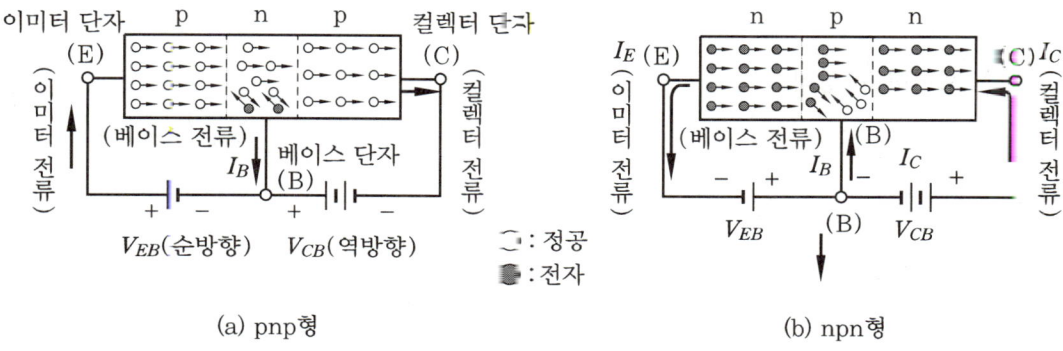

[그림 3-28] 트랜지스터 순방향 바이어스

베이스 영역은 불순물이 엷게 도핑되어 있고 폭이 매우 좁으므로 전자들이 소수만 정공과 재결합하여 적은 베이스 전류를 형성하고, 대부분의 전자들이 컬렉터 영역으로 유입되어 컬렉터 전류를 형성한다. pnp형의 경우 캐리어가 정공인 것만 제외하면 npn형의 경우와 동작은 동일하다. 그림에서 전류의 방향을 유의하면 다음과 같은 식이 성립한다는 것을 알 수 있다.

$$I_E = I_B + I_C \tag{3-1}$$

트랜지스터의 베이스 전류 I_B와 컬렉터 전류 I_C 사이의 비를 전류 이득 또는 전류 증폭률 β라 부른다. 수식으로 표현하면

$$\beta = \frac{I_C}{I_B}, \quad I_C = \beta I_B \tag{3-2}$$

β는 20~200 정도의 값을 가지며, 트랜지스터 규격표에서는 h_{FE}로 표기하기도 한다. 회로를 설계하기 이전 데이터 시트에서 β(또는 h_{FE})의 값을 확인해야 한다.

트랜지스터의 이미터 전류 I_E와 컬렉터 전류 I_C 사이의 비는 α로 표시하며, 일반적으로 0.95~0.99 정도의 값을 갖는다. 수식으로 표현하면

$$\alpha = \frac{I_C}{I_E}, \quad I_C = \alpha I_E \approx I_E \tag{3-3}$$

β와 α 사이의 관계를 알아보기 위해 식 (3-1)에 식(3-2), 식 (3-3)을 대입하면

$$I_E = I_B + I_C$$

$$\frac{I_C}{\alpha} = \frac{I_C}{\beta} + I_C$$

I_C를 소거하고 정리하면

$$\alpha = \frac{\beta}{1+\beta} \tag{3-4}$$

분모를 이항하고 β에 대해 정리하면

$$\alpha(1+\beta) = \beta$$

$$\alpha = \beta - \alpha\beta = (1-\alpha)\beta$$

$$\beta = \frac{\alpha}{1-\alpha} \tag{3-5}$$

위의 식들에 의해 이미터를 공통으로 하여 베이스에 입력을 인가하고, 컬렉터에 부하를 연결하여 출력을 뽑아내는 경우 β값에 따라 큰 전류 증폭을 가져온다는 것을 알 수 있다. 또한 베이스를 공통으로 하여 이미터에 입력을 인가하고, 컬렉터에 부하를 연결하여 출력을 뽑아내는 경우 α값에 의해 입력과 거의 근사한 출력을 나타낸다는 것을 알 수 있다.

3-3 트랜지스터의 특성

(1) 정특성

[그림 3-29]와 같은 회로에서 일정한 베이스 전류 I_B에 대한 컬렉터와 이미터간 전압 V_{CE} 변화에 따른 컬렉터 전류 I_C의 변화를 보여주는 컬렉터 특성 곡선을 [그림 3-30]에 나타내었다.

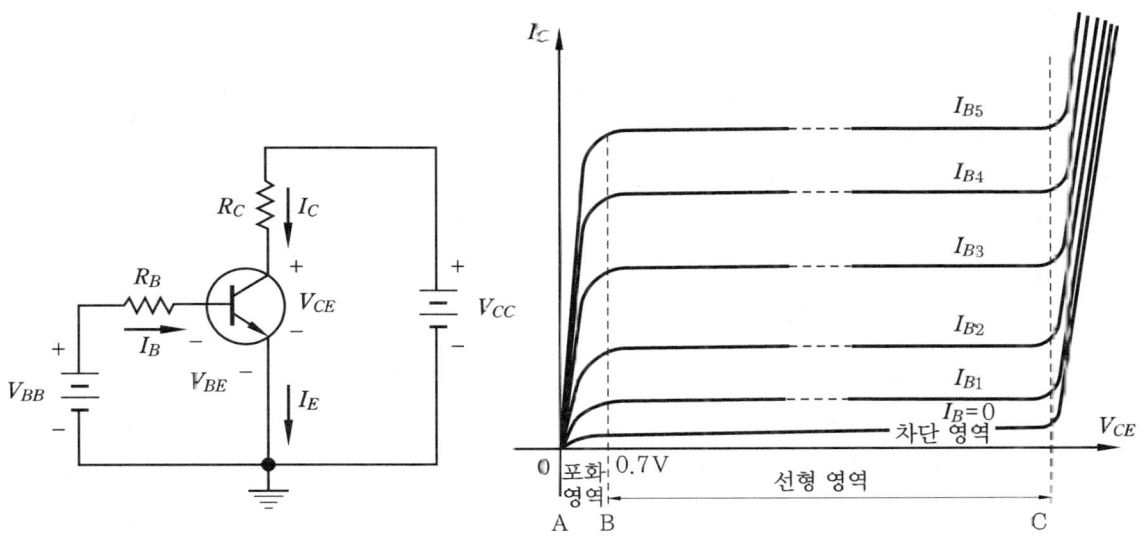

[그림 3-29] 이미터 공통 회로　　　　[그림 3-30] 컬렉터 특성 곡선

V_{BB}를 고정하여 I_B를 일정하게 하고 V_{CC}를 0V로 하면 베이스가 0.7V이기 때문에 BE 접합과 BC 접합은 순방향 바이어스가 되고 베이스 전류는 이미터를 통해 흘러 트랜

지스터는 AB 구간인 포화 영역(saturation region)에 있게 된다.

V_{CC}를 증가시키면 V_{CE}가 증가되고 I_C가 증가한다. V_{CE}가 0.7V를 넘게 되면 BC 접합은 역방향 바이어스가 되고, 트랜지스터는 BC 구간인 활성 영역(active region) 또는 선형 영역에 있게 된다.

선형 영역 내에서는 V_{CE}를 증가시켜도 I_C는 항상 일정한 값을 유지한다. 선형 영역에서는 식 (3-2)가 성립하여 V_{BB}를 0V로 하여 I_B를 0으로 하면 $I_B = 0$이 되고 이러한 영역을 차단 영역이라 한다.

(2) 형명 표시법

한국산업규격(KS)에서 정한 반도체 소자의 형명 표시는 다음과 같은 형식과 명칭을 사용한다.

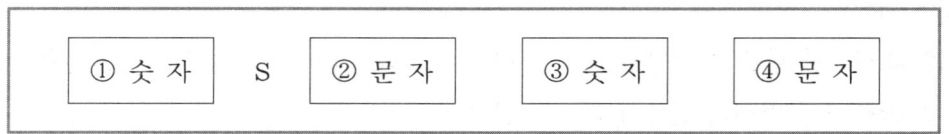

① 숫자 : 반도체 p-n 접합면의 수
　0 : 광트랜지스터, 광다이오드
　1 : 각종 다이오드, 정류기
　2 : 트랜지스터, 전계 효과 트랜지스터, 사이리스터, 단접합 트랜지스터
　3 : 전력 제어용 4극 트랜지스터
　기호 S : 반도체(semiconductor)의 머리글자

② 문자
　A : p-n-p형의 고주파용
　B : p-n-p형의 저주파용
　C : n-p-n형의 고주파용
　D : n-p-n형의 저주파용
　F : p-n-p 사이리스터
　G : n-p-n 사이리스터
　H : 단접합 트랜지스터(VJT)
　J : p 채널 전계 효과 트랜지스터
　K : n 채널 전계 효과 트랜지스터

③ 숫자 : 등록 순서에 따른 번호로 11부터 시작
④ 문자 : 보통은 붙이지 않으나 개량한 품종이 생길 경우 A에서 J까지를 이용

(3) 정격

트랜지스터를 사용하여 회로를 구성하는 경우에는 데이터 시트를 사용하여 최대 정격을 확인해야 하며, 최대 정격을 초과하는 경우에는 트랜지스터가 파괴되므로 주의해야 한다. [표 3-1]에 Fairchild사의 KSC945의 예를 나타내었다.

[표 3-1] 최대 정격(주위온도 $T_a = 25°C$)

기 호	항 목	정 격	단 위
V_{CBO}	컬렉터-베이스 전압	60	V
V_{CEO}	컬렉터-이미터 전압	50	V
V_{EBO}	이미터-베이스 전압	5	V
I_C	컬렉터 전류	150	mA
P_C	컬렉터 전력 손실	250	mW
T_J	접합 온도	150	°C
T_S	저장 온도	-55~150	°C

(4) 트랜지스터의 리드선 배치

트랜지스터의 리드선은 그 형태에 따라, 제조 회사에 따라 다르므로 데이터 시트를 보고 미리 확인해야 한다. [그림 3-31]에 Fairchild사에서 제조된 트랜지스터의 몇 가지 예를 나타내었다.

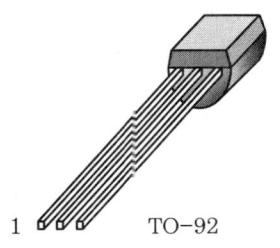
1. emitter 2. base 3. collector

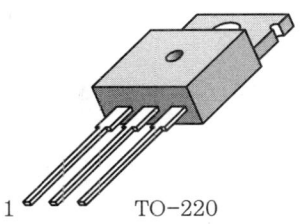
1. base 2. collector 3. emitter

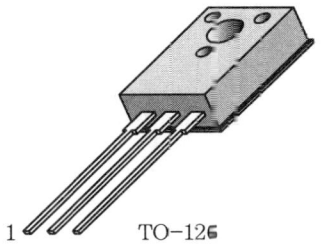
1. emitter 2. collector 3. base

[그림 3-31] 트랜지스터의 리드선

3-4 바이어스 회로

트랜지스터가 증폭기로 동작하기 위해서는 적절한 동작점을 설정해야 하며 이를 위하여 바이어스를 인가한다. 앞에서는 트랜지스터의 동작을 설명하기 위해 V_{BB}와 V_{CC} 전원을 인가하였으나 실제적으로는 단일 전원을 사용한다.

(1) 고정 바이어스 회로

[그림 3-32]와 같은 고정 바이어스 회로에서 전원으로부터 베이스 단자로 키르히호프의 전압 법칙을 적용하면

$$V_{CC} - I_B R_B - V_{BE} = 0 \tag{3-6}$$

I_B에 대해 정리하면

$$I_B = \frac{V_{CC} - V_{BE}}{R_B} \tag{3-7}$$

전원으로부터 컬렉터 단자로 키르히호프의 전압 법칙을 적용하면

$$V_{CC} - I_C R_C - V_{CE} = 0 \tag{3-8}$$
$$V_{CE} = V_{CC} - I_C R_C \tag{3-9}$$
$$I_C = \beta I_B = \beta \left(\frac{V_{CC} - V_{BE}}{R_B} \right) \tag{3-10}$$

식 (3-10)은 I_C가 β에 의존하고 있다는 것을 보여주고 있다. β는 온도와 컬렉터 전류에 따라 변화하며, 같은 번호의 소자라 하더라도 제조상 값의 차이가 존재한다.

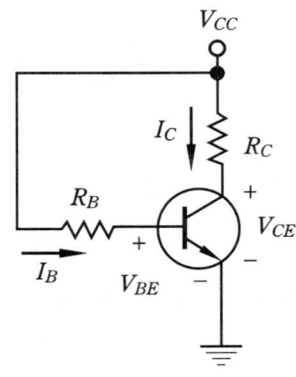

[그림 3-32] 고정 바이어스 회로

따라서 소자의 고장으로 인해 트랜지스터를 교체하거나 동작 시간이 지속됨에 따라 소자의 온도가 변화하는 경우 β가 변화되고, 이에 따라 출력이 왜곡될 수도 있다.

예제

다음 그림과 같은 고정 바이어스 회로에서 접합부의 온도가 25℃에서 70℃로 증가하였다. 25℃에서 β = 120이고, 70℃에서 β = 160이라고 가정한다면, 이와 같은 온도 범위에서 동작점 Q(I_C와 V_{CE})의 변화율을 구하라.

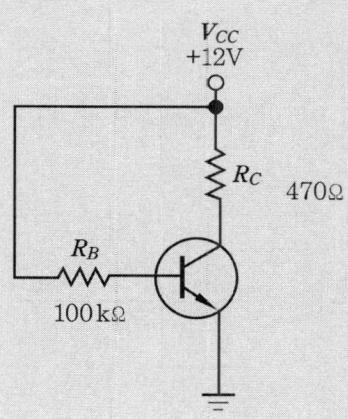

풀이 25℃에서 나오는 V_{CE}와 I_C는 식 (3-9), (3-10)에 의해

$$I_C = \beta(\frac{V_{CC} - V_{BE}}{R_B}) = 120(\frac{12\text{V} - 0.7\text{V}}{100\text{k}\Omega}) = 13.56\,\text{mA}$$

$$V_{CE} = V_{CC} - I_C R_C = 12\text{V} - (13.56\,\text{mA})(470\,\Omega) = 5.63\text{V}$$

70℃에서 V_{CE}와 I_C는

$$I_C = \beta(\frac{V_{CC} - V_{BE}}{R_B}) = 160(\frac{12\text{V} - 0.7\text{V}}{100\text{k}\Omega}) = 18.0\,\text{mA}$$

$$V_{CE} = V_{CC} - I_C R_C = 12\text{V} - (18.08\,\text{mA})(470\,\Omega) = 3.5\text{V}$$

I_C의 변화율은

$$\Delta I_C = \frac{I_{C(70℃)} - I_{C(25℃)}}{I_{C(25℃)}} \times 100\% = \frac{18.0\,\text{mA} - 13.56\,\text{mA}}{13.56\,\text{mA}} \times 100\% = 33.3\%$$

V_{CE}의 변화율은

$$\Delta V_{CE} = \frac{V_{CE(70℃)} - V_{CE(25℃)}}{V_{CE(25℃)}} \times 100\% = \frac{3.5\text{V} - 5.63\text{V}}{5.63\text{V}} \times 100\% = -37.8\%$$

여기서 온도가 25℃에서 70℃로 증가함에 따라 I_C는 33.3% 증가하고, V_{CE}는 37.8% 감소한다. 이러한 이유로 인해 고정 바이어스 회로는 선형 증폭 동작이 요구되는 곳에는 사용하지 않고, 주로 스위칭 동작으로 사용한다.

(2) 컬렉터 귀환 바이어스 회로

고정 바이어스 회로가 온도에 따른 영향이 크다는 단점을 개선한 것이 [그림 3-33]과 같은 컬렉터 귀환 바이어스 회로이다. 어떠한 이유로 인해 I_C가 증가하면 V_{CE}가 감소하고, V_{CE}의 감소로 인해 I_B가 감소하여 I_C의 증가를 억제하도록 한다. 컬렉터단으로 부터 베이스 쪽으로 키르히호프의 전압 법칙을 적용하면

$$I_0 = \frac{V_{CC} - V_{BE}}{R_B} \tag{3-11}$$

$I_C \gg I_B$이므로

$$V_C \cong V_{CC} - I_C R_C \tag{3-12}$$

$$I_0 = \beta I_B = \beta \left(\frac{V_C - V_{BE}}{R_B} \right) = \beta \left(\frac{V_{CC} - I_C R_C - V_{BE}}{R_B} \right) \tag{3-13}$$

I_C에 대해 정리하면

$$I_C = \frac{V_{CC} - V_{BE}}{\frac{R_B}{\beta} + R_C} \tag{3-14}$$

$$V_{CE} = V_{CC} - I_C R_C \tag{3-15}$$

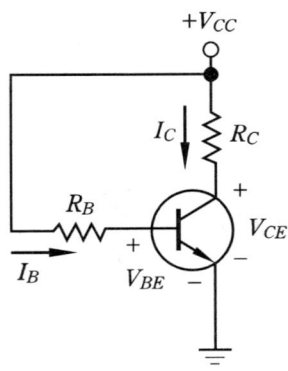

[그림 3-33] 컬렉터 귀환 바이어스 회로

(3) 전압 분배 바이어스 회로

전압 분배 바이어스 회로는 선형 동작을 위해 저항 전압 분배기를 사용하며, 가장 일반적으로 사용하는 바이어스 회로로서 [그림 3-34]와 같다.

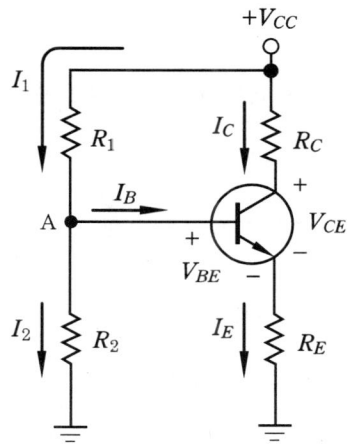

[그림 3-34] 전압 분배 바이어스 회로

베이스 입력 저항을 무시하면 베이스 단자에 인가되는 전압은 전압 분배에 의해

$$V_B \cong (\frac{R_2}{R_1+R_2})V_{CC} \tag{3-16}$$

베이스 쪽에서 이미터 쪽으로 키르히호프의 전압 법칙을 적용하면

$$V_B - V_{BE} - V_E = 0 \tag{3-17}$$

이미터 저항 R_E에 옴의 법칙을 적용하고, 식(3-17)을 대입하면

$$I_E = \frac{V_E}{R_E} \cong I_C = \frac{V_B - V_{BE}}{R_E} \tag{3-18}$$

컬렉터단에 키르히호프의 전압 법칙을 적용하면

$$V_{CC} - I_C R_C - V_{CE} - I_E R_E = 0 \tag{3-19}$$

$I_C \cong I_E$이므로

$$V_{CE} \cong V_{CC} - I_C(R_C + R_E) \tag{3-20}$$

식 (3-20)에 의해 I_C는 β와 무관하게 결정된다는 것을 알 수 있다. 이와 같이 전압 분배 바이어스는 단일 전원으로 좋은 안정도를 얻는다는 장점을 갖고 있다.

예제

다음 그림과 같은 전압 분배 바이어스 회로에서 I_C와 V_{CE}를 구하라. (여기서, $\beta = 150$이다.)

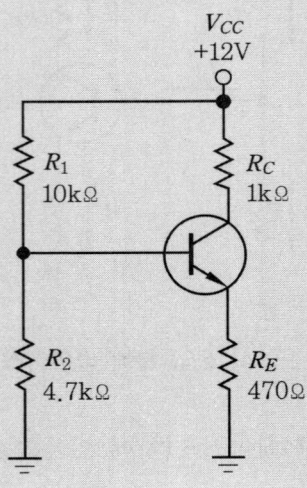

[풀이] 베이스 단자의 전압 V_B는 식 (3-16)에 의해

$$V_B \cong \left(\frac{R_2}{R_1 + R_2}\right)V_{CC} = \left(\frac{4.7\mathrm{k}\Omega}{4.7\mathrm{k}\Omega + 10\mathrm{k}\Omega}\right)12\mathrm{V} = 3.84\mathrm{V}$$

이미터 단자의 전압 V_B와 전류 I_E는 식 (3-17), (3-18)에 의해

$$V_E = V_B - V_{BE} = 3.84\mathrm{V} - 0.7\mathrm{V} = 3.14\mathrm{V}$$

$$I_E = \frac{V_E}{R_E} = \frac{3.14\mathrm{V}}{470\,\Omega} = 6.68\mathrm{mA} \cong I_C$$

V_{CE}는 식 (3-20)에 의해

$$V_{CE} \cong V_{CC} - I_C(R_C + R_E) = 12\mathrm{V} - 6.68\mathrm{mA}(1\mathrm{k}\Omega + 470\,\Omega) = 2.18\mathrm{V}$$

3-5 기본 증폭 회로

앞에서 설명한 바이어스 회로는 트랜지스터가 동작하도록 적절한 동작점 Q를 설정하기 위하여 인가된다. 동작점 Q는 바이어스가 인가되었을 때 트랜지스터에 흐르는 I_C, V_{CE}값에 의해 결정된다.

$I_C = 0$일 때의 V_{CE}값과 $V_{CE} = 0$일 때의 I_C값을 연결한 선을 부하선이라 하며, 동작점은 [그림 3-35]와 같이 부하선상에 위치하게 되는데, 입력단에 교류 신호를 인가하였을 때 동작점을 기준으로 증폭이 이루어진다. 교류 신호는 첨자를 소문자로 표시하여 대문자로 표시되는 직류 성분과 구분하도록 한다.

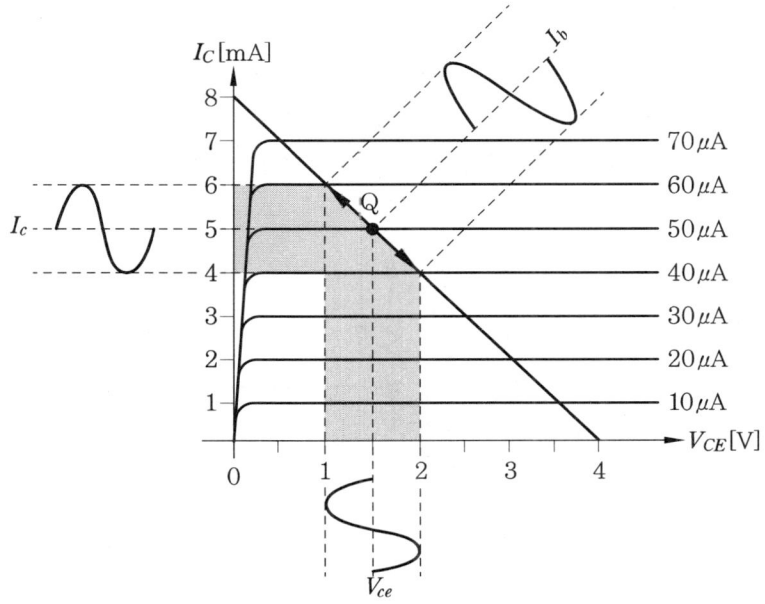

[그림 3-35] 동작점과 교류 신호의 증폭

이제 트랜지스터가 증폭기로서 동작하기 위한 방법에 대해 알아본다. 트랜지스터의 3단자 중 하나를 공통으로 하고 나머지 2개의 단자를 입력과 출력으로 할당하면 3가지 결합 방법이 나타난다. 공통으로 하는 단자를 기본으로 하여 공통 이미터(CE : common emitter) 증폭기, 공통 컬렉터(CC : common collector) 증폭기, 공통 베이스(CB : common base) 증폭기라 한다. 각각의 접지 방식에 따른 특징을 [표 3-2]에 나타내었다.

[표 3-2] 각종 접지 방식에 따른 증폭기의 특징

구 분	베이스 접지	이미터 접지	컬렉터 접지
입력 임피던스 Z_i	저 (30~200Ω 정도)	중 (500Ω~3kΩ 정도)	고 (수십 kΩ 이상)
출력 임피던스 Z_o	고 (수백 kΩ 이상)	중 (20~200kΩ 정도)	저 (수십~수백 Ω)
전압 증폭도 A_v	대 (Z_L을 크게 선택)	중	≒1
전류 증폭도 A_i	≒1	대	대
전력 이득 P_G	중 (20~30dB 정도)	대 (35~45dB 정도)	소 (13~17dB 정도)
주파수 특성	좋다.	나쁘다.	좋다.(부귀환이 걸려 있기 때문에)

(1) 공통 이미터 증폭기

[그림 3-36]에 공통 이미터 증폭기의 회로도를 나타내었다. 공통 이미터 증폭기는 다른 방식의 증폭기에 비해 전압 이득 및 전류 이득이 크고, 입력 임피던스가 낮으며 출력 임피던스가 높아 가장 일반적으로 사용되는 증폭기이다.

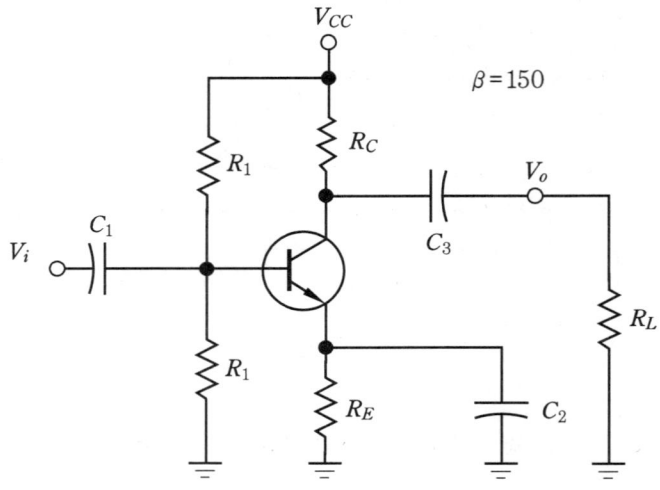

[그림 3-36] 공통 이미터 증폭기

(2) 공통 컬렉터 증폭기

[그림 3-37]에 공통 컬렉터 증폭기의 회로도를 나타내었다. 공통 컬렉터 증폭기는 이미터 폴로어(emitter follower)라고도 불리며 전압 이득이 거의 1이고, 높은 전류 이득과 입력 저항을 갖는다는 점에서 높은 입력 임피던스를 갖는 전원과 낮은 임피던스를 갖는 부하 사이의 완충단의 역할을 하는 버퍼(buffer)로서 사용된다.

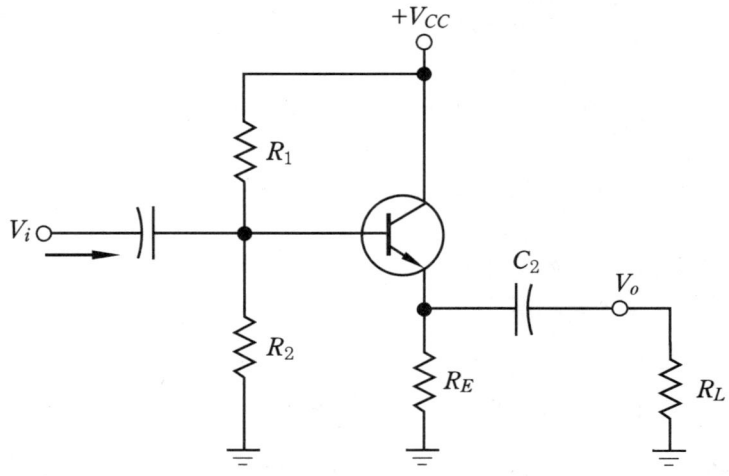

[그림 3-37] 공통 컬렉터 증폭기

(3) 공통 베이스 증폭기

[그림 3-38]에 공통 베이스 증폭기의 회로도를 나타내었다. 공통 베이스 증폭기는 높은 전압 이득과 1의 전류 이득을 가지며, 낮은 입력 임피던스를 갖기 때문에 신호원이 매우 낮은 저항 출력을 갖는 고주파 응용에 많이 사용된다.

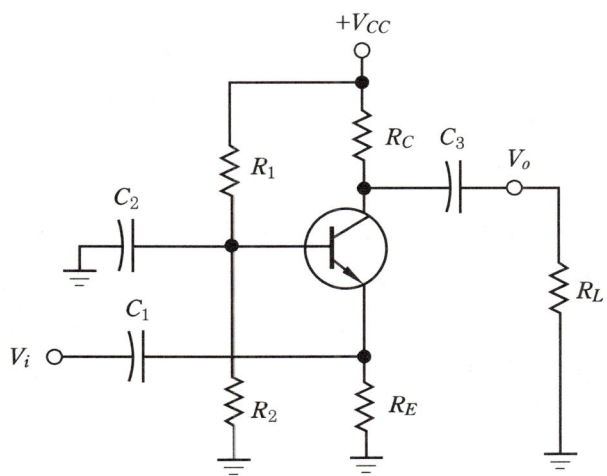

[그림 3-38] 공통 베이스 증폭기

3-6 전력 증폭기

전력 증폭기는 앞에서 설명한 소신호 증폭기와는 달리 전력을 증폭하는 대신호 증폭기이다. 전력 증폭기는 일반적으로 스피커나 송신 안테나에 신호 전력을 제공하기 위해 통신 장비의 수신기나 송신기의 최종단에 적용되거나 스피커나 모터와 같은 장치들을 구동할 수 있는 충분한 크기의 전력을 제공하도록 한다.

(1) A급 증폭기

공통 이미터, 공통 컬렉터, 공통 베이스 증폭기가 바이어스 되었을 때 차단 영역이나 포화 영역에서 동작하지 않고, 입력 주기의 전 주기에 대해 선형 영역으로 동작하면 A급 증폭기이다.

따라서 출력 파형의 모양이 입력 파형의 모양과 같으며, [그림 3-39]와 같이 나타난다. [그림 3-39]에서 삼각형으로 표시되는 것은 증폭기를 나타내며, $A_v = \dfrac{V_o}{V_i}$는 증폭의 이득을 표시한다.

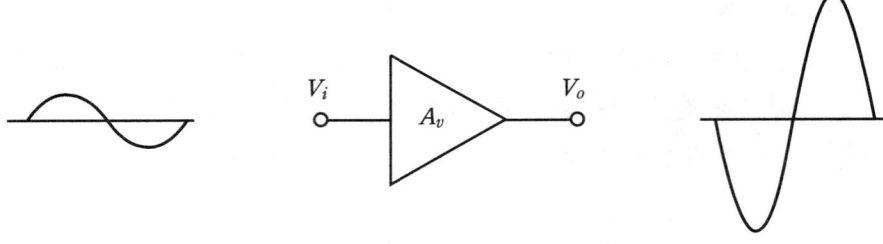

[그림 3-39] 기본 A급 동작

(2) B급, AB급 푸시풀 증폭기

증폭기가 입력 주기의 180°에 대하여 선형 영역에서 동작하고 나머지 반 주기의 180°에서는 차단 영역에서 동작하면 B급 증폭기이다. 180°보다 조금 더 선형 영역에서 동작하도록 바이어스가 되면 AB급 증폭기라 한다. B급, AB급 증폭기의 이점은 A급 증폭기에 비해 효율적이어서 주어진 입력 전력의 크기보다 더욱 큰 출력 전력을 얻을 수 있다는 점이다. B급, AB급 증폭기의 단점은 입력 파형을 충실히 재현하기 위해 회로 구성이 조금 더 어렵다는 것이다. 일반적으로 2개의 트랜지스터를 이용하는 푸시풀(push pull) 증폭기의 형태로 사용되며, 동작은 [그림 3-40]과 같다.

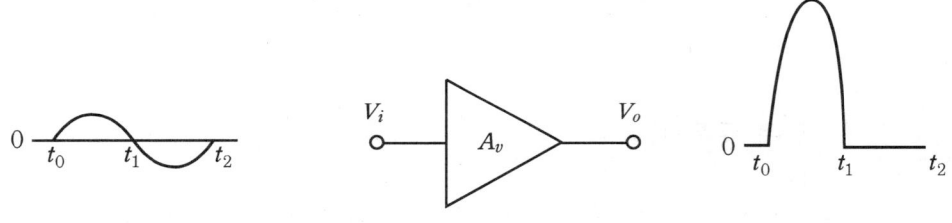

[그림 3-40] 기본 B급 동작

(3) C급 증폭기

C급 증폭기는 180° 미만에서 동작하도록 바이어스 되며, 다른 형태의 증폭기보다 효율이 높아 더욱 큰 출력 전력을 얻을 수 있다. C급 증폭기는 출력 파형이 심하게 일그러지므로 일반적으로 고주파 동조 증폭기에만 한정적으로 사용되며, 동작은 [그림 3-41]과 같다.

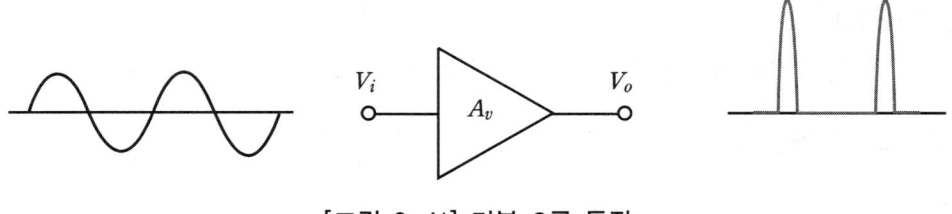

[그림 3-41] 기본 C급 동작

4. 전계 효과 트랜지스터

4-1 전계 효과 트랜지스터의 종류와 기호

바이폴라 트랜지스터(BJT : bipolar junction transistor)는 반도체 내의 다수 캐리어와 소수 캐리어인 전자와 정공이 모두 전류와 관계가 있으나, 전계 효과 트랜지스터(FET : field effect transistor)는 다수 캐리어만 사용하는 단극 소자이다.

BJT는 베이스 전류의 양에 따라 출력 전류인 컬렉터 전류의 양을 조절하지만 FET는 게이트 전압을 통하여 전류를 제어하는 전압 제어 소자로서 접합 전계 효과 트랜지스터(JFET : junction FET)와 금속 산화물 반도체 전계 효과 트랜지스터(MOSFET : metal oxide semiconductor FET)로 분류한다. 전계 효과 트랜지스터의 외형은 [그림 3-42]와 같다.

[그림 3-42] 전계 효과 트랜지스터의 외형

(1) JFET

JFET는 두 개의 pn 접합으로 구성되며, [그림 3-43]과 같이 각각의 단자를 드레인(drain), 소스(source), 게이트(gate)라고 하고, D, S, G로 표시한다. 드레인과 소스간 다수 캐리어가 흐르는 부분을 채널(channel)이라 부르며, 채널을 구성하는 반도체에 따라 n 채널 JFET, p 채널 JFET라 한다.

[그림 3-43] (a)에 n 채널 JFET의 구조와 기호를, [그림 3-43] (b)에 p채널 JFET의 구조와 기호를 나타내었다.

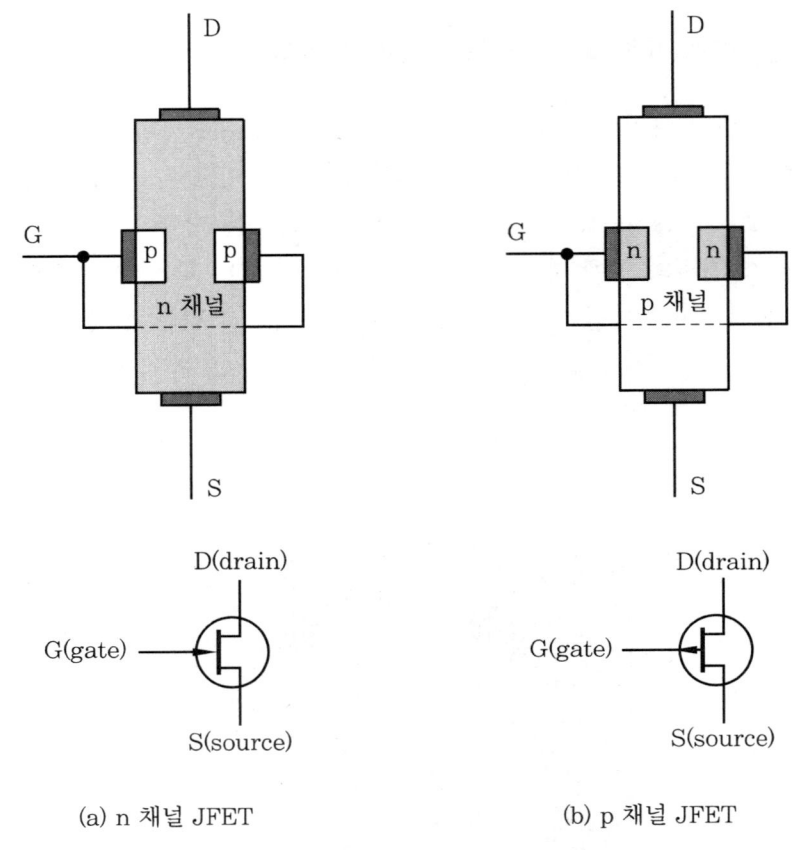

[그림 3-43] JFET

게이트와 소스간 전압이 0인 경우 게이트와 소스는 단락되고, V_{DD}를 0에서부터 증가시키면 I_D가 증가하는데, 이러한 영역을 저항 영역(ohmic region)이라 한다. V_{DD}를 계속 증가시키면 I_D가 일정하게 되는 점이 발생하고, 이 값을 핀치 오프(pinch-off) 전압이라 하며, 이때의 일정한 전류값을 I_{DSS}로 표시한다.

게이트에 역전압을 인가하면 게이트와 소스간에 공핍층이 확산된다. 게이트 역전압을 계속하여 증가시키면 [그림 3-44]와 같이 채널이 맞닿는 지점까지 공핍층이 확산되는데, 이때의 전압을 차단 전압(cutoff voltage)이라 하고, $V_{GS(off)}$라 표시한다.

JFET의 드레인 특성 곡선은 [그림 3-45]와 같으며, 이러한 특성은 앞에서 설명한 바이폴라 트랜지스터의 컬렉터 특성 곡선과 유사함을 알 수 있다.

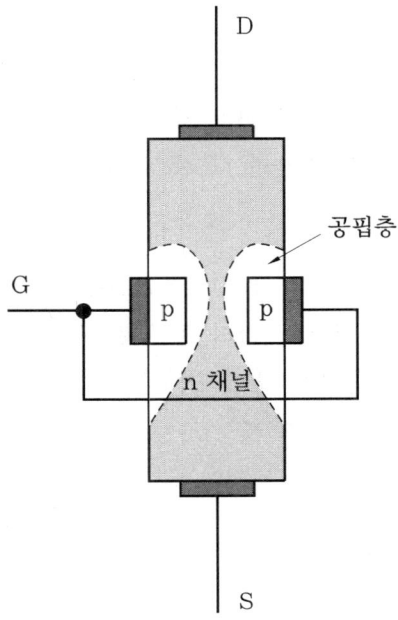

[그림 3-44] 게이트 역전압에 따른 공핍층 확산

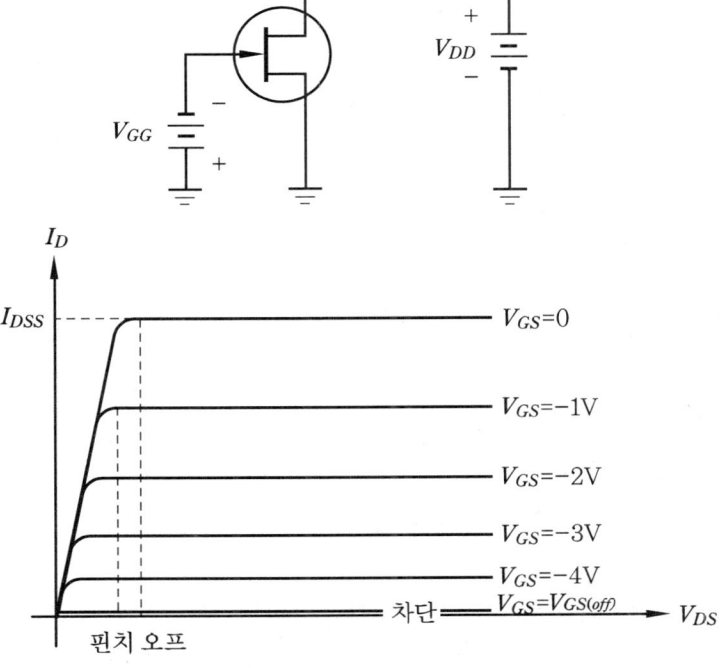

[그림 3-45] 드레인 특성 곡선

(2) MOSFET

JFET는 pn 접합 구조로 되어 있으나 MOSFET는 게이트가 산화실리콘(SiO_2) 층에 의해 채널과 격리되어 있다는 점이 차이가 있다. MOSFET는 드레인과 소스간 채널의 유무에 따라 공핍형 MOSFET와 증가형 MOSFET로 구분된다.

① 공핍형 MOSFET

[그림 3-46]에 공핍형 MOSFET의 기본 구조와 기호를 나타내었다. 공핍형 MOSFET는 게이트에 인가하는 전압의 양부에 따라 공핍형 모드와 증가형 모드로 나뉜다.

게이트를 커패시터의 한쪽 판으로 생각하면 산화실리콘 층에 의해 나뉘어진 채널은 커패시터의 다른 한쪽 판으로 생각할 수 있다.

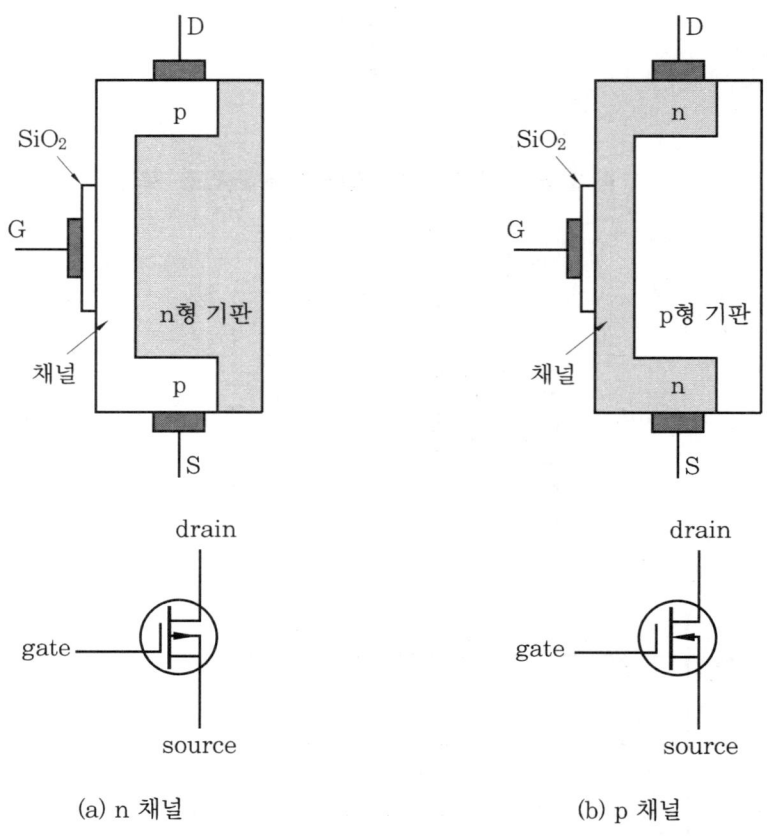

[그림 3-46] 공핍형 MOSFET 기본 구조와 기호

[그림 3-47]과 같이 게이트에 음의 전압을 가하면 게이트의 음전하는 채널에 양전하를 유도하고, 이렇게 발생한 양전하는 캐리어의 흐름을 저하시키는 역할을 한다.

게이트 전압을 충분히 크게 하면 채널은 완전히 양전하에 의해 막히게 되고 드레인 전류는 0이 되는데, 이러한 형태를 공핍형 모드라 한다. 반대로 게이트에 양의 전압을 인가하면 n형 채널에 전자를 유도하고, 유도된 전자는 드레인 전류를 더욱 많이 흐르게 하는데, 이러한 형태를 증가형 모드라 한다.

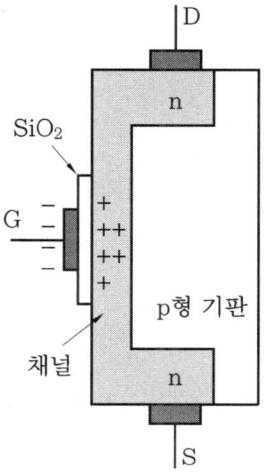

[그림 3-47] 공핍형 MOSFET의 동작

② 증가형 MOSFET

[그림 3-48]의 (a)에 n 채널 증가형 MOSFET의 기본 구조와 동작에 대해 나타내었다. 기본 동작은 공핍형 MOSFET와 유사하다. 게이트에 양의 전압을 인가하면 산화실리콘(SiO_2) 층에 인접한 기판에 전자가 유도된다. 임계(threshold)값 이상의 게이트 전압이 인가되는 경우 유도된 전자의 층이 채널을 형성하여 드레인 전류를 흐르도록 한다.

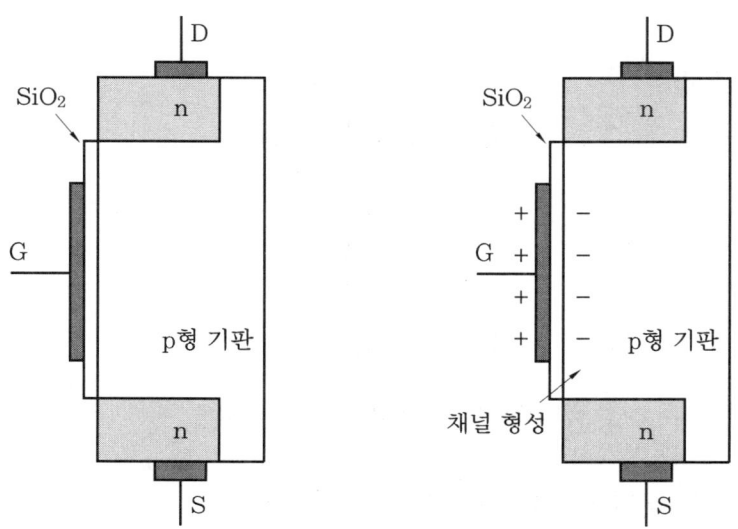

(a) n 채널 증가형 MOSFET 기본 구조와 동작

(b) n 채널 증가형 MOSFET의 기호   (c) p 채널 증가형 MOSFET의 기호

[그림 3-48] 증가형 MOSFET

4-2 JFET 바이어스 회로

원하는 드레인 전류를 얻기 위해서는 적절한 역방향의 게이트-소스 전압을 인가해야 한다.

(1) 자기 바이어스 회로

[그림 3-49]에 자기 바이어스 회로를 나타내었다. 기본적인 동작은 공통 이미터 증폭기와 유사하다.

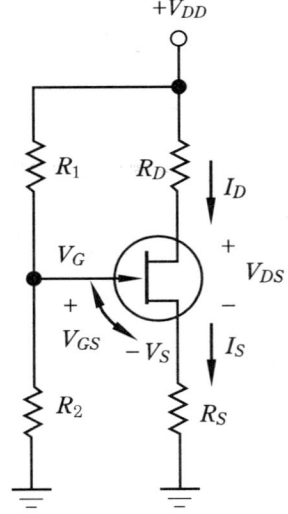

[그림 3-49] 자기 바이어스 회로

드레인 단자에 키르히호프의 전압 법칙을 적용하면

$$V_{DD} - I_D R_D - V_D = 0 \tag{3-21}$$

소스 저항 R_S에 옴의 법칙을 적용하면, 소스 저항에서의 전압 강하는

$$V_S = I_S R_S = I_D R_S \tag{3-22}$$

JFET에서 $I_D = I_S$이므로, 드레인-소스 전압은

$$V_{DS} = V_{DD} - I_D(R_D + R_S) \tag{3-23}$$

게이트-소스간 전압은 게이트 단자의 전압이 0이므로

$$V_{GS} = -I_D R_S \tag{3-24}$$

원하는 동작점 Q를 얻기 위해 V_{GS}, I_D값을 결정하고 이에 따른 R_S값을 계산한다.

(2) 전압 분배 바이어스 회로

접합형 트랜지스터와 마찬가지로 [그림 3-50]과 같이 전압 분배 바이어스 회로를 결선한다.

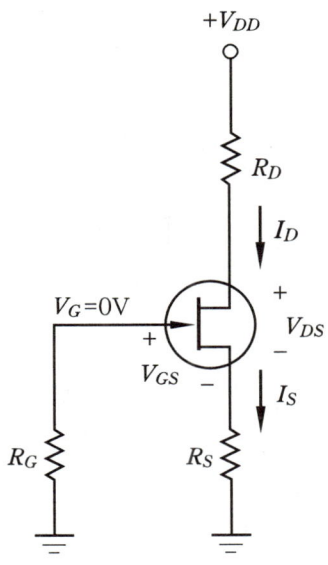

[그림 3-50] 전압 분배 바이어스 회로

전압 분배 공식에 의해 게이트 전압은

$$V_G = \frac{R_2}{R_1 + R_2} V_{DD} \tag{3-25}$$

게이트 단자와 소스 단자에 키르히호프의 전압 법칙을 적용하면

$$V_G - V_{GS} - V_S = 0 \qquad (3-26)$$

소스 저항 R_S에 옴의 법칙을 적용하면, 소스 저항에서의 전류값은

$$I_S = I_D = \frac{V_S}{R_S} = \frac{V_G - V_{GS}}{R_S} \qquad (3-27)$$

따라서 전압 분배 바이어스 회로는 자기 바이어스 회로에 비해 V_{GS}의 변화에 대해 I_D가 훨씬 더 안정하다.

예제

다음 그림과 같은 전압 분배 바이어스 회로에서 JFET에 대한 I_D, V_{GS}를 구하라.(이때 $V_D = 7V$로 주어졌다고 가정한다.)

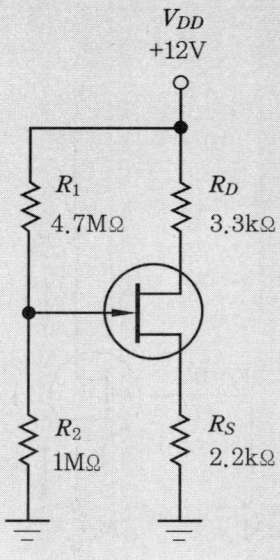

풀이 게이트 전압 V_G는 식 (3-25)에 의해

$$V_G = \frac{R_2}{R_1 + R_2} V_{DD} = \frac{1M\Omega}{4.7M\Omega + 1M\Omega} \times 12V = 2.11V$$

드레인 전류 I_D는 키르히호프의 전압 법칙에 의해

$$I_D = \frac{V_{DD} - V_D}{R_D} = \frac{12V - 7V}{3.3k\Omega} = 1.52mA$$

소스 전압 V_S는 식 (3-27)에 의해

$$V_S = I_D R_S = (1.52\text{mA})(2.2\text{k}\Omega) = 3.34\text{V}$$

게이트와 소스간 전압 V_{GS}는

$$V_{GS} = V_G - V_S = 2.11\text{V} - 3.34\text{V} = -1.23\text{V}$$

5. 연산 증폭기

5-1 연산 증폭기의 기초

계측이나 자동 제어에는 속도, 유량, 압력, 온도 등의 물리량을 전압으로 변환하여 검출 및 측정하는 것이 대부분이다. 또한 검출치를 이용하여 가산이나 연산 그리고 시간에 대하여 적분하는 경우도 있다. 이러한 목적을 위하여 입력 전압의 가산치나 연산치 등을 출력 전압으로 출력하는 연산 기능을 가진 증폭기가 연산 증폭기(OP AMP : operational amplifier)이다.

연산 증폭기는 매우 작은 단일 실리콘 칩(보통 손톱의 1/4 정도의 크기) 위에 많은 수의 트랜지스터, 다이오드, 저항 등을 집적시켜 하나의 회로 기능을 갖도록 만든 전자 소자이다.

초기의 연산 증폭기는 덧셈, 뺄셈, 미분 및 적분과 같은 산술 연산에 주로 사용되었으며, 이들은 진공관으로 구성되어 동작 전압이 매우 높다는 단점을 가졌으나, 최근의 연산 증폭기는 선형 집적 회로(linear IC)이므로, 진공관에 비해 동작 전압이 매우 낮을 뿐만 아니라, 신뢰도가 매우 높고 가격도 저렴하다.

트랜지스터를 증폭 소자로 사용하는 경우는 적절한 바이패스나 적절한 직류 동작점을 설정해야만 한다. 그러나 연산 증폭기는 규정된 전원 전압만을 가하면 회로가 안정된 동작을 할 수 있다. 이것은 연산 증폭기가 다수의 트랜지스터를 내장한 IC 형태이므로 내부에 적절한 바이패스 회로의 기능이 있기 때문이다. 따라서 연산 증폭기를 트랜지스터와 동일한 1개의 증폭 소자로 볼 수만 있다면 초보자에게는 트랜지스터보다도 훨씬 사용하기 쉬운 부품이다.

연산 증폭기는 [그림 3-51] (a)와 같이 반전 입력과 비반전 입력의 입력 단자 2개와 출력 단자 1개를 가지고 있다. (+) 전원과 (-) 전원을 인가하여 동작하며 일반적으로 회로를 간단히 표시하기 위하여 전원 단자는 생략한다.

[그림 3-51] (b)에 연산 증폭기의 한 종류인 LM301의 외형을 나타내었고, [그림 3-51] (c)에 내부 구조를 나타내었다.

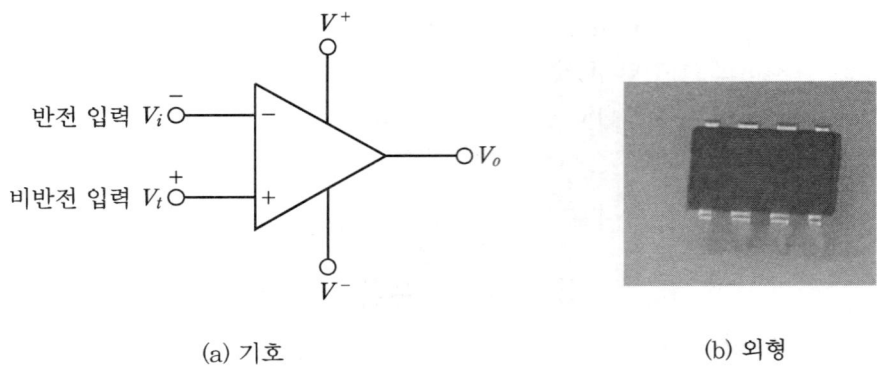

(a) 기호   (b) 외형

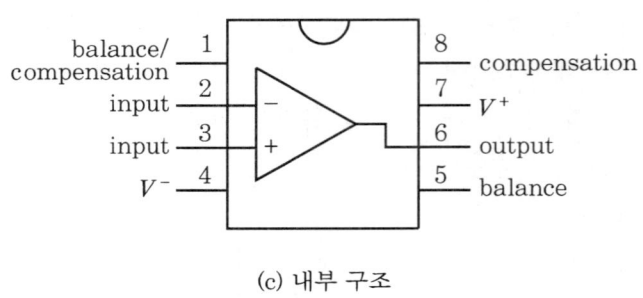

(c) 내부 구조

[그림 3-51] 연산 증폭기

이상적인 연산 증폭기의 특징은 다음과 같다.
① 무한대의 전압 이득을 갖는다. 따라서 아주 작은 입력이라도 큰 출력을 얻을 수 있다.
② 무한대의 대역폭을 갖는다. 따라서 모든 주파수 대역에 대해 동작한다.
③ 입력 임피던스가 무한대이다. 따라서 구동을 위한 공급 전원이 연산 증폭기 내부로 유입되지 않는다.
④ 출력 임피던스가 0이다. 따라서 부하에 의해 영향을 받지 않는다.
⑤ 동상신호 제거비(CMRR : common mode rejection ratio)는 무한대이다. 따라서 입력단에 인가되는 잡음을 제거하여 출력단에 나타나지 않도록 한다.

(1) 차동 증폭기

차동 증폭기(differential amplifier)는 연산 증폭기의 입력단으로 작용하고, 공통 이미터 회로로 구성되며, [그림 3-52]와 같은 구조를 가진다.

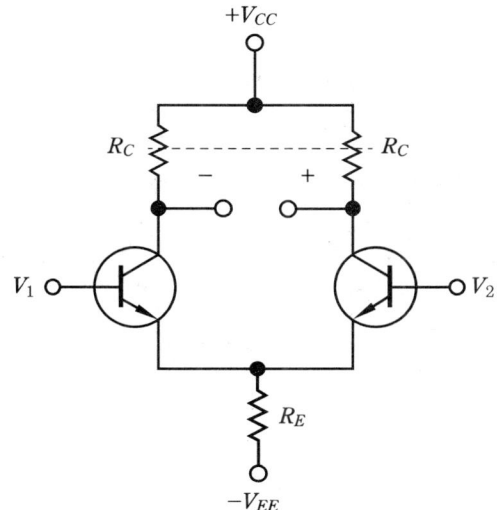

[그림 3-52] 차동 증폭기

단일 입력인 경우 [그림 3-53]과 같은 동작 특성을 갖는다. [그림 3-53] (a)는 트랜지스터 Q_1에 교류 신호를 인가하였을 때 발생하는 출력 신호를 나타내며, [그림 3-53] (b)는 트랜지스터 Q_2에 교류 신호를 인가하였을 때 발생하는 출력 신호를 나타낸다.

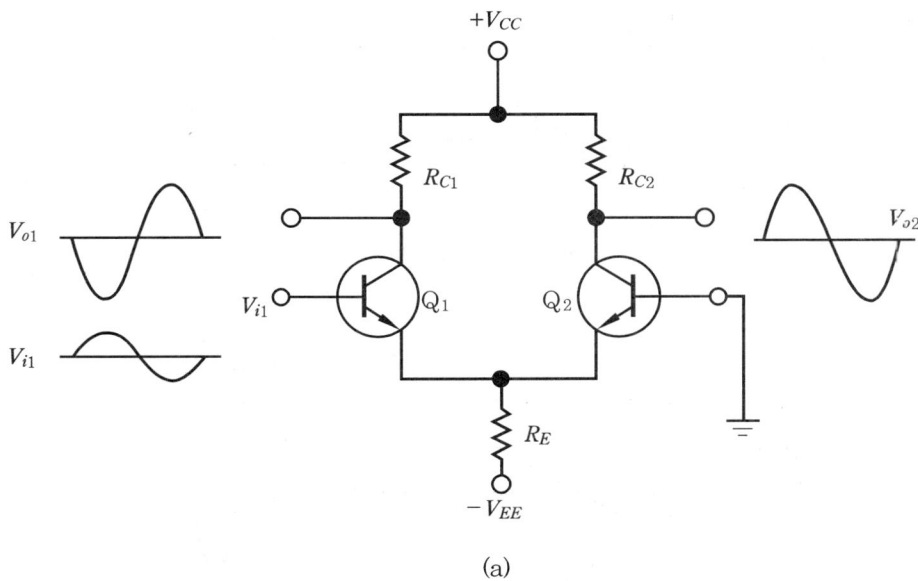

(a)

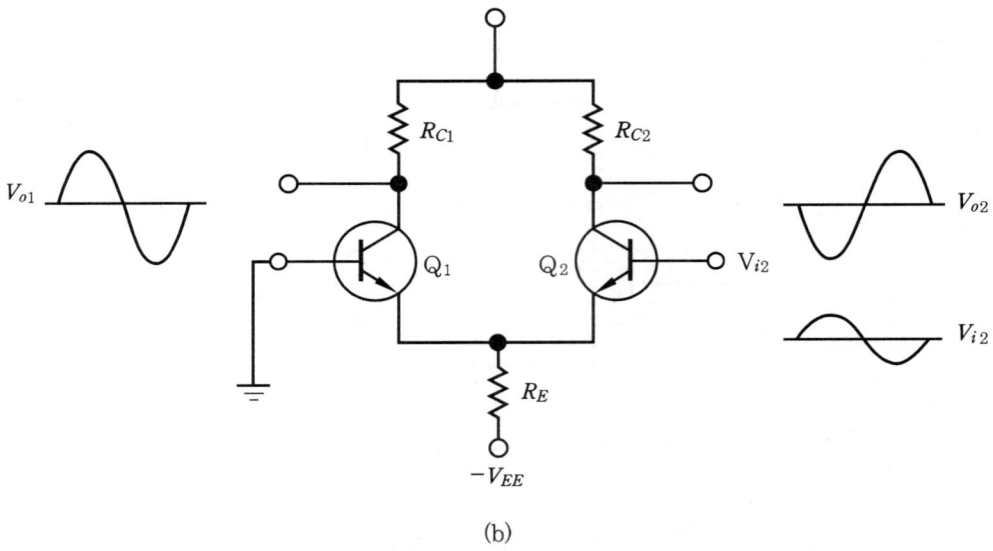

(b)

[그림 3-53] 단일 입력 동작 특성

차동 입력인 경우 [그림 3-54]와 같은 차동 동작 특성을 갖는다.

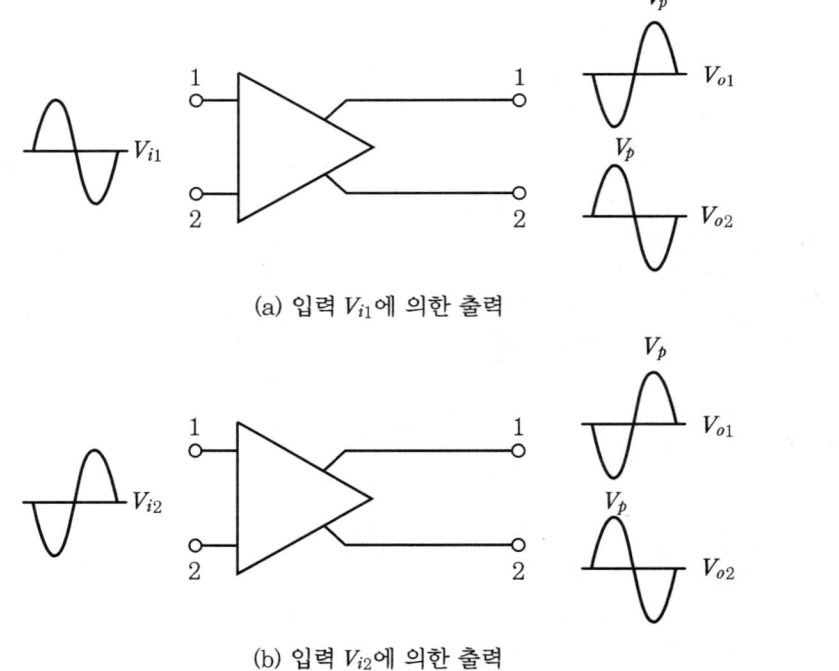

(a) 입력 V_{i1}에 의한 출력

(b) 입력 V_{i2}에 의한 출력

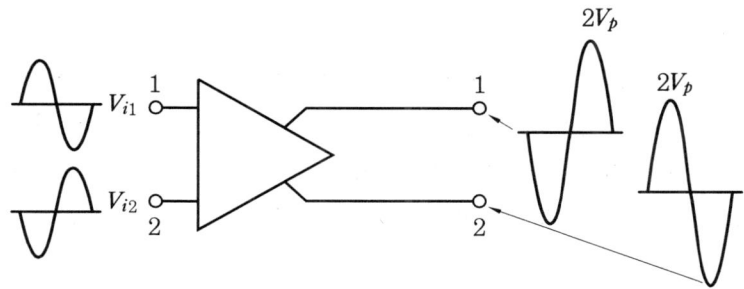

(c) 차동 입력에 의한 전체 출력

[그림 3-54] 차동 동작 특성

동상 신호가 인가되는 경우에는 [그림 3-55]와 같은 동작 특성을 나타내며, 신호가 중첩되어 출력은 0이 된다. 이러한 동작을 동상 신호 제거라고 한다. 동상 신호 제거는 입력단에 인가되는 잡음을 제거하여 출력단에 나타나지 않게 하며, 원하는 출력 신호를 왜곡되지 않도록 한다.

동상 신호를 제거하는 정도를 동상 신호 제거비(CMRR)라 부르며, 이상적인 연산 증폭기의 경우 CMRR은 무한대이다.

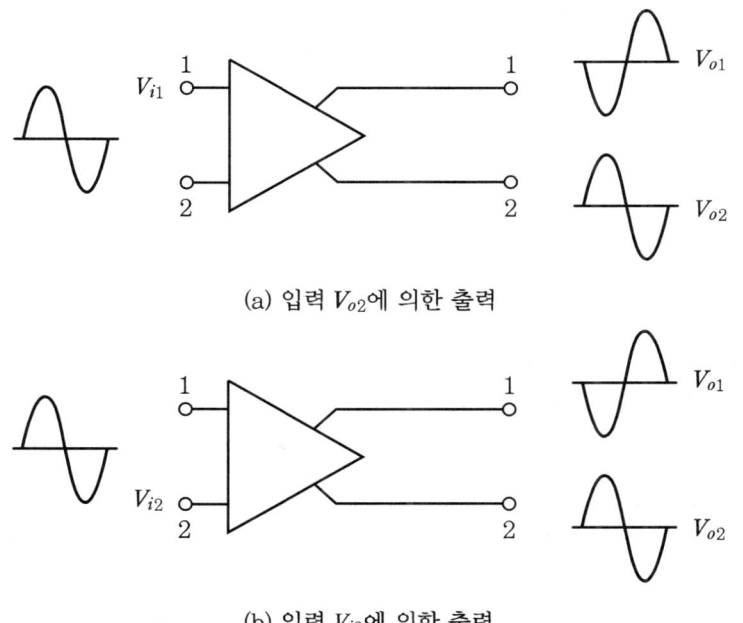

(a) 입력 V_{o2}에 의한 출력

(b) 입력 V_{i2}에 의한 출력

[그림 3-55] 동상 동작 특성

(2) 오프셋 조절

이상적인 연산 증폭기의 경우 입력이 0이면 출력이 0이 되어야 한다. 하지만 차동 입력단의 베이스와 이미터 사이의 전압이 약간 차이가 나기 때문에 입력이 인가되지 않은 상태에서도 작은 출력 전압이 나타난다. 이러한 것을 오프셋 전압이라 하며, 출력이 0이 되도록 입력 오프셋 전압을 조절한다.

5-2 연산 증폭기의 응용

(1) 반전 증폭기

반전 증폭기는 [그림 3-56]과 같은 구조를 갖는다.

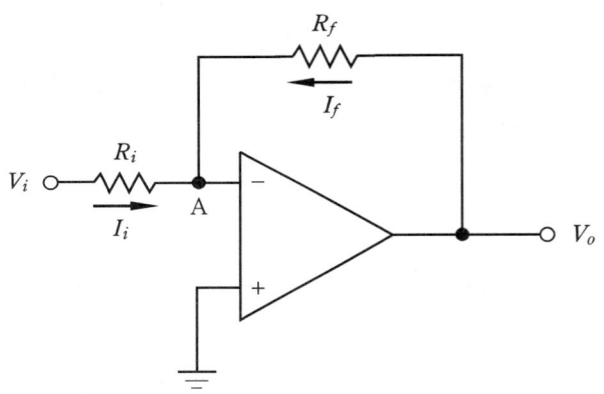

[그림 3-56] 반전 증폭기

이상적인 연산 증폭기의 입력 임피던스는 무한대이므로 반전 입력 단자에서 연산 증폭기로 흐르는 전류는 0이다. 연산 증폭기의 입력 전류가 0이라면 옴의 법칙에 의해 반전 입력 단자와 비반전 입력 단자 사이의 전압 강하도 0이 된다. 이러한 반전 입력 단자, 즉 A 지점에서의 0V 전위를 가상 접지라 한다.

신호원에서 반전 입력 단자 사이의 R_i 저항으로 흐르는 전류는 옴의 법칙에 의해

$$I_i = \frac{V_i}{R_i} \tag{3-28}$$

출력 단자에서 가상 접지인 입력 단자 사이의 R_f 저항으로 흐르는 전류는

$$I_f = \frac{V_o}{R_f} \qquad (3\text{-}29)$$

키르히호프의 전류 법칙에 의해

$$I_i + I_f = 0 \qquad (3\text{-}30)$$

위의 식을 정리하면 반전 증폭기의 이득은

$$A_V = \frac{V_o}{V_i} = -\frac{R_f}{R_i} \qquad (3\text{-}31)$$

식 (3-31)에서 보는 바와 같이 반전 증폭기는 입력과 출력의 극성이 바뀌므로 우상차가 180° 차이가 발생하는 증폭기이다. 저항 R_i를 입력 저항, 저항 R_f를 출력이 입력 쪽으로 영향을 미치는 피드백 저항이라 한다.

이와 같이 피드백을 통하면 선형 증폭기로 사용하기에는 너무 큰 이득을 갖는 연산 증폭기의 이득을 인가되는 저항 R_i, R_f에 의해 원하는 값으로 조절할 수 있으며, 대역폭을 넓혀 더 넓은 주파수 영역에서 동작할 수 있는 장점이 있다.

예제

다음 그림과 같은 연산 증폭기 회로에서 폐루프 이득이 -100이 되기 위해 필요한 R_f의 값을 구하라.

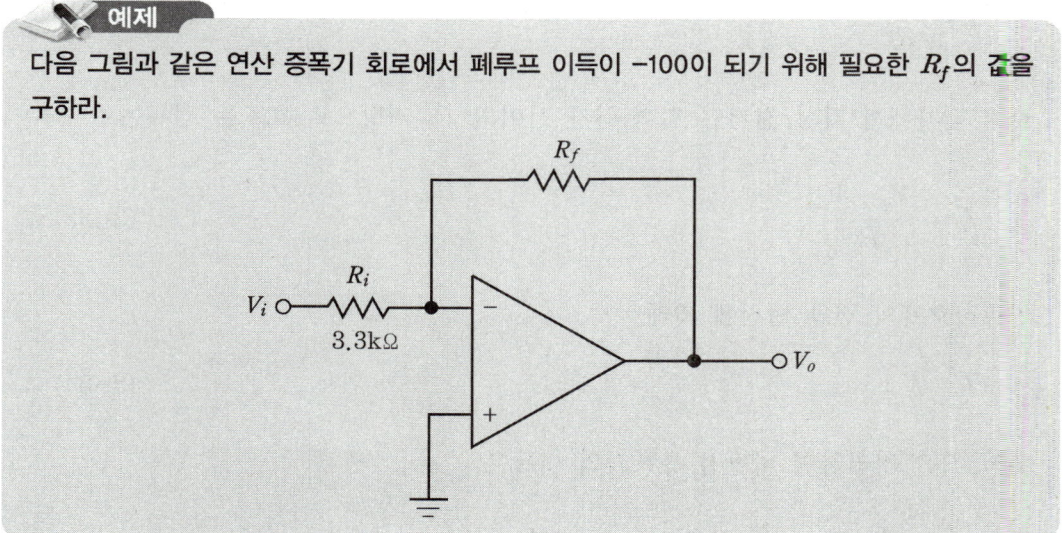

풀이 반전 증폭기의 폐루프 이득은 식 (3-31)과 같으므로

$$-100 = -\frac{R_f}{3.3\text{k}\Omega}$$
$$R_f = (100)(3.3\text{k}\Omega) = 330\text{k}\Omega$$

(2) 비반전 증폭기

비반전 증폭기는 [그림 3-57]과 같은 구조를 갖는다.

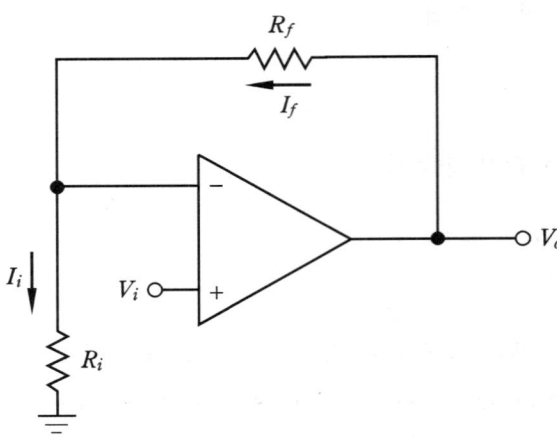

[그림 3-57] 비반전 증폭기

신호원에서 비반전 입력 단자에서 접지 방향으로 저항으로 흐르는 전류는 옴의 법칙에 의해

$$I_i = \frac{V_i}{R_i} \tag{3-32}$$

출력 단자에서 가상 접지인 입력 단자 사이의 R_f 저항으로 흐르는 전류는

$$I_f = \frac{V_o - V_i}{R_i} \tag{3-33}$$

키르히호프의 전류 법칙에 의해

$$I_i = I_f \tag{3-34}$$

위의 식을 정리하면 비반전 증폭기의 이득은

$$A_V = \frac{V_o}{V_i} = 1 + \frac{R_f}{R_i} \tag{3-35}$$

위의 식에서 보는 바와 같이 비반전 증폭기는 저항 R_i, R_f의 값에 의해서만 결정된다.

예제

다음과 같은 연산 증폭기 회로에서 입력으로 $V_{p-p} = 0.5\text{V}$ 의 정현파 신호를 인가하였다. 출력 파형은 어떻게 될 것인지 설명하여라. (단, 개방 루프 이득은 100,000이라고 가정한다.)

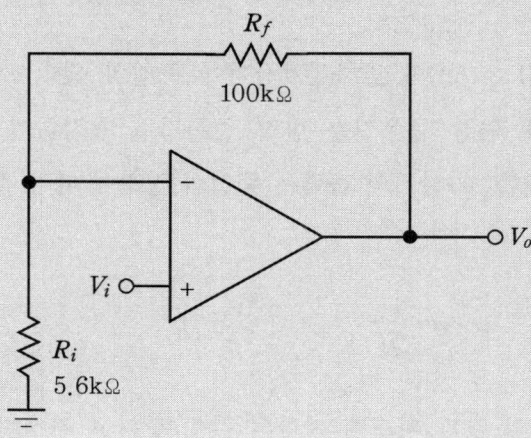

풀이 비반전 증폭기의 이득은

$$A_V = \frac{V_o}{V_i} = 1 + \frac{R_f}{R_i} = 1 + \frac{100\text{k}\Omega}{5.6\text{k}\Omega} = 18.86$$

$$V_o = A_V V_i = (18.86)(0.5\text{V}) = 9.43\text{V}$$

따라서 비반전 증폭기의 출력으로 $V_{p-p} = 9.43\text{V}$ 인 정현파 신호를 얻을 수 있다.

(3) 전압 폴로어

전압 폴로어는 [그림 3-58]과 같이 모든 출력이 입력으로 귀환되는 비반전 증폭기이다. 연산 증폭기의 반전 입력 단자와 비반전 입력 단자는 가상 접지이므로 두 단자의 전압은 서로 같으며, 따라서 다음과 같다.

$$V_i = V_o \tag{3-36}$$

$$A_V = \frac{V_o}{V_i} = 1 \tag{3-37}$$

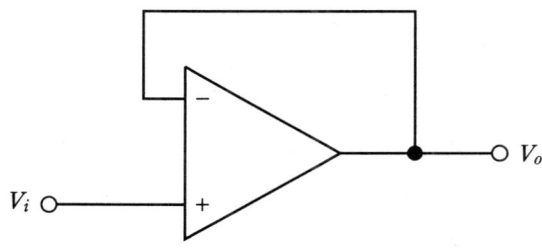

[그림 3-58] 전압 폴로어

전압 폴로어는 높은 입력 임피던스와 낮은 출력 임피던스를 가지며, 이러한 특징으로 인해 이미터 폴로어와 마찬가지로 높은 임피던스를 갖는 전원과 낮은 임피던스를 갖는 부하 사이의 완충단으로 사용된다.

(4) 가산기

가산기 회로는 [그림 3-59]와 같다. 가산기에 중첩의 원리를 적용해 보면 입력 V_o = V_{i1}, V_{i2}, V_{i3}에 대해 연산 증폭기는 반전 증폭기로 동작하여 각각의 입력에 대해 V_{o1}, V_{o2}, V_{o3}를 출력한다. 가산기의 출력은 중첩의 정리에 따라 각각의 출력을 더한 값과 같으므로

$$V_o = V_{o1} + V_{o2} + V_{o3} = (\frac{V_{i1}}{R_1} + \frac{V_{i2}}{R_2} + \frac{V_{i3}}{R_3})R_f \tag{3-38}$$

만약 입력측 저항들의 값과 피드백 저항의 값이 같다고 가정하면,
즉 $R_1 = R_2 = R_3 = R_f$라면

$$V_o = -(V_{i1} + V_{i2} + V_{i3}) \tag{3-39}$$

식 (3-39)에서 보는 바와 같이 가산기 출력은 각각의 입력 전압들을 합한 형태로 나타난다.

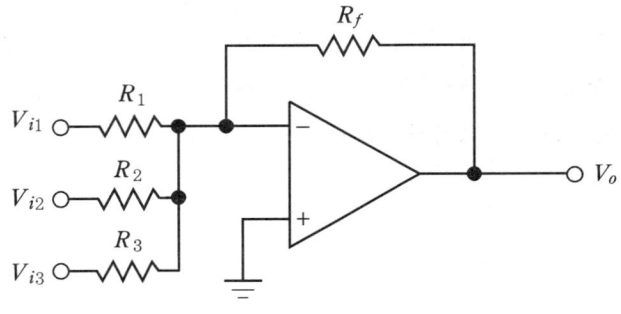

[그림 3-59] 가산기

(5) 비교기

비교기는 피드백 저항이 없는 개방 루프 형태를 취하며, 하나의 전압을 기준 전압과 비교하여 출력을 나타낸다. 연산 증폭기는 매우 높은 전압 이득을 가지므로 미약한 입력 신호에도 큰 출력을 가져온다. [그림 3-60]에 영전위 비교기를 나타내었으며, [그림 3-61]에 기준 전위 비교기를 나타내었다. 영전위 비교기는 입력 신호가 0V보다 조금이

라도 높으면 정의 포화 전압값을 출력하고, 입력 신호가 0V보다 조금이라도 낮으견 부의 포화 전압값을 출력한다.

비교기는 전압 신호를 감시하는 목적으로 레벨 검출이나 과열 검출 회로 등과 같은 산업 분야에 많이 이용되며, 아날로그 신호를 디지털 신호로 변환하기 위한 A/D 변환기의 기본 회로로서 사용된다.

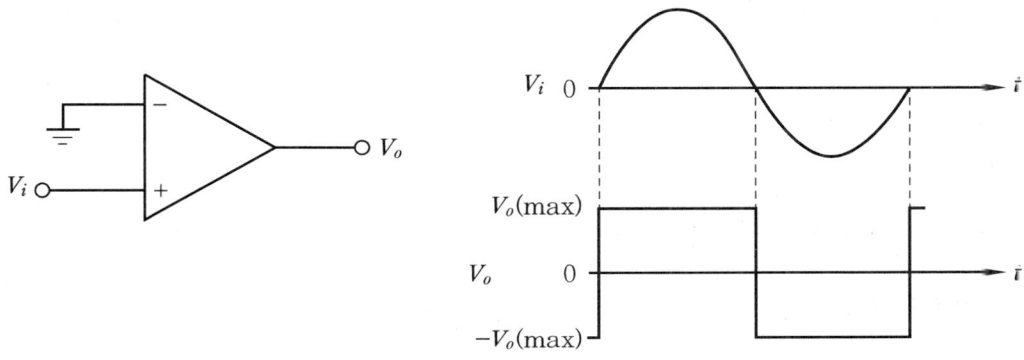

[그림 3-60] 영전위 비교기

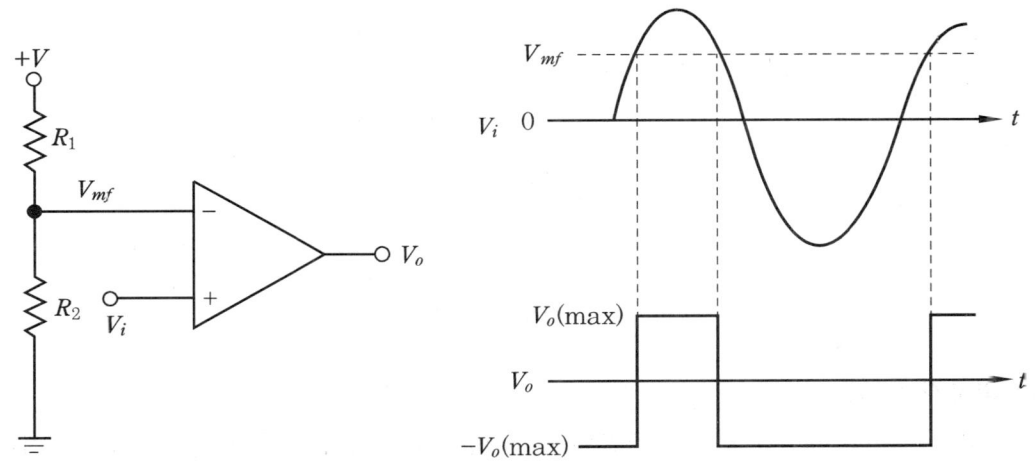

[그림 3-61] 기준 전위 비교기

(6) 적분기

[그림 3-62]에 적분기 회로를 나타내었다. 저항과 커패시터가 결합하여 RC 호로를 구성하며, 커패시터에 걸리는 전압은 다음 식과 같다.

$$Q = It = CV \tag{3-40}$$

식 (3-40)에 의해 연산 증폭기의 반전 입력단과 출력 사이의 커패시터에 흐르는 전류는

$$I_f = \frac{C}{t} V_o \tag{3-41}$$

키르히호프의 전류 법칙과 가상 접지에 의해

$$I_i + I_f = \frac{V_i}{R_i} + \frac{CV_o}{t} = 0 \tag{3-42}$$

$$V_o = -\frac{V_i}{R_i C} t \tag{3-43}$$

식 (3-43)에서 적분기의 출력 전압은 시간에 비례하여 $-\frac{1}{R_i C}$의 기울기로 포화될 때까지 감소한다는 것을 알 수 있다.

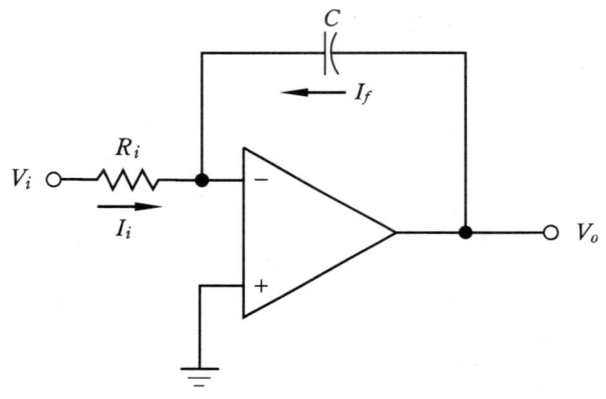

[그림 3-62] 적분기

(7) 미분기

[그림 3-63]에 미분기 회로를 나타내었다. 미분기는 입력 전압의 변화율에 비례하는 출력을 낸다. 커패시터 양단의 전압은 단위 시간당 흐르는 전류의 양과 상관 관계가 있으므로 $V_i = (\frac{I_i}{C}) t$로부터

$$I_i = (\frac{V_i}{t}) C \tag{3-44}$$

키르히호프의 전류 법칙과 가상 접지에 의해

$$I_i + I_f = (\frac{V_i}{t})C + \frac{V_o}{R_f} = 0 \qquad (3-45)$$

따라서 미분기의 출력 전압은

$$V_o = -(\frac{V_i}{t})R_f C \qquad (3-46)$$

식 (3-46)에 의해 미분기의 출력은 [그림 3-63]에 나타낸 바와 같이 입력 신호가 정의 기울기를 가질 때 부의 출력을 나타내고, 입력 신호가 부의 기울기를 가질 때 정의 출력을 나타낸다. 출력은 입력 신호의 기울기 $\frac{V_i}{t}$ 에 비례하며, 비례 상수의 값은 시정수 $R_f C$ 이다.

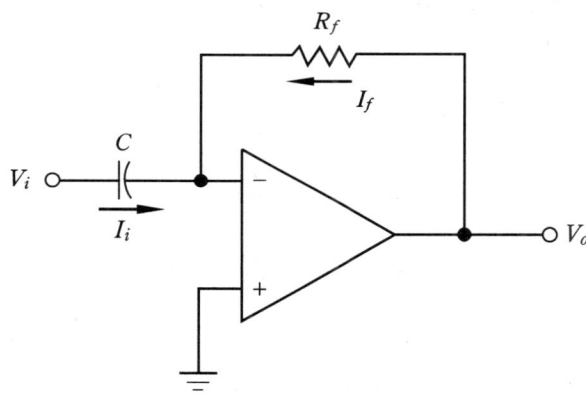

[그림 3-63] 미분기

Chapter 03 연습 문제

1. n형 반도체에서 다수 캐리어와 소수 캐리어는 무엇인지 설명하시오.

2. 다이오드에 순방향 바이어스를 인가하였을 때 나타나는 현상에 대해 설명하시오.

3. $I_B = 50\mu A$, $I_C = 4mA$가 흐르는 트랜지스터에 대해 β, I_E, α 값을 구하시오.

4. 이상적인 연산 증폭기의 특징을 열거하시오.

5. 다음 그림에 나타낸 트랜지스터 바이어스 회로에서 I_C, V_{CE}를 구하시오. (여기서, β는 200 이다.)

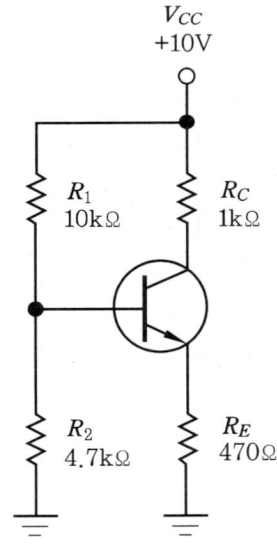

6. 다음 그림에 나타낸 JFET 바이어스 회로에서 $I_D = 5\text{mA}$ 일 때 V_{DS}와 V_{GS}를 구하시오.

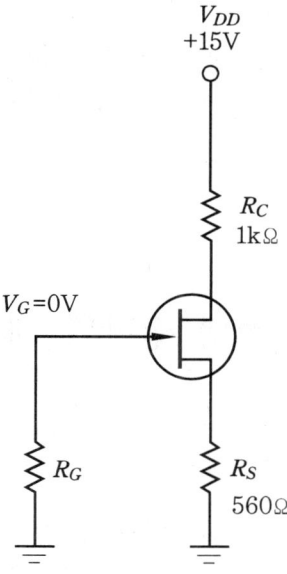

7. 다음 그림에 나타낸 연산 증폭기의 이득을 계산하시오. (여기서, 저항을 연결하지 않았을 때 연산 증폭기의 개방 루프 이득은 100,000이다.)

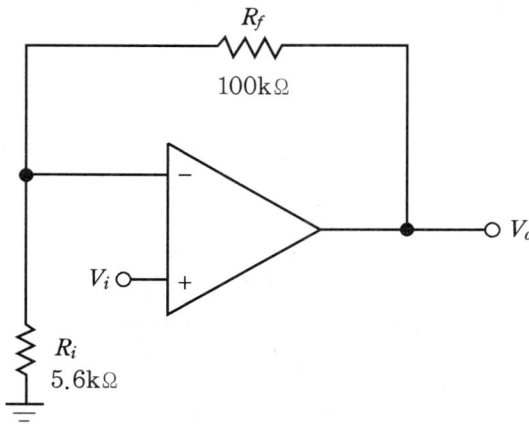

Chapter 04 전력 전자 이론

1. 전력 전자의 개요

1-1 전력 전자의 개요

전력 전자(power electronics)는 전력 처리 시스템 가운데 특히 전력 반도체 스위치를 사용한 스위치 모드(switch mode) 전력 변환기의 회로 구성, 제어, 응용 및 그와 관련된 여러 전기 전자적 기술을 연구하는 전기 및 전자 공학의 한 분야이다. 즉, 전력 전자는 전자 회로로 제어되는 전력 반도체 스위치에 의한 전력의 효율적인 제어와 변환을 다루는 학문이라고 할 수 있다. 또 전력 전자 시스템(power electronics system)은 전력 반도체 스위치를 사용한 스위치 모드 전력 변환기와 이를 위한 제어 회로를 포함하는 전체 시스템을 일컫는다.

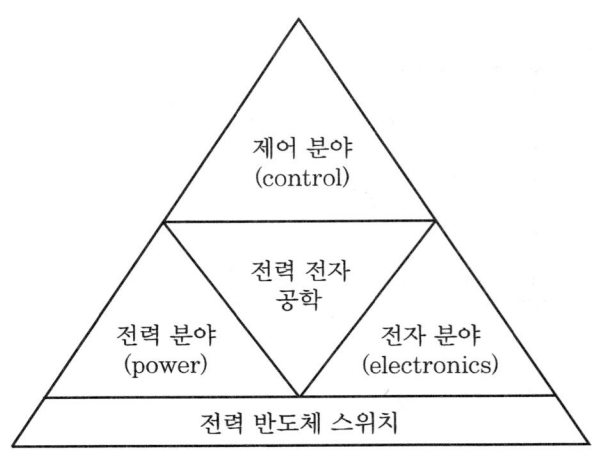

[그림 4-1] 전력 전자의 구성 영역

일반적으로 전력 전자와 관련된 학문 분야는 [그림 4-1]에 나타낸 바와 같이 크게 세 부분으로 나누어진다.
① 전력 분야 : 전력의 발전, 송전, 배전 및 전력을 소비하는 각종 부하에 대한 이해와 올바른 취급을 포함하며, 전력 전자 시스템의 응용 분야를 결정하는 기초가 된다.
② 제어 분야 : 폐루프 시스템(closed loop system)의 안정도(stability)와 응답 특성의 개선을 위한 이론 및 알고리즘과 관련되며, 전력 전자 시스템의 성능(performance)을 결정하는 중요한 요소이다.
③ 전자 분야 : 제어 목적을 만족하기 위한 제어 신호의 발생과 각종 신호 처리를 위한 저전력의 아날로그(analog) 또는 디지털(digital) 전자 회로의 설계와 구성을 포함하며, 전력 전자 시스템의 신경 및 두뇌에 해당한다고 할 수 있다.

또한 적절한 성능을 갖는 전력 반도체 스위치 유무는 이러한 세 가지 분야를 결합하여 전력 전자 시스템을 이루는 기틀이 된다.

역사적으로 볼 때, 전력 전자는 SCR 사이리스터라는 전력 반도체 스위치의 개발로부터 시작되었으며 전력 전자의 발전을 주도한 가장 중요한 요인 중의 하나는 전력 반도체 스위치의 개발이었다.

1-2 전력 전자 관련 기술

① 전력용 반도체 소자 : 사이리스터, 전력용 트랜지스터, GTO, MOSFET, IGBT, SITh 등
② 전력 변환 회로 : 정류 회로, 초퍼, 인버터, 사이클로 컨버터 등의 기본 회로와 제어 회로, 보호 회로, 필터 회로 등
③ 정지형 전원 장치 : 직류 정전압 전원, 무정전 전원 장치, 가열 및 용접용 전원, 사이클로 컨버터에 의한 항공기 전원, 인버터에 의한 태양 전지 및 연료 전지용 전원, 전기 자동차용 전원
④ 전동기 구동 장치 : 사이리스터, 레오나드 및 초퍼에 의한 직류 전동기 구동, 유도 전동기 벡터 제어 등
⑤ 최신 제어 : 적응 제어, 최적 제어, 퍼지 제어 등
⑥ 컴퓨터 시뮬레이션 : 전력 전자 회로 해석, 각종 개발 실험 활용

2. 전력 변환 시스템

2-1 전력 변환의 정의

 전력 변환이란 교류 전력을 직류 전력으로 또는 직류 전력을 교류 전력으로 변환하거나 교류 전력의 주파수를 변경하는 것을 말한다.

 일반적으로 변환 장치로서 신호 변환의 경우에는 흔히 트랜스듀서(trancducer)라고 하며, 전력 분야에서 교류와 직류 간의 변환, 교류의 주파수 상호 변환, 상수의 변환 등의 기능을 가진 장치를 컨버터(converter)라고 한다. 좁은 뜻으로는 AC 전력을 DC 전력으로 변환하는 것을 컨버터라 하고 이와는 반대로 DC 전력을 AC 전력으로 변환하는 것을 인버터(inverter)라고 한다. 그리고 크게 DC 전력을 다른 형태의 DC 전력으로 변환하는 초퍼(chopper)를 포함하여 전력 변환기의 종류를 나눌 수 있다.

 여기서 컨버터는 넓은 의미로 일반 다이오드(diode)에 의한 정류 회로를 포함하고 트라이악을 이용한 정류기를 말하는데, 최근에는 인버터 기술이 발달되어 컨버터에 의한 전력 제어는 모터를 구동하기 위한 전력 제어 방법으로 사용되지 않고 있다. 또한 DC 초퍼는 DC 모터의 속도 제어 또는 스테핑 모터의 전류 제어에 사용된다.

 이들 변환 회로에는 주로 사이리스터(thyristor) 등의 전력용 반도체 스위칭 소자를 사용한다.

2-2 전력 스위치

 전력 스위치는 전력의 변환과 제어의 가장 기초적인 동작인 전력의 ON-OFF를 행하는 기본 기기이다.

 일반적으로 스위치라고 하면 접점을 의미하는데, 이러한 접점 스위치는 전자력, 공기 압력, 기계적인 동작 등에 의하여 접점을 기계적으로 개폐하여 전압 및 전류를 스위칭하고, ON-OFF 동작이 저속이며 대전력의 개폐, 절환용으로 사용한다. 접점 스위치를 응용한 기기에는 차단기, 릴레이 등이 있다.

 전력 전자에서는 전력의 변환과 제어를 위하여 사이리스터와 같은 전력용 반도체 소자를 사용하는데, 이러한 스위치를 반도체 스위치(정지형 스위치)라고 한다. 반도체 스위치는 수 kHz에서 수백 kHz 정도의 고속 ON-OFF 동작이 가능하며, 전력을 고효율로 변환하고 제어할 수 있다. 이러한 반도체 스위치는 전력의 변환과 제어용으로 사용하며, 반도체 스위치를 응용한 기기에는 초퍼, 인버터 등이 있다.

전력 변환에 쓰이는 반도체 스위치에는 다이오드와 같이 인가되는 전압의 극성게 따라 스위칭 상태가 달라지는 유형과 외부의 작은 신호(게이트 신호 등)를 인가할 때만 ON 상태로 되는 유형이 있다. 반도체 스위치가 쓰일 경우에는 스위치 양단의 인가 전압이 음(-)으로 되면 항상 OFF 상태로 되는 것이 공통적인 특성이다.

(1) 이상적인 스위치

스위치는 항상 2개의 상태, 즉 ON 상태 및 OFF 상태로 안정된 상태를 가져야 하며, 또한 서로 전환이 가능해야 한다. 스위치가 ON 상태일 경우 스위치 양단에 전압 강하가 생기지 않아야 하며, 부하 전류가 흘러야 한다. 반대로 OFF 상태일 경우 스위치 전류는 흐를 수 없으므로 인가 전압이 스위치 양단에 전부 걸리게 된다.

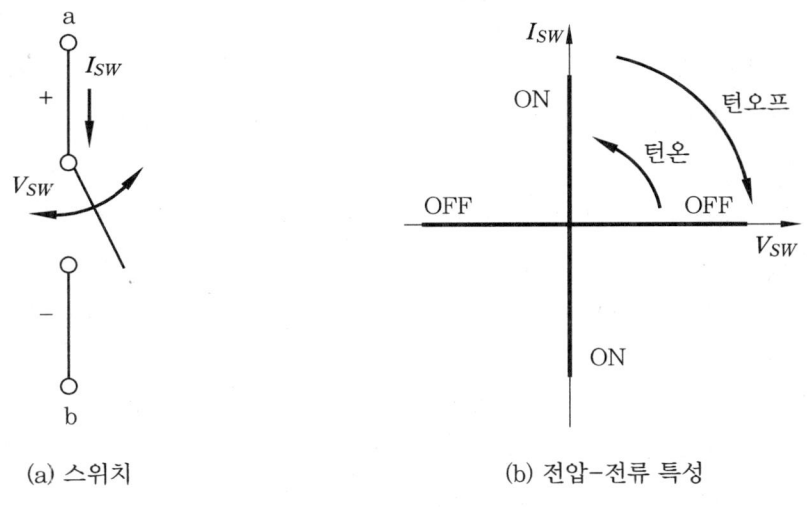

(a) 스위치   (b) 전압-전류 특성

[그림 4-2] 이상적인 스위치

[그림 4-2]는 이상 스위치의 전압 전류 특성을 나타낸 것이다. [그림 4-2]에서 전압 V_{SW}와 전류 I_{SW}는 스위치 소자의 전압 및 전류 정격을 나타낸 것이다.

일반적으로 이상적인 스위치의 조건은 다음과 같다.

① ON 상태에서의 전압 강하는 0이다.
② OFF 상태에서의 누설 전류는 0이다.
③ 스위칭 시간(switching time)이 0이다.
④ 항복 전압(breakdown voltage)의 크기는 무한대이다.
⑤ 소자의 열적 용량(capacitance)은 무한대이다.

⑥ 스위칭 주파수(switching frequency)는 무한대까지 가능하다.
⑦ 구동 전력이 0이며, 구동 신호에 대한 응답 속도가 빠르다.
⑧ 에너지를 소모하거나 저장하지 않는다.

이 조건들 중 가장 중요한 사항은 ① ON 상태에서의 전압 강하 특성과 ② OFF 상태에서의 누설 전류 특성이다. 기계식 또는 진공관 스위치는 물론 전력용 반도체 소자도 그 스위칭 특성은 이상적이라고 할 수 없다. 왜냐하면 ON 상태이더라도 스위치 양단에 전압 강하가 생기며, 또한 OFF 상태에서도 완전히 차단되지 못하고 누설 전류가 흐르기 때문이다.

특히 ON 상태에서는 스위치의 전압 강하로 인하여 손실이 발생하므로 그로 인한 열의 방출을 위하여 소자에 방열판을 붙여 주어야 한다. 반도체 소자의 경우 양단 전압 강하가 작아서 이상적인 스위치 특성에 가장 근접한다.

(2) 반도체 스위칭 소자

이상적인 스위치 특성에 근사한 성능을 갖는 전력용 반도체 소자들의 종류는 다음과 같다.

① 사이리스터(thyristor) : SCR(silicon controlled rectifier), TRIAC(triode ac switch), ASCR(asymmetrical silicon controlled rectifier), RCT(reverse conducting thyristor), LASCR(light-activated SCR), GATT(gate-assisted turn-off thyristor), GTO(gate turn-off thyristor)
② Power BJT(bipolar juction transistor), BJT, Darlington transistor
③ Power MOSFET(metal-oxide-semiconductor field effect transistor)
④ IGBT(insulated gate bipolar transistor)
⑤ MCT(MOS-controlled rectifier)
⑥ SIT(static induction transistor)
⑦ SITh(static induction thyristor)

일반적으로 전력용 반도체 소자들의 스위칭 특성은 저지 전압(blocking voltage)과 통전 전류(conduction corrent)의 크기 및 스위칭 속도(switching speed) 등으로 평가한다. GTO 사이리스터는 6kV-6000A급에서부터 9kV-4000A급까지 개발되어 있으며, LASCR은 6kV-2500A급, BJT는 1.6kV-1000A급, IGBT는 4.5kV-1000A급까지 개발되어 있다. 소자의 종류에 따라 적용 분야나 범위는 크게 달라지는데, 일반적으로 100kVA 정도는 IGBT를 사용하며 300~500kVA급에서는 BJT를, 500kVA급 이상은 GTO 사이리스터를 사용하고 있다. 그리고 차세대 전력용 스위치로 평가되고 있는 MCT는 1kVA-3300A급까지 개발되어 있고, SITh는 현재 2.5kV-300A급까지 개발되어 있으니 제조 시 난점을 극복하면 새로운 전력 소자로 각광받게 될 것이다.

이와 같은 전력용 반도체 소자에 대한 기호와 특성을 [그림 4-3]에 나타내었다.

소자의 종류	기 호	$V-I$ 특성
diode		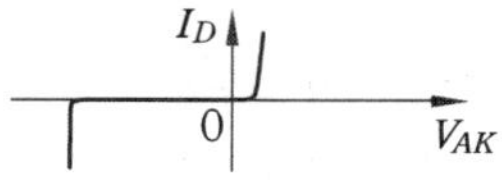
thyristor	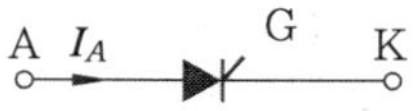	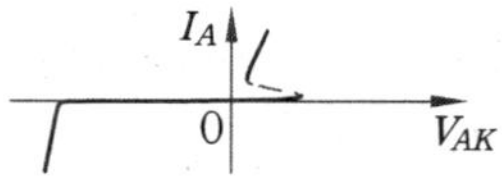
SITh GTO MCT	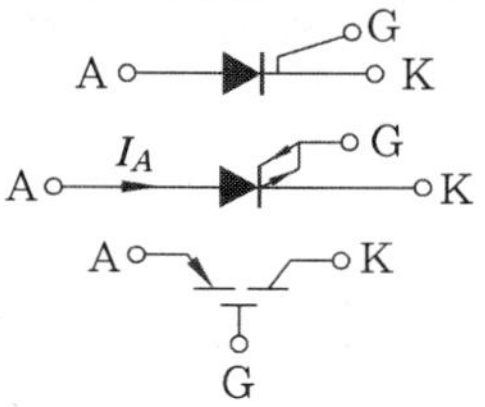	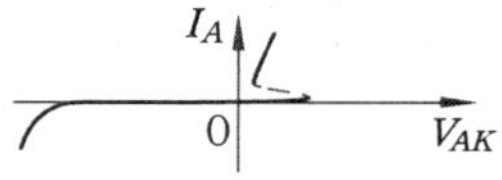
TRIAC	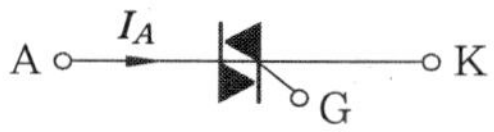	
LASCR	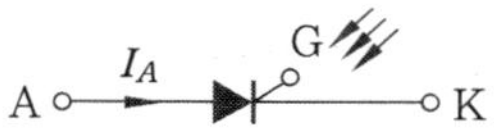	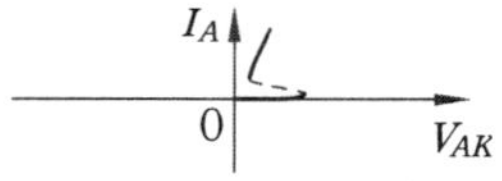
NPN BJT	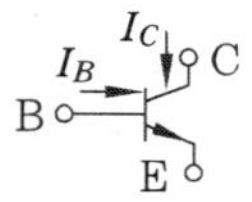	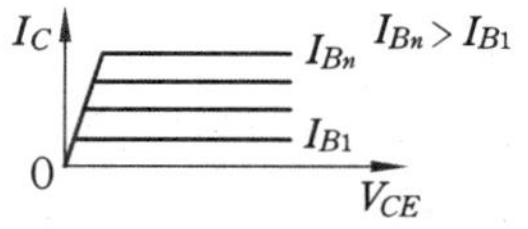
IGBT	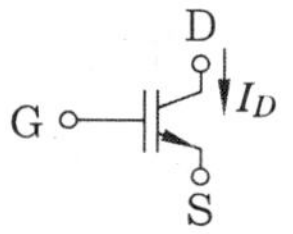	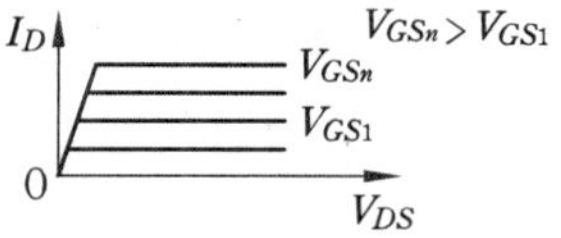
MOSFET	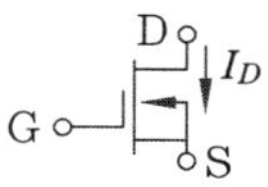	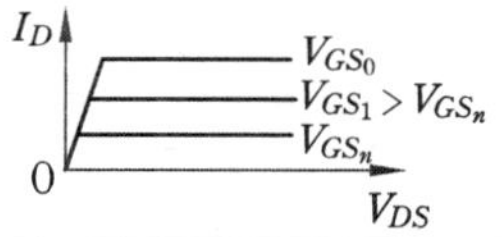
SIT	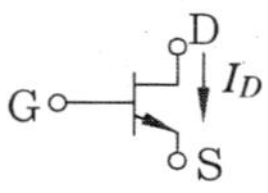	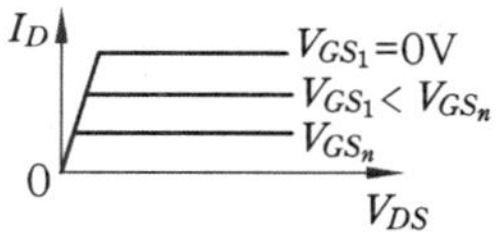

[그림 4-3] 전력용 반도체 소자의 기호와 전압-전류 특성

또한 최근에는 전력 회로와 제어 회로가 하나로 구성된 smart power IC와 hybrid power IC 등을 들 수 있는데, 특히 smart power IC 중에서 6개의 IGBT를 내장하고 20kHz로 동작되는 400W(3상 110V 교류)급 IC가 개발되어 이미 실용화되고 있다.

2-3 전력 변환 시스템

전력 전자 시스템은 일반적으로 [그림 4-4]와 같이 전력처리기와 제어기로 구성되며, 제어기는 선형 집적 회로와 디지털 신호 프로세서 등으로 구성된다. 전자 공학의 혁명적인 발달은 이와 같은 제어기들의 성능 향상을 가져오게 하고 있다.

전력처리기는 보통 하나 이상의 전력 변환 단계로 구성되어 있으며, 각 단계의 동작은 커패시터나 인덕터와 같은 에너지 저장 요소에 의해서 분리된다. 그러므로 입력 전력의 순시값이 출력 전류의 순시값과 다를 수도 있다.

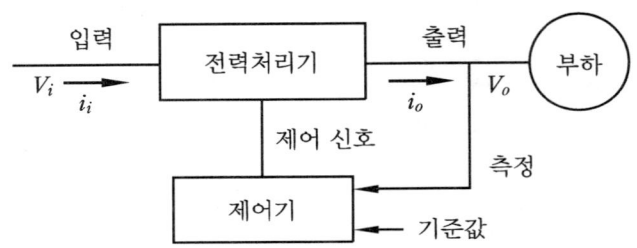

[그림 4-4] 전력 전자 시스템 구성도

각각의 전력 변환 단계를 변환기(converter)라 부르기도 한다. 따라서 변환기는 전력 전자 시스템의 기본적인 모듈이다.

변환기는 신호 전자 회로(집적 회로)에 의해서 제어되는 전력용 반도체 소자를 사용하는데, 경우에 따라서는 인덕터나 커패시터와 같은 에너지 저장 요소를 함께 사용하기도 한다.

3. 전력 변환 방식

전력의 변환은 순변환, 역변환, 주파수 변환, 직류 변환, 교류 전력 조정으로 크게 나눌 수 있다. [그림 4-5]에서 전력 변환의 여러 가지 형태와 관계를 나타내었다.

또한, 입출력의 형태(주파수)에 따라 변환기는 다음과 같이 넓은 범주로 나눌 수 있다.
① 교류-직류 변환기(AC-DC converter)
② 직류-교류 변환기(DC-AC converter)
③ 직류-직류 변환기(DC-DC converter)
④ 교류-교류 변환기(AC-AC converter)

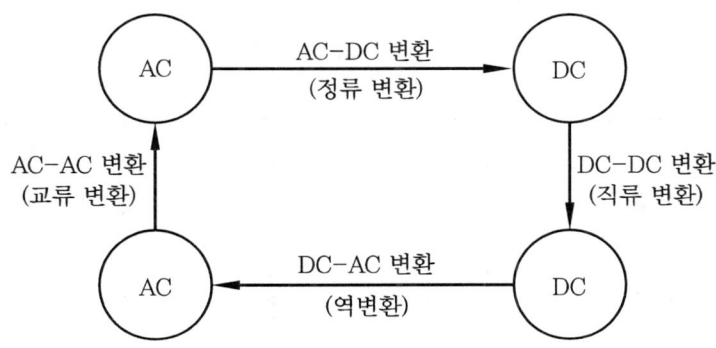

[그림 4-5] 전력 변환 방식

전력 변환 방식에는 변환하고자 하는 전력을 직접 변환 시스템을 이용하여 변환하는 방식과 일단 다른 형태로 변환한 다음, 원하는 형태의 전력으로 변환하는 방식이 있다. 여기서 전자를 직접 변환, 후자를 간접 변환이라고 한다.

[그림 4-6]은 직접 변환과 간접 변환의 원리도를 나타낸 것이다.

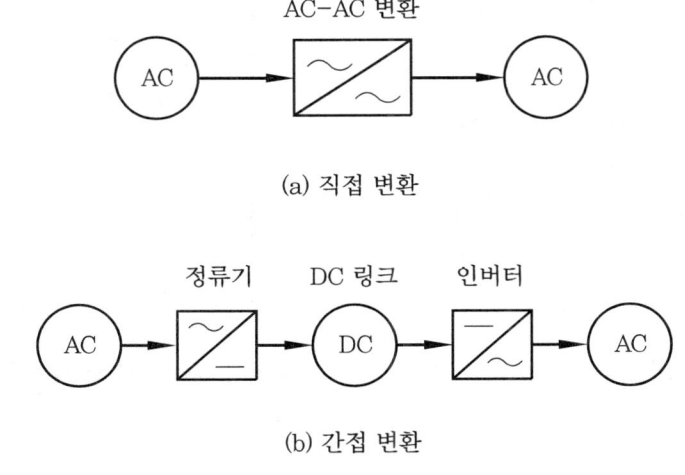

[그림 4-6] 직접 변환과 간접 변환

3-1 순변환

순변환은 교류 전력을 직류 전력으로 변환하는것을 의미하며, 일반적으로 이러한 변환기를 정류기(rectifire)라고 한다. 정류기의 기본 회로를 [그림 4-7]에 나타내었다.

정류 회로의 정류 소자에 다이오드를 이용한 경우 출력 전압의 제어는 불가능하지만 사이리스터를 사용한 경우에는 출력 전압을 제어할 수 있어서 전력의 변환과 제어가 동시에 이루어진다.

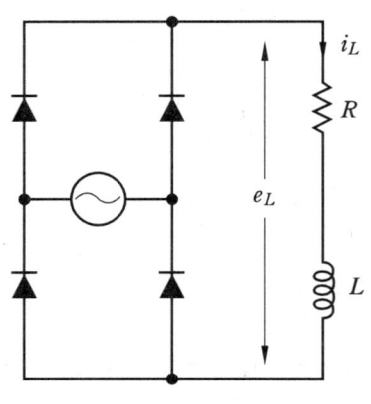
(a) 전파 다이오드 정류 회로

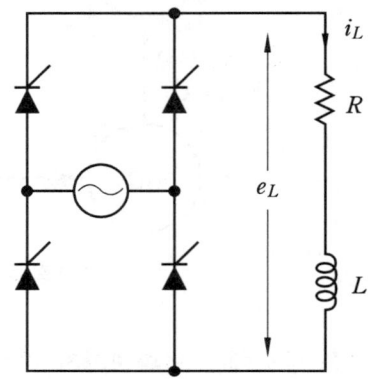
(b) 전파 제어 정류 회로(대칭 브리지)

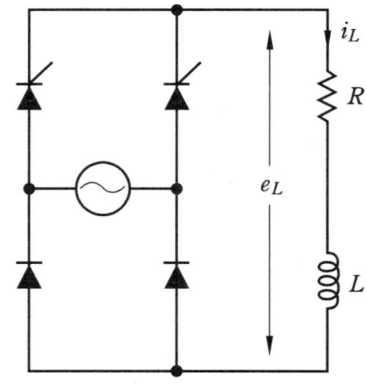
(c) 전파 제어 정류 회로(혼합 브리지 Ⅰ)

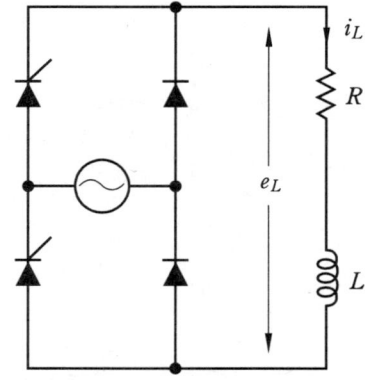
(d) 전파 제어 정류 회로(혼합 브리지 Ⅱ)

[그림 4-7] 정류기의 기본 회로

3-2 역변환

역변환은 직류 전력을 교류 전력으로 변환하는것을 의미하며, 역변환 기능을 수행하는 역변환 장치를 인버터(inverter)라고 한다. 인버터는 전압원 인버터와 전류원 인버터로 나누어진다. [그림 4-8]은 전압원 인버터의 원리도를 나타낸 것이다.

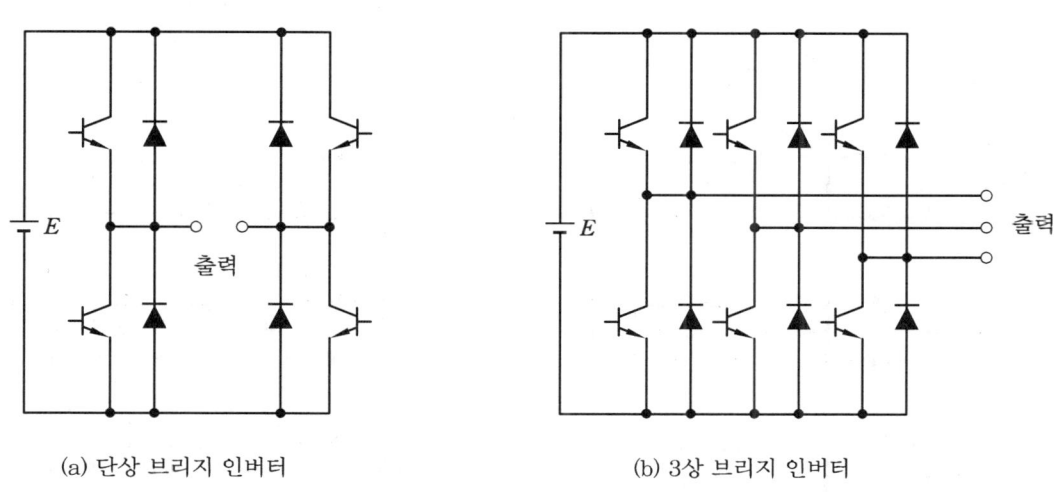

(a) 단상 브리지 인버터　　　　　(b) 3상 브리지 인버터

[그림 4-8] 전압원 인버터의 원리도

3-3 주파수 변환

주파수 변환은 교류 전력을 주파수가 다른 교류 전력으로 변환하는 것을 의미하며, 이러한 기능을 수행하는 주파수 변환 장치를 사이클로 컨버터(cyclo converter)라고 한다.

직류 변환은 한 직류 전원을 다른 크기의 직류 전력으로 변환하는 것을 의미하며, 이러한 기능을 수행하는 전력 변환 장치를 초퍼(chopper)라고 한다.

사무자동화용 소규모 직류 전력 변환 장치로 이용되는 경우에는 DC-DC 컨버터라고도 한다.

3-4 교류 전력 조정

교류 전력 조정은 교류 전력의 주파수는 변화하지 않고 전력의 크기만 변환하는 것을 의미한다. [그림 4-9]는 교류 전력 조정을 위한 기본 회로를 나타낸 것이다.

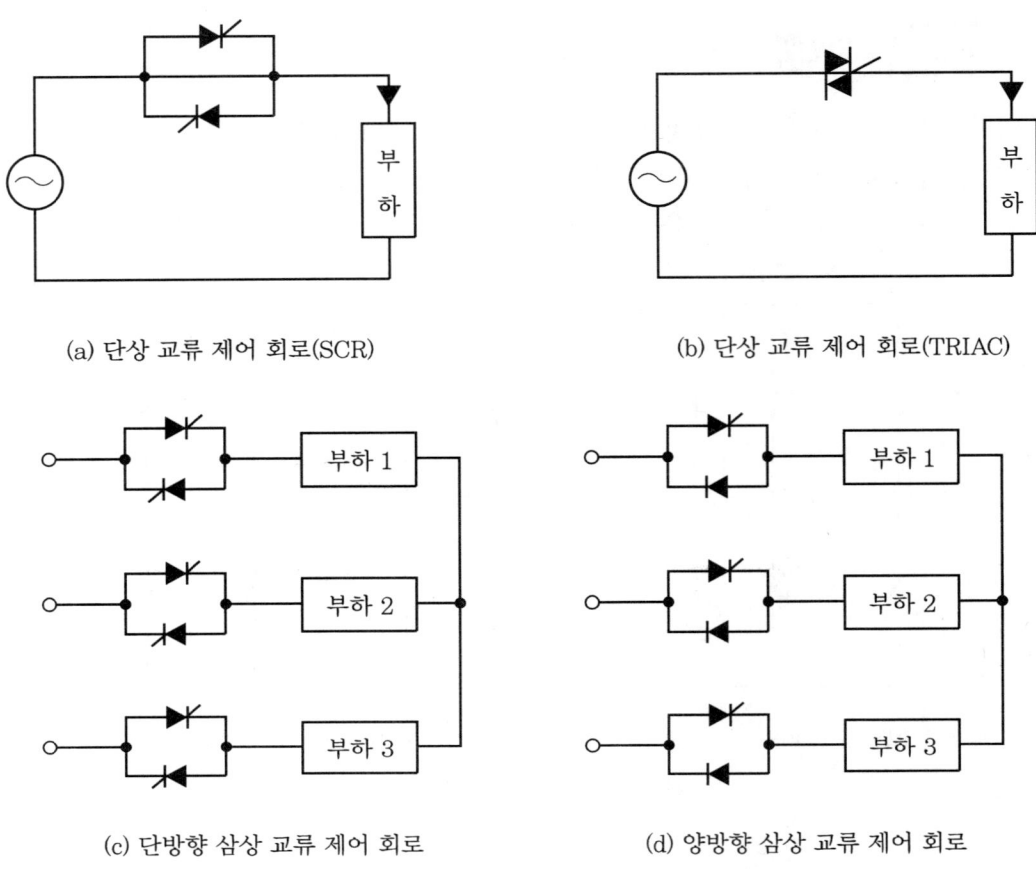

[그림 4-9] 교류 전력 조정 회로

4. 전력 반도체 소자

4-1 사이리스터

사이리스터는 애노드와 캐소드를 갖는 pnpn 구조의 4층 반도체로서 [그림 4-10]과 같은 구조를 가지며 pnp형 트랜지스터와 npn형 트랜지스터가 결합된 형태의 등가 회로를 갖는다.

사이리스터는 스위치로서 동작하는데, 순방향 전압이 어떤 값에 도달할 때까지는 오프로서 동작하며, 일정 값 이상으로 전압이 인가되는 경우에는 on 상태가 되어 일정 값 이하로 전류가 감소할 때까지 on 상태를 유지한다.

사이리스터의 애노드에 정의 전압이 인가되면 Q_1, Q_2의 베이스-이미터 접합은 순방향 바이어스가 되고, 베이스-컬렉터 접합은 역방향 바이어스가 되어 Q_1, Q_2는 선형 영역에 존재하게 된다. [그림 4-11]에 사이리스터 특성 곡선을 나타내었다.

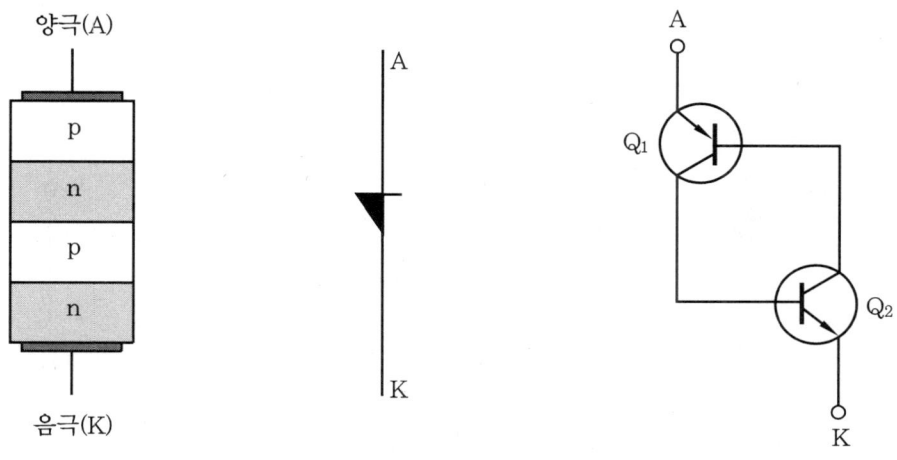

[그림 4-10] 사이리스터 기본 구조, 기호 및 등가 회로

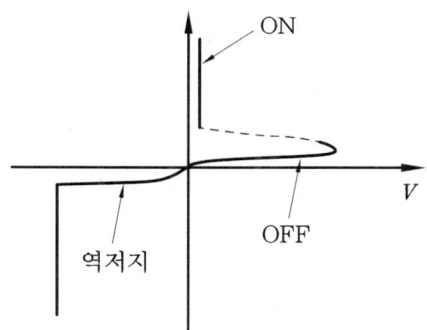

[그림 4-11] 사이리스터 특성 곡선

4-2 실리콘 제어 정류기

사이리스터와 유사한 실리콘 제어 정류기(SCR : silicon controlled rectifier)는 대전류를 제어하는 장치로 애노드, 캐소드, 게이트를 갖는 4층 pnpn 소자이다. off 상태에서 애노드와 캐소드는 개방 회로 역할을 하고, on 상태에서 애노드와 캐소드는 단락 회로의 역할을 한다.

SCR은 릴레이 제어, 위상 제어, 모터 제어, 히터 제어, 시간 지연 회로, 램프 조광기, 과전압 보호 회로 등을 포함하는 산업체의 전력 제어 분야에서 이용되고 있다.

[그림 4-12] (a)에 SCR의 외형을 나타내었고, [그림 4-12] (b), (c)에 SCR의 기본 구조와 기호를 나타내었다.

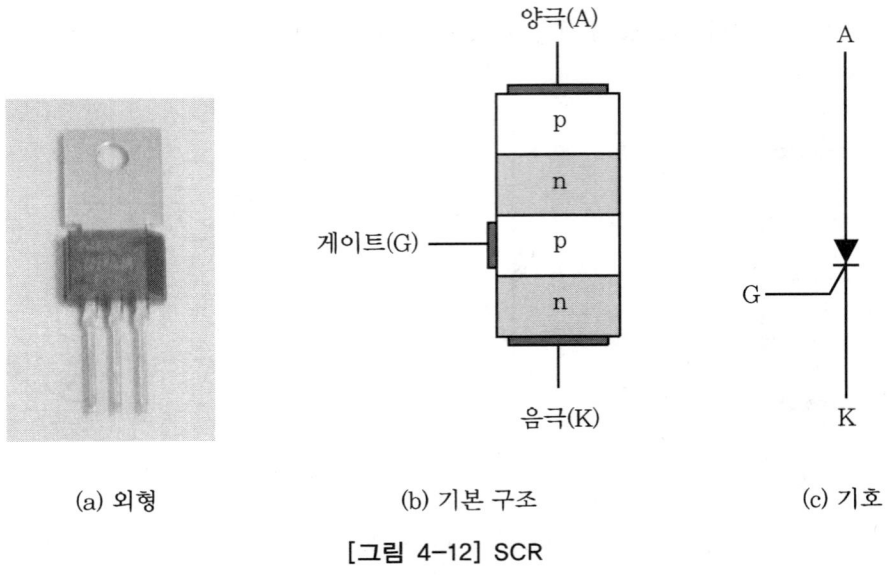

(a) 외형 (b) 기본 구조 (c) 기호

[그림 4-12] SCR

게이트에 입력 신호를 인가하지 않으면 게이트 전류 $I_G = 0$이 되어 SCR은 off 상태가 된다. 이 상태에서 애노드와 캐소드 사이에는 매우 높은 저항으로 변화되어 스위치가 개방된 것으로 동작한다. 게이트에 [그림 4-13]과 같이 정의 트리거 펄스를 인가하면 트랜지스터 Q_1, Q_2는 on 상태가 된다. Q_1의 컬렉터 전류는 Q_2의 베이스 전류가 되어 Q_2를 on 시키고 Q_2의 컬렉터로 들어가는 베이스 전류 I_{B1}을 공급하여 Q_1을 on 시킨다.

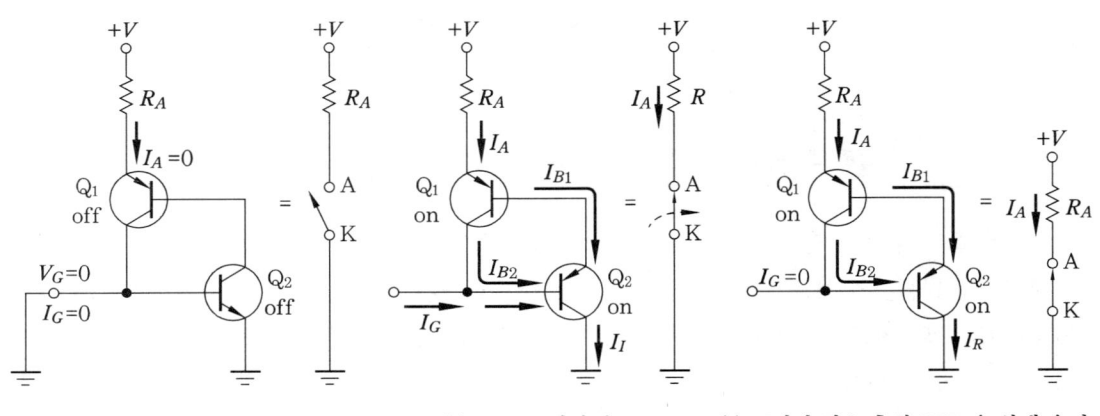

(a) SCR 오프   (b) SCR 트리거 온   (c) 트리거 펄스 후의 SCR 온 상태 유지

[그림 4-13] SCR 기본 동작

Q_1의 콜렉터 전류가 Q_2의 베이스로 들어가므로 게이트에서 트리거 펄스가 제거된다 하더라도 Q_2는 계속 on 상태에 머물게 된다. 이러한 동작은 산업 현장에서 오동작이 발생하였을 때 스위치가 닫히는 것에 의해 트리거 펄스를 인가하여 SCR을 구동하는 경보장치에 많이 이용된다.

[그림 4-14]와 같이 SCR 2개를 이용하여 양방향 전파 제어를 하는 방식도 많이 사용된다. 트리거 펄스의 발생 위치를 조절하여 양의 임의의 주기 동안 SCR1이 동작하고, 음의 임의의 주기 동안 SCR2가 동작하도록 하여 부하에 흐르는 전류는 양방향이 되도록 한다. 이런 방식으로 AC 모터를 구동하는 회로를 구성하여 사용할 수도 있다.

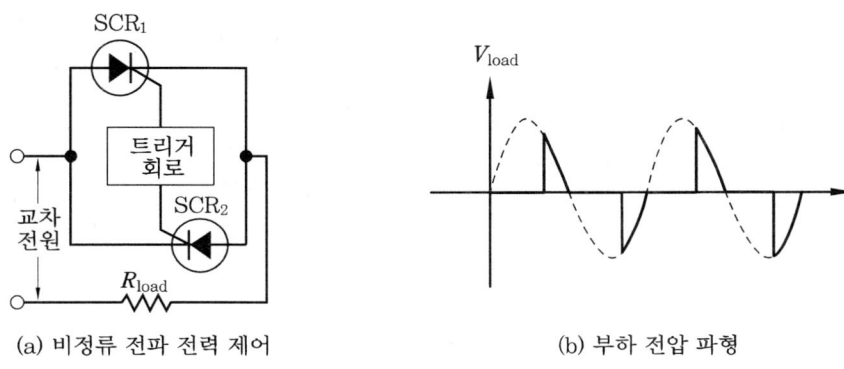

(a) 비정류 전파 전력 제어   (b) 부하 전압 파형

[그림 4-14] 양방향 전파 제어

4-3 다이악

다이악(diac)은 양방향으로 전류를 흐를 수 있도록 하는 소자이다. 다이악의 오형은 [그림 4-15] (a)와 같고, [그림 4-15] (b), (c)와 같은 기본 구조와 기호를 가지며 애노드와 캐소드 2개의 단자를 가진다.

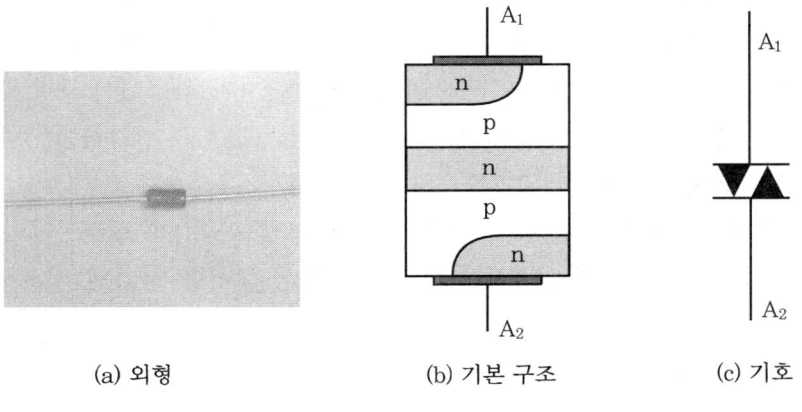

(a) 외형   (b) 기본 구조   (c) 기호

[그림 4-15] 다이악

다이악은 두 단자 어느 극성에서도 브레이크 오버 전압에 도달하면 온되어 동작하며, 이러한 다이악 특성 곡선은 [그림 4-16]과 같다. 브레이크 오버가 발생하면 단자에 인가된 전압의 극성에 따라 전류의 방향이 결정되며, 전류가 일정 값 이하로 떨어지면 다이악은 오프 상태가 된다.

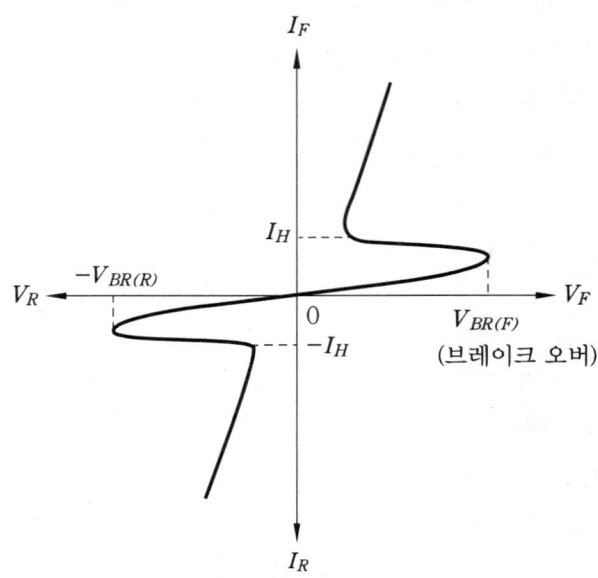

[그림 4-16] 다이악 특성 곡선

4-4 트라이악

트라이악(triac)은 게이트 단자를 가졌다는 점을 제외하면 특성이 다이악과 유사하다. 트라이악은 게이트에 인가되는 트리거 펄스에 의해 온 상태로 되며 다이악에서 요구되는 브레이크 오버 전압을 필요로 하지 않는다. 트라이악은 SCR이 서로 반대 방향으로 병렬 연결된 것으로 생각할 수 있으며, 게이트 단자가 하나이기 때문에 트리거 회로가 간단해진다는 장점을 가지고 있다. 게이트에 정의 신호를 인가하면 정방향으로 동작하고, 부의 신호를 인가하면 역방향으로 동작한다.

[그림 4-17]에 트라이악의 외형을 나타내었고, [그림 4-18]에 트라이악의 기본 구조와 기호를 나타내었다. [그림 4-19]는 트라이악 특성 곡선을 나타낸 것으로 다이악과 유사하다.

[그림 4-17] 트라이악

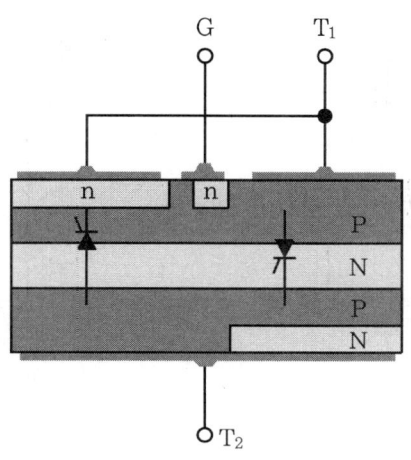

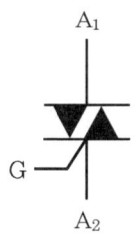

(a) 기본 구조　　　　　　　　　　　　(b) 기호

[그림 4-18] 트라이악 기본 구조와 기호

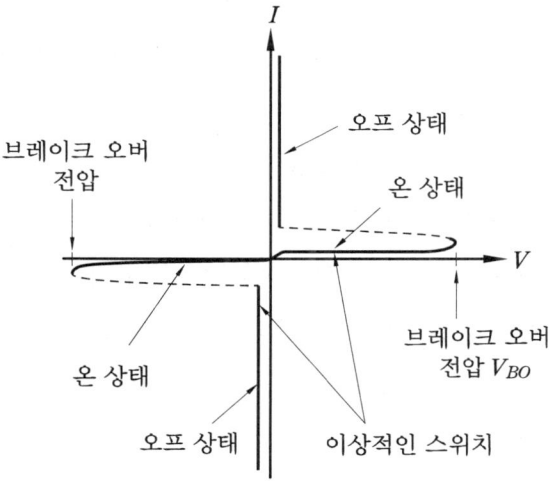

[그림 4-19] 트라이악 특성 곡선

4-5 단일 접합 트랜지스터

단일 접합 트랜지스터(UJT : unijunction transistor)는 4층의 구조를 갖지 않고 하나의 pn 접합을 이루고 있어 단일 접합이라고 불리며, 발진기나 사이리스터 회로의 트리거 소자, 위상 제어 및 타이밍 회로로서 사용된다.

[그림 4-20] (a)에 UJT의 외형을 나타냈으며, [그림 4-20] (b), (c)에 기본 구조와 기호를 나타냈다.

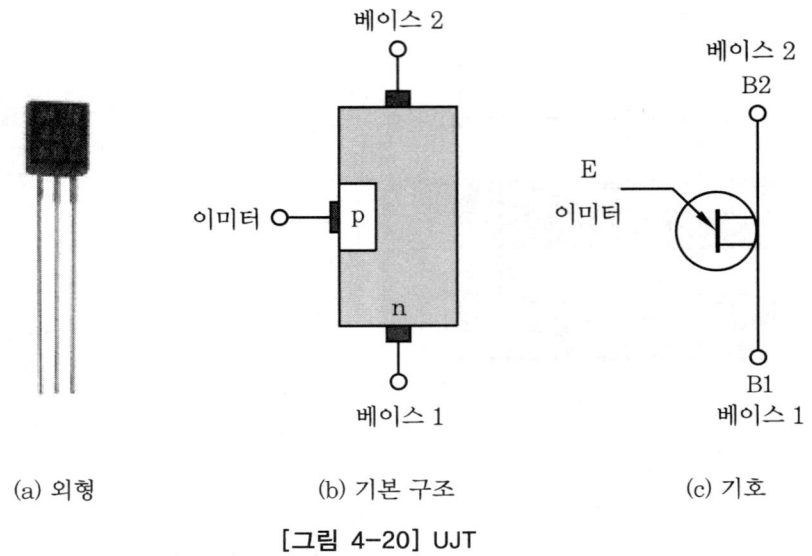

(a) 외형　　　　(b) 기본 구조　　　　(c) 기호

[그림 4-20] UJT

[그림 4-21]의 UJT 특성 곡선에서 인가된 이미터와 베이스 1 사이의 전압(V_{EB1})이 피크 전압(V_P)보다 작으면 pn 접합은 순방향 바이어스가 되지 않기 때문에 UJT는 오프 상태가 되고 이미터 전류(I_E)는 0이 된다.

V_{EB1}이 V_P에 도달하면 pn 접합은 순방향 바이어스가 되고 정공이 p형 이미터에서 n형 베이스 단자로 주입되며 I_E가 흐르기 시작한다.

V_{EB1}이 V_P를 지나면 인가 전압이 증가하더라도 I_E가 감소하는 부성 저항 특성을 가지며, 계곡점(V_V)을 지나면 소자는 포화 상태에 도달하여 I_E의 증가에 따라 V_{EB1}은 매우 조금씩 증가한다.

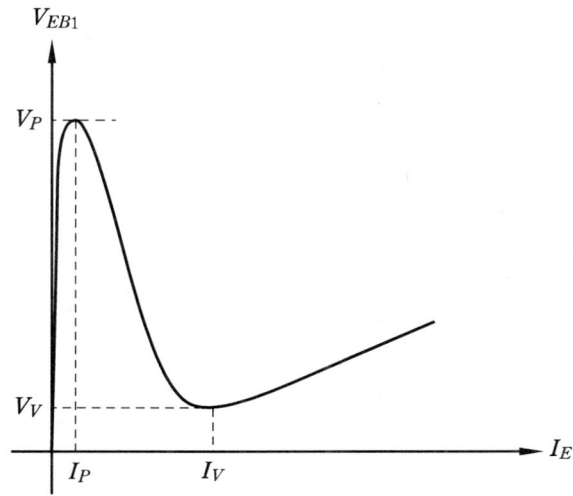

[그림 4-21] UJT 특성곡선

5. 전원 회로

전기 및 전자 기기는 직류 전압과 직류 전류를 필요로 하는 경우가 많고 이러한 전압 및 전류는 주위 조건에 따라 변하지 않는 일정한 것이 요구된다. 이와 같은 일정한 전압 및 전류를 상용 교류 전원이나 전지 등의 1차 전원에서 얻는 장치를 전원 회로 또는 전원 장치라고 한다.

5-1 반파 정류 회로

모든 전자 장치는 직류 전원을 필요로 하며, 전자 회로는 전지 또는 직류 안정화 전원으로부터 전력이 공급된다. 전지는 가벼우나 수명이 한정되어 있고, 비교적 가격이 비싸므로, 보통은 직류 안정화 전원이 주로 사용된다. 일반적으로 직류 전원을 공급하기 위해서 교류 전원을 직류 전원으로 변환하는 장치가 사용되며, 이러한 장치를 정류기(rectifier)라 부른다.

정류 소자로는 반도체 다이오드가 주로 사용되고 있다. 왜냐하면 다이오드는 전류를 오직 한 방향으로 흐르게 하는 성질이 있기 때문이다. 정류 회로의 기본형은 [그림 4-22] (a)에 나타낸 반파 정류 회로이다. [그림 4-22] (b)와 같은 입력 파형이 인가되었을 때 출력 파형은 [그림 4-22] (c)와 같이 나타난다.

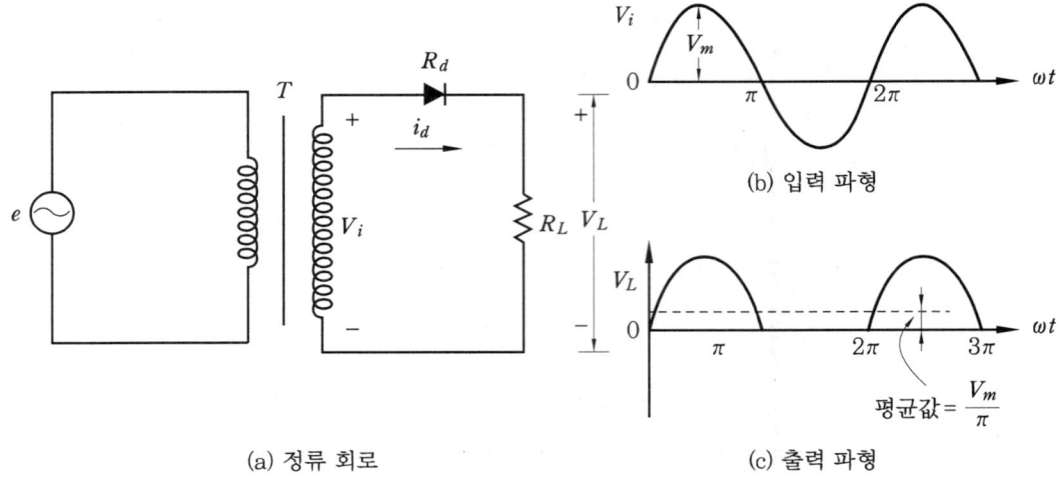

(a) 정류 회로 (b) 입력 파형 (c) 출력 파형

[그림 4-22] 반파 정류 회로

5-2 전파 정류 회로

반파 정류 회로에서는 입력 전압의 (+) 반주기 동안만 전류가 흐르지만 전파 정류 회로의 경우에는 입력의 (+)와 (−) 주기, 즉 모든 주기에서 부하에 단일 방향으로 전류가 흐른다. 전파 정류 회로에는 변압기의 중간 탭(tap)을 사용하는 중간 탭형 전파 정류 회로와 다이오드의 브리지(bridge)를 이용하는 브리지형 전파 정류 회로가 있다.

(1) 중간 탭형 전파 정류 회로

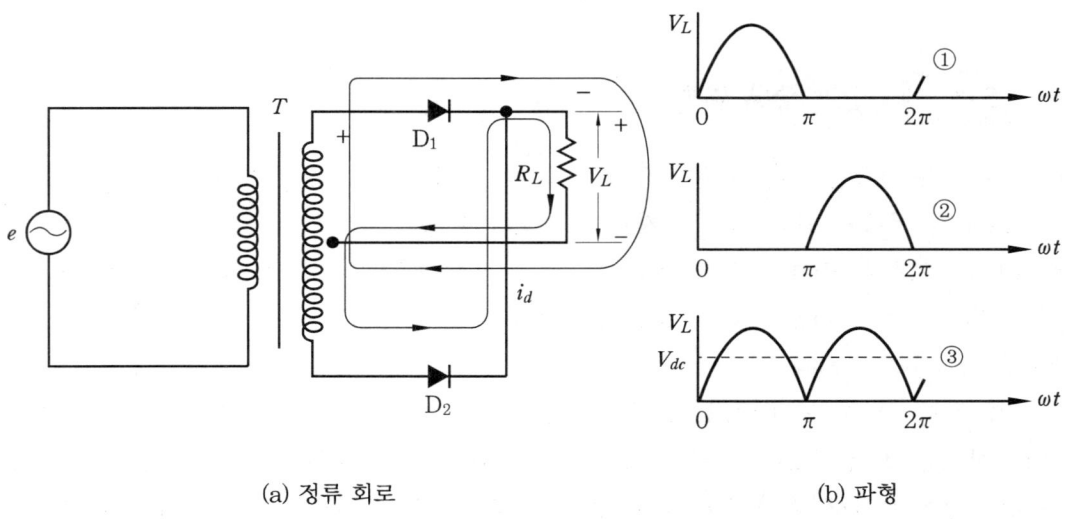

(a) 정류 회로 (b) 파형

[그림 4-23] 중간 탭형 전파 정류 회로

[그림 4-23] (a)는 중간 탭형 전파 정류회로를 나타내고 있다. 2차측 전압의 (-) 반주기 동안 위쪽의 다이오드는 순방향 바이어스 되고, 아래쪽 다이오드는 역방향으로 바이어스 된다. 따라서 전류는 실선 방향으로 위쪽의 다이오드와 저항 그리고 위쪽의 권선을 통하여 흐르게 되어 파형 ①을 출력한다. (-) 반주기 동안은 전류가 점선 방향으로 아래쪽 다이오드와 저항 그리고 아래쪽 권선을 통하여 흐르게 되어 파형 ②를 출력한다. 부하 저항에 걸리는 전압은 어떤 다이오드를 통해 흐르든지 같은 방향으로 흐르게 되어 전체 출력 파형은 파형 ①과 파형 ②가 합쳐진 형태의 파형 ③이 나타나게 된다.

(2) 브리지형 전파 정류 회로

[그림 4-24]는 브리지형 전파 정류 회로를 나타낸 것이다. 이 회로의 장점은 중간 탭형 트랜스와 같이 중간 탭이 없어도 전파 정류 출력을 얻을 수 있으므로 변압기의 효율이 높아지게 되는 것이다. 브리지형 전파 정류 회로는 [그림 4-24] (a)와 같이 4개의 다이오드로 구성된다.

입력 전압의 정(+)의 반주기 동안 다이오드 D_1과 D_2는 순방향 바이어스, D_3와 D_4는 역방향 바이어스 상태를 유지하므로 [그림 4-24] (a)의 ①과 같은 방향으로 부하 전류가 흘러 출력 전압은 [그림 4-24] (b)의 ①과 같은 입력 신호의 정의 반주기와 같은 신호가 나타난다.

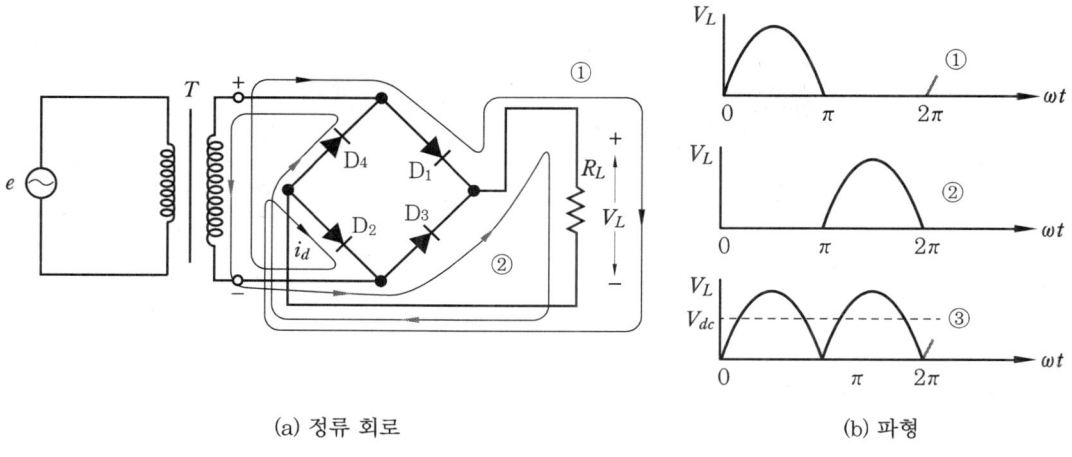

(a) 정류 회로 (b) 파형

[그림 4-24] 브리지형 전파 정류 회로

입력 전압이 음(-)의 반주기가 되면 다이오드 D_3와 D_4는 순방향 바이어스, D_1과 D_2는 역방향 바이어스 상태가 되므로 [그림 4-24] (a)의 ②와 같은 방향으로 부하 전류가 흘러 [그림 4-24] (b)의 ②와 같은 출력 전압이 나타난다.

따라서 전체 출력 전압은 [그림 4-24] (b)에 나타낸 것과 같이 파형 ①과 파형 ②가 합쳐진 형태의 파형 ③이 나타나게 된다.

[그림 4-24]에서 보면 정의 반주기 동안 두 개의 다이오드는 부하 저항과 직렬이 된다. 다이오드에서의 전압 강하를 무시하면 브리지 전파 정류 회로의 출력은 평균 전압 값이나 실효값은 중간탭 전파 정류 회로의 값과 같게 된다.

다이오드의 전압 강하(V_D)를 고려하면 부하 저항에 나타나는 최대 출력 전압 V_R은 다음과 같이 된다.

$$V_R = V - 2V_D \tag{4-1}$$

반파 정류 회로, 중간 탭 정류 회로, 브리지형 정류 회로를 비교해 보면 브리지 정류 회로가 대부분의 응용 회로 중에서 우수한 것으로 나타나며 가장 많이 사용된다. 4개의 다이오드를 결합한 형태의 브리지형 다이오드는 하나의 모듈로 제작되고 있으며, 변압기의 2차 전원에 연결하는 2개의 입력측 단자와 부하 저항에 연결하는 2개의 출력 단자를 갖고 있다.

브리지형 다이오드의 외형은 [그림 4-25]와 같으며, 소자의 윗면에 극성이 표시되어 있다.

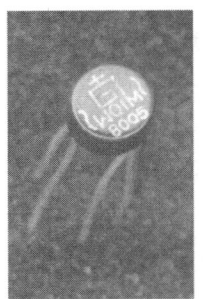 

[그림 4-25] 브리지형 다이오드

5-3 평활 회로

[그림 4-26]과 같이 커패시터를 연결하고 교류 전원을 인가한다. 교류 전원은 피크 값이 V_P인 정현파 신호이다.

[그림 4-26]의 (a)에서 나타낸 것과 같이 전원 전압이 인가된 처음에는 다이오드는 순방향 바이어스 되고 다이오드는 도통된다. 따라서 다이오드가 커패시터와 전원을 연결하고, 커패시터는 피크 전압 V_P까지 충전된다.

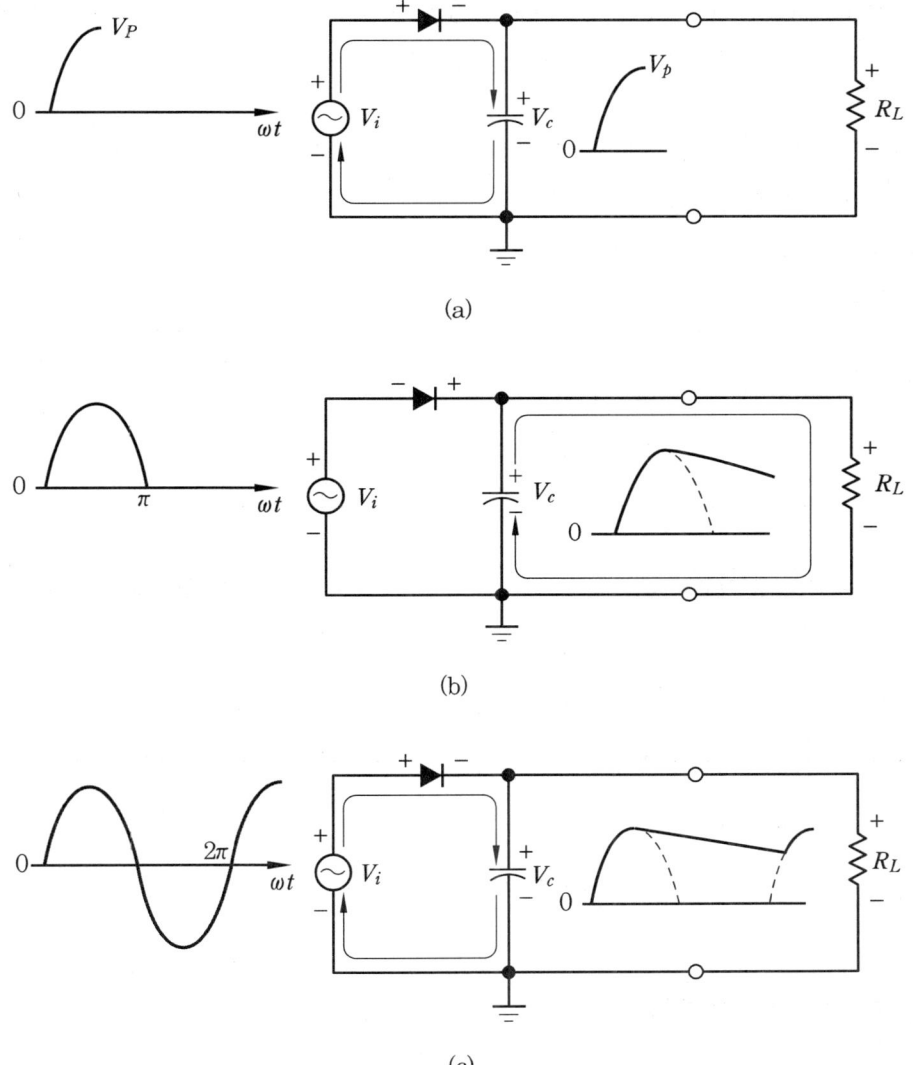

[그림 4-26] 커패시터 평활 회로

[그림 4-26]의 (b)에서 나타난 것과 같이 정(+)의 피크를 지나면 다이오드는 도통을 중단한다. 이것은 커패시터가 그림과 같이 표시된 극성대로 V_P의 값으로 충전되는 동안 전원 전압이 V_P보다 작아지게 되어 다이오드를 역방향으로 바이어스 시키기 때문이다. 이때 다이오드는 개방 상태(open)가 되고, 커패시터에 충전된 전압은 부하 저항을 통해서 방전된다.

[그림 4-26] (c)에서 보는 것과 같이 다시 다이오드가 순방향 바이어스 되면 다이오드가 다시 도통되어 커패시터를 V_P까지 재충전시키게 되고 이 과정을 반복하여 거의

완전한 직류 전원이 된다. 순수한 직류 전원과 비교하면 콘덴서의 충전과 방전에 의한 작은 리플(ripple) 또는 맥동분의 전압이 존재한다.

커패시터로만 구성되는 평활 회로에서는 커패시터 용량이 커지므로 다이오드 도통 시에 큰 펄스 전류가 흘러 다이오드나 커패시터의 열화 및 잡음 발생의 원인이 된다. 이것을 막기 위하여 실제로는 인덕턴스와 조합시킨 평활 회로가 사용되는 경우가 많다. 평활 회로는 [그림 4-27]과 같다.

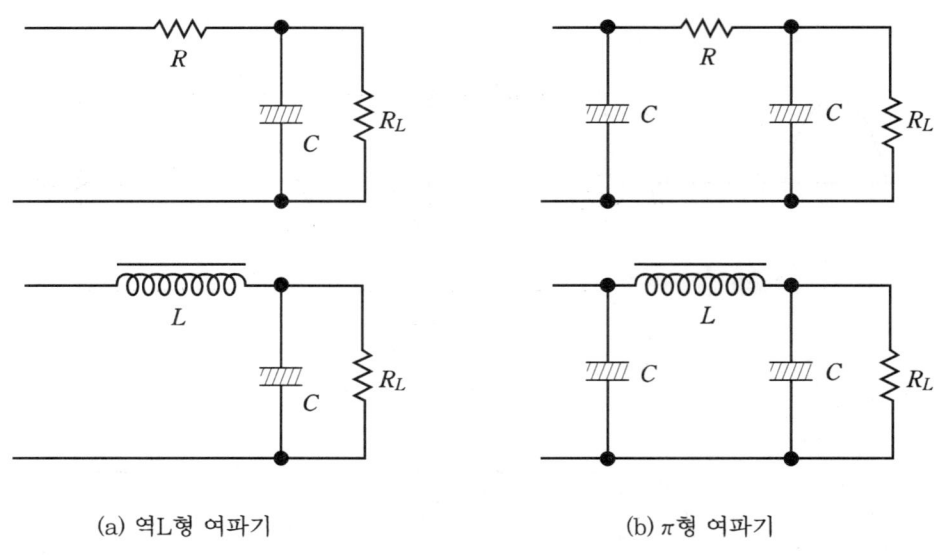

(a) 역L형 여파기   (b) π형 여파기

[그림 4-27] 평활 회로

5-4 정전압 회로

직류 전원은 전자 소자나 전자 장비가 동작하도록 전원을 가해주는 것이므로 매우 중요하다. 앞에서 다루었던 정류·평활 회로만으로는 전원 전압 변동이나 부하 전류 변동 등 주위 조건의 변동에 대해서 출력의 직류 전압이나 직류 전류를 일정하게 유지할 수가 없다. 따라서 출력 전압 또는 출력 전류의 변동분을 검출하고 없애주는 안정화 기구가 필요하게 된다.

양호한 정전압 회로를 제작하는 것은 기술적으로나 경제적으로 어려움이 많기 때문에 실제로는 정전압 회로의 기능을 충분히 만족하는 전원용 IC를 많이 이용한다. IC 정전압 조정기는 3개의 단자를 지닌 소자로 가격이 저렴하고 사용이 용이하기 때문에 전자 회로에 많이 이용되고 있다. 또한 정전압 IC 내부에는 전류 제한 회로 및 폐쇄 회로를 내장하고 있어서 파손될 염려가 없다.

이 소자는 입력, 출력 및 공통의 3 단자로 구성되어 사용하기 쉽고, 간단하게 출력 전압의 안정화를 도모할 수 있다. 소자의 일례를 들면 플러스 전원용에 μA7800 시리즈가 있고, 마이너스 전원용에 μA7900 시리즈가 있다. 또한 대전류용으로서 78H05가 있다. [그림 4-28]에 정전압 소자의 하나로 +5V 전압을 출력하는 7805의 (a) 외형 및 (b) 접속도를 나타내었다.

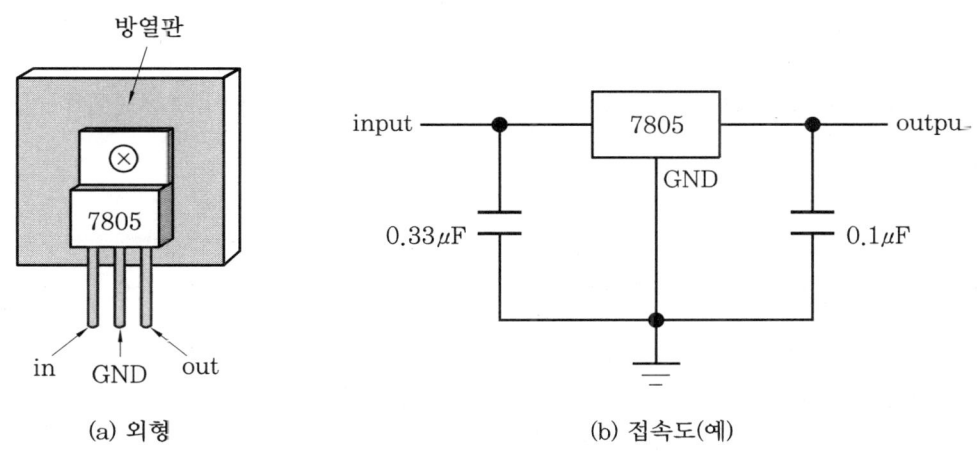

(a) 외형   (b) 접속도(예)

[그림 4-28] 정전압 조정기

5-5   배전압 회로

배전압기는 입력 변압기의 정격 전압을 증가시키지 않고 정류된 첨두 전압을 증가시키는 작용을 하며 TV 수상기와 같이 고전압, 저전류의 응용에 많이 사용된다. 전달 체배기라고도 부른다.

(1) 반파 배전압기

[그림 4-29]에 반파 배전압기의 회로도를 나타내었다. 입력측의 교류 전압에 의해 야기되는 2차 전압의 정의 반주기 동안에는 [그림 4-29]의 (a)에서 보는 것과 같이 다이오드 D_1은 순방향 바이어스가 되어 전류를 통과시키고, 다이오드 D_2는 역방향 바이어스가 되어 전류를 차단한다. 따라서 커패시터 C_1에는 2차 전압의 첨두값에 해당하는 V_P 값까지 충전된다. [그림 4-29]의 (b)에서 보는 것과 같이 부의 반주기 동안에는 다이오드 D_1은 역방향 바이어스가 되고, 다이오드 D_2는 순방향 바이어스가 되어 실선 방

향으로 전류가 흐르게 된다. 전류가 흐르는 방향으로 키르히호프의 전압 법칙을 적용하면 다음과 같다.

$$V_P + V_{C1} - V_{C2} = 0 \tag{4-2}$$

커패시터 C_2에 걸리는 전압 V_{C2}에 대해 정리하고, 커패시터 C_1에 충전된 전압값은 V_P이므로, $V_{C2} = V_P$를 적용하면

$$V_{C2} = V_P + V_{C1} = 2V_P \tag{4-3}$$

따라서 출력 전압은 입력 전압의 첨두값 V_P에 대해 2배의 전압이 충전되어 나타나게 된다.

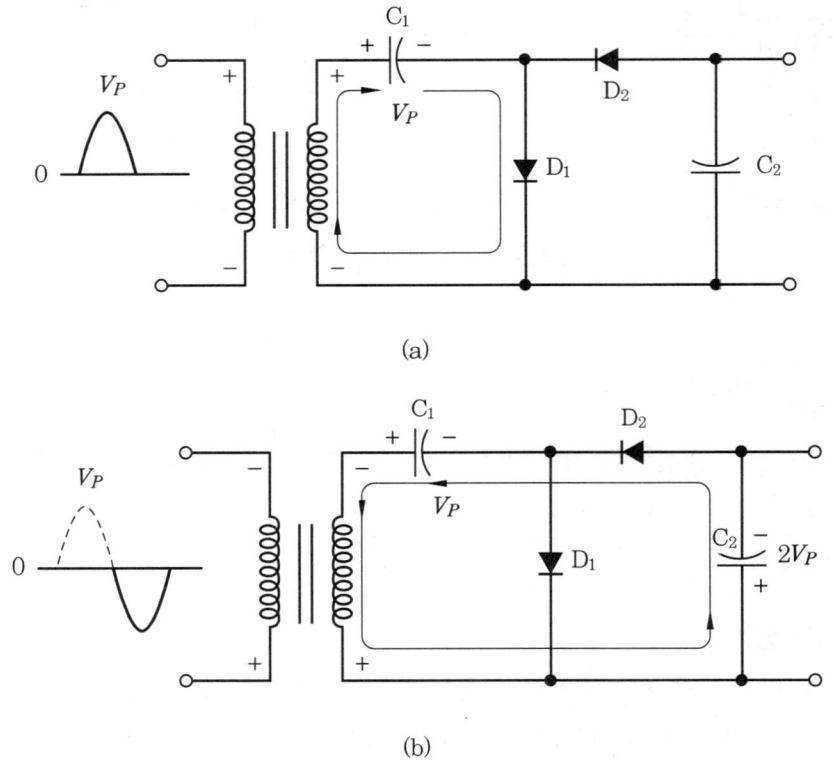

[그림 4-29] 반파 배전압기

(2) 전파 배전압기

[그림 4-30]에 전파 배전압기 회로도를 나타내었다. 정의 반주기 동안에는 [그림 4-30]의 (a)에서 보는 것과 같이 다이오드 D_1이 순방향 바이어스 되어 화살표 방향으로 전류가 흐르게 되고 커패시터 C_1에는 V_P의 전압이 충전되며, 다이오드 D_2는 역방향 바이어스 되어 차단된다.

부의 반주기 동안에는 다이오드 D_1은 역방향 바이어스 되어 차단되고, 다이오드 D_2는 순방향 바이어스 되어 커패시터 C_2에는 V_P의 전압이 충전된다. 출력 전압은 커패시터 C_1, C_2에 걸리는 전압의 합이므로 입력 전압의 첨두값 V_P의 2배가 되며, 다음 식과 같이 나타난다.

$$V_o = V_{C1} + V_{C2} = V_P + V_P = 2V_P \tag{4-4}$$

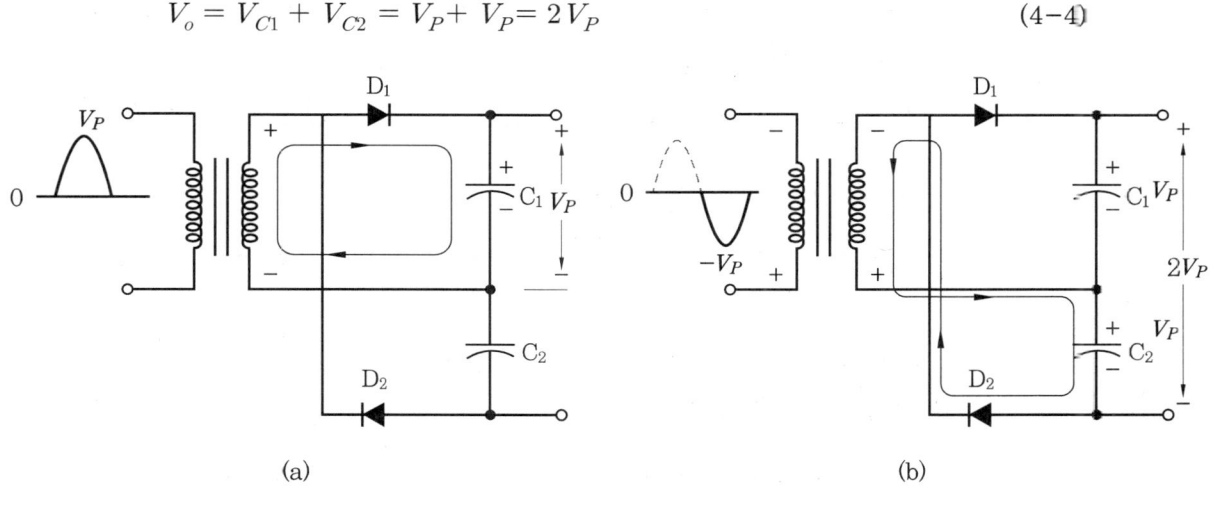

[그림 4-30] 전파 배전압기

(3) 3배 전압기

[그림 4-31]에 3배 전압기의 회로를 나타내었다. 정의 반주기 동안에는 [그림 4-31]의 (a)에서 보는 것과 같이 다이오드 D_1이 순방향 바이어스 되어 전류가 흐르게 되고, 커패시터 C_1에는 입력 전압의 첨두값 V_P의 전압이 충전된다. 부의 반주기 동안에는 [그림 4-31]의 (b)에서 보는 것과 같이 다이오드 D_1은 역방향 바이어스가 되어 차단되고, 다이오드 D_2는 순방향 바이어스 되어 2배 전압기와 마찬가지로 키르히호프의 전압 법칙에 의해 커패시터 C_2에는 입력 전압의 첨두값의 2배가 되는 $2V_P$의 전압이 충전된다.

2번째의 양의 반주기 동안에는 [그림 4-31]의 (c)에서 보는 것과 같이 다이오드 D_1, D_2는 역방향 바이어스 되어 차단되고 다이오드 D_3은 순방향 바이어스 되어 전류가 흐르게 된다. 다이오드 D_3을 통하는 루프에 키르히호프의 전압 법칙을 적용하면 다음과 같다.

$$V_P - V_{C1} - V_{C3} + V_{C2} = 0 \tag{4-5}$$

$V_{C1} = V_P$, $V_{C2} = 2V_P$이므로 다음 식이 성립한다.

$$V_{C3} = 2V_P \tag{4-6}$$

따라서 커패시터 C_1과 C_3 양단에서의 출력 전압 V_P는 $3V_P$를 얻을 수 있다.

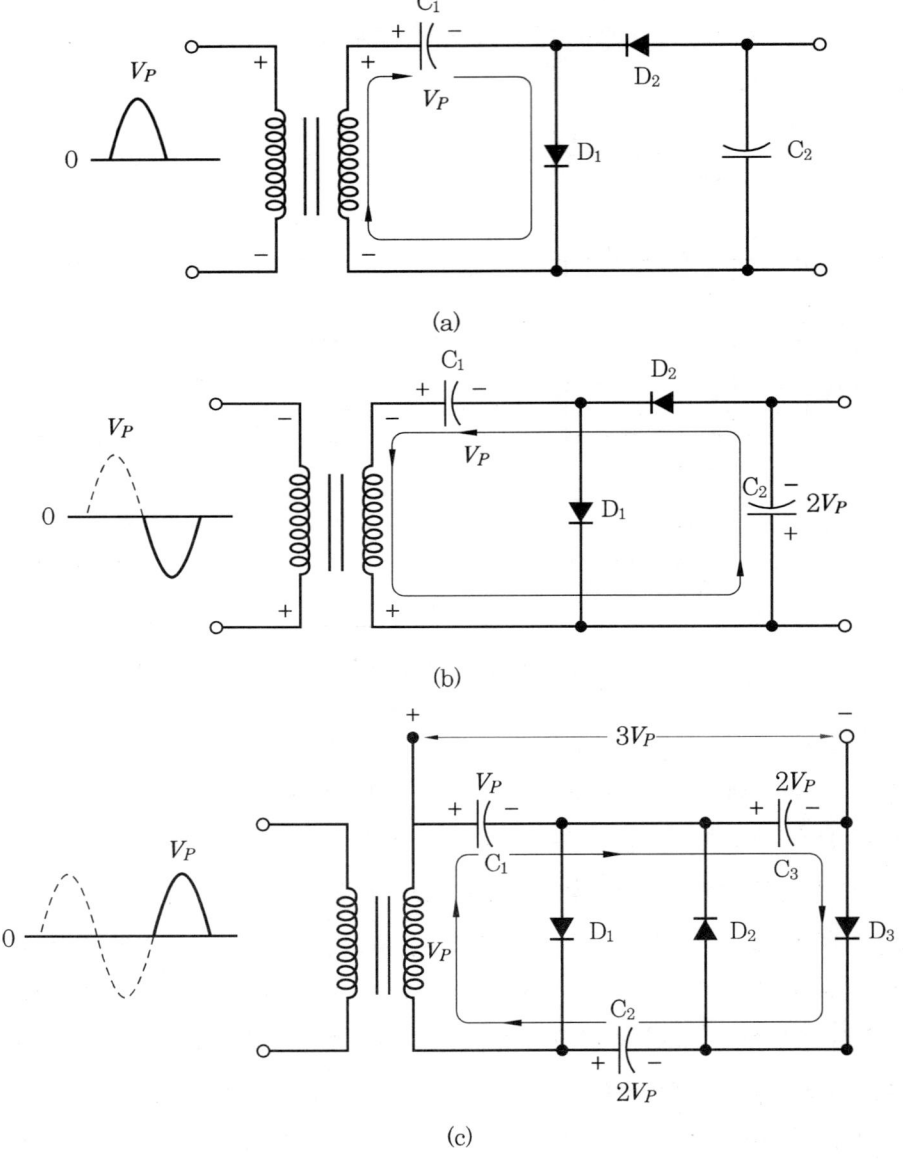

[그림 4-31] 3배 전압기

6. 전력 변환의 응용 및 전망

전력 전자는 매우 광범위한 분야에 응용되며, 그 적용 분야나 제어 대상 장치(부하)에 따라 변환 방식이 달라진다. 만약 부하가 전동기일 경우는 가변속 구동(ASD : adjustable speed driver) 분야라고 하며 전기 자동차, 전기 철도 등이 여기에 해당된다.

단순한 전력의 변환 및 제어를 주로 다루는 경우는 정지형 전력 변환(SPC : static power conversion) 분야라고 하며 AVR, SMPS, UPS 등이 여기에 속한다.

최근 성능과 용량에서 매우 우수한 전력 전자 장치들이 개발되고 있는데, 특히 고속 스위치들이 많이 개발되고 있으며 그 정격 및 가격이 계속 개선되고 있다.

따라서 각 분야별로 PWM 기법들이 연구 개발되고 있으며, 스위칭이 점차 고속화, 고주파화 되어감에 따라 신속하고 정밀한 제어는 물론 리액티브 소자나 장치의 소형화 및 원가 절감의 이점을 얻을 수 있다.

6-1 정류기 응용

순변환기인 정류기는 직류 정전압 전원, 직류 정전류 전원, 고전압 전류 및 다전력 변환, 전해 및 도금용 전원, 직류 용접기의 전원, 전기 철도의 변전소 전원, 통신 기기 및 전자 기기용 전원 등으로 실용화되고 있다.

6-2 인버터 응용

인버터는 산업 분야에서 매우 다양하게 응용되고 있다. 정전압 정주파수 전원으로 무정전 전원 장치, 새로운 에너지원인 태양 전지 및 연료 전지의 직류 출력 변환 장치, 고주파 유도 가열로, 전기 가공기 등에 이용되고 있다. 인버터를 이용한 가변 주파수 전압 제어로 유도 전동기 및 동기 전동기의 제어보다 우수하고 고성능 제어를 실현하게 되었다.

인버터 제어는 공기 조화 시스템에서도 에너지 절약을 극대화할 수 있는 가변 풍량 제어 방식을 구현할 수 있다. 조명 기기의 전자식 안정기, 사무자동화 기기, 에어컨 및 냉장고, 엘리베이터, 항공 우주 분야, 대용량 인버터의 전력계 분야 등 인버터의 응용 분야는 계속 확장되고 있다.

6-3 직류 변환 응용

전자 기기 및 컴퓨터, 계측 제어 장치에서 안정적인 직류 전원을 얻기 위한 스위칭 레귤레이터가 널리 이용되고 있으며, 레이더 및 엔진 점화기의 펄스 전원으로도 이용되고 있다.

직류 초퍼는 지하철 전동차의 직류 전동기 제어에 이용되고 있어 에너지 절약 효과에 크게 기여하고 있다. 전동 지게차 및 전기 자동차 등의 수송 및 교통기관용으로도 이용되고 있으며, 고속 서보 직류 전동기의 구동 및 VTR 등의 전자 기기의 서보 제어 등에도 이용되고 있다.

6-4 교류 전력 조정 및 전력 변환의 응용

교류 전력 조정 및 전력 변환 분야에서도 직접 릴레이 대신 정지형 스위치가 보급되고 있으며, 개폐 빈도가 높은 경우 대전력 교류 스위치에도 실용화되고 있다. 사이클로 컨버터의 응용은 항공기용 전원, 저속 대용량 전동기의 구동 장치, 대용량 유도로 등에 이용되고 있다.

전력 전자는 가까운 장래에 전기 자동차, 각종 로봇에 응용될 것이며, 전기 철도와 자기 부상 열차에 광범위하게 응용되어 더욱 편리한 생활 환경을 제공하게 될 것이다.

또한 IC(customer IC, hybrid IC, smart power IC)의 제조 기술 발달 및 ASIC (application specified IC)의 개발로 전력 변환 장치가 점차 소형화되고 있다. 뿐만 아니라 전력 전자와 마이크로 일렉트로닉스(micro electronics)의 결합으로 전력 변환부와 제어부가 하나의 소자로 구성된 제품이 시판되고 있다.

전력 전자는 전력의 변환과 제어뿐만 아니라 반도체 물리학, 시뮬레이션, 정보 처리, 전자 공학, 센서 기술 등 새로운 기술과 상호 관련이 높아지고 있다.

이와 같이 여러 분야에 응용되고 있는 최근의 전력 전자 장치들은 기존의 기계식 장치들에 비해 월등한 성능을 가지고 있으나 아직도 반도체 소자나 주변의 소자들의 한계, 전력 전자 장치들에 의한 고조파 및 전자파 장해 등 해결해야 할 점들이 많다.

전력 전자의 응용 분야는 전자가 결합되는 모든 분야를 생각할 수 있으며, [표 4-1]에서 보는 바와 같다.

[표 4-1] 전력 전자의 응용 분야

응용 분야	전력 전자 장치
가전 분야	• 오디오 증폭기 • 전기 자동문 • 열 제어 장치 : 전열기, 드라이어, 오븐 • 조명 장치 : 조명 제어, 고주파 점등 • 전동기 제어 : 에어컨, 전기 팬, 출입문 개폐 장치, 전동 공구, 믹서
산업 분야	• 공장 자동화, 로봇 제어 • 전동기 구동 : 컨베이어, 크레인, 전등 기구, 프레스 장치, 호이스트 • 전원 장치 : 무선 통신용 전원, 유도 가열, 용접 전원, 배터리 충전기
전력 계통 분야	• 발전기 여자기 　　　　　　• 능동 필터 • 고압 직류 충전 　　　　　　• 무효 전력 보상기 • 태양광 발전 　　　　　　　• 가스 터빈 기동기
교통 운송 분야	• 엘리베이터 　　　　　　　• 교통신호등 • 전기 자동차 　　　　　　　• 선형 유도 전동기 • 전기 철도
우주 항공 분야	• 항공기 전원 장치 　　　　　• 레이더, 솔라(solar) 전원 장치 • 우주선 전원 장치 　　　　　• 반도체 릴레이 및 차단기 • 레이저 전원 장치

Chapter 04 연습 문제

1. 전력 전자의 정의를 설명하시오.

2. 전력 전자를 구성하는 요소 기술에 대하여 설명하시오.

3. 가변속 구동과 정지형 전력 변환을 비교하여 설명하시오.

4. 이상적인 스위치의 조건 중 가장 중요한 사항을 설명하시오.

5. 이상적인 스위치 특성에 가장 근접한 스위치는 무엇인가?

6. 반도체 스위칭 소자의 종류를 나열한 후 각 소자의 기능을 간략하게 기술하고 기호로 그려 보시오.

7. 실제 변압기가 전력 변환의 모델로서 갖추지 못하는 사항은 어떤 것들이 있는지 설명하시오.

8. 4가지 전력 변환 방식을 응용 예를 들어 설명하시오.

디지털 이론

1. 논리 회로

1-1 아날로그와 디지털

아날로그 신호는 흔히 우리가 접하게 되는 길이, 온도, 전압, 압력 또는 사람의 목소리 등과 같이 정보를 연속적인 물리량으로 표시하는 것을 말한다. 테스터와 같이 전압이나 전류에 비례해서 미터의 바늘이 움직는 것, 자동차의 속도계의 바늘이 움직이는 것도 아날로그의 예이다.

반면에 조명의 스위치와 같이 on/off 중 어느 한 상태밖에 유지할 수 없는 회로 또는 이러한 것들의 조합으로 이루어지는 회로를 디지털이라 한다. 디지털 시계의 표시와 같이 시간이나 분이 어떤 단위 스텝으로 변화하는 것도 디지털의 대표적인 예이다.

아날로그 신호는 시간 축 상에서 연속적으로 변화한다. 하지만 디지털 신호는 항상 0이나 1의 값만을 가지며, 어느 한 순간 그 값이 변화한다. 즉 신호의 변화가 불연속적으로 변화한다는 특징을 갖고 있다. [그림 5-1]에 아날로그 신호와 디지털 신호를 나타내었다.

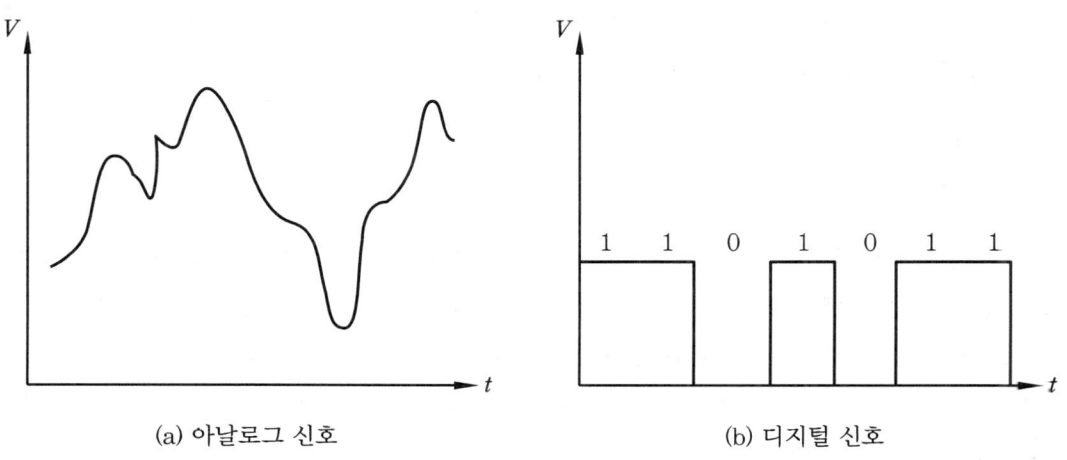

(a) 아날로그 신호   (b) 디지털 신호

[그림 5-1] 아날로그 신호와 디지털 신호

자연계에 존재하는 대부분의 물리량은 거시적인 관점에서 볼 때 연속적인 성질을 갖는다. 이러한 연속적인 특성을 갖는 물리량을 전기적으로 바꾸어 처리하고자 전기 및 전자 회로가 개발되었으며, 일반적으로 물리량 신호를 전기적 신호로 바꾸어 주는 것이 센서이다. 아날로그 시스템은 센서로부터 얻어진 연속적인 전기적 신호, 즉 아날로그 신호를 처리하여 연속적인 전기적 신호로 출력하는 시스템으로서 앞에서 언급된 증폭기 등이 여기에 속한다.

디지털 시스템은 디지털 신호를 처리하는 시스템으로, 아날로그 시스템에 비하여 정밀하고 높은 신뢰도를 유지한다. 이러한 디지털 시스템을 대표하는 것은 우리가 흔히 사용하는 컴퓨터이며, 이 밖에도 전자 교환기, 광통신 시스템, 디지털 온도계, 디지털 저울, 디지털 계산기 등 수없이 많은 것들이 있다.

아날로그 신호를 디지털 신호로 바꾸기 위해서는 A/D 변환기(analog to digital converter)를 사용한다. A/D 변환되는 과정은 [그림 5-2]에 나타냈다. 이러한 A/D 변환을 위해 먼저 [그림 5-2] (b)와 같이 아날로그 신호를 일정한 시간 간격 $T_s\left(=\dfrac{1}{f_s}\right)$로 샘플링(sampling)해야 한다. 샘플링 주파수 f_s는 Shannon의 샘플링 이론에 따라 원래 신호가 갖는 주파수의 2배 이상을 선택해야만 한다. 샘플링 데이터는 크기를 결정짓기 위해 [그림 5-2] (c)와 같이 양자화(quantization)되어 2진수 또는 비트로 표시할 수 있는데, 이것을 부호화(coded)라고 한다.

출력되는 파형은 [그림 5-2] (d)와 같이 나타난다. 샘플링 시간 간격을 줄이면 줄일수록 변환 속도를 빠르게 해야 하며, 양자화하는 비트수를 늘이면 늘일수록 처리해야 하는 데이터의 양이 많아지게 되어 비용이 증가하게 된다. 샘플링 주파수, 양자화 비트수와 비용은 서로 상보 관계(trade-off)이다. 예를 들어 연속적인 신호가 0~5V 사이에서 변동하고 샘플링 된 신호는 255개의 부분으로 양자화 된다면, 샘플링 된 신호가 3V로 측정되었을 때 부호화 된 결과는 다음과 같다.

$$\dfrac{3V}{5V} \times 255 = 153 = 10011001_2$$

디지털 시스템에서 2개의 2진 숫자 0과 1을 표현하기 위해 2개의 전압 레벨을 사용한다. 낮은 전압 레벨을 0에 대응시키고, 높은 전압 레벨을 1에 대응시키는 것을 정논리(positive logic)라 하며, 반대로 낮은 전압 레벨을 1에 대응시키고, 높은 전압 레벨을 0에 대응시키는 것을 부논리(negative logic)라고 한다. 일반적으로 사용하는 논리는 정논리이다.

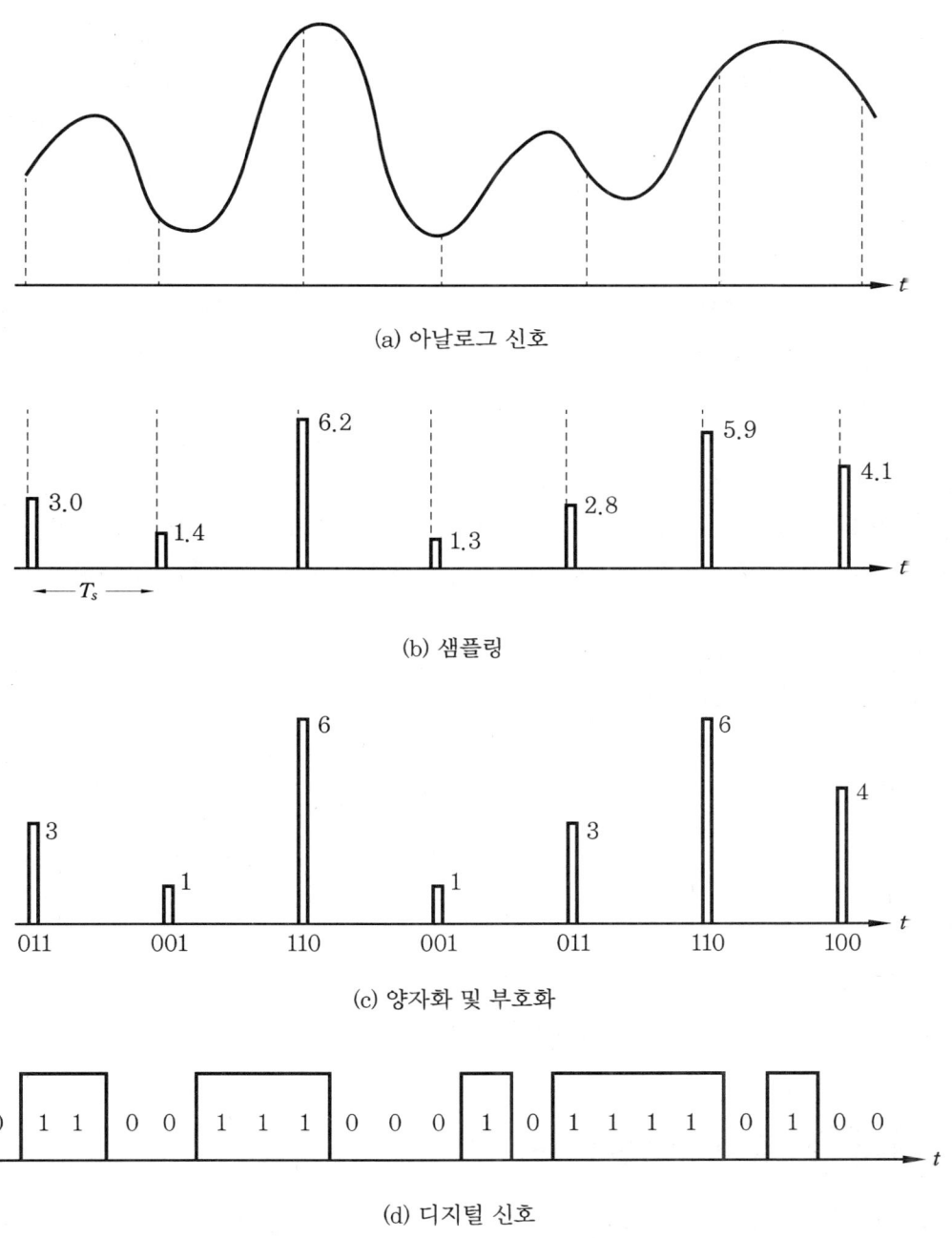

[그림 5-2] 샘플링 및 부호화

    6장에서 자세히 다루게 될 자동 제어 분야에서는 아날로그 신호를 주로 사용하였으나 최근 컴퓨터와 마이크로프로세서의 발달로 인해 연산은 디지털 신호를 사용하고, 구동은 아날로그 신호를 사용하는 형태로 많이 사용되고 있다.

디지털 신호의 0은 0V에 의해, 1은 5V 전압 레벨에 의해 표시된다. 그러나 신호의 중복을 피하기 위해 신호값의 범위를 0이라는 신호는 0~0.8V, 1 이라는 신호는 3~8V의 범위를 두어 구분하고 있다. 최근 핸드폰이나 디지털 카메라와 같은 모바일 제품의 발달로 인해 전력 소모를 줄이기 위해 1이라는 신호를 3.3V 또는 1.8V로 대응시키는 소자들도 개발되어 있다.

펄스는 정해진 시간 주기로 높은 전압 레벨과 낮은 전압 레벨을 반복하는 파형으로, 디지털 회로에서는 클록(clock) 신호로 사용된다. [그림 5-3] (a)에 나타난 것과 같이 낮은 전압 레벨(L, Low)에서 높은 전압 레벨(H, High)로 되었다가 다시 L로 되는 펄스를 정펄스라 한다.

이와는 반대로 [그림 5-3] (b)와 같이 H에서 L로 되었다가 다시 H로 되는 것을 부펄스라 한다. 펄스의 전압 준위가 L에서 H로 변하는 상승 구간을 상승 에지(rising edge) 또는 정에지(positive edge)라 하고, H에서 L로 변하는 하강 구간을 하강 에지(falling edge) 또는 부에지(negative edge)라 한다. 에지에 대해서는 [그림 5-3] (c)에 나타내었다.

일반적으로 데이터에 대한 신호는 정논리 또는 정펄스 형태를 사용하고, 제어 신호는 부논리 또는 부펄스 형태와 하강 에지를 사용한다.

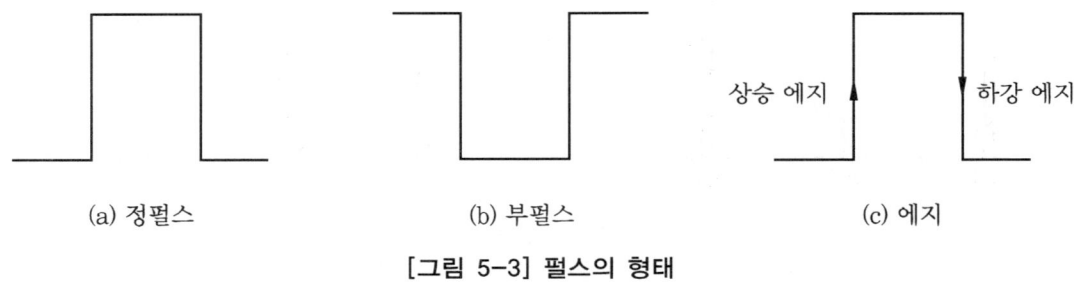

(a) 정펄스   (b) 부펄스   (c) 에지

[그림 5-3] 펄스의 형태

1-2 수 체계와 2진수 연산

우리들이 일상생활에서 사용하는 수 체계는 10진수이다. 처음 인간이 수를 헤아릴 때 10개의 손가락을 사용하여 수를 헤아렸으므로 10진수(decimal system)가 탄생하게 되었다. 라틴어로 손가락 또는 발가락이라는 뜻인 디지트(digit)는 10진수 0~9 중 하나의 기호를 뜻한다.

디지털 회로에서는 수의 표현에 있어서 우리가 통상적으로 사용하는 10진법 대신 0, 1의 두 숫자만을 사용하는 2진법, 8진법, 그리고 10개의 숫자와 A, B, C, D, E, F의 6

개의 알파벳을 사용하는 16진법 등이 있다.

컴퓨터 내부에서 모든 자료는 전기적 또는 자기적인 신호로 코드(code)화된 2진수 체계를 사용하여 표현된다. 2진수(binary) 기호인 0과 1만을 이용하여 자료가 처리되거나 기억되는 것이다. 2진수의 기호 0이나 1을 비트(bit)라 부른다.

컴퓨터가 자료를 처리할 때 2진수를 사용하는 이유는, 전구가 점멸(turn on/turn off : 1/0)하듯 컴퓨터 내부의 전자 소자들의 스위칭(switching) 작동을 가장 효율적이고 능률적으로 처리할 수 있는 수 체계이기 때문이다. 전자 소자들은 트랜지스터와 다이오드를 기본으로 한 논리 회로 반도체들이 주로 사용된다.

(1) 10진수

10진법(decimal number system)에서는 수를 0, 1, 2, 3, 4, 5, 6, 7, 8, 9의 10개의 숫자의 열(列)로서 표시하며, 그 수치(numerical value)는 그 수를 구성하는 각 숫자의 합과 그 위치에 따른 하중(荷重, weight)을 곱하여 합한 것과 같다. 예를 들어 10진수 2024.5는 다음과 같이 표현된다.

$$2024.5 = 2 \times 10^3 + 0 \times 10^2 + 2 \times 10^1 + 4 \times 10^0 + 5 \times 10^{-1}$$

여기서 10을 기수(基數, base 또는 radix)라 하며 $10^3, 10^2, \cdots\cdots, 10^{-2}, 10^{-3}$ 등을 하중이라 한다.

(2) 2진수

2진법에서는 2개의 기호, 즉 0, 1을 사용하며 이들 기호의 조합으로 어떤 값의 크기를 표시할 수 있다. 컴퓨터의 디지털 장치 내부에서는 0, 1 두 개의 기호 이외는 사용되지 않는다. 2진수 1011.01은 다음과 같이 표현된다.

$$1011.01_2 = 1 \times 2^3 + 0 \times 2^2 + 1 \times 2^1 + 1 \times 2^0 + 0 \times 2^{-1} + 1 \times 2^{-2}$$

(3) 16진수

16진수는 기수를 16으로 하고 0에서 9까지의 숫자와 영문자 A, B, C, D, E, F 모두 16가지의 기호를 사용한 수치의 값을 말한다. 16진수의 수도 각 자리마다 하중을 갖는다. 예를 들어 16진수 9C5D는

$$9C\,5D = 9 \times 16^3 + C \times 16^2 + 5 \times 16^1 + D \times 16^0$$

10진수, 2진수, 16진수를 표시하면 [표 5-1]과 같다.

[표 5-1] 10진수, 2진수, 16진수의 비교

10진수	2진수	16진수
0	0000	0
1	0001	1
2	0010	2
3	0011	3
4	0100	4
5	0101	5
6	0110	6
7	0111	7
8	1000	8
9	1001	9
10	1010	A
11	1011	B
12	1100	C
13	1101	D
14	1110	E
15	1111	F

1-3 수의 변환

디지털 시스템에서 여러 종류의 수의 체계들이 동시에 사용될 수 있다. 이러한 경우에 시스템 동작 상태를 이해하려면 하나의 수 체계를 다른 수 체계로 변환하는 능력이 필요하다. 이들 각각의 변환의 예를 유형별로 살펴보기로 한다.

(1) 10진수의 2진수로의 변환

10진수의 수를 다른 진수의 수로 변환하는 경우 정수 부분과 소수 부분의 변환 방법이 다르다. 정수 부분의 변환은 정수 부분을 변환된 기수 2로 나눌 수 있을 때까지 나누면서 나누는 단계에서 발생하는 나머지는 기록하여 이를 역순으로 나타내면 된다. 소수 부분의 변환은 10진수의 소수 부분이 0이 될 때까지 2를 곱해 주면서 소수점 위로 올라오는 정수 부분을 차례로 나열하면 된다.

예를 들어 10진수의 수 78.25를 2진수로 변환하는 과정은 다음과 같다. 먼저 정수 부분 78을 2진수로 변환하려면 78을 계속해서 2로 나누어 몫이 0 또는 1이 나올 때까지 반복한다. 나눌 때마다 나타나는 나머지(0 또는 1)의 순서를 역으로 나열하면 정수 부분에 대한 2진수가 얻어진다. 소수 부분 0.25를 2진수로 변환하려면 소수 부분에 계속적으로 2를 곱하여 그때마다 생기는 정수부(0 또는 1)를 제거한다. 이 정수부를 순서대로 나열하면 소수 부분에 대한 2진수가 얻어진다.

```
 2) 78 ··· 0         0.25
 2) 39 ··· 1       ×    2
 2) 19 ··· 1         ⓪.5
 2)  9 ··· 1       ×    2
 2)  4 ··· 0         ①.0
 2)  2 ··· 0
        1
```

즉, $78.25_{10} = 1001110.01_2$

(2) 10진수의 16진수로의 변환

10진수를 16진수로 변환하는 방식은 10진수를 2진수로 변환하는 방식과 동일하다. 예를 들어 십진수 78.25를 16진수로 변환해 본다.

```
16) 78 ··· E         0.25
     4             ×   16
                    ④.0
```

즉, $78.25_{10} = 4E.4_{16}$

(3) 2진수, 16진수의 10진수로의 변환

2진수, 16진수는 각 자리마다 하중을 갖는다. 10진수로의 변환은 각 자리에 해당되는 하중을 각 자리에 곱하여 더함으로써 얻어진다.

먼저 2진수 1011.01을 10진수로 변환하는 과정을 살펴보면 다음과 같다.

$$1011.01_2 = 1 \times 2^3 + 0 \times 2^2 + 1 \times 2^1 + 1 \times 2^0 + 0 \times 2^{-1} + 1 \times 2^{-2}$$

$$= 8 + 2 + 1 + 0.25$$
$$= 11.25_{10}$$

또한 16진수 2B.5를 10진수로 변환하면

$$2B.5_{16} = 2 \times 16^1 + B \times 16^0 + 5 \times 16^{-1}$$
$$= 32 + 11 + 0.3125$$
$$= 43.3125_{10}$$

(4) 2진수의 16진수로의 변환

2진수를 16진수로의 변환은 소수점을 중심으로 좌우로 4자리씩 묶어서 변환하면 된다. 이때 각각 자리수를 묶고 남은 수는 필요한 자리만큼 0을 채워 놓으면 된다.

2진수 $(110101001.101100111)_2$를 16진수로 변환하면

```
0001   1010   1001  .  1011   0011   1000
  ↓      ↓      ↓        ↓      ↓      ↓
  1      A      9    .   B      3      8
```

(5) 16진수의 2진수로의 변환

16진수의 수를 2진수로 변환하려면 16진수의 각 자리를 2진수 4자리로 확장하면 된다.
   16진수   7   A . C   5는
   2진수   0111 1010 . 1100 0101로 된다.

1-4 논리 소자

0과 1로서 나타내는 디지털 정보를 처리하는 회로를 디지털 회로라 하며, 이러한 디지털 회로를 구성하는 각각의 소자를 논리 소자 또는 논리 게이트라 한다. 논리 게이트는 1개 또는 2개 또는 여러 개의 입력이 들어가서 1개의 출력으로 이루어지는 논리 회로이다.

(1) OR 게이트

OR 게이트(논리합)는 하나 이상의 입력 신호가 1일 때 출력이 1이 되는 것으로 ∨, ∪, +, OR 등으로 연결하는 기본 연산이다. OR 게이트를 논리 기호로 표시하면 [그림

5-4]와 같다. 논리 회로에 있어서의 입력과 출력 사이의 관계를 표로 나타낼 수 있으며, 이러한 표를 진리표(truth table)라 부른다. 진리표는 입력인 논리 변수가 취할 수 있는 논리값의 조합에 대한 출력 변수와의 대응 관계를 표 형식으로 나타낸 것이다. 논리 변수 A, B의 가능한 조합에 대한 OR 연산의 결과치 Y의 진리표를 [표 5-2]에 나타냈다. OR 연산에 대한 논리식은 다음과 같다.

$$Y = A + B \qquad (5-1)$$

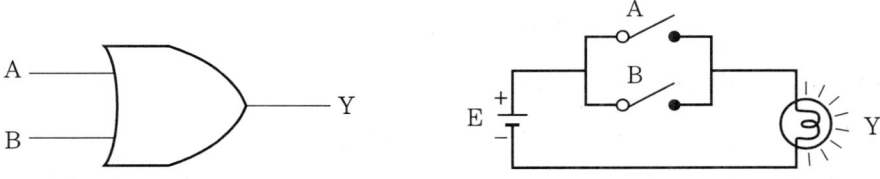

[그림 5-4] 논리합

[표 5-2] 논리합의 진리표

A	B	Y
0	0	0
0	1	1
1	0	1
1	1	1

(2) AND 게이트

AND 게이트(논리곱)은 모든 입력 신호가 1일 때 출력이 1이 되는 것으로, ∧, ∩, ·, AND 등으로 연결하는 기본 연산이다. AND 게이트를 논리 기호로 표시하면 [그림 5-5]와 같고, 논리 변수 A, B의 가능한 조합에 대한 AND 연산의 결과치 Y의 진리표는 [표 5-3]과 같다. AND 게이트에 대한 논리식은 다음과 같다.

$$Y = A \cdot B \qquad (5-2)$$

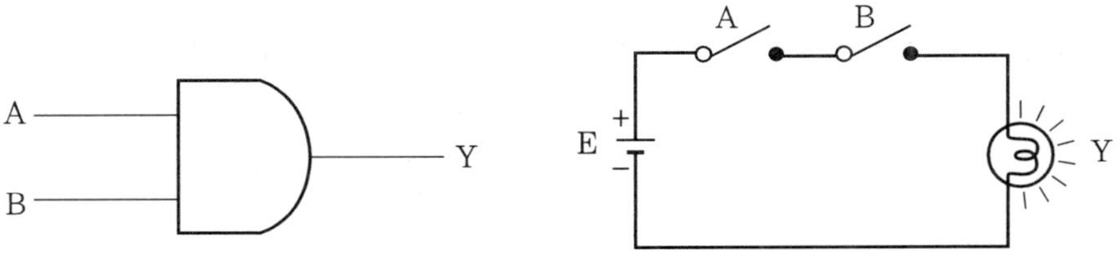

[그림 5-5] 논리곱

[표 5-3] 논리곱의 진리표

A	B	Y
0	0	0
0	1	0
1	0	0
1	1	1

(3) NOT 게이트

NOT 게이트(논리 부정)는 하나의 입력과 하나의 출력을 가지며, 반전 또는 보수(complement) 기능을 수행한다. 입력 신호가 1이면 출력은 0으로, 입력 신호가 0이면 출력은 1이 되는 것으로, 입력 변수 A에 대해 부정은 $\overline{A}$, A', A^c, NOT 등으로 표현되는 기본 연산이다. NOT 게이트를 논리 기호로 표시하면 [그림 5-6]과 같고, 진리표는 [표 5-4]와 같다. NOT 게이트에 대한 논리식은 다음과 같다.

$$Y = \overline{A} \tag{5-3}$$

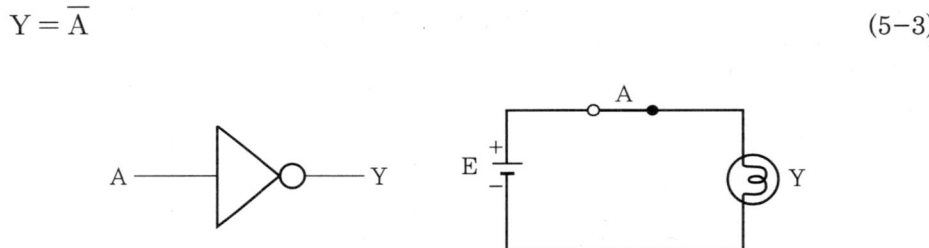

[그림 5-6] 논리 부정

[표 5-4] 논리 부정의 진리표

A	Y
0	1
1	0

(4) NOR 게이트

NOR 게이트는 OR 게이트와 NOT 게이트가 합친 동작을 수행하며, 두 개의 입력 모두가 0이 되어야만 출력이 1이 된다. NOR 게이트를 논리 기호로 표시하면 [그림 5-7]과 같고, 진리표는 [표 5-5]와 같다. NOR 게이트에 대한 논리식은 다음과 같다.

$$Y = \overline{A+B} = \overline{A} \cdot \overline{B} \tag{5-4}$$

[그림 5-7] NOR 게이트

[표 5-5] NOR 게이트의 진리표

A	B	Y
0	0	1
0	1	0
1	0	0
1	1	0

(5) NAND 게이트

 NAND 게이트는 AND 게이트와 NOT 게이트가 합친 동작을 수행하며, 두 개의 입력 모두가 1이 되어야만 출력이 0이 된다. NAND 연산의 논리 기호는 [그림 5-8]과 같고, 진리표는 [표 5-6]과 같다. NAND 게이트에 대한 논리식은 다음과 같다.

$$Y = \overline{A \cdot B} = \overline{A} + \overline{B} \tag{4-5}$$

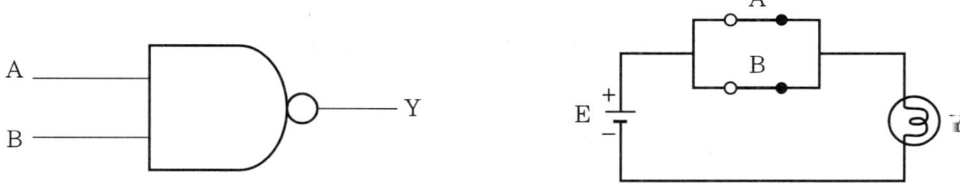

[그림 5-8] NAND 게이트

[표 5-6] NAND 게이트의 진리표

A	B	Y
0	0	1
0	1	1
1	0	1
1	1	0

(6) XOR 게이트(exclusive OR)

exclusive OR 게이트(배타적 논리합)는 AND, OR, NOT의 조합 논리로 구성되며 줄여서 XOR 또는 EOR 게이트라 표기한다. XOR 게이트의 경우 2개의 입력이 같으면 출력은 0이고, 입력이 서로 다르면 출력이 1이 된다. XOR 게이트는 입력의 개수에 상관없이 1의 개수가 홀수이면 그 출력은 1이고, 짝수이면 0이 된다.

이러한 특성을 이용하여 데이터를 전송하는데 있어 에러가 발생하는지의 여부를 검사하는 패리티 검사에 사용할 수 있다. 배타적 논리합의 연산자는 ⊕로 표시하고 논리식은 다음과 같이 표현된다.

$$Y = A\overline{B} + \overline{A}B = A \oplus B \tag{5-6}$$

논리 기호와 신호 파형은 [그림 5-9]와 같고, 진리표는 [표 5-7]과 같다.

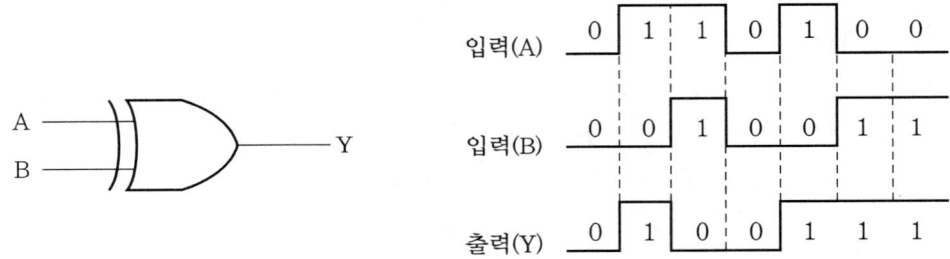

[그림 5-9] XOR 게이트

[표 5-7] XOR 게이트의 진리표

A	B	Y
0	0	0
0	1	1
1	0	1
1	1	0

1-5 디지털 IC

AND, OR 또는 NOT 등의 논리 소자 또는 논리 게이트들은 한 개의 패키지에 수용되어 IC(integrated circuit) 형태로 제작된다.

이러한 논리 소자들은 트랜지스터들의 조합으로 제작되어 +5V를 논리 1로, GND를 논리 0으로 처리하므로 TTL 소자라고 부르며, 일반적으로 상업용으로는 74×× 시리즈의 IC를 사용한다.

예를 들어 나타낸 NAND 게이트들로 이루어진 7400의 외형은 [그림 5-10] (a)과 같고, 내부 구조는 [그림 5-10] (b)와 같다.

논리 회로를 설계하기 위해 논리 IC를 사용하기 위해서는 데이터 시트를 참조하여 내부 구조에 대해 인식하고 있어야 한다.

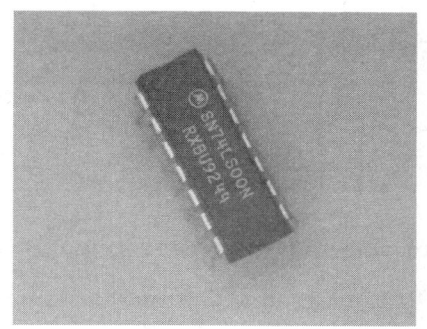

(a) 7400 외형

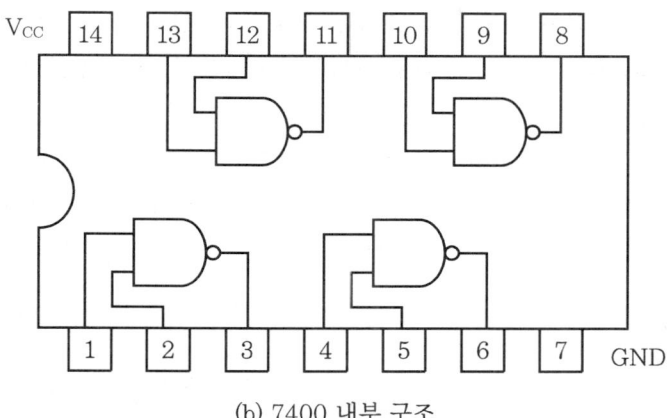

(b) 7400 내부 구조

[그림 5-10] 7400 외형과 내부 구조

[그림 5-10]의 NAND 게이트 소자와 같이 소자의 양옆으로 핀이 배치된 형태를 DIP (dual in line package) 타입 IC라고 부른다. 외형으로 볼 때 반원의 형태로 깎인 부분을 위쪽으로 하며, 둥글게 파인 부분을 핀 번호 1번으로 하여 반시계 방향으로 핀 번호를 구분한다.

NAND 게이트는 가장 많이 사용되는 소자 중의 하나로서 [그림 5-11]과 같이 AND, OR, NOT 게이트를 NAND 게이트로 구현할 수 있다.

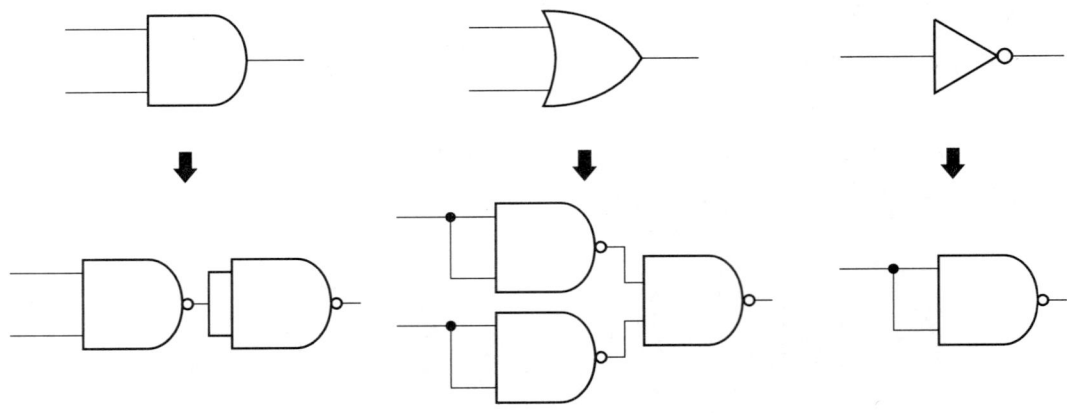

[그림 5-11] NAND 게이트의 변환

    간단한 논리 회로들은 논리 IC들을 사용하여 제작되나, 회로 설계의 용이성, 부품이 차지하는 공간의 축소 등의 이유로 인해 PAL(programmable array logic) 또는 FPGA(filed programmable gate array) 등이 사용되기도 한다. 7400과 같은 TTL 형태의 논리 소자들은 납땜을 통하여 핀을 연결하는 것으로 논리 회로를 구성한다. 하지만 PAL이나 FPGA의 경우에는 최종 설계된 논리 회로를 정해진 소프트웨어를 사용하여 프로그램 형태로 구성하고, 구성된 프로그램을 IC 소자 내부에 라이트(write)하여 TTL 소자와 똑같은 논리 회로의 동작을 수행할 수 있다.

    PAL의 한 종류인 PALCE16V8H-25의 외형을 [그림 5-12]에 나타내었다. 앞의 16이란 숫자는 프로그램을 통해 핀에 할당할 수 있는 입력의 개수를 말한다. 여기에는 소자 내부의 궤환되는 입력의 개수까지 포함된 것이다. 중간의 8이란 숫자는 핀에 할당 가능한 출력의 개수, 뒤의 25란 숫자는 응답 속도가 25ns라는 것을 나타낸다.

[그림 5-12] PAL 외형

다음에 언급될 여러 가지 방법의 설계 기법에 의해 제작되는 논리 회로 기판을 [그림 5-13]에 나타내었다.

[그림 5-13] 논리 회로 기판

논리 소자의 교체를 위해 직접 회로 기판에 IC를 납땜하지 않고, 먼저 [그림 5-14]에 나타낸 것과 같은 IC 소켓을 이용하여 기판에 납땜하고 IC를 끼우는 방법으로 제작한다.

(a) IC 소켓 윗면

(b) 핀 타입 IC 소켓

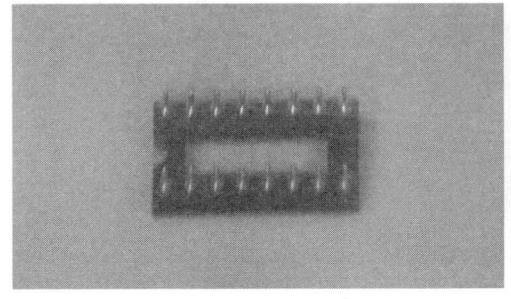

(c) 라운드 타입 IC 소켓

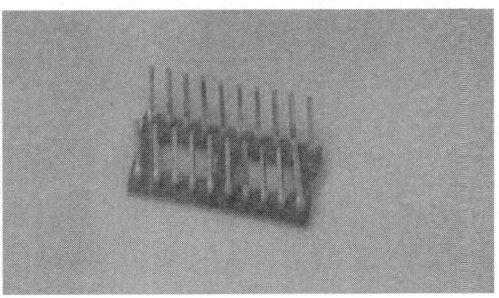

(d) 래핑용 IC 소켓

[그림 5-14] IC 소켓

IC 소자의 외형은 국제적으로 정해져 있으며, $\frac{1}{1000}$인치를 1밀(mil)이라고 규정한다.

[그림 5-14] (a)의 좌측에 위치한 IC 소켓의 길이는 600밀이며, 우측에 위치한 IC 소켓의 길이는 300밀이다. IC 소켓의 경우에도 IC와 마찬가지로 반원 형태로 파여진 부분을 위로 지정한다.

[그림 5-14] (d)의 경우 납땜을 통하여 핀들을 연결하는 것이 아니라, 래핑 툴(wrapping tool)에 의해 핀에 배선을 꼬아 핀과 핀 사이를 연결한다.

[그림 5-15]에는 정해진 핀 수에 의한 IC 소켓이 아닌 원하는 핀 수대로 잘라 쓸 수 있는 스트립 형태의 소켓을 나타내었다.

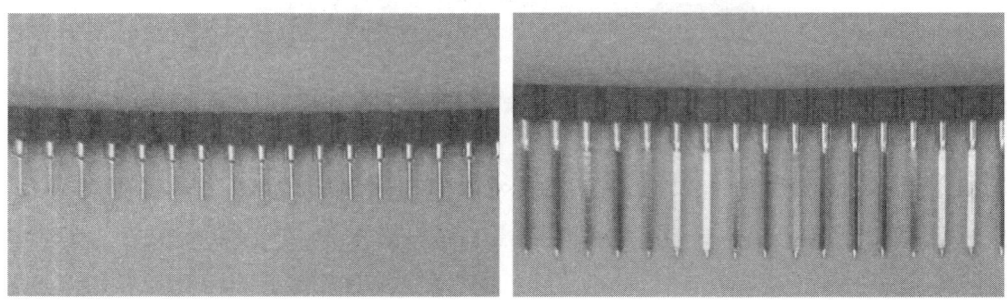

[그림 5-15] 스트립 형태의 IC소켓

[그림 5-13]의 회로 기판 하단에 보이는 것처럼 외부와의 확장을 위하여 커넥터를 연결하며, 이러한 커넥터의 외형은 [그림 5-16]과 같다.

[그림 5-16] (b)에 나타난 D 타입 커넥터는 컴퓨터의 COM1 단자와 같은 형태로, 데이터 전송을 하는 데 사용된다.

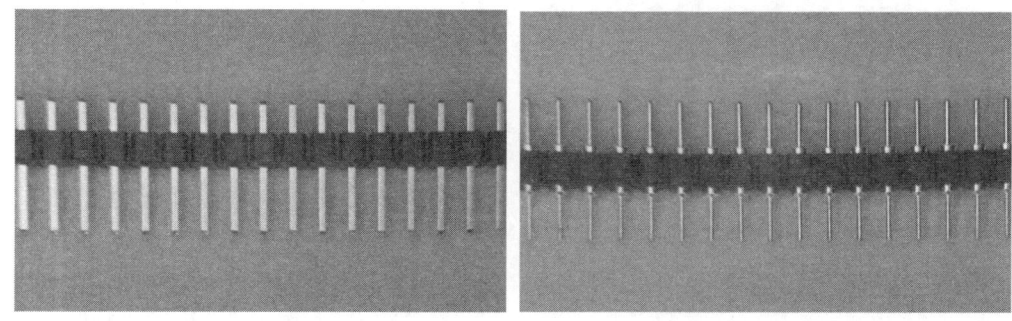

(a) 스트립 타입 양방향 커넥터

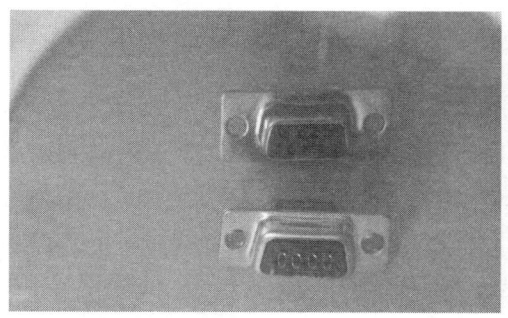 

(b) 9핀 D 타입 커넥터　　　　　　　　(c) 플랫형 커넥터

[그림 5-16] 커넥터

1-6 불 대수

불 대수(boolean agebra)는 디지털 회로의 해석을 위한 수학적 수단을 제공하며, 논리식을 간략화하는 데 매우 유용하게 사용된다. 여기서, 논리식의 간략화는 아래에 나타낸 불 대수의 기본법칙과 기본 정리에 근거한다.

어떤 논리식을 논리 회로로 표현할 때, 논리식에서의 논리 연산에는 우선순위가 있으며, 우선순위는 다음과 같다.
① 괄호 안의 논리식이 우선한다.
② 연산은 부정(NOT), 논리곱(AND), 논리합(OR)의 순서로 한다.

불 대수의 간략화에 사용되는 기본 법칙과 기본 정리는 다음과 같다.

(1) 기본 법칙

① $A + 0 = A$　　　　　　　　　　　　　　　　　　　　　　(5-7)
② $A + 1 = 1$　　　　　　　　　　　　　　　　　　　　　　(5-8)
③ $A \cdot 0 = 0$　　　　　　　　　　　　　　　　　　　　　　(5-9)
④ $A \cdot 1 = A$　　　　　　　　　　　　　　　　　　　　　　(5-10)
⑤ $A + A = A$　　　　　　　　　　　　　　　　　　　　　　(5-11)
⑥ $A \cdot A = A$　　　　　　　　　　　　　　　　　　　　　　(5-12)
⑦ $A + \overline{A} = 1$　　　　　　　　　　　　　　　　　　　　　(5-13)
⑧ $A \cdot \overline{A} = 0$　　　　　　　　　　　　　　　　　　　　　(5-14)
⑨ $\overline{\overline{A}} = A$　　　　　　　　　　　　　　　　　　　　　　(5-15)

(2) 기본 정리

① 교환 법칙

$$A + B = B + A \tag{5-16}$$
$$A \cdot B = B \cdot A \tag{5-17}$$

② 결합 법칙

$$A + (B + C) = (A + B) + C \tag{5-18}$$
$$A \cdot (B \cdot C) = (A \cdot B) \cdot C \tag{5-19}$$

③ 분배 법칙 : 불 대수에서는 수학에서 사용하는 것과 같은 AND 연산을 분배할 수도 있고, 수학에서 성립하지 않는 법칙으로 OR 연산을 분배할 수도 있다.

$$A \cdot (B + C) = A \cdot B + A \cdot C \tag{5-20}$$
$$A + (B \cdot C) = (A + B) \cdot (A + C) \tag{5-21}$$

④ 드모르간(De Morgan)의 법칙

$$\overline{A + B} = \overline{A} \cdot \overline{B} \tag{5-22}$$
$$\overline{A \cdot B} = \overline{A} + \overline{B} \tag{5-23}$$

⑤ 흡수 법칙

$$A + AB = A \tag{5-24}$$

2. 논리의 표현

2-1 논리의 표현

n개의 2진수로 표현 가능한 논리 조합의 수는 2^n이다. n개의 논리 변수로 이루어지는 논리 조합의 상태를 표현하는 방법은 2가지가 있다. 하나는 논리 변수들의 AND 연산으로 이루어지는 최소항(minterm) 표현이고, 다른 하나는 논리 변수들의 OR 연산으로 이루어지는 최대항(maxterm) 표현이다. 진리표에 나타나는 함수값을 보고 논리 함

수를 구하는 방법에는 최소항 표현을 이용한 가법형(sum of product)과 최소항 표현을 이용한 승법형(product of sum)이 있다. [표 5-7]에 논리 변수 A, B, C 에 대한 최소항과 최대항 표현 방법을 비교하였다.

[표 5-7] 논리 변수의 최소항, 최대항 표현

논리 변수 A B C	십진 표현	최소항		최대항	
0 0 0	0	$\overline{A}\,\overline{B}\,\overline{C}$	m_0	$A+B+C$	M_0
0 0 1	1	$\overline{A}\,\overline{B}C$	m_1	$A+B+\overline{C}$	M_1
0 1 0	2	$\overline{A}B\overline{C}$	m_2	$A+\overline{B}+C$	M_2
0 1 1	3	$\overline{A}BC$	m_3	$A+\overline{B}+\overline{C}$	M_3
1 0 0	4	$A\overline{B}\,\overline{C}$	m_4	$\overline{A}+B+C$	M_4
1 0 1	5	$A\overline{B}C$	m_5	$\overline{A}+B+\overline{C}$	M_5
1 1 0	6	$AB\overline{C}$	m_6	$\overline{A}+\overline{B}+C$	M_6
1 1 1	7	ABC	m_7	$\overline{A}+\overline{B}+\overline{C}$	M_7

예를 들어 논리 함수 Y가 다음과 같은 형태라면 간략하게 표시할 수도 있다.

$$Y = \overline{A}\,\overline{B}C + A\overline{B}C + ABC = \sum(1,5,7) \quad (5-25)$$

$$Y = (\overline{A}+\overline{B}+C)(A+\overline{B}+C)(A+B+C) = \prod(0,2,6) \quad (5-26)$$

2-2 논리식의 간략화

논리식을 구현하는 경우 논리식이 복잡하면 논리 회로의 구성이 어렵게 되고 요구되는 논리 소자들의 개수도 많아지게 되므로 논리식을 간략화시키는 작업이 필요하다.

(1) 기본 정리를 이용한 간략화

불 대수의 기본 정리를 이용하여 논리식을 간략화시킬 수 있다.

$$\begin{aligned}
Y &= \overline{A}B + AB + \overline{A}\,\overline{B} & &\cdots\cdots\cdots \text{공통 인수 묶기} \\
&= (\overline{A}+A)B + \overline{A}\,\overline{B} & &\cdots\cdots\cdots \text{기본 법칙 ⑦ 이용} \\
&= B + \overline{A}\,\overline{B} & &\cdots\cdots\cdots \text{분배 법칙 적용}
\end{aligned}$$

$$= (B+\overline{A})(B+\overline{B}) \qquad \cdots\cdots\cdots \text{ 기본 법칙 ⑦ 이용}$$
$$= B+\overline{A} \qquad\qquad\qquad\qquad\qquad\qquad (5-27)$$

위의 예에서 보는 바와 같이, 최초의 수식을 논리 회로로 구성하기 위해서는 OR 게이트 3개, AND 게이트 3개, NOT 게이트 3개가 필요하다. 하지만 불 대수를 이용하여 간략화한 최종식에서는 OR 게이트 1개와 NOT 게이트 1개가 소요되어 똑같은 논리 동작을 하는데 있어 소자 수가 훨씬 줄어들게 된다.

예제

다음 논리식을 불 대수를 이용하여 간략화하라.
$Y(A, B, C) = \Sigma(5, 6, 7)$

[풀이]
$$\begin{aligned}
Y(A, B, C) &= \Sigma(5, 6, 7) \\
&= A\overline{B}C + AB\overline{C} + ABC \\
&= AB(C+\overline{C}) + A\overline{B}C \\
&= AB(1) + A\overline{B}C \\
&= AB + A\overline{B}C \\
&= A(B + \overline{B}C) \\
&= A(B + \overline{B})(B + C) \\
&= A(B + C)
\end{aligned}$$

(2) 카르노 맵을 이용한 간략화

불 대수의 기본 정리를 이용하여 논리식을 간략화시키는 것은 논리 함수가 복잡한 경우 매우 까다롭기 때문에 카르노 맵에 의해 논리 함수를 간략화시킨다. 인접한 논리식을 2, 4, 8, 16개를 묶고 공통 인수를 제외한 나머지 인수들을 지우는 방법으로 논리 함수를 간략화시킨다.

① 1변수 카르노 맵 : 한 개의 논리 변수 A는 0 또는 1의 상태만 가질 수 있으며, [그림 5-17]과 같다.

0	1

$\overline{A}$	A
m_0	m_1

[그림 5-17] 1변수 카르노 맵

② 2변수 카르노 맵

2변수 카르노 맵은 [그림 5-18]과 같이 표시된다.

A\B	0	1
0	00 / 0	01 / 1
1	10 / 2	11 / 3

A\B	0	1
0	$\bar{A}\bar{B}$ / m_0	$\bar{A}B$ / m_1
1	$A\bar{B}$ / m_2	AB / m_3

[그림 5-18] 2변수 카르노 맵

인접한 2개의 변수들끼리 묶이면 [그림 5-19]와 같이 간략화된다.

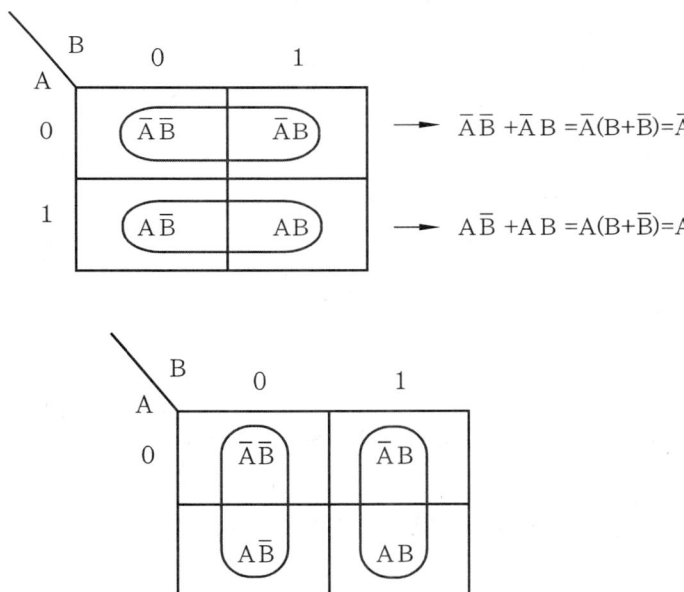

$\bar{A}\bar{B} + \bar{A}B = \bar{A}(B+\bar{B}) = \bar{A}$

$A\bar{B} + AB = A(B+\bar{B}) = A$

$\bar{A}B + AB = (\bar{A}+A)B = B$

$\bar{A}\bar{B} + A\bar{B} = (\bar{A}+A)\bar{B} = \bar{B}$

[그림 5-19] 2개 인수들 간의 간략화

4개의 인수가 모두 묶이면 간소화된 논리식의 값은 [그림 5-20]과 같이 1이 된다.

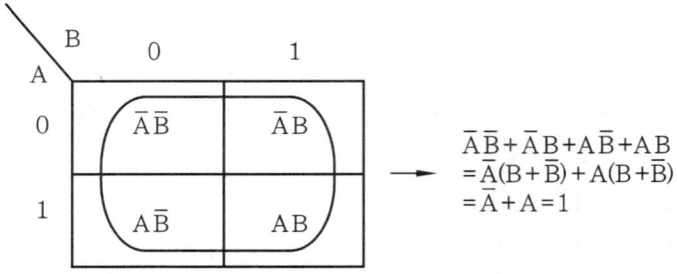

[그림 5-20] 4개 인수들 간의 간략화

예를 들어 논리 함수가 다음과 같다고 가정한다.

$$Y(A,B) = \sum(0,1,2) = \overline{A}\overline{B} + \overline{A}B + A\overline{B} \tag{5-28}$$

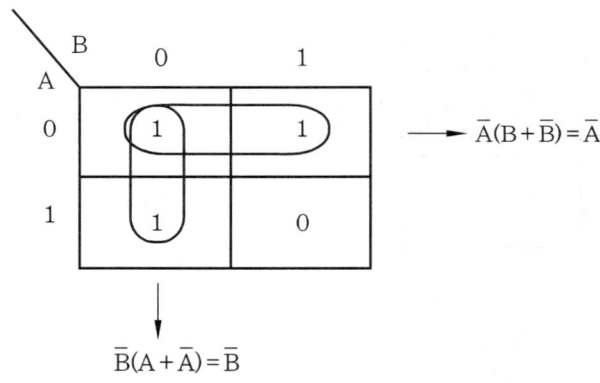

[그림 5-21] 카르노 맵 간략화

카르노 맵에 의해 간략화된 논리식은 다음과 같다.

$$Y(A,B) = \sum(0,1,2) = \overline{A} + \overline{B} \tag{5-29}$$

③ 3변수 카르노 맵

변수가 3개인 경우 최소항의 개수는 2^3, 즉 8개이다. 카르노 맵 표현은 [그림 5-22]와 같다.

BC\A	00	01	11	10
0	000 \ 0	001 \ 1	011 \ 3	010 \ 2
1	100 \ 4	101 \ 5	111 \ 7	110 \ 6

BC\A	00	01	11	10
0	$\overline{A}\,\overline{B}\,\overline{C}$ m_0	$\overline{A}\,\overline{B}C$ m_1	$\overline{A}BC$ m_3	$\overline{A}B\overline{C}$ m_2
1	$A\overline{B}\,\overline{C}$ m_4	$A\overline{B}C$ m_5	ABC m_7	$AB\overline{C}$ m_6

[그림 5-22] 3변수 카르노 맵 표현

예를 들어 논리 함수가 다음과 같다고 가정한다.

$$Y(A,B,C) = \sum(0,1,2,3,5) = \overline{A}\,\overline{B}\,\overline{C} + \overline{A}\,\overline{B}C + \overline{A}B\overline{C} + \overline{A}BC + A\overline{B}C \quad (5-30)$$

카르노 맵에 논리 함수를 표시하면 [그림 5-23]과 같다.

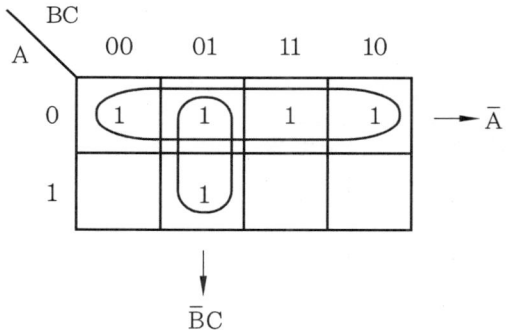

[그림 5-23] 카르노 맵 표현

간략화된 논리 함수는 다음과 같다.

$$Y(A,B,C) = \sum(0,1,2,3,5) = \overline{A} + \overline{B}C \quad (5-31)$$

카르노 맵 양단의 최소항들은 서로 인접한 것으로 간주하여 간략화한다. 예를 들어 논리 함수가 다음과 같다고 가정한다.

$$Y(A,B,C) = \sum(0,2,4,6) = \overline{A}\,\overline{B}\,\overline{C} + \overline{A}B\overline{C} + A\overline{B}\,\overline{C} + AB\overline{C} \quad (5-32)$$

논리 함수를 카르노맵으로 표시하면 [그림 5-24]와 같다.

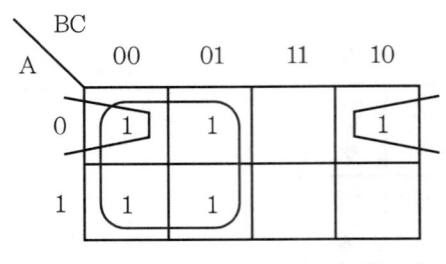

[그림 5-24] 카르노 맵 표현

간략화된 논리함수는 다음과 같다.

$$Y(A,B,C) = \sum(0,2,4,6) = \overline{C} \qquad (5\text{-}33)$$

> **예제**
> 다음 논리식을 카르노 맵을 이용하여 간략화하라.
> $Y(A, B, C) = \sum(0, 1, 2, 4, 5)$

풀이

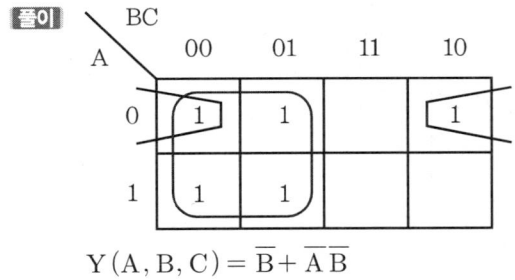

$$Y(A, B, C) = \overline{B} + \overline{A}\,\overline{B}$$

3. 조합 논리 회로

디지털 시스템에서 사용되는 논리 회로에는 조합 논리 회로와 순차 논리 회로가 있다. 조합 논리 회로(combinational logic circuit)는 출력이 이전의 입력에 관계없이 현재의 입력에 의해서만 결정되는 회로로서, 불 함수에 의해서 논리적으로 명시할 수 있다. 가산기와 같은 산술 연산 회로와 인코더, 멀티플렉서, 패리티 발생기와 같은 데이터 전송 회로로 구분할 수 있다.

순차 논리 회로(sequential logic circuit)는 게이트와 기억 소자가 조합되어 구성된 회로로서, 논리 게이트에 인가되는 현재의 입력과 기억 소자에 저장되어 있는 과거의 상태에 의해서 출력이 결정된다. 따라서 회로의 동작은 내부 상태와 입력 신호에 의해서 복합적으로 표시할 수 있다.

3-1 반가산기

두 비트의 산술적인 가산을 수행하는 회로로서 두 개의 2진수를 합하여 1비트의 합(sum)과 1비트의 자리올림(carry)을 발생한다. 반가산기는 낮은 자리에서 발생하여 올라오는 자리올림은 고려하지 않고 단지 두 비트만 가산한다. 두 입력 변수 A, B에 대하여 [표 5-9]와 같이 출력 합(S)과 자리올림(C)의 진리표를 갖는다. A, B가 모두 1일 때만 자리올림 C가 1이 되고 나머지 경우에는 0이 된다. 또 합 S는 A나 B 중 하나만 1이면 1이 되고 나머지는 0이 된다.

[표 5-9] 반가산기 진리표

입력 변수 A B	출력 변수 S C
0 0	0 0
0 1	1 0
1 0	1 0
1 1	0 1

[표 5-9]의 진리표에서 출력이 1이 되는 출력 변수 S와 C의 최소항 표현은 다음과 같다.

$$S = \overline{A}B + A\overline{B} = A \oplus B \tag{5-34}$$
$$C = AB \tag{5-35}$$

논리식을 이용하여 반가산기의 회로도를 작성하면 [그림 5-25]와 같다.

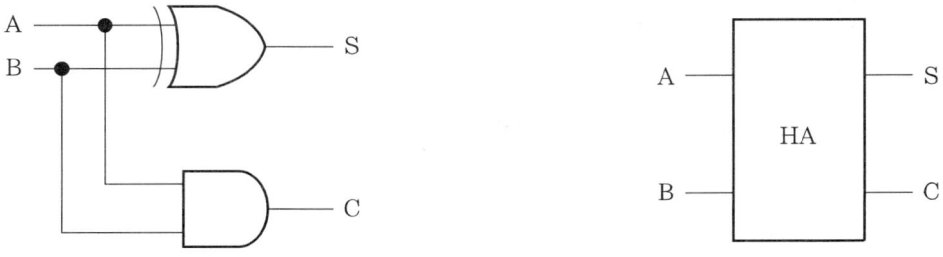

[그림 5-25] 반가산기 회로

3-2 전가산기

반가산기에서는 낮은 자리에서 발생하는 자리올림을 고려할 수 없기 때문에 불충분하다. 전가산기는 비트 두 개와 낮은 자리에서 발생하는 자리올림(C_i : input carry)까지 고려하여 입력 비트 3개의 합과 출력으로 발생하는 자리올림(C_o : output carry)를 구하는 조합 논리 회로이다. 전가산기 진리표는 [표 5-10]과 같다.

[표 5-10] 전가산기 진리표

입력 변수			출력 변수	
A	B	C_i	S	C_o
0	0	0	0	0
0	0	1	1	0
0	1	0	1	0
0	1	1	0	1
1	0	0	1	0
1	0	1	0	1
1	1	0	0	1
1	1	1	1	1

진리표로부터 합 S와 자리올림 출력 C_o에 대해 가법 표준형으로 전개하고 불 대수의 기본 정리를 이용하여 논리 함수를 간략화하면 다음과 같다.

$$\begin{aligned}
S &= \sum(1,2,4,7) \\
&= \overline{A}\,\overline{B}C_i + \overline{A}B\overline{C_i} + A\overline{B}\,\overline{C_i} + ABC_i \\
&= (\overline{A}\,\overline{B} + AB)C_i + (\overline{A}B + A\overline{B})\overline{C_i} \\
&= (\overline{A \oplus B})C_i + (A \oplus B)\overline{C_i} \\
&= A \oplus B \oplus C_i
\end{aligned}$$

(5-36)

$$\begin{aligned}
C_o &= \sum(3,5,6,7) \\
&= \overline{A}BC_i + A\overline{B}C_i + AB\overline{C_i} + ABC_i \\
&= (\overline{A}B + A\overline{B})C_i + AB(\overline{C_i} + C_i) \\
&= (A \oplus B)C_i + AB
\end{aligned}$$

(5-37)

간략화된 논리식을 논리 회로로 표현하면 [그림 5-26]과 같다.

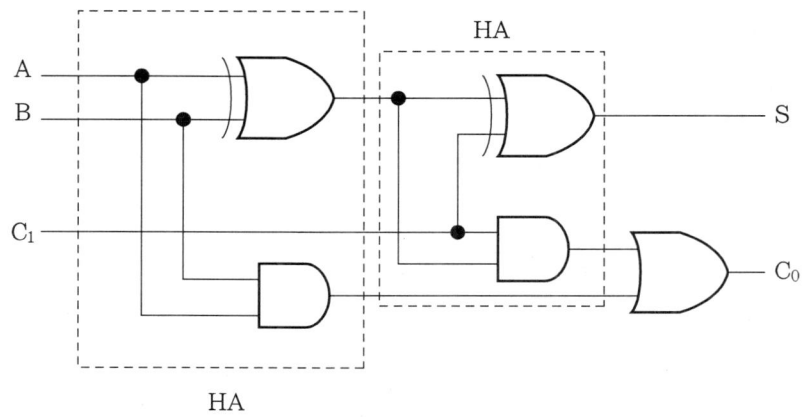

[그림 5-26] 전가산기 회로

3-3 디코더

디코더는 2진 데이터를 다른 형식의 코드로 변환하는 회로를 말하며, 부호화된 데이터로부터 정보를 찾아내는 조합 논리 회로이다. 디코더는 n비트의 2진 입력 코드를 2^n개의 출력선으로 변환시키는 회로로 디지털 컴퓨터 내에서 메모리 또는 입출력(I/O) 주소를 해독하여 해당 장치를 선택하여 주는 회로 등에 많이 쓰인다.

일반적으로 디코더는 2진수와 같이 코드화된 정보를 10진수나 문자와 같이 이해할 수 있는 형태로 변환하기 위해 사용되는데, 이러한 과정을 디코딩(decoding : 본호화)이라 한다. 예를 들어 2개의 입력에 대해 4개의 출력을 갖는 2×4 디코더에 대한 진리표는 [표 5-11]과 같다.

[표 5-11] 디코더의 진리표

A	B	D_0	D_1	D_2	D_3
0	0	1	0	0	0
0	1	0	1	0	0
1	0	0	0	1	0
1	1	0	0	0	1

진리표에 의해 각각의 출력에 대한 최소항 표현의 논리식을 구하면

$$D_0 = \overline{A}\,\overline{B} \tag{5-38}$$

$$D_1 = \overline{A}B \tag{5-39}$$

$$D_2 = A\overline{B} \tag{5-40}$$
$$D_3 = AB \tag{5-41}$$

논리식을 논리 회로로 표시하면 [그림 5-27]과 같다.

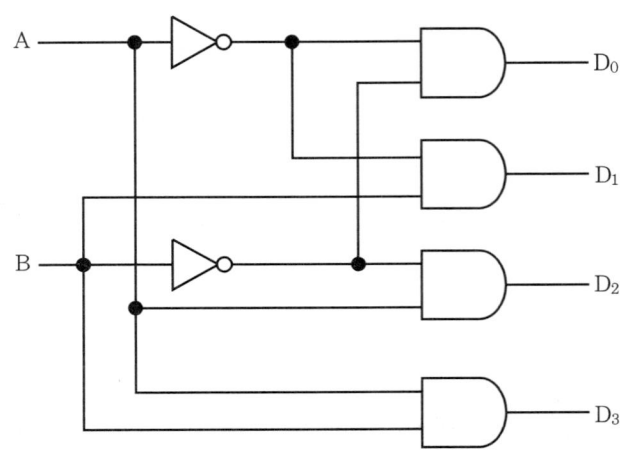

[그림 5-27] 디코더의 논리 회로

3-4 인코더

인코더는 디코더의 역작용을 하는 회로로 문자나 숫자 등의 입력 자료를 이에 상응하는 2진 부호로 만드는 회로이다. 많은 입력 신호들 중 한 순간에 단지 하나만 동작되고, 동작된 입력에 따라 n비트의 출력 코드를 발생시킨다. 8×3 인코더의 진리표는 [표 5-12]와 같다.

[표 5-12] 인코더의 진리표

X_0	X_1	X_2	X_3	X_4	X_5	X_6	X_7	A	B	C
1	0	0	0	0	0	0	0	0	0	0
0	1	0	0	0	0	0	0	0	0	1
0	0	1	0	0	0	0	0	0	1	0
0	0	0	1	0	0	0	0	0	1	1
0	0	0	0	1	0	0	0	1	0	0
0	0	0	0	0	1	0	0	1	0	1
0	0	0	0	0	0	1	0	1	1	0
0	0	0	0	0	0	0	1	1	1	1

진리표를 사용하여 최대항 표현에 의한 논리식을 구하면

$$A = X_4 + X_5 + X_6 + X_7 \qquad (5-4ㄹ)$$
$$B = X_2 + X_3 + X_6 + X_7 \qquad (5-4ㅁ)$$
$$C = X_1 + X_3 + X_5 + X_7 \qquad (5-4ㅂ)$$

논리식을 논리 회로로 표시하면 [그림 5-28]과 같다.

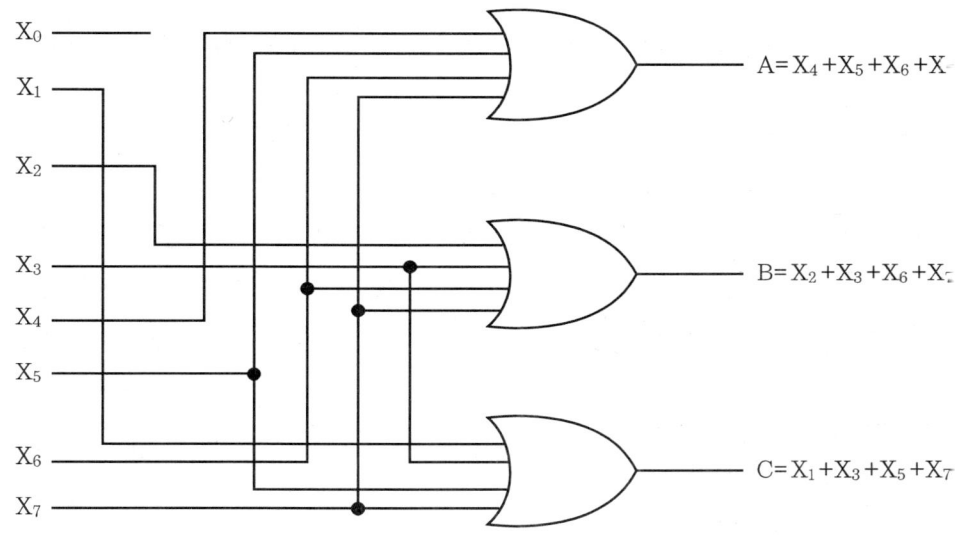

[그림 5-28] 인코더의 논리 회로

3-5 멀티플렉서

멀티플렉서는 2^n개의 입력을 받아 선택선의 입력에 따라 이 중 하나의 입력을 출력하는 회로로서 MUX라고 표기한다. 멀티플렉서는 데이터 선택 회로(data selector)라고도 하며, 여러 개의 입력 신호선 중에서 하나를 선택하여 출력선과 연결하여 주는 조합 논리 회로이다.

이것은 로터리 스위치와 비슷한 역할을 전자적으로 하는 것이다. 입출력 단자 이외에 출력에 연결할 입력을 선택하는 선택(select) 단자가 있는데, 선택 신호가 n비트이면 2^n개의 입력 중에서 하나를 선택할 수 있다. 진리표는 [표 5-13]과 같다.

[표 5-13] 멀티플렉서의 진리표

선택선 S_1 S_0	출력 Y
0 0	I_0
0 1	I_1
1 0	I_2
1 1	I_3

진리표를 이용하여 선택 단자에 따른 회로도를 구성하면 [그림 5-29]와 같다.

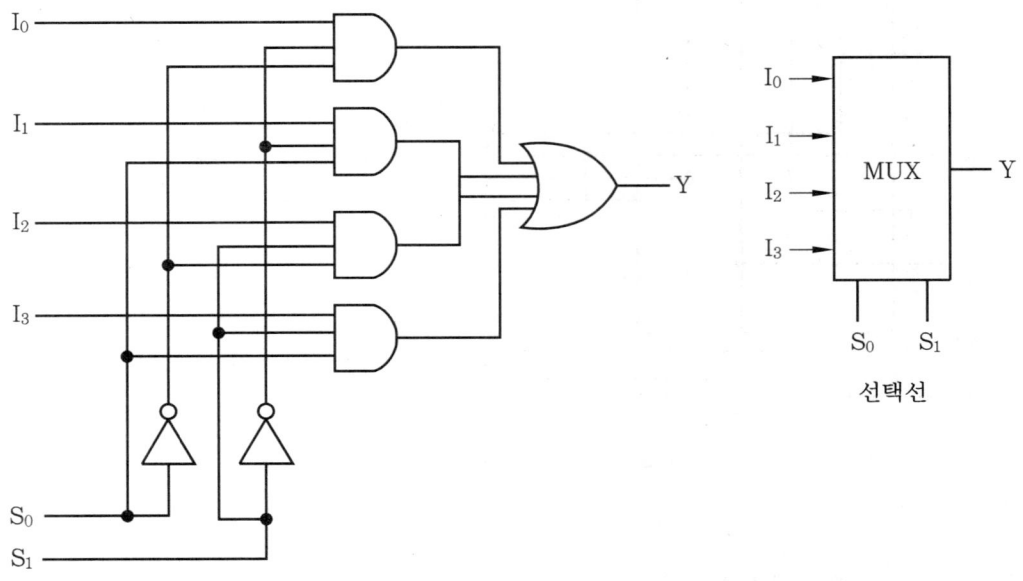

[그림 5-29] 멀티플렉서 회로도

3-6 디멀티플렉서

디멀티플렉서는 데이터 분배 회로(data distributor)라고도 불리며, 멀티플렉서와 반대로 동작한다. 디멀티플렉서는 멀티플렉서와 반대로 n개의 입력을 받아 선택선의 입력에 따라 2^n개의 데이터를 출력하는 회로로서 DEMUX라고 표기하며, [표 5-14]와 같은 진리표를 갖는다. 인에이블 신호인 E 신호가 1이어야만 소자가 동작한다.

[표 5-14] 디멀티플렉서의 진리표

E	A	B	D_0	D_1	D_2	D_3
0	×	×	0	0	0	0
1	0	0	1	0	0	0
1	0	1	0	1	0	0
1	1	0	0	0	1	0
1	1	1	0	0	0	1

위의 진리표를 이용하여 회로도를 구성하면 [그림 5-30]과 같다.

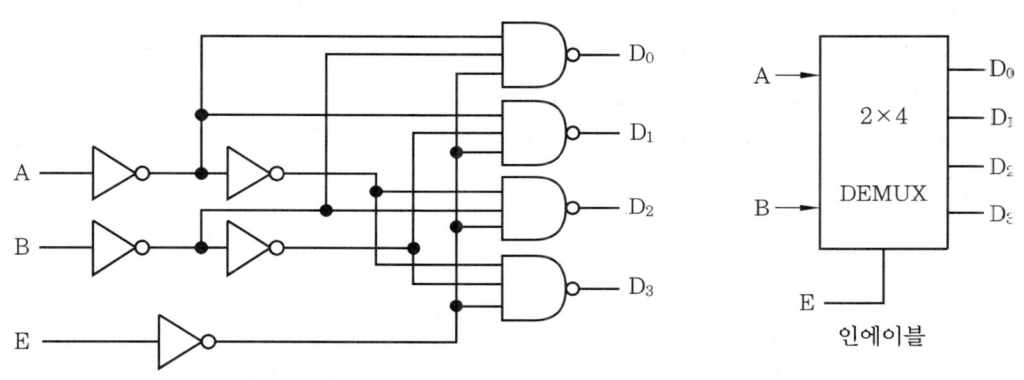

[그림 5-30] 디멀티플렉서 회로도

4. 순차 논리 회로

조합 논리 회로의 출력은 해당 시간에 존재하는 입력 변수들의 조합에 의해서 결정된다. 그러나 실제 게이트는 지연 시간을 갖고 있어 과도적 출력이 발생할 수 있다. 순차 논리 회로는 과거의 입력 신호와 현재 상태에 의해서 출력이 결정되는 논리 회로로서, 기억 소자와 논리 게이트로 구성되며 기억 능력을 갖는 회로이다. 플립플롭, 카운터, 레지스터 등이 이에 속한다.

순차 논리 회로는 신호의 타이밍에 따라 비동기 순차 논리 회로(asynchronous sequential logic circuit)와 동기 순차 논리 회로(synchronous sequential logic circuit)로 나눌 수 있다.

비동기 순차 논리 회로는 시간에 관계없이 입력이 변화하는 순서에 좌우되며 클록 펄스가 필요하지 않다. 동기 순차 논리 회로는 각 시간의 순간순간에 들어오는 클록 펄스에 의하여 회로의 동작이 일률적으로 제어된다.

4-1 클록 신호

디지털 시스템은 비동기식 또는 동기식으로 구분한다. 비동기 논리 회로는 시스템 설계가 어렵고 신뢰성 면에서 떨어진다는 단점을 갖고 있다. 그러므로 대부분의 디지털 시스템은 동기식으로서 클록에 의해 동기화되도록 설계되어 있다.

클록은 발생구형 펄스의 H 레벨 전압과 L 레벨 전압이 안정하고, 상승 시간, 하강 시간이 짧으며, 주파수가 안정할 것 등이 요구된다. 이러한 요구 조건을 잘 만족하는 것이 수정 발진자와 발진기이다. 수정 발진자는 [그림 5-31] (a)와 같고, 발진기는 [그림 5-31] (b)와 같다. 소자의 옆면이나 윗면에는 소자가 발생시키는 클록의 주파수가 표시되어 있다.

(a) 수정 발진자

(b) 발진기

[그림 5-31] 수정 발진자와 발진기

클록 신호는 동기화를 위해서 시스템 내의 모든 회로에 인가되며, 소자에 따라서 상승 에지 트리거 또는 하강 에지 트리거에서 동작한다.

4-2 래치

래치는 2개의 출력을 갖는 논리 회로로서, Q는 정상 출력, $\overline{Q}$는 부정 출력을 나타낸다. 래치는 한 비트의 정보를 기억할 수 있는 기억 소자로서 2진 셀이라고도 하며, 두 가지의 안정된 상태인 0과 1을 갖는다. 일반적으로 래치의 출력은 Q의 상태를 의미한다.

(1) RS 래치

[그림 5-32] (a)는 NOR 게이트를 사용한 기본적인 비동기식 RS 래치로서 입력 단자 R은 리셋(reset), S는 셋(set)의 첫 글자를 딴 것이며, 출력을 각각 Q와 $\overline{Q}$로 표시한다.

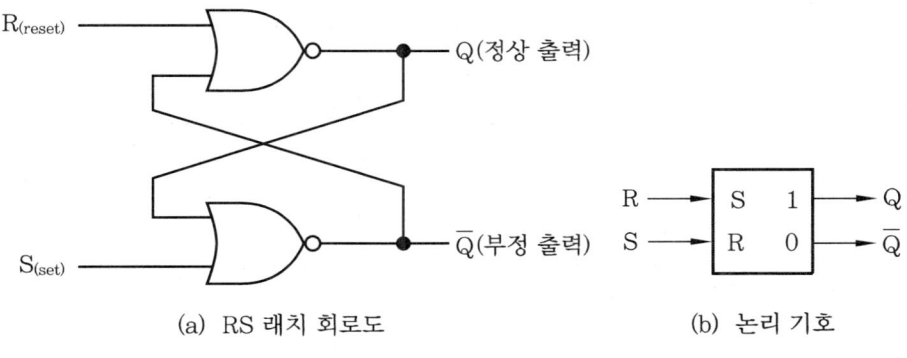

[그림 5-32] RS 래치

출력 Q=1, $\overline{Q}$=0일 때를 셋 상태, Q=0, $\overline{Q}$=1일 때를 리셋 상태라고 정의한다. [그림 5-32] (b)는 RS 래치의 회로 기호이다. [표 5-15]에 RS 래치의 진리표를 나타내었다.

[표 5-15] RS 래치 진리표

입력 S R	상태값 $Q_{(t+1)}$	비 고
0 0	$Q_{(t)}$	불변
0 1	0	리셋
1 0	1	셋
1 1	?	부정

[표 5-15]에서 $Q_{(t)}$는 S와 R에 신호를 가하기 이전의 Q의 출력 상태를 의미한다. S와 R의 입력이 둘 다 0이면 Q와 $\overline{Q}$는 신호를 가하기 이전의 출력 상태를 나타낸다. S의 입력이 0이고, R의 입력이 1이면, R이 입력되는 NOR 게이트는 무조건 0이 되어 Q는 0 상태, 즉 리셋되고, S가 입력되면 NOR 게이트는 1로 되어 안정된 상태로 된다.

반대로 S의 입력이 1이고 R의 입력이 0이면 Q는 1로 세트되고 $\overline{Q}$는 0이 된다. S와 R의 입력이 모두 1이면 논리적 의미에서 Q와 $\overline{Q}$ 모두가 0이 된다. 이 회로는 래치의 개념을 이해하기에는 아주 적절한 회로이나 실무에서는 거의 사용하지 않는다. 외부로부터 입력을 가하지 않는 한 원래의 상태를 그대로 유지하므로 래치라고 한다. [그림 5-33]은 RS 래치의 R 입력, S 입력 조건에 따른 출력 파형이다.

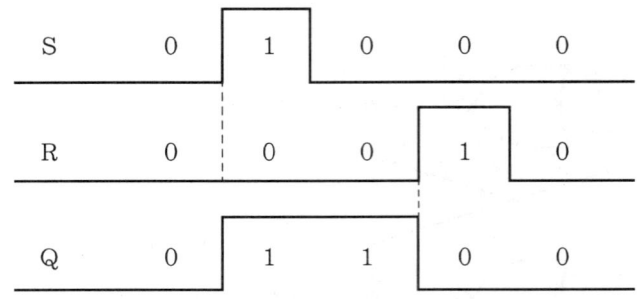

[그림 5-33] RS 래치 출력 파형

4-3 플립플롭

래치와 유사한 기능을 가진 플립플롭은 클록 펄스가 나타나기 바로 이전의 입력이 출력에 반영되어 다음 클록 펄스가 나타날 때까지 그 상태를 유지한다.

따라서, 플립플롭의 경우에는 클록 펄스의 폭이 넓어도 출력의 변화가 없는데 반하여, 래치의 경우에는 클록의 폭이 넓을 때 입력의 변화가 있으면 출력의 변화가 나타난다.

그러므로 플립플롭이 정상적으로 동작하기 위해서는 클록 펄스가 인가되기 전에 입력 데이터의 H→L 또는 L→H 변환이 완료되어 안정되어 있어야 한다.

(1) RS 플립플롭

RS 플립플롭의 진리표는 [표 5-16]과 같고 회로도는 [그림 5-34] (a)와 같으며, 논리 기호는 [그림 5-34] (b)와 같다.

[표 5-16] RS 플립플롭 진리표

CP	입 력		상태값 $Q_{(t+1)}$	비 고
	S	R		
0	×	×	$Q_{(t)}$	불변
↑	0	0	$Q_{(t)}$	불변
↑	0	1	0	리셋
↑	1	0	1	셋
↑	1	1	?	부정

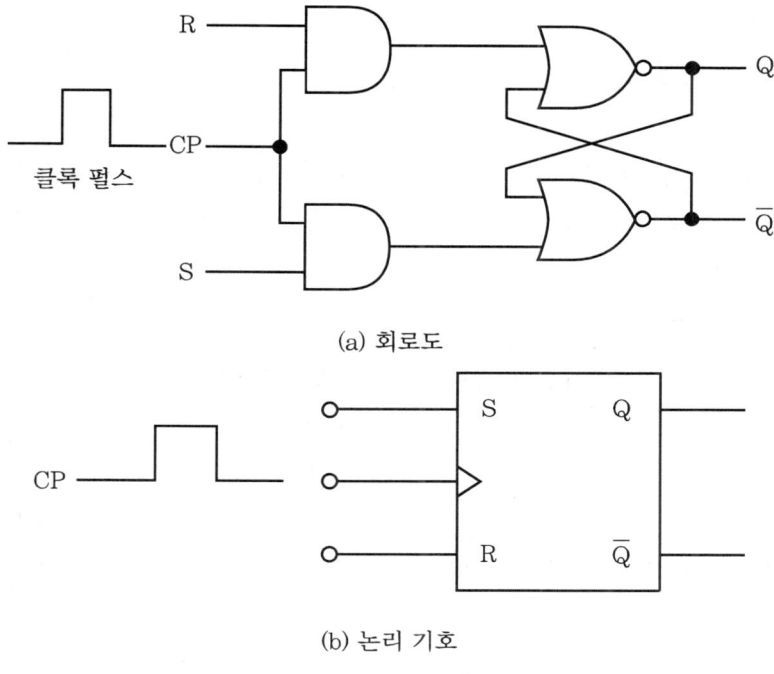

[그림 5-34] RS 플립플롭

[그림 5-34]에서 플립플롭이 처음에 클리어 상태(clear state)에 있다고 가정하면 Q=0이 된다. 이때 입력 조건은 S=1, R=0이라고 가정하자. 클록 펄스가 인가되지 않을 때 AND 게이트의 동작에 의해 RS 래치에는 R=0, S=0이 입력되어 RS 래치는 이전 상태값을 그대로 유지한다.

[그림 5-35]는 클록 펄스가 인가되어 나타나는 RS 플립플롭의 타이밍 관계의 예를 나타낸 것이다.

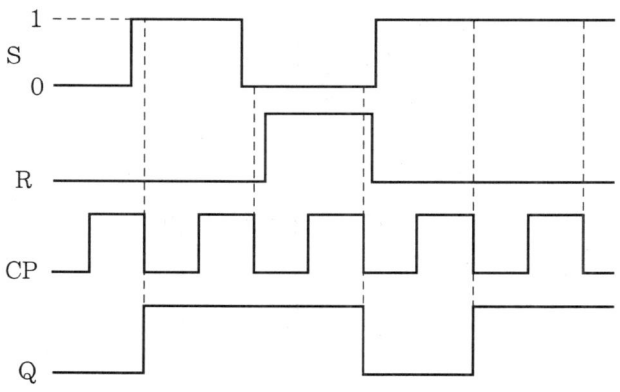

[그림 5-35] RS 플립플롭 타이밍 차트

(2) JK 플립플롭

RS 플립플롭의 경우 입력이 모두 1인 경우 부정의 상태로 불안정한 출력을 보이게 되는 단점이 있다. 이러한 단점을 보완한 것이 JK 플립플롭이며, JK 입력이 모두 1인 경우 출력을 반전시키는 플립플롭으로 가장 널리 사용된다. JK 플립플롭에서는 이러한 입력도 안정된 상태로의 변환이 가능하도록 RS 플립플롭과 AND 게이트를 [그림 5-36]과 같이 구성하여, J=K=1인 경우에 클록 펄스가 인가되면 출력이 반전되도록 구성한 플립플롭이다.

[표 5-17] JK 플립플롭의 진리표

CP	입력 J	K	상태값 $Q_{(t+1)}$	비 고
0	×	×	$Q_{(t)}$	불변
↑	0	0	$Q_{(t)}$	불변
↑	0	1	0	리셋
↑	1	0	1	셋
↑	1	1	$\overline{Q_{(t)}}$	반전

JK 플립플롭의 진리표는 [표 5-17]과 같고, 회로도는 [그림 5-36]과 같다. [그림 5-36]에서 J=K=0이면 R과 S에 연결된 두 개의 AND 게이트가 모두 폐쇄되어 입력에 변화가 없으므로 클록 펄스가 나타나더라도 상태 변환이 일어날 수 없기 때문에 JK 플립플롭은 이전의 상태를 유지한다. J가 1이고 K가 0인 경우와 J가 0이고 K가 1인 경우에는 RS 래치의 R, S의 동작 원리로 미루어 Q와 $\overline{Q}$는 각각 1과 0이 된다.

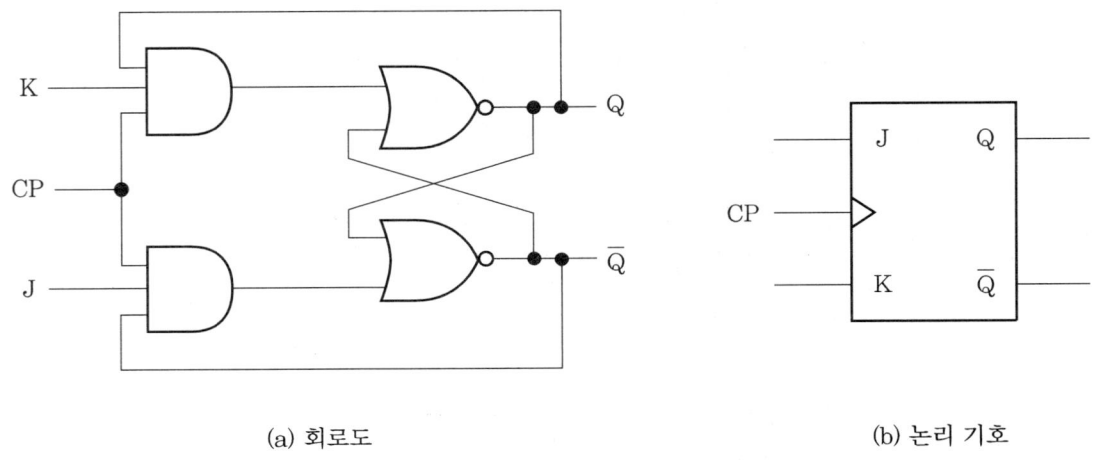

(a) 회로도 (b) 논리 기호

[그림 5-36] JK 플립플롭

J와 K가 모두 1인 경우에는 두 개의 AND 게이트가 Q와 $\overline{Q}$를 위해 개방된 상태이며, 다음 클록 펄스가 나타나기 이전에 JK 플립플롭 상태의 반대 상태가 왼쪽 RS 래치에 기억되는데, 클록 펄스가 나타나면 이것이 오른쪽 RS 래치에 기억된다.

결과적으로 J와 K가 모두 1일 경우, 클록 펄스가 나타나면 JK 플립플롭의 상태가 이전의 상태와 반대로 된다.

[그림 5-37]은 하강 에지 트리거에서 동작하는 JK 플립플롭의 타이밍 차트를 나타낸 것이다. 타이밍 차트에서 초기에 모든 입력은 0이고 Q는 1이라고 가정한다.

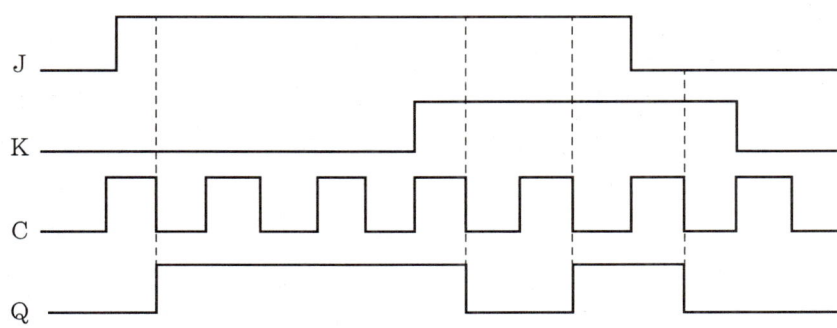

[그림 5-37] JK 플립플롭 타이밍 차트

(3) D 플립플롭

D 플립플롭은 [그림 5-38]과 같이 RS 플립플롭에서 S와 R에 0 또는 1인 동일한 입력 신호가 동시에 인가되지 않도록 입력 단자간에 인버터를 삽입한 플립플롭이다.

[그림 5-38]에서 클록 펄스가 없을 때에는 $Q_{(t+1)} = Q_{(t)}$이고 클록 펄스가 있으면 D 플립플롭의 출력은 클록 펄스가 나타나기 직전의 D 입력 신호와 같아진다. D 플립플롭의 출력은 다음 클록이 나타날 때까지 유지되므로 데이터의 일시 기억 소자로서 광범위하게 사용되고 있다. D 플립플롭의 진리표는 [표 5-18]과 같다.

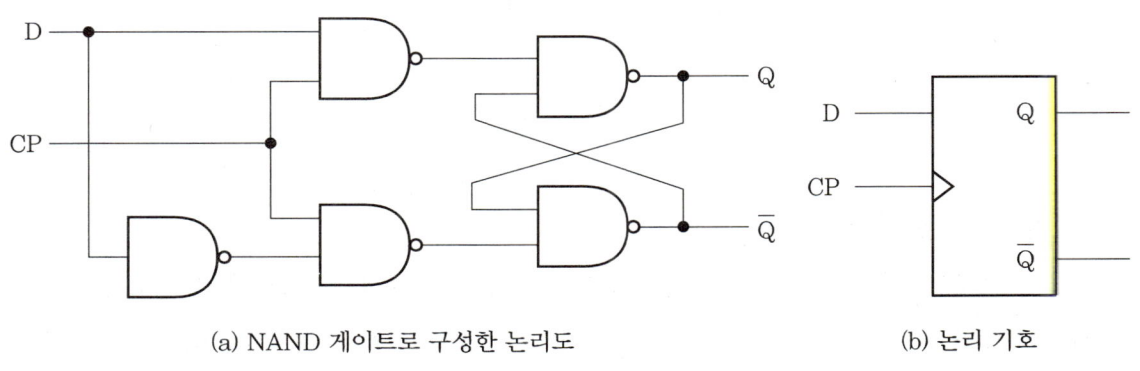

(a) NAND 게이트로 구성한 논리도   (b) 논리 기호

[그림 5-38] D 플립플롭

[표 5-18] D 플립플롭의 진리표

CP	입력 D		상태값 $Q_{(t+1)}$	비 고
0	×	×	$Q_{(t)}$	불변
↑	0		0	리셋
↑	1		1	셋

(4) T 플립플롭

T(toggle) 플립플롭은 JK 플립플롭에서 J, K 입력을 묶어 플립플롭 입력이 0인 경우 현 상태를 유지하고, 입력이 1인 경우 출력을 반전시키는 회로이다. T 플립플롭의 회로도는 [그림 5-39]와 같고, 진리표는 [표 5-19]와 같다.

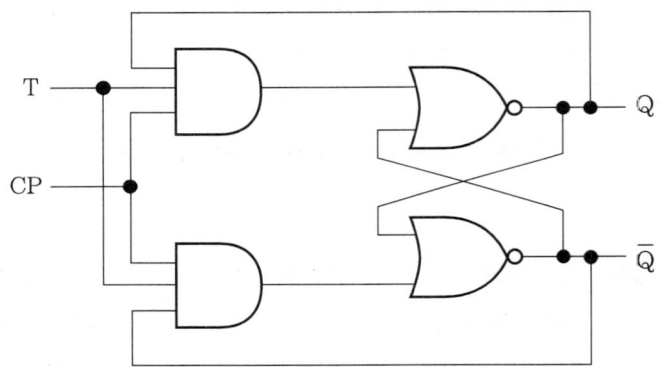

[그림 5-39] T 플립플롭 회로도

[표 5-19] T 플립플롭의 진리표

CP	입력 T	상태값 $Q_{(t+1)}$	비 고
0	×	$Q_{(t)}$	불변
↑	0	$Q_{(t)}$	불변
↑	1	$\overline{Q_{(t)}}$	반전

(5) 플립플롭의 여기표

현재 상태를 $Q_{(t)}$라 하고, 다음 상태를 $Q_{(t+1)}$이라 할 때 4가지 플립플롭의 $Q_{(t+1)}$을 원하는 상태로 만들기 위한 각각의 입력을 나타낸 것을 여기표(excitation table)라 하며, [표 5-20]과 같이 나타낸다.

×로 표시한 것은 무관 조건(don't care condition)으로 0 또는 1의 어느 입력값이 입력되더라도 출력에는 변화가 없는 조건을 말한다.

[표 5-20] 플립플롭의 여기표

(a) RS 플립플롭

$Q_{(t)}$	$Q_{(t+1)}$	S	R
0	0	0	×
0	1	1	0
1	0	0	1
1	1	×	0

(b) JK 플립플롭

$Q_{(t)}$	$Q_{(t+1)}$	J	K
0	0	0	×
0	1	1	×
1	0	×	1
1	1	×	0

(c) D 플립플롭

$Q_{(t)}$	$Q_{(t+1)}$	D
0	0	0
0	1	1
1	0	0
1	1	1

(d) T 플립플롭

$Q_{(t)}$	$Q_{(t+1)}$	T
0	0	0
0	1	1
1	0	1
1	1	0

예를 들어 T 플립플롭을 이용하여 3비트 2진 카운터를 설계한다고 가정하면 설계 순서는 다음과 같다.
① 상태 변화에 따른 상태도를 그린다. 상태도는 [그림 5-40]에 나타내었다.
② 상태도에 따른 여기표를 작성한다. 여기표는 [표 5-21]과 같다.
③ 각각의 필요 입력에 따른 논리식을 작성하고, 작성된 논리식을 카르노 맵이나 블

대수를 이용하여 간략화한다. 카르노 맵을 이용한 3비트 2진 카운터에 대한 논리식의 간소화는 [그림 5-41]과 같다.

④ 최종적으로 간소화된 논리식을 이용하여 논리 회로를 그린다. 설계된 3비트 2진 카운터는 [그림 5-42]와 같다.

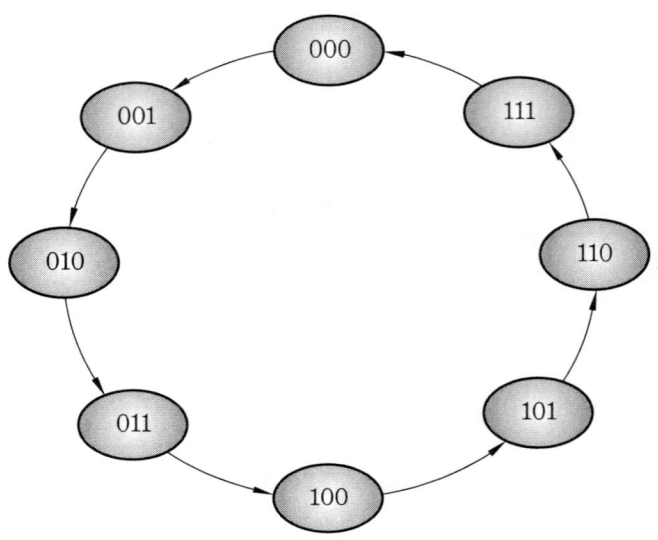

[그림 5-40] 3비트 2진 카운터의 상태도

[표 5-21] 3비트 2진 카운터의 여기표

A_2	A_1	A_0	TA_2	TA_1	TA_0
0	0	0	0	0	1
0	0	1	0	1	1
0	1	0	0	0	1
0	1	1	1	1	1
1	0	0	0	0	1
1	0	1	0	1	1
1	1	0	0	0	1
1	1	1	1	1	1

TA_0는 모든 상태 변화에 대해 항상 1이므로 논리식은 $TA_0 = 1$이다. TA_1, TA_2에 대한 카르노 맵은 [그림 5-41]과 같다.

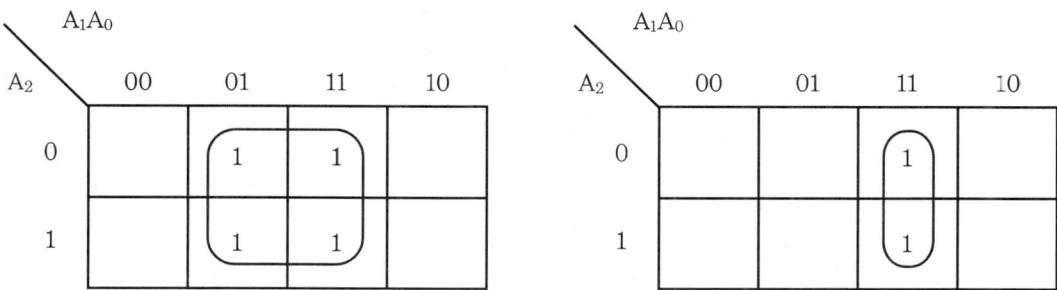

[그림 5-41] TA_1, TA_2에 대한 카르노 맵

따라서, TA_1, TA_2에 대한 논리식은

$$TA_1 = A_0 \tag{5-45}$$

$$TA_2 = A_1 A_0 \tag{5-46}$$

간략화된 논리식을 논리 회로로 구성하면 [그림 5-42]와 같다.

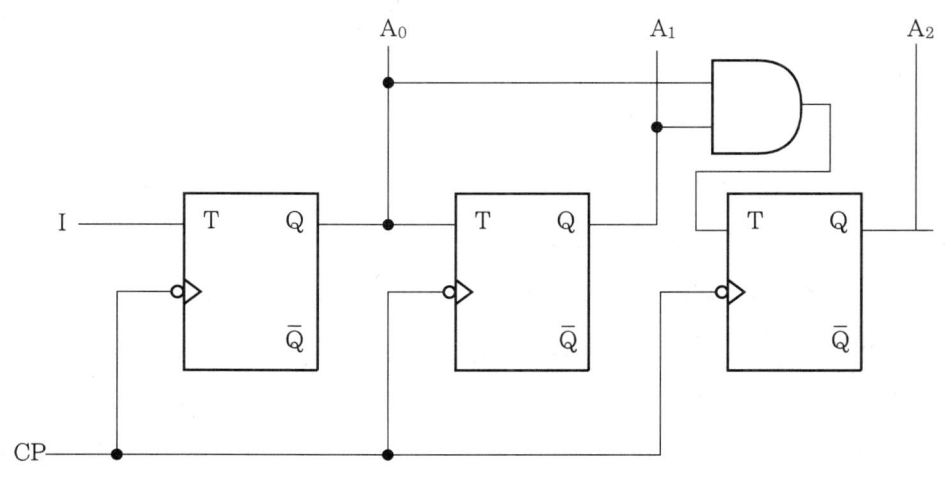

[그림 5-42] 3비트 2진 카운터의 논리 회로

예제

외부 입력 X에 따라 다음 그림과 같이 순차 회로의 상태가 변화한다. JK 플립플롭을 사용하여 순차 회로를 설계하라.

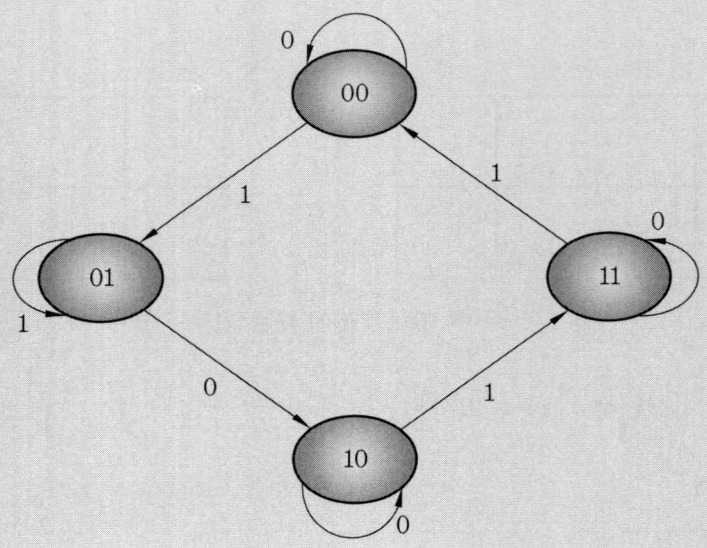

현재 상태		다음 상태			
		X=0		X=1	
A	B	A	B	A	B
0	0	0	0	0	1
0	1	1	0	0	1
1	0	1	0	1	1
1	1	1	1	0	0

풀이 1. 다음과 같이 여기표를 작성한다.

조합 회로 입력					조합 회로 출력			
현재	상태	입력	다음	상태				
A	B	X	A	B	JA	KA	JB	KB
0	0	0	0	0	0	×	0	×
0	0	1	0	1	0	×	1	×
0	1	0	1	0	1	×	×	1
0	1	1	0	1	0	×	×	0
1	0	0	1	0	×	0	0	×
1	0	1	1	1	×	0	1	×
1	1	0	1	1	×	0	×	0
1	1	1	0	0	×	1	×	1

2. 다음과 같이 카르노 맵을 이용하여 논리식을 간략화한다. 여기서 X는 출력에 전혀 영향을 끼치지 않는 무관 조건(don't care condition)이다.

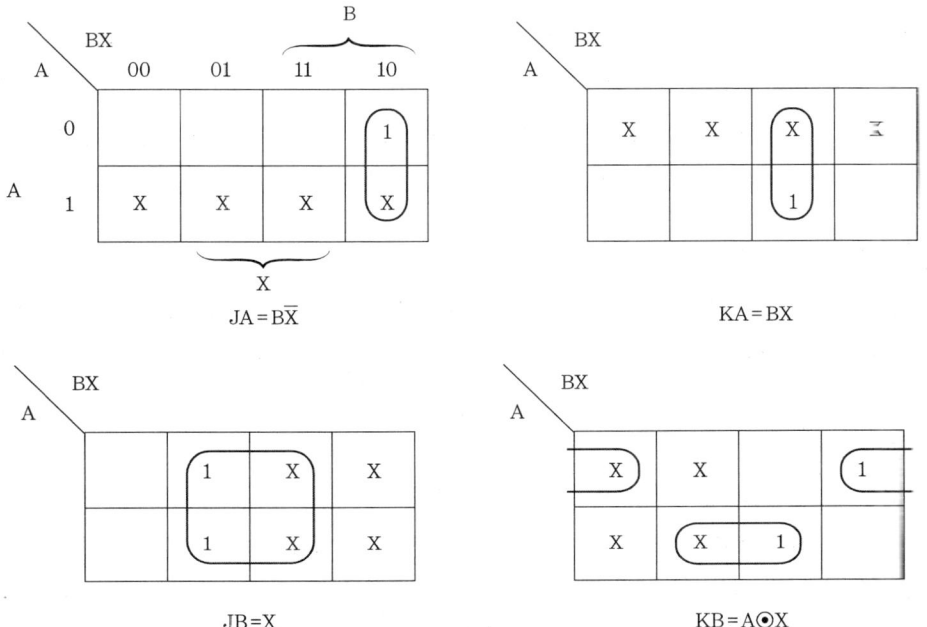

간략화된 논리식은 다음과 같다.

$JA = B\overline{X}$ $KA = BX$

$JB = X$ $KB = A \odot B = \overline{A \oplus X}$

간략화된 논리식을 이용하여 순차 회로를 구성하면 다음 그림과 같다.

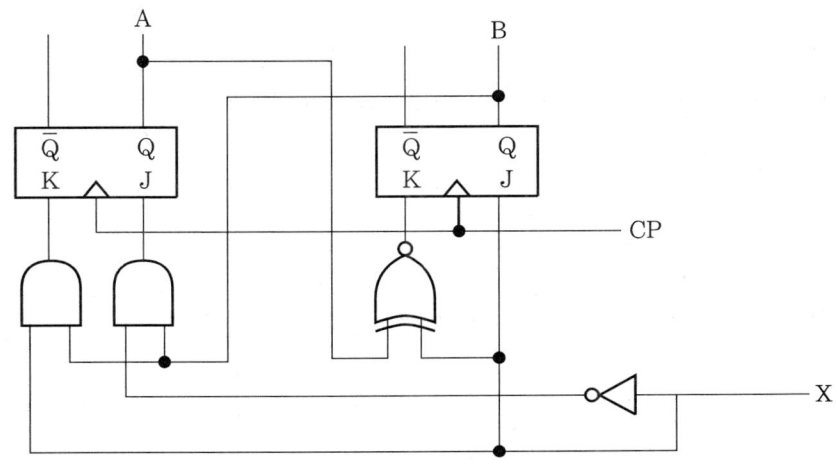

4-4 카운터와 레지스터

디지털 카운터는 일정한 주파수의 클록을 입력으로 하여 정해진 순서대로 계수 또는 분주(frequency division)하거나, 디지털 시스템의 제어를 순차적으로 실행하는 순차 논리 회로이며, 레지스터는 여러 비트의 정보를 저장하기 위한 플립플롭들과 새로운 정보의 전송 시기와 방법을 제어하는 게이트로 이루어진 회로이다.

(1) 카운터

카운터는 여러 개의 플립플롭을 모아서 만든 것으로서 클록 펄스의 수나 시간에 따라 반복적으로 일어나는 횟수를 세는 데 사용된다. 카운터는 클록 펄스의 입력 방식에 따라 비동기식 카운터(asynchronous counter)와 동기식 카운터(synchronous counter)로 구분된다.

비동기식 카운터는 직렬 카운터 또는 리플 카운터(ripple counter)라고도 하며, 내부에 플립플롭이 종속 연결되어 있어서, 첫 번째 플립플롭에만 외부 클록을 인가하고 그 다음 플립플롭부터는 바로 앞단 플립플롭의 출력이 클록 펄스로 인가된다.

동기식 카운터는 병렬 카운터라고도 하며, 카운터 회로에 쓰이는 모든 플립플롭에 클록 펄스를 인가하고 출력이 동시에 변화하는 카운터로서, 하드웨어가 비동기식 카운터에 비해 복잡하다.

또한 카운터는 카운터 방향에 따라 업 카운터, 다운 카운터로 구분되나, 실제로는 이 두 가지 기능을 동시에 갖는 업다운 카운터가 상용화되어 있다.

① 비동기식 2진 카운터

[그림 5-43]에 비동기식 2진 카운터를 나타내었다. 클록 펄스가 인가되면 첫 번째 플립플롭에 토글되어 Q_A 출력을 발생한다. Q_A 출력이 두 번째 플립플롭의 클럭 펄스로 인가되어 토글되는 Q_B 출력을 발생하게 된다.

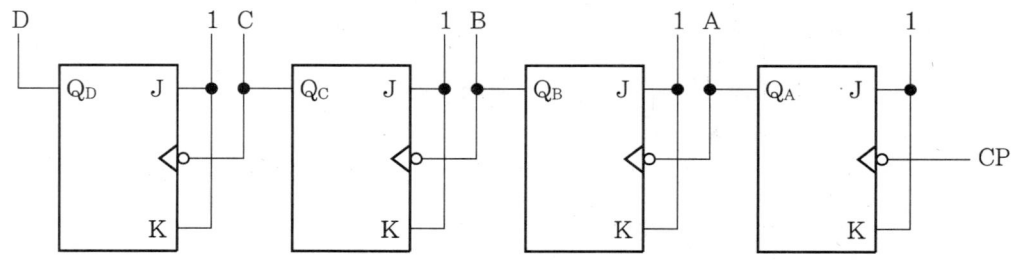

[그림 5-43] 비동기식 2진 카운터

15번째 클록에 의해서 모든 플립플롭의 카운터 값은 15(1111)가 되고, 16번째 클록이 인가되면 카운터값은 0(0000)으로 돌아간다. 이후 클록이 가해지면 0으로부터 다시 카운터가 시작된다. 여기서 Q_D가 MSB이고 Q_A가 LSB이다.

예를 들어 클록 입력이 40kHz라면, Q_A는 20kHz, Q_B는 10kHz, Q_C는 5kHz, Q_D는 2.5kHz가 된다.

결국 최종 출력 주파수는 인가 클록 주파수를 16으로 나눈 것과 같은 주파수가 되는데, 이를 MOD 수라 한다. MOD 수가 16이므로 MOD 16 카운터 또는 4단 2진(16진) 카운터라고도 한다.

㈎ MOD 수 : MOD 수는 카운터가 갖는 상태의 수를 의미한다. 플립플롭 단을 증감 시킴으로써 얼마든지 조정이 가능하며, 플립플롭의 단수를 N이라고 하면, MOD 수는 다음과 같이 구할 수 있다.

$$\text{MOD 수} = 2^N$$

㈏ 최대 카운터값 : 최대 카운터값은 MOD 수 -1로서, 카운터가 갖는 최대값을 의미한다.

예를 들어 3단 2진 카운터의 경우에는 MOD 수 $=2^3=8$이고, 최대 카운터 값은 $2^N-1=2^3-1=8-1=7$이 된다.

② 비동기식 10진 카운터

MOD-10 카운터를 10진 카운터라고 한다. 10진 카운터의 정확한 의미는 카운터 순서와는 무관하게 10개의 상태가 있는 경우인데, 그중에서도 0(0000)에서 9(1001)가 순서적으로 카운터되는 경우를 BCD 카운터라고 하며, 카운터 중 가장 광범위하게 사용되고 있다.

특히 BCD 카운터는 펄스 주파수를 정확하게 10으로 나누기 위해 주파수 분주 회로에서 자주 사용된다.

③ 동기식 2진 카운터

비동기식 카운터의 가장 큰 문제점은 각단 플립플롭의 전파 지연이 누적되어 최종 출력에 나타난다는 것이다. 이러한 문제를 해결한 동기 카운터는 각 플립플롭의 클록 단자가 외부 입력 펄스에 직접 연결되어 있어서 모든 플립플롭이 동시에 트리거되므로 플립플롭 한 단의 전파 지연만 존재한다. 클럭 단자가 각 플립플롭에 병렬로 연결되어 있으므로 병렬 카운터라고도 한다. [그림 5-44]는 동기식 2진 카운터의 회로도를 나타낸 것이다.

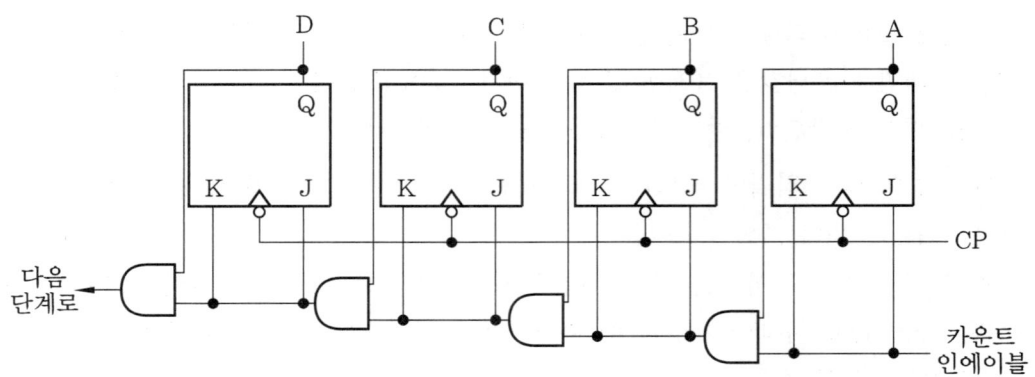

[그림 5-44] 동기식 2진 카운터

④ 동기식 업/다운 카운터

업다운 카운터는 일정한 시퀀스를 통해서 업 또는 다운 두 방향 중 하나가 선택되어 카운트되는 카운터로서 양방향 카운터라고 한다. 예를 들면, 동기 4단 2진의 경우, 업 카운터는 0(0000)에서 15(1111)로 카운터가 이루어지며, 다운 카운터는 15(1111)에서 0(0000)으로 카운터가 이루어진다.

(2) 레지스터

레지스터는 여러 비트를 일시적으로 저장하는 기억 장치로 사용하며, 클록을 인가함으로써 좌우로 한 비트씩 데이터를 시프트하여 2진수의 곱셈이나 나눗셈을 하는 연산 장치에도 사용한다.

레지스터를 구성하는 모든 플립플롭들이 동시에 트리거되어 데이터를 받아들이는 병렬 입출력 레지스터를 병렬 레지스터라 하며, 데이터가 한 번에 한 비트씩 인가되거나 동시에 적재되더라도 한 비트씩 자리 이동을 하면서 출력되는 것을 직렬 레지스터 또는 시프트(shift) 레지스터라 한다.

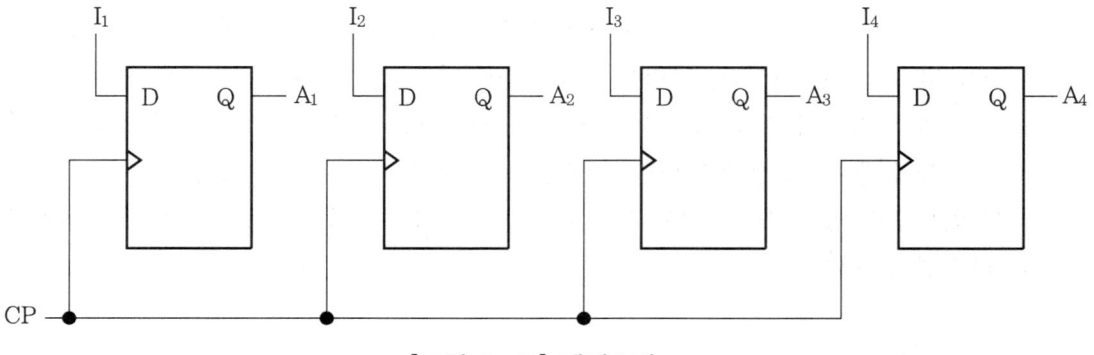

[그림 5-45] 레지스터

시프트 레지스터는 기억되어 있는 자료를 우측이나 좌측으로 움직일 수 있는데 레지스터에 기억되어 있는 자료에 2의 배수를 곱하거나 나누는 기능 이외에도 두 개의 시스템 사이에서 직렬 또는 병렬 자료 전송 시 자료 송신기과 수신기로 사용할 수 있다.

[그림 5-46]은 4개의 플립플롭이 연결된 레지스터의 입력 단자에 조합 논리 회로를 사용한 4비트 직렬 입출력 시프트 레지스터이다.

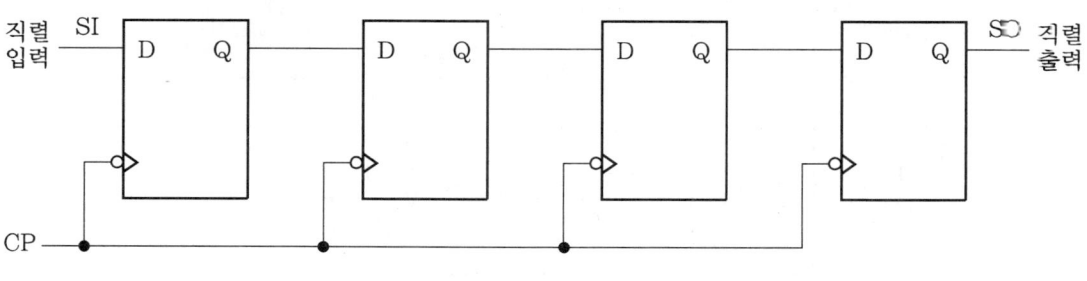

[그림 5-46] 시프트 레지스터

5. A/D, D/A 변환 회로

5-1 개요

디지털 시스템은 모든 내부 동작이 0과 1의 2진수 형태로 이루어진다. 따라서 디지털 시스템으로 입력되는 모든 입력은 2진 형태로 인가되어야만 한다. 반면에 디지털 시스템에서 연산되는 모든 출력은 그 용도에 따라 알맞은 다른 형태로 변화되어야만 외부의 다른 시스템에 적용될 수 있다.

디지털 시스템을 자세히 살펴보면 여러 가지 종류의 입력 장치나 센서들에 의해 측정된 값들이 그 값에 비례하는 전압이나 전류로 변경되고, A/D 변환기(ADC : analog to digital converter)로 보내져 아날로그 값에 상응하는 디지털 수치로 변환된다.

이와 반대의 개념으로 디지털 시스템의 출력 장치나 구동 장치에서는 연산된 계산값들을 적절한 구동 신호로 바꾸어 출력해야 한다.

예를 들어 구동 신호가 직류 모터의 속도를 제어하는 전압이라고 가정하면, 이러한 구동 신호는 아날로그의 특성을 갖는다. 따라서 디지털 시스템의 출력을 원하는 아날로그 형태로 바꾸어주는 D/A 변환기(DAC : digital to analog converter)가 필요하게 된다.

이와 같이 A/D 변환기와 D/A 변환기는 컴퓨터나 마이크로프로세서와 같은 순수한 디지털 시스템과 아날로그 형태의 또 다른 시스템과의 인터페이스(interface)를 담당하며, 시스템의 구성은 [그림 5-47]과 같다.

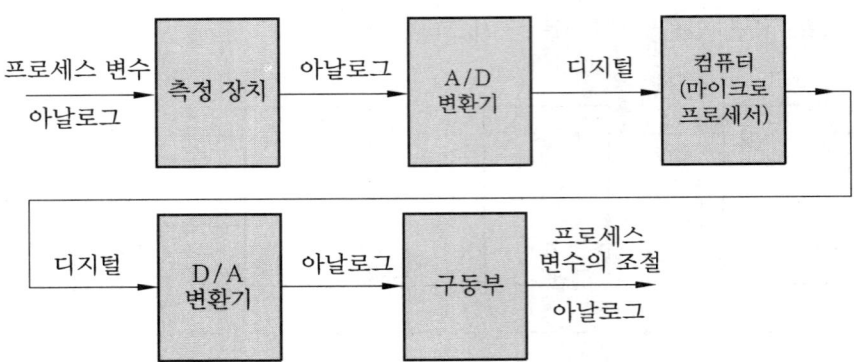

[그림 5-47] 디지털 시스템과 아날로그 시스템의 인터페이스

5-2 D/A 변환

D/A 변환은 2진수의 데이터를 그 값에 비례하는 전압이나 전류로 바꾸는 동작이다. [그림 5-48]에 일반적인 형태의 4비트 D/A 변환기의 블록 다이어그램을 나타내었다. 디지털 입력이 4비트이므로 이에 해당하는 아날로그 출력 전압은 $2^4 = 16$이 되어 16가지의 전압 레벨을 갖게 된다.

[그림 5-48]에서 보는 것과 같이 아날로그화된 출력 전압 사이의 간격은 1V이다. 이와 같이 출력이 발생할 수 있는 가장 작은 변화값을 분해능(resolution) 또는 스텝 크기라 부른다.

[그림 5-49] (a)에 4비트 D/A 변환기의 기본 회로를 나타내었다. 입력 A, B, C, D는 디지털 신호 0과 1에 해당하는 0V 또는 5V 중 한 가지가 입력된다. 연산 증폭기를 이용한 가산기의 출력을 나타내는 식 (3-38)을 이용하면 4비트 D/A 변환기의 출력은 다음과 같다.

$$V_O = -(V_D + 0.5 V_C + 0.25 V_B + 0.125 V_A) \qquad (5-47)$$

[그림 5-49] (b)에는 입력되는 2진수에 대해 D/A 변환된 출력 전압 레벨을 표시하였다. 분해능은 0.625V이다.

5. A/D, D/A 변환 회로 | 225

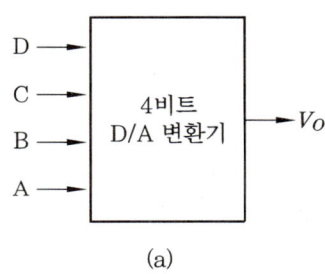

디지털 입력				아날로그 출력
D	C	B	A	V_O
0	0	0	0	0 V
0	0	0	1	1 V
0	0	1	0	2 V
0	0	1	1	3 V
0	1	0	0	4 V
0	1	0	1	5 V
0	1	1	0	6 V
0	1	1	1	7 V
1	0	0	0	8 V
1	0	0	1	9 V
1	0	1	0	10 V
1	0	1	1	11 V
1	1	0	0	12 V
1	1	0	1	13 V
1	1	1	0	14 V
1	1	1	1	15 V

(a)   (b)

[그림 5-48] 4비트 D/A 변환기

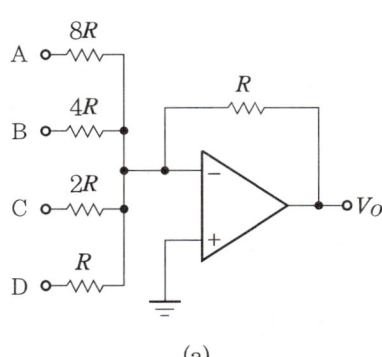

디지털 입력				아날로그 출력
D	C	B	A	V_O
0	0	0	0	0 V
0	0	0	1	−0.625 V
0	0	1	0	−1.250 V
0	0	1	1	−1.875 V
0	1	0	0	−2.500 V
0	1	0	1	−3.125 V
0	1	1	0	3.750 V
0	1	1	1	−4.375 V
1	0	0	0	−5.000 V
1	0	0	1	−5.625 V
1	0	1	0	−6.250 V
1	0	1	1	6.875 V
1	1	0	0	−7.500 V
1	1	0	1	−8.125 V
1	1	1	0	−8.750 V
1	1	1	1	−9.375 V

(a)   (b)

[그림 5-49] 연산 증폭기를 이용한 4비트 D/A 변환기

5-3 A/D 변환

D/A 변환기와 반대의 동작을 하는 소자가 A/D 변환기이다. A/D 변환은 아날로그 시스템이 디지털 시스템에 입력을 인가하거나 센서 데이터를 수집하는 경우에 필요한 인터페이스 과정으로, 디지털화된 아날로그 데이터를 얻는 과정을 데이터 수집(data aquisition)이라고 한다.

A/D 변환을 하는 방법은 여러 가지가 있으나 그중 변환 속도가 가장 빠른 플래시(flash) 또는 동시(simultaneous) A/D 변환을 [그림 5-50]에 나타내었다.

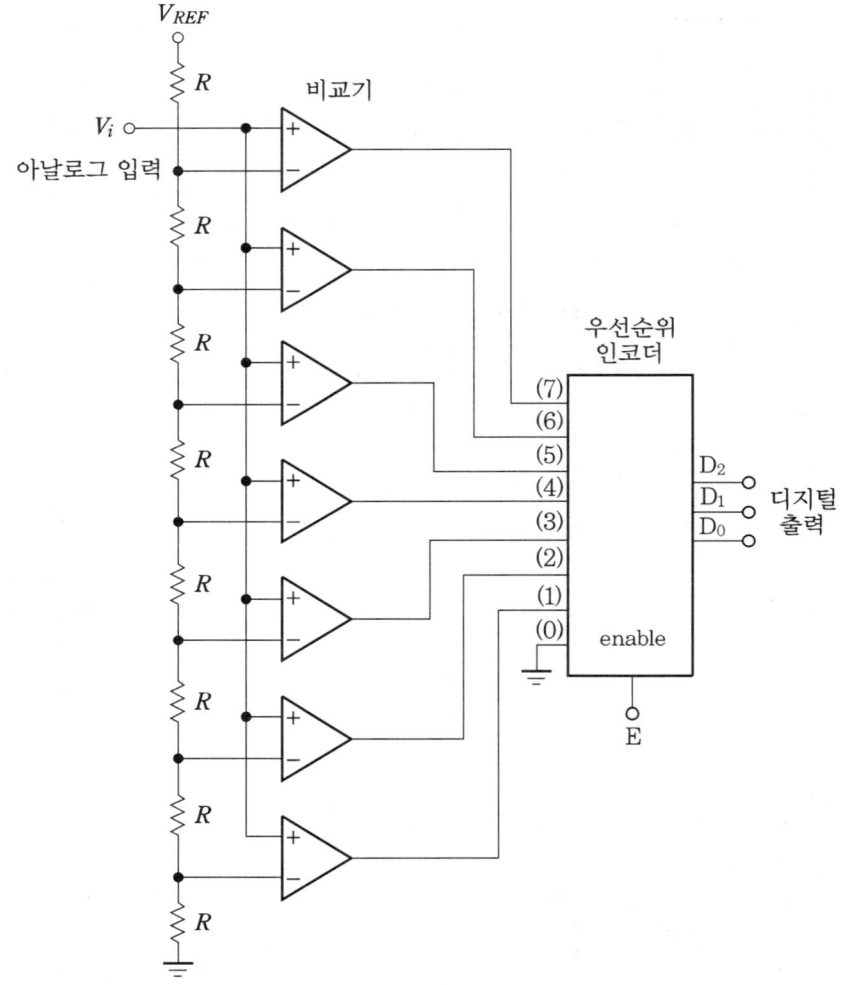

[그림 5-50] 3비트 플래시 A/D 변환기

플래시 A/D 변환은 2진수를 표현하기 위해 많은 수의 비교기를 필요로 하는 단점도 있으나 변환 시간이 짧다는 장점을 갖고 있다. 입력되는 아날로그 값에 대해 연산 증폭기를 이용한 각각의 비교기가 동작을 수행하며, 이때 각각의 비교기에서 비교되는 기준 전압은 저항으로 이루어진 전압 분배기에 의해 결정된다. 인에이블 펄스에 맞추어 샘플링되며, 동작되는 비교기 중 가장 상위의 비교기가 우선순위 인코더에 의해 선택되어 가장 높은 입력을 표현하는 2진수를 출력하게 된다.

6. 메모리 소자

플립플롭은 한 비트의 데이터를 기억할 수 있고, 이러한 플립플롭들의 배열로 이루어지는 레지스터는 한 워드의 정보를 저장할 수 있으며, 정보를 다른 장소로 전송하는 데 사용된다. 레지스터는 고속의 기억 소자로서 디지털 시스템의 기억 소자나 컴퓨터의 내부 기억 장치로서 사용된다.

디지털 시스템을 설계하고 응용하는 데 있어서 많은 용량의 데이터를 저장하는 것이 필요하며, 이러한 저장 장소를 제공하도록 개발된 소자를 메모리(memory)라 부른다. LSI(large scale integration)와 VLSI(very large scale integration) 기술이 발전함에 따라 1개의 소자 안에 무수히 많은 플립플롭을 다양한 형태로 배열하여 집적할 수 있게 되었으며, 바이폴라 및 MOS 반도체 기억 장치들이 개발되었다.

6-1 ROM

ROM(read only memory)은 영구적으로 변하지 않거나 자주 변하지 않는 데이터를 저장하기 위해 설계된 것이다. 정상적인 동작 중에는 새로운 데이터를 ROM에 쓸 수 없고, 단순히 ROM으로부터 데이터를 읽을 수만 있다. ROM에 입력되는 데이터는 제조 공정 시 입력될 수도 있으며, 전기적으로 ROM 라이터(writer)를 이용하여 2진의 데이터를 입력할 수도 있다. 이러한 과정을 ROM 프로그래밍 또는 굽기(burning)라고 한다.

ROM은 시스템이 동작하는 동안 변화가 없는 데이터나 정보를 저장하는데 사용되며, 주로 사용되는 곳은 디지털 시스템이나 컴퓨터에서의 프로그램 저장 장소이다. ROM은 비휘발성이므로 전원이 꺼진다 하더라도 데이터를 잃어버리지 않으며, 다시 전원이 인가되면 ROM에 저장된 프로그램을 실행시킬 수 있다.

(1) 마스크 ROM

마스크(mask) ROM은 고객의 요청에 따라 제조 회사에서 각각의 지정된 장소에 정해진 데이터나 프로그램을 입력하여 대량으로 생산된 ROM을 말한다. 소자를 제작하는 데 있어 마스크라 불리는 사진 원판을 이용하기 때문에 많은 양의 ROM을 필요로 할 때 경제적이다.

마스크 ROM의 단점은 저장된 프로그램을 수정이 필요할 때 수정을 할 수 없다는 것이며, 이러한 경우에는 새로 제작된 마스크 ROM으로 교체해야만 한다.

(2) 프로그램 가능형 ROM

프로그램 가능형 ROM(PROM : programmable ROM)은 마스크 ROM의 수정이 불가능하다는 단점을 피하기 위해 개발되었으며, 사용자에 의해 프로그램을 입력할 수 있다. 하지만 PROM도 일단 프로그램이 입력되고 나면 다시 수정을 할 수 없다는 단점을 갖고 있다.

(3) 소거 및 프로그램 가능형 ROM

소거 및 프로그램 가능형 ROM(EPROM : erasible programmable ROM)은 사용자가 마음대로 프로그램이 가능하며, 수정이 필요한 경우 다시 지운 뒤 프로그램을 입력할 수 있다. 일단 프로그램이 입력되고 나면 저장된 데이터를 계속해서 유지하는 비휘발성 메모리이다.

EPROM에 데이터를 입력하기 위해서는 [그림 5-51]과 같은 ROM 라이터라는 장치를 이용해야 한다. 또한 입력된 데이터를 지우기 위해서는 칩 위에 설치된 창을 통하여 15~30분 동안 자외선을 비춰주어야 한다.

ROM에 입력된 데이터를 지우기 위해서는 [그림 5-52]와 같은 ROM 소거기(eraser)라는 장치를 사용하는데, 이는 장치 내부에 자외선 램프가 있어 타이머를 사용하여 정해진 시간 동안 ROM에 자외선을 비추도록 한 것이다.

[그림 5-51] ROM 라이터

[그림 5-52] ROM 소거기

[그림 5-53]에 EPROM의 한 종류인 Texas Instrument사의 64K의 기억 용량을 갖는 TMS27C512의 외형을 나타냈다.

[그림 5-53] EPROM

(4) 전기적으로 소거 가능형 ROM

EPROM은 소거가 가능하다는 장점을 가지고 있으나, 소거와 재프로그램을 위해서는 소켓에서 EPROM을 빼내어야 하며, 소거를 위해서는 30분의 소거 시간을 필요로 하다는 단점을 가지고 있다.

따라서 EPROM의 개선책으로 전기적으로 소거가 가능한 ROM(EERPOM : electrically erasable PROM)이 개발되었다. 보통 EEPROM의 데이터를 회로에 내장한 채로 소거하는 데 필요한 시간은 10ms 정도이다. ROM 라이터에 의해 프로그램을 입력할 수도 있으며, 규격에 정해진 일정 핀을 통하여 EEPROM을 회로에 내장한 채 프로그램할 수도 있다. E2PROM이라고도 부른다.

(5) 플래시 메모리

소비 전력이 작고, 전원이 꺼지더라도 저장된 정보가 사라지지 않은 채 유지되는 특성을 지닌다. 곧 계속해서 전원이 공급되는 비휘발성 메모리로, 디램과 달리 전원이 끊기더라도 저장된 정보를 그대로 보존할 수 있을 뿐 아니라 정보의 입출력도 자유로워 디지털 텔레비전, 디지털 캠코더, 휴대 전화, 디지털 카메라, 개인 휴대 단말기(PDA), 게임기, MP3 플레이어 등에 널리 이용된다.

종류는 크게 저장 용량이 큰 데이터 저장형(NAND)과 처리 속도가 빠른 코드 저장형(NOR)의 2가지로 분류된다. 전자는 고집적이 가능하고 핸드 디스크를 대체할 수 있어 고집적 음성이나 화상 등의 저장용으로 많이 쓰이며, 한국의 삼성전자(주)가 세계 시장의 60%를 점유하고 있다. 코드 저장형은 전체 플래시 메모리 시장의 80%를 차지하고 있는 메모리로, 인텔·AMD 등이 시장을 주도하고 있으며, 한국에서도 128메가의 코드 저장형 플래시 메모리 제품을 개발하였다. [그림 5-54]는 일반적인 플래시 메모리(flash memory)의 외형을 나타낸 것이다.

[그림 5-54] 플래시 메모리

6-2 RAM

RAM(random access memory)은 단어가 의미하는 것과 같이 어떤 기억 장소로도 쉽게 접근 가능하다는 뜻을 갖고 있으며, 프로그램이나 데이터를 일시적으로 저장하는 데 사용된다.

ROM은 읽는 것만 가능하나 RAM은 읽고 쓸 수 있는 기억 소자이며, ROM은 프로그램을 저장하면 지워지지 않는 것에 비해, RAM은 전원이 꺼지거나 차단되면 저장된 데이터를 모두 잃어버리는 휘발성의 단점을 갖고 있다.

(1) SRAM

SRAM(static RAM)은 전원이 인가되는 동안 데이터를 저장할 수 있으며, 비트당 한 개씩의 플립플롭으로 구성된다. 플립플롭에 쓰여진 데이터는 직류 전원이 유지되는 동안 저장된 내용을 유지한다. 저장된 데이터에 대한 빠른 액세스(access) 시간을 갖는다는 장점을 갖고 있으나, 대용량의 데이터 저장 장소를 갖기 어렵다는 단점을 갖고 있다. [그림 5-55]에 삼성전자의 32K의 용량을 갖는 KM62256ALP-10의 외형을 나타냈다.

[그림 5-55] SRAM

(2) DRAM

DRAM(dynamic RAM)은 데이터를 저장하기 위하여 MOSFET의 게이트 단자에 커패시터를 연결하고, 커패시터에 충전되는 전하를 이용하여 데이터를 저장한다. 커패시터는 시간이 지남에 따라 충전된 전하가 방전되므로 저장된 데이터를 유지하기 위해서는 주기적으로 커패시터를 재충전(refresh)해 주어야 한다.

따라서 DRAM의 경우에는 SRAM에서 필요하지 않은 외부의 재충전 회로가 부가되어야 한다는 단점을 갖고 있다. 하지만 기본적인 저장 공간을 생성하기 위하여 한 개의 MOSFET와 한 개의 커패시터만 사용하기 때문에 메모리의 밀도를 높일 수 있다. 이러한 이유로 인해 플립플롭을 사용하는 SRAM보다 대용량의 메모리를 갖는다는 장점이 있다.

연습 문제

1. 다음 10진수를 2진수로 변환하시오.
   (1) 153
   (2) 272

2. 다음 16진수를 2진수로 변환하시오.
   (1) 79F
   (2) 30AE

3. 다음의 논리 회로를 논리식으로 표현하시오.
   (1)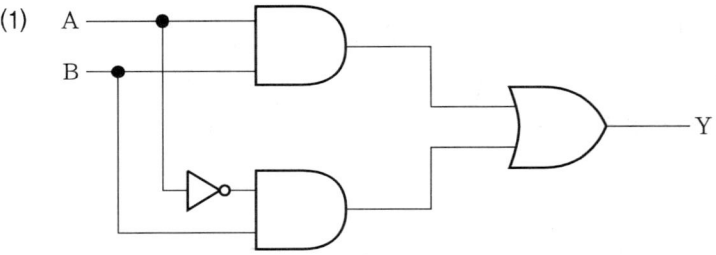

   (2)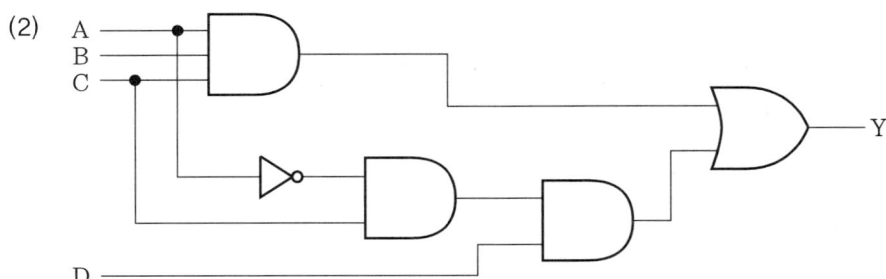

4. 다음 그림과 같은 파형을 해당 게이트에 입력하였을 때의 출력 파형을 그리시오.

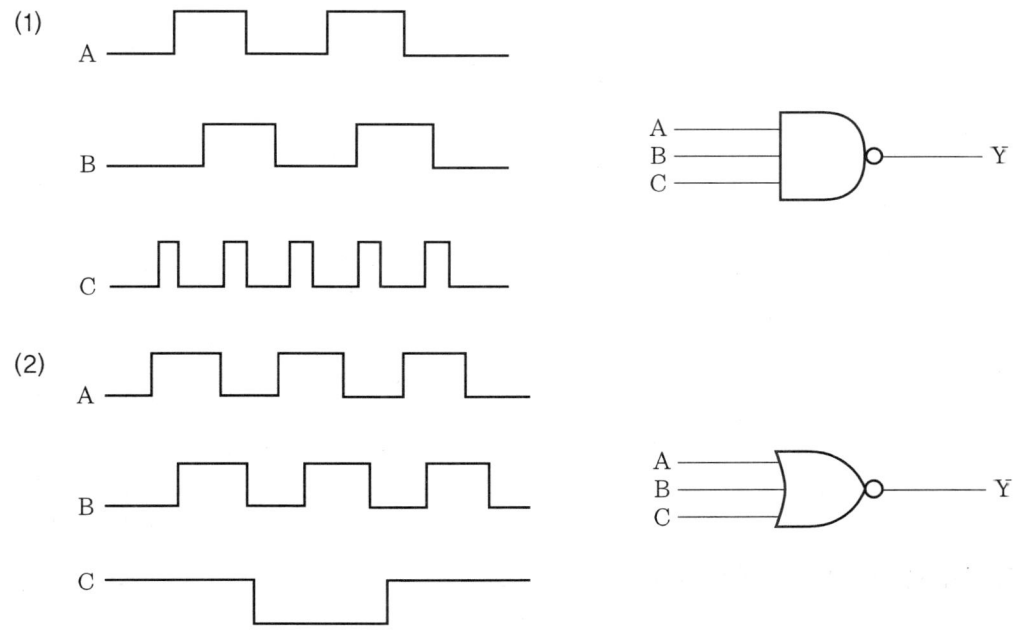

5. 다음 출력식에 대한 논리도를 그리고, 불 법칙을 이용하여 간략화하였을 때의 논리도를 그리시오.

$$Y = ABC + A\overline{B}C + AB\overline{C}$$

6. JK 플립플롭에 다음의 타이밍 차트와 같은 입력을 인가하였을 때 출력되는 Q값을 그리시오.

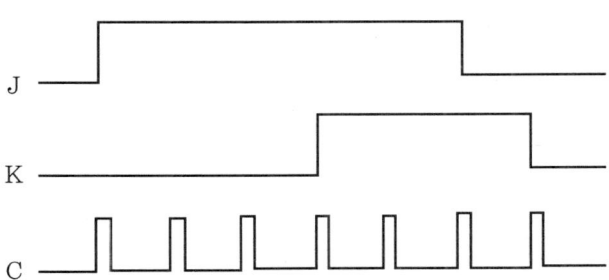

7. 다음 그림과 같은 상태도를 갖는 카운터 회로를 JK 플립플롭을 이용하여 설계하시오.

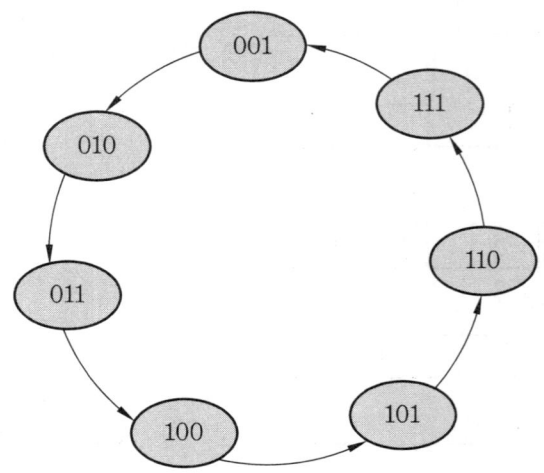

8. 플립플롭의 종류를 열거하시오.

9. AND, OR, NOT 게이트를 사용하여 EX-OR 게이트 회로를 그리시오.

10. NAND 게이트만으로 EX-OR 게이트 회로를 구성하시오.

Chapter 06 제어 이론

1. 개 요

1-1 자동 제어의 정의

일반적으로 제어라는 개념은 어떤 시스템(system)을 원하는 대로 동작하도록 조작하는 것을 말한다. 여기서 계는 전기, 기계, 전자, 항공, 경제 및 기타 관련 분야 전반을 포함한다.

이러한 제어의 개념은 간단하게는 가정에서 일반적으로 온도와 습도를 조절하기 위해 사용하는 냉난방장치, 온도 조절을 사용하는 냉장고를 예로 들 수 있으며, 산업적으로는 로봇 공학을 이용하여 생산 라인을 자동화하는 것을 비롯하여 고속 전철에서의 자동 교통 제어 시스템, 항공기의 비행 자세를 자동적으로 조정하여 비행하도록 하는 자동 조종 장치 시스템, 박동 조정기에 의해 인간의 심장을 제어하는 생의학 제어 시스템, 국가 수입과 세금, 소비자의 소비에 의해 관계되는 경제 궤환 제어 시스템을 들 수 있다.

제어의 개념을 크게 분류하면 인간의 판단과 조작에 의해 이루어지는 수동 제어와 제어장치에 의해 자동적으로 수행되는 자동 제어로 구분된다.

수동 제어는 [그림 6-1]에 나타낸 것과 같이 사람이 물통의 물을 급수하는 것을 예로 들 수 있으며, 자동 제어는 [그림 6-2]와 같이 태코미터에 의한 전동기의 속도 제어를 예로 들 수 있다.

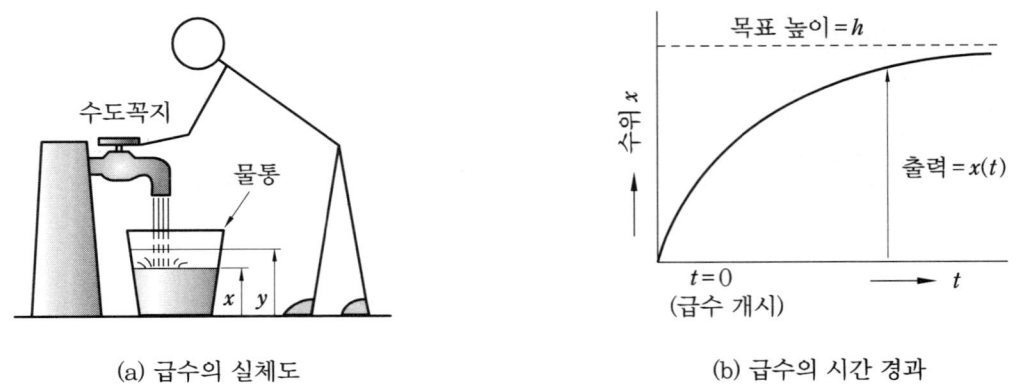

(a) 급수의 실체도

(b) 급수의 시간 경과

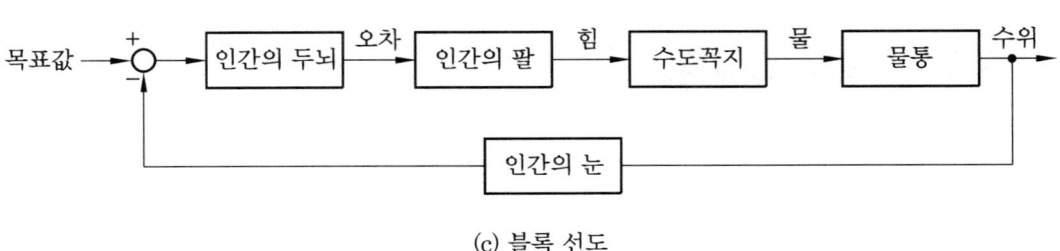

(c) 블록 선도

[그림 6-1] 수동 제어의 예

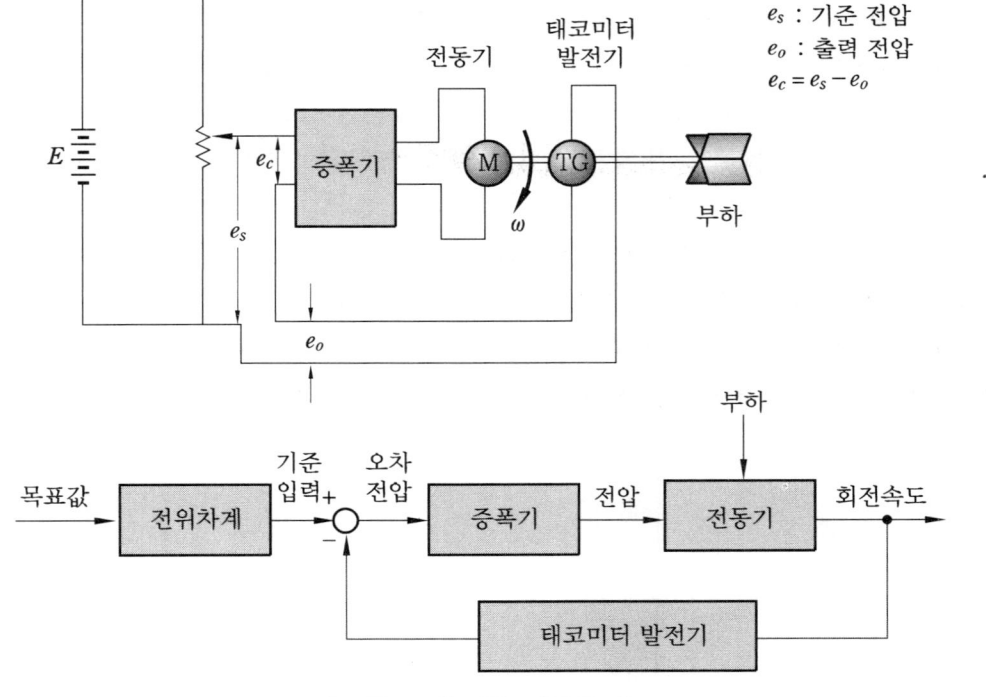

[그림 6-2] 자동 제어의 예

1-2 개루프와 폐루프

제어 시스템은 개루프(open loop) 제어 시스템과 폐루프(closed loop) 제어 시스템으로 구분된다. 개루프 제어 시스템은 제어 동작이 출력과 관계없이 신호의 통로가 열려 있는 제어 계통을 의미하며 [그림 6-3]과 같은 구조를 갖는다.

이러한 개루프 제어 시스템의 예로 세탁기나 자동판매기를 들 수 있는데, 이들은 정해진 작업만 수행할 뿐 그 결과에 대해 점검하고 확인할 수가 없다. 자동세탁기의 경우 작동 시간을 사람이 정해주면 주어진 시간 동안만 일정한 수순에 따라 세탁만 할 뿐 세탁물의 세척 정도와 상관없이 작업을 끝낸다.

이와 같이 출력의 상태를 확인하여 목표와 일치하는가를 확인하는 과정이 없는 것을 개루프 제어라 하고, 확인하는 과정이 있는 것을 폐루프 제어라 하며, 폐루프 제어는 [그림 6-4]와 같은 구조를 갖는다.

폐루프 제어는 외부 조건의 변화에 대한 영향을 줄일 수 있고 제어 시스템의 성능을 향상시키며 목표값을 정확히 달성할 수 있다는 장점이 있는 반면 제어 시스템의 설계가 다소 복잡해지고 이에 따라 제어기의 제작 비용이 비싸지는 단점을 가지고 있다.

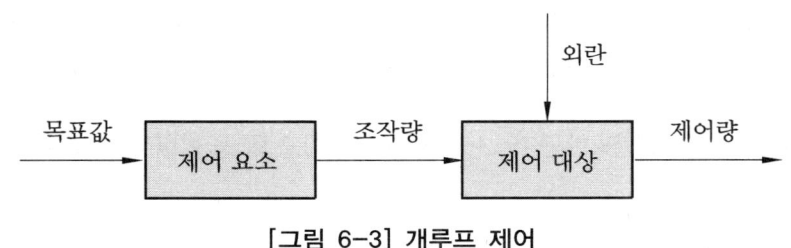

[그림 6-3] 개루프 제어

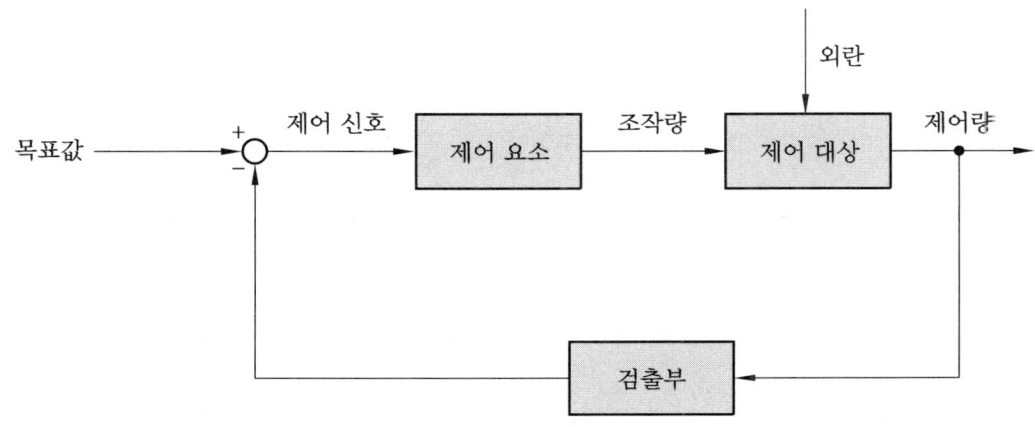

[그림 6-4] 폐루프 제어

2. 제어 시스템

2-1 제어 요소

실제 제어 시스템의 입력과 출력 사이의 관계를 수식으로 표현하려면 매우 복잡한 형태로 나타날 것이다. 하지만 해석하려고 하는 대상의 본질적인 특성을 파악하기 위하여 적절한 가정을 세우고 동작을 단순화하면 다음에 기술하는 몇 가지 기본 요소로 표현할 수 있다.

제어 시스템을 전달 함수라는 입력과 출력 사이의 관계에 의해 표시하면 다음과 같다.

$$G(s) = \frac{C(s)}{R(s)} \tag{6-1}$$

여기서, $R(s)$는 입력 $C(s)$는 출력을 나타내며, s는 라플라스 연산자이다.

(1) 비례 요소

[그림 6-5]와 같은 링크 기구에 있어서 A의 변위 $x(t)$를 입력 신호라 가정하면 출력 신호는 B의 변위 $y(t)$이다. 입력 신호와 출력 신호는 링크 기구의 길이에 비례하며 $y(t) = \frac{l_1}{l_2}x(t) = Kx(t)$로 표현된다. 이것을 전달 함수로 표현하면 다음 식과 같다.

$$G(s) = \frac{Y(s)}{X(s)} = K \tag{6-2}$$

여기서, K는 비례 상수이다.

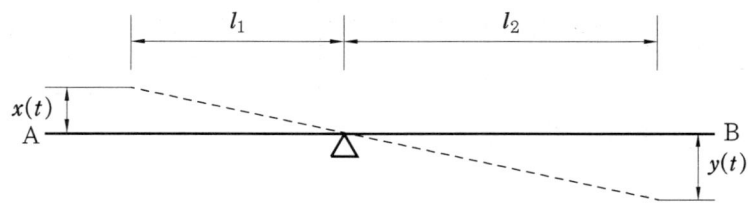

[그림 6-5] 비례 요소의 예(링크 기구)

비례 요소를 블록 선도와 단위 계단파 입력을 인가하였을 때의 출력으로 나타내면 [그림 6-6]과 같다.

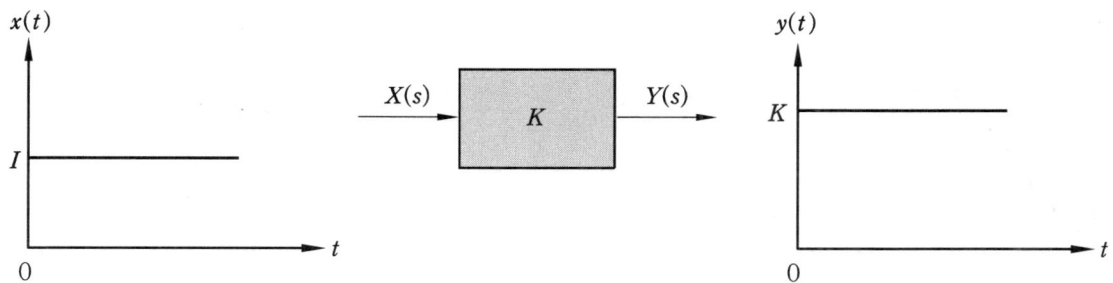

[그림 6-6] 비례 요소의 블록 선도와 단위 계단파 응답

(2) 미분 요소

입력 신호와 출력 신호의 비가 시간의 변화율에 따라 변화하면 미분 요소라 한다. 입력 신호 $x(t)$와 출력 신호 $y(t)$의 관계는 $y(t) = K\dfrac{dx(t)}{dt}$로 표현된다. 미분항 $\dfrac{d}{dt}$를 기분을 나타내는 라플라스 연산자 s로 표시하면 전달 함수는 다음과 같다.

$$G(s) = \dfrac{Y(s)}{X(s)} = Ks \qquad (6-5)$$

미분 요소는 속도의 변화를 측정하기 위하여 사용하며 흔히 근사값으로 구현된다. 미분 요소에는 인덕턴스 회로, 미분 회로, 태코 발전기 등이 있으며, [그림 6-7]에 미분 요소의 예로 RC 회로를 나타내었다.

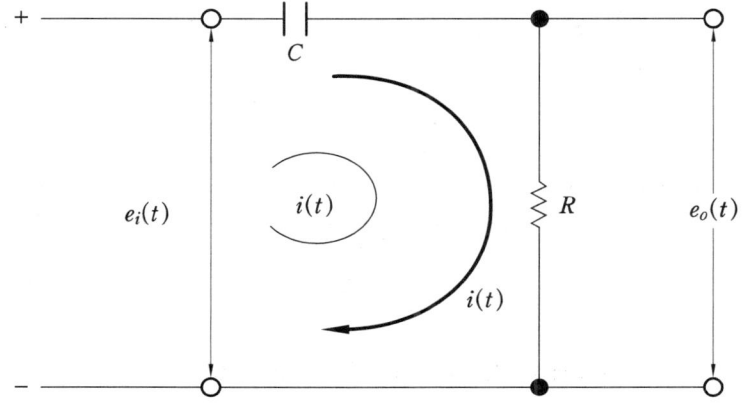

[그림 6-7] 미분 요소의 예(RC 회로)

미분 요소의 블록 선도와 램프 입력을 인가하였을 때의 출력을 나타내면 [그림 3-8]과 같다.

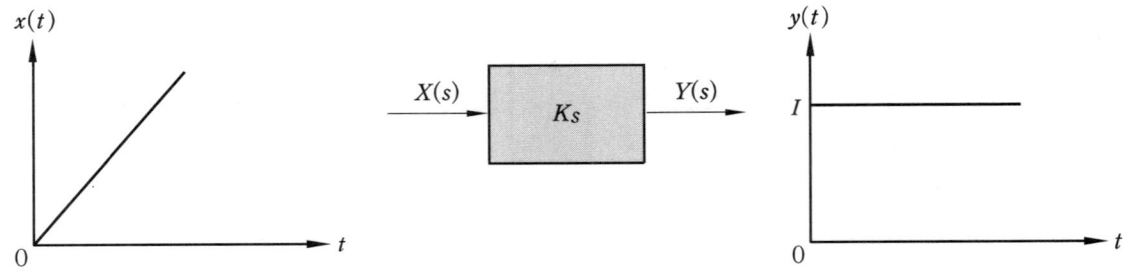

[그림 6-8] 미분 요소의 블록 선도와 램프 응답

(3) 적분 요소

시간에 따라 누적되는 양을 나타내기 위한 것이 적분 요소이다. 입력 신호 $x(t)$와 출력 신호 $y(t)$의 관계는 $y(t) = \int Kx(t)dt$로 표현된다. 적분항 $\int dt$를 적분을 나타내는 라플라스 연산자 $\dfrac{1}{s}$로 표시하면 전달 함수는 다음과 같다.

$$G(s) = \frac{Y(s)}{X(s)} = \frac{K}{s} \tag{6-4}$$

유압 실린더 장치, 서보 모터의 입력의 인가 전압에 대한 축의 회전각, 수위 계등이 적분 요소의 예이다. [그림 6-9]에 적분 요소의 예를 나타내었다.

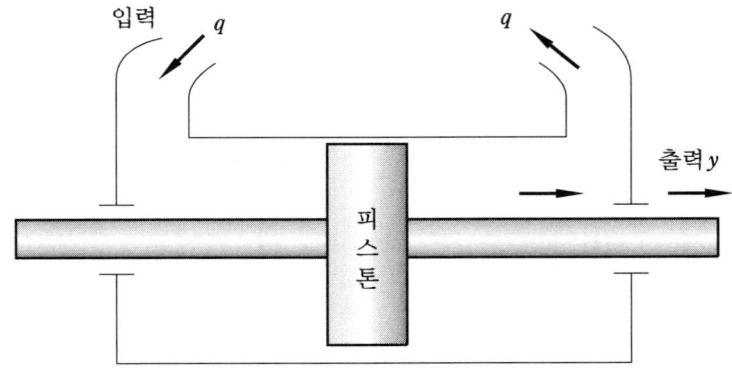

[그림 6-9] 적분 요소의 예(유압 실린더)

적분 요소의 블록 선도와 단위 계단파 입력을 인가하였을 때의 출력을 나타내면 [그림 6-10]과 같다.

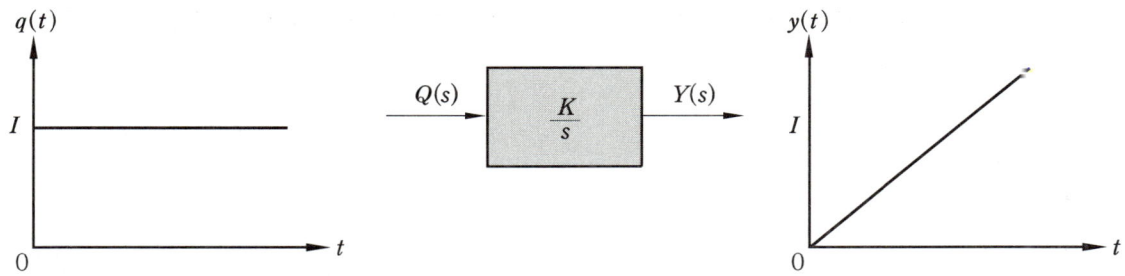

[그림 6-10] 적분 요소의 블록 선도와 단위 계단파 응답

(4) 1차 지연 요소

일반적인 물리적인 시스템의 응답으로 사용되는 것이 1차 지연 요소이다. 전달 함수로 입력 신호와 출력 신호 사이의 관계를 나타내면 다음과 같다.

$$G(s) = \frac{Y(s)}{X(s)} = \frac{K}{\tau s + 1} \tag{6-5}$$

여기서, τ는 시상수(time constant)로 단위 계단파 입력을 인가하였을 때 출력 신호가 최종값의 63%에 도달하는 시간을 말한다.

입력 신호 $x(t)$와 출력 신호 $y(t)$의 관계는 다음과 같이 표현된다.

$$y(t) = Y_F(1 - e^{-\frac{t}{\tau}}) \tag{6-6}$$

여기서, Y_F는 최종값을 가리킨다. 유압식 조속기, 온도 프로세스, RC 회로망 및 전동 장치 등의 대부분이 1차 지연 요소에 의해 간략화되어 표현된다. [그림 6-11]에 1차 지연 요소의 예로 RC 회로를 들었다.

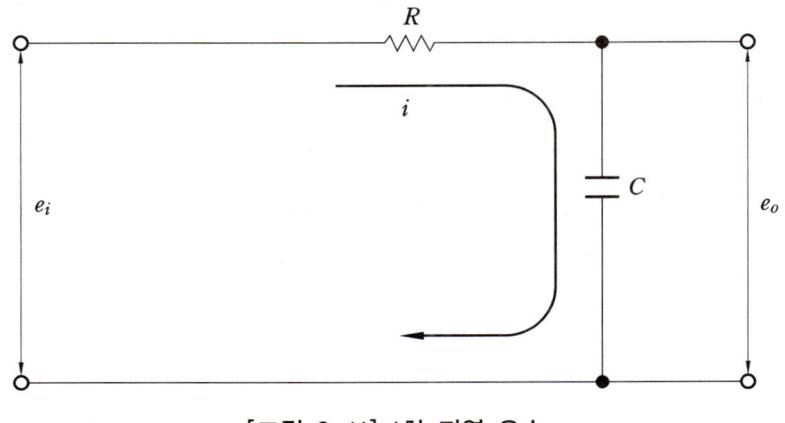

[그림 6-11] 1차 지연 요소

1차 지연 요소의 블록 선도와 단위 계단파 입력을 인가하였을 때의 출력을 나타내면 [그림 6-12]와 같다.

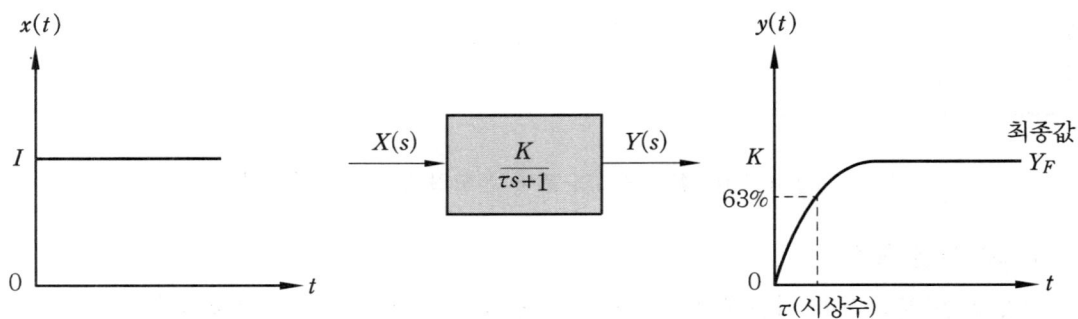

[그림 6-12] 1차 지연 요소의 블록 선도와 단위 계단파 응답

(5) 2차 지연 요소

실제의 물리적인 시스템은 고차 시스템으로 표현되어야만 정확한 특성을 나타낼 수 있다. 대부분의 물리적인 시스템의 간략화로 가장 많이 사용되는 것이 2차 지연 요소이며, 2차 지연 요소의 전달 함수는 다음과 같다.

$$G(s) = \frac{Y(s)}{X(s)} = \frac{K}{s^2 + 2\zeta\omega_n s + \omega_n^2} \tag{6-7}$$

여기서, ζ는 감쇠비(damping ratio)이고, ω_n은 고유 주파수(natural frequency)이다. $\zeta > 1$일 때 과제동(over-damping), $\zeta = 1$일 때 임계 제동(critical damping), $\zeta < 1$일 때 부족 제동(under-damping)이라 부른다.

[그림 6-13]에 단위 계단파 입력을 인가하였을 때 나타나는 출력 파형을 나타냈다. 부족 제동의 응답에서 응답 초기에 발생하는 최종값을 넘어서는 응답 특성을 최대 오버슈트 M_P(maximum overshoot)라고 부른다.

응답 곡선이 최종값의 ±2% 내에 들어갈 때까지의 시간을 정착 시간 t_s(settling time)라 부르며, 정착 시간 이후의 응답 곡선의 섭동 부분을 정상 상태 오차(steady state error)라고 한다. 2차 지연 요소에서의 정착 시간 t_s는 시상수 τ의 4배 정도의 시간이 소요된다.

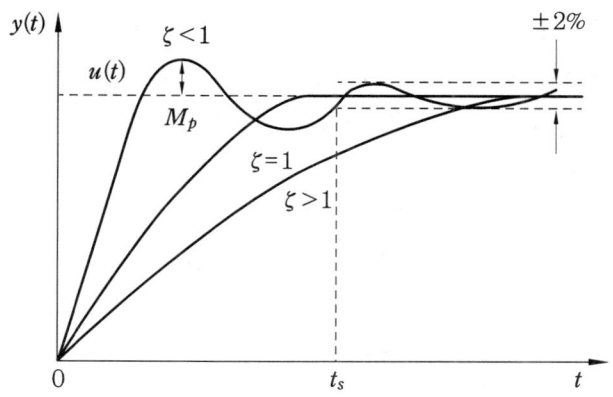

[그림 6-13] 2차 지연 요소의 단위 계단파 응답

2-2 제어 시스템의 형태

제어기는 주어진 설계 사양에 맞추어 설계되어야 한다. 설계 사양으로는 계단 입력에 대한 상승 시간, 오버슈트, 정상 상태 오차 등이 있으며, 외란(disturbance) 등의 외부 요인을 고려한다. 또한 시스템의 원활한 동작을 위하여 제어기가 가질 수 있는 이득 여유(gain margin)와 위상 여유(phase margin) 등도 고려한다.

(1) on-off 제어

제어기의 가장 간단한 형태로 두 위치나 두 개의 동작 상태만을 가지며, 2 위치 제어기로도 한다. 예를 들어 [그림 6-14]와 같은 열교환기의 온도 제어를 가정한다.

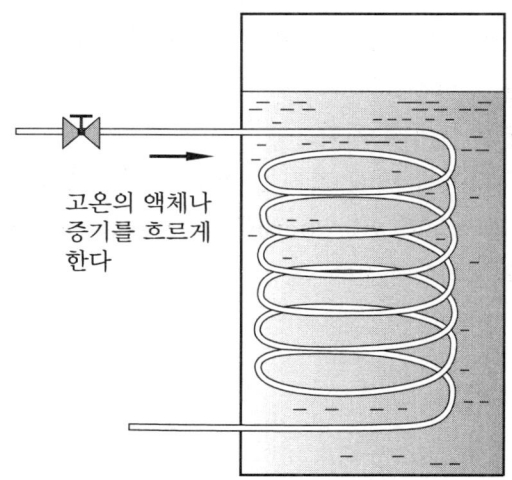

[그림 6-14] 열교환기

[그림 6-15] (a)에서와 같이 기준값을 120°F라고 할 때 온도 센서에 의한 측정값이 120°F보다 낮으면 밸브를 개방하고, 120°F보다 높은 경우에는 밸브를 폐쇄하도록 한다. 측정 온도의 응답은 [그림 6-15] (b)에 나타냈으며, 이때 온도에 따른 밸브의 개방은 [그림 6-15] (c)와 같다.

일반적으로 온도 제어의 경우 기준값에 대한 온도 측정의 결과로 밸브의 개폐가 빈번하게 발생하므로 불감대(dead zone)를 두어 너무 민감하게 동작하지 않도록 하고 있다.

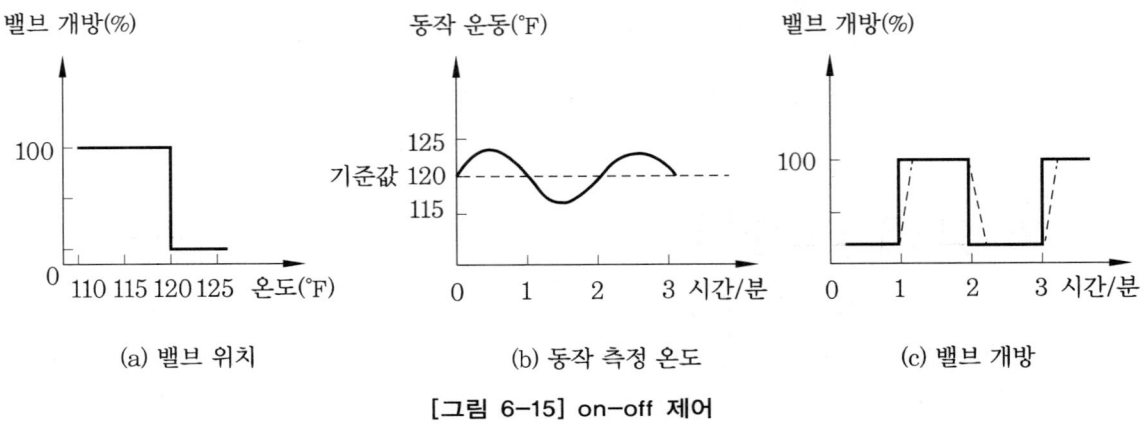

(a) 밸브 위치   (b) 동작 측정 온도   (c) 밸브 개방

[그림 6-15] on-off 제어

(2) 비례 제어

비례 제어(proportional control)는 on-off 제어와는 달리 연속 가변 위치를 가지며, 이러한 위치는 오차 신호에 비례하여 주어진다.

[그림 6-16] (a)는 비례 제어형 온도 제어 시스템을 나타낸 것이고, [그림 6-16] (b)는 밸브 개방 백분율과 오차 신호 사이의 비례 관계를 나타낸 것이다. 온도 기준량을 120°F라고 가정할 때 만약 측정 온도가 120°F보다 낮으면 기준량과 차이가 나는 만큼 밸브의 개방되는 비율은 높아질 것이고, 측정 온도가 120°F보다 높으면 밸브 개방 비율이 낮아져 유입되는 양을 줄이게 된다.

비례 제어가 on-off 제어에 비해 가지는 장점은 기준값 근처에서 발생하는 오차로 인해 나타나는 상진동(constant vibration)을 크게 줄일 수 있다는 점이다. 이에 따라 더욱 정확한 온도 제어가 가능해진다.

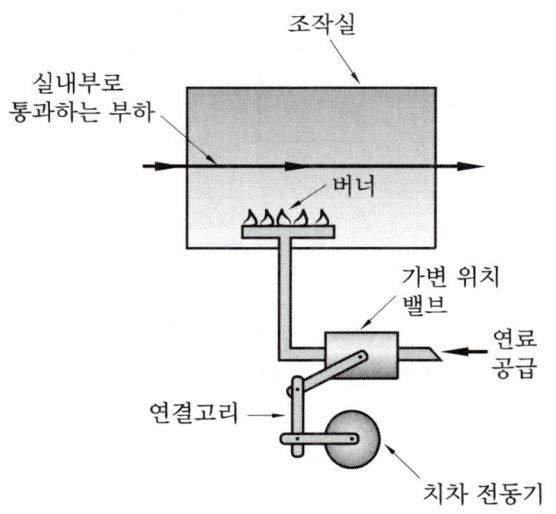

(a) 온도 제어 시스템

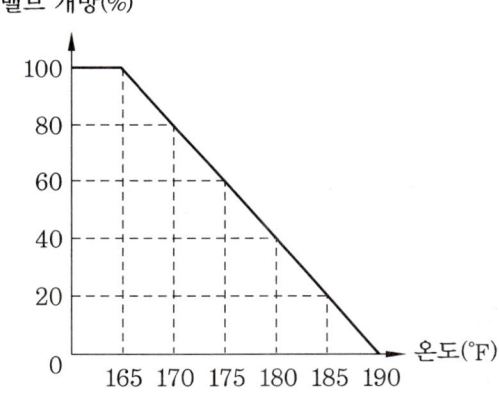

(b) 밸브 개방 백분율과 오차 신호 사이의 관계

[그림 6-16] 비례 제어

(3) PID 제어기

　PID 제어기는 광범위한 동작 조건에서 양호한 성능을 얻을 수 있어 대부분의 제어기 설계에 적용하고 있다. PID 제어기는 비례(P, proportional), 적분(I, integral), 미분(D, difference) 요소가 단독으로 또는 혼합되어 적용되며, 이러한 조합은 설계 사양에 따라 달라진다.

　[그림 6-17]은 PID 제어 시스템을 제어 대상의 입출력 특성을 나타내는 전달 함수 $G(s)$와 PID 제어기 $K(s)$로 표시한 블록 선도이다. 여기서, $H(s)$는 출력을 감지하여 입력으로 궤환시키는 센서의 특성을 나타낸다.

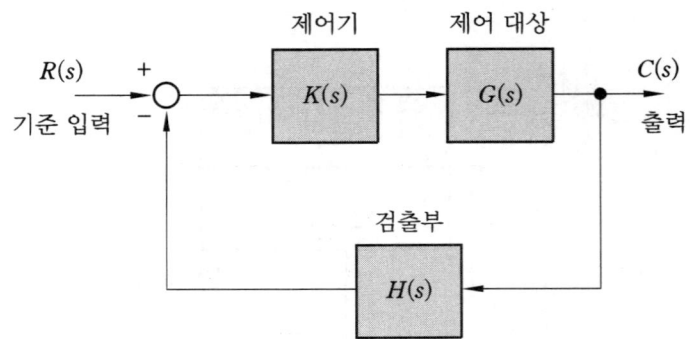

[그림 6-17] PID 제어기 블록 선도

이러한 PID 제어기의 결합 형태에 따른 응답 특성의 차이를 알아본다.
① 비례(P) 제어기 : 제어기의 형태가 비례 제어기로만 구성되어 있는 경우, 제어기는 상승 시간을 줄이고 오버슈트를 크게 하며 정상 상태 오차를 줄여주는 역할을 수행한다. 제어기의 구성은 다음과 같다.

$$K(s) = K_P \tag{6-8}$$

② 비례 적분(PI) 제어기 : 비례 적분 제어기는 상승 시간을 감소시키며 오버슈트와 정착 시간을 증가시키고 정상 상태 오차를 제거해 주는 효과를 갖는다. 제어기의 구성은 다음과 같다.

$$K(s) = K_P + \frac{K_I}{s} \tag{6-10}$$

③ 비례 미분(PD) 제어기 : 비례 미분 제어기는 오버슈트와 정착 시간을 줄이는 효과를 갖는다. 제어기의 구성은 다음과 같다.

$$K(s) = K_P + K_D s \tag{6-11}$$

④ 비례 적분 미분(PID) 제어기 : 비례 적분 미분 제어기는 비례 적분 제어기와 비례 미분 제어기를 혼합한 형태로 안정도를 향상시키고 정상 상태 오차를 줄여주는 효과를 갖는다. 제어기의 구성은 다음과 같다.

$$K(s) = K_P + \frac{K_I}{s} + K_D s \tag{6-12}$$

이제 제어 대상이 다음과 같은 전달 함수를 갖는 2차 지연 요소라 가정한다.

$$G(s) = \frac{1}{s^2 + 10s + 20} \tag{6-13}$$

제어 대상에 위에서 설명한 여러 가지 형태의 제어기를 적용하였을 때의 단위 계단파 응답을 [그림 6-18]에 나타내었다. 단위 계단파 응답 특성에서 보는 것과 같이 PID 제어기는 특정한 시스템의 설계 사양에 따라 선택되어야 하고 각각의 계수들은 시스템에 따라 적절한 값으로 조정해야 한다.

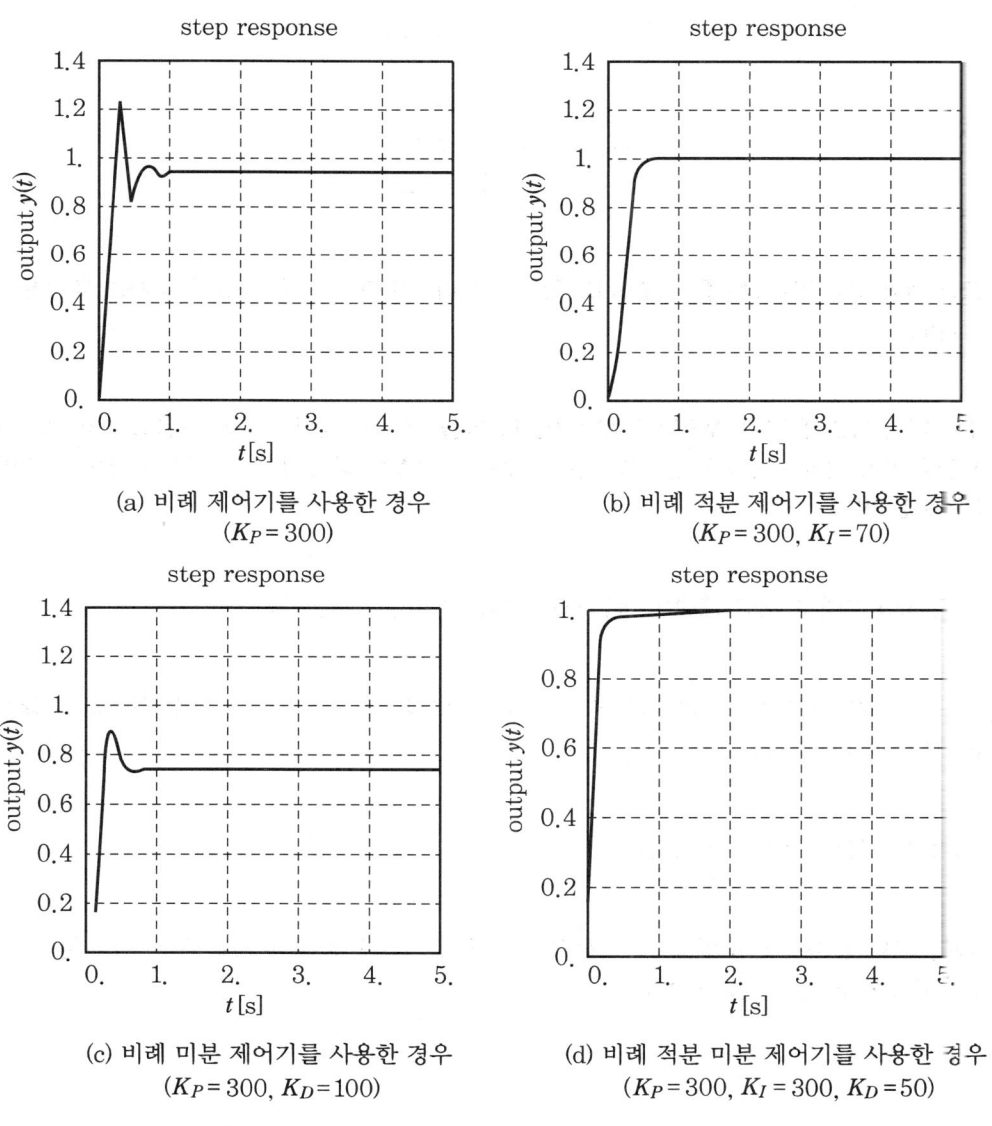

(a) 비례 제어기를 사용한 경우
($K_P = 300$)

(b) 비례 적분 제어기를 사용한 경우
($K_P = 300$, $K_I = 70$)

(c) 비례 미분 제어기를 사용한 경우
($K_P = 300$, $K_D = 100$)

(d) 비례 적분 미분 제어기를 사용한 경우
($K_P = 300$, $K_I = 300$, $K_D = 50$)

[그림 6-18] PID 제어기 형태에 따른 응답 특성

Chapter 06 연습 문제

1. 다음 블록 선도와 같이 구성된 폐루프 시스템의 전달 함수를 구하시오.

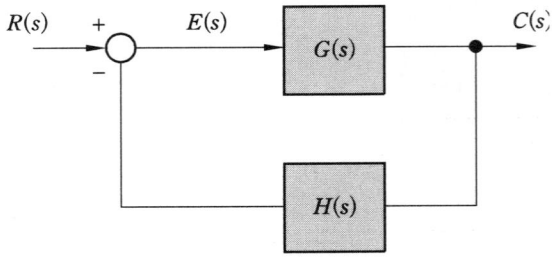

2. PID 제어기의 전달 함수를 서술하고, 각각의 제어 성분이 시스템 응답에 미치는 영향을 나열하시오.

3. 1차 지연 요소에 단위 계단파 입력을 인가하였을 때 최종값의 63%에 도달하는 데 소요되는 시간을 무엇이라 하는가? 임의의 시간 t에서의 시스템 응답의 순시값을 구하는 데 어떻게 사용되는가?

4. 자동 제어계에서 제어 대상에 공급되는 양을 무엇이라 하는가?

5. 어느 대상을 바라는 목적과 일치되도록 하기 위하여 그 대상에서 필요한 조작을 가하여 주는 것을 무엇이라 하는가?

6. 제어 시스템의 종류를 열거하시오.

7. 입력 신호와 출력 신호의 비가 시작의 변화율에 따라 변화하는 것을 무엇이라 하는가? 미분요소의 예를 열거하여 보시오.

Chapter 07 시퀀스 제어

1. 시퀀스 제어의 개요

시퀀스 제어는 대상물에 스위치 조작에 의해 필요한 동작을 목적에 맞도록 동작시키는 것을 말한다. 이러한 제어에는 수동 제어(manual control)와 자동 제어(automatic control)가 있다. 자동 제어는 미리 정해진 순서에 따라 제어의 각 단계가 순차적으로 진행되는 시퀀스 제어(sequential control)와 기계 스스로 제어의 필요성을 판단하여 계속 수정 반복 동작하여 원하는 값을 얻는 피드백 제어(feed back control)가 있다.

1-1 시퀀스 제어의 정의

시퀀스(sequence)는 어떤 현상이 일어나는 순서를 말하며, 시퀀스 제어(sequential control)는 미리 정해진 순서 또는 일정한 논리에 의하여 정해진 순서에 따라 제어의 각 단계를 순차적으로 진행시켜 나가는 제어를 의미한다.

즉, 시퀀스 제어란 다음 단계에서 해야 할 동작이 미리 정해져 있어 앞 단계에서의 제어 동작을 완료한 후, 또는 동작 후 일정한 시간이 경과한 후에 다음 동작으로 이행하는 경우나 제어 결과에 대응하여 다음에 해야 할 동작을 선정하여 다음 단계로 이행하는 제어를 말한다.

그리고 시퀀스 제어에는 단순히 순서대로 on, off만을 반복하는 순서 제어와 어떤 일정한 조건이 충족되면 출력이 나타나는 조건 제어가 있다. 예를 들면 네온사인의 점멸 제어 등은 가장 단순한 순서 제어의 예이며, 엘리베이터의 자동 운전은 누름 버튼 스위치를 누르는 조건에 따라 동작이 변하는 조건 제어의 예이다.

조건 제어의 신호원으로 사용되는 것은 리밋 스위치, 레벨 스위치, 타이머, 카운터 등으로 어떤 설정값에 도달하는 신호를 사용한다.

또한 시퀀스 제어는 작업 도중 어떤 오차가 발생해도 제어량이 수정되지 않아 개회로 제어(open loop control)라고도 한다. 개회로 제어 시스템은 복잡하지 않고 간단한 장치로서 장점은 있으나 목표값과 출력값이 일치하지 않고 오차가 발생해도 이 오차를 교정할 수 없다는 단점을 가지고 있다.

1960년대에는 주로 전자 계전기(magnetic relay)를 사용하여 시퀀스 제어를 행하였으나, 1970년대에는 트랜지스터, SCR, 디지털 IC 등의 전자 소자(electronic element)를 사용하였고 1980년대 이후에는 마이크로프로세서나 PLC를 주로 사용하여 시퀀스 제어를 수행하고 있다.

일상생활에서 많이 사용되는 세탁기 사용 예를 들어 시퀀스 제어의 의미를 이해하여 보기로 한다.

손빨래는 많은 시간과 노동력을 요구하는 작업이었으나 전기세탁기를 이용함으로써 작업 부담을 크게 줄일 수 있다.

세탁 작업 과정을 [그림 7-1]로 나타내어 생각해 보자.

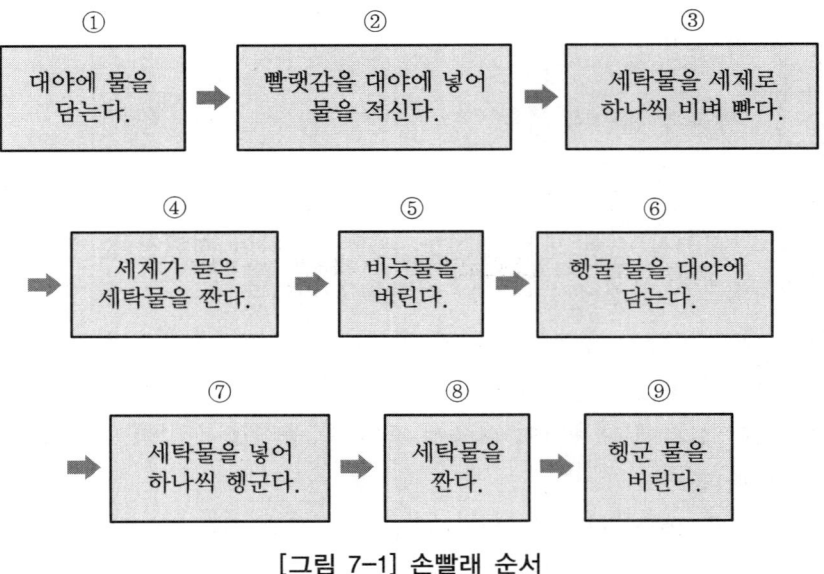

[그림 7-1] 손빨래 순서

[그림 7-1]의 ①~⑨는 손빨래 순서로서, 이를 세탁기로 대체할 경우 [그림 7-2]의 ①~⑥의 순서로 처리된다.

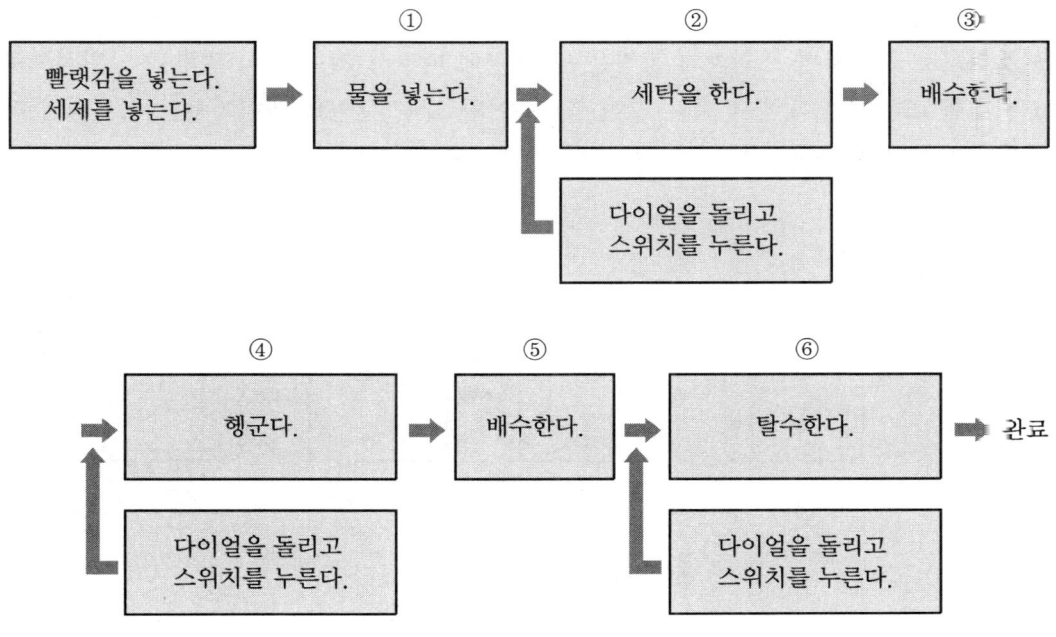

[그림 7-2] 최초의 세탁기

 최초의 세탁기는 [그림 7-1]의 사람이 하는 일을 기계가 대신하는 일 외에 자동적으로 이루어진 것은 없었다. 그러나 최근에는 이것이 전자동세탁기로 자동화되었다.
 즉, [그림 7-1]과 같은 동작 순서를 전자동세탁기로 설정하면 자동적으로 일을 끝내는 것이다.

 [그림 7-3]에서 알 수 있듯이 ①~⑥의 과정이 자동화된 것이다. 이것을 시퀀스 제어의 정의에 따라 판단해 보면 "다음 단계에서 해야 할 제어 동작이 사전에 정해져 있어서"에 해당되는 것은 [그림 7-4]와 같은 동작임을 알 수 있다.

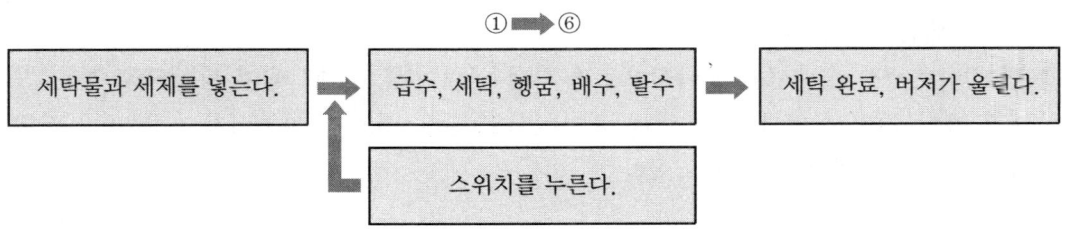

[그림 7-3] 전자동세탁기

[그림 7-4]는 자동세탁기의 대표적인 공정을 모의 시퀀스로 작성한 것이며, 각 공정을 스위치로 치환하면 스위치의 동작은 각 명령에 따라서 제어된다. 명령은 인위적으로 하는 것과 스위치 상태에서 하는 것이 있다. 이와 같이 시퀀스 제어에서는 시스템의 각 상태가 정해지면 차례로 다음 단계로 넘어가는 제어가 이루어진다.

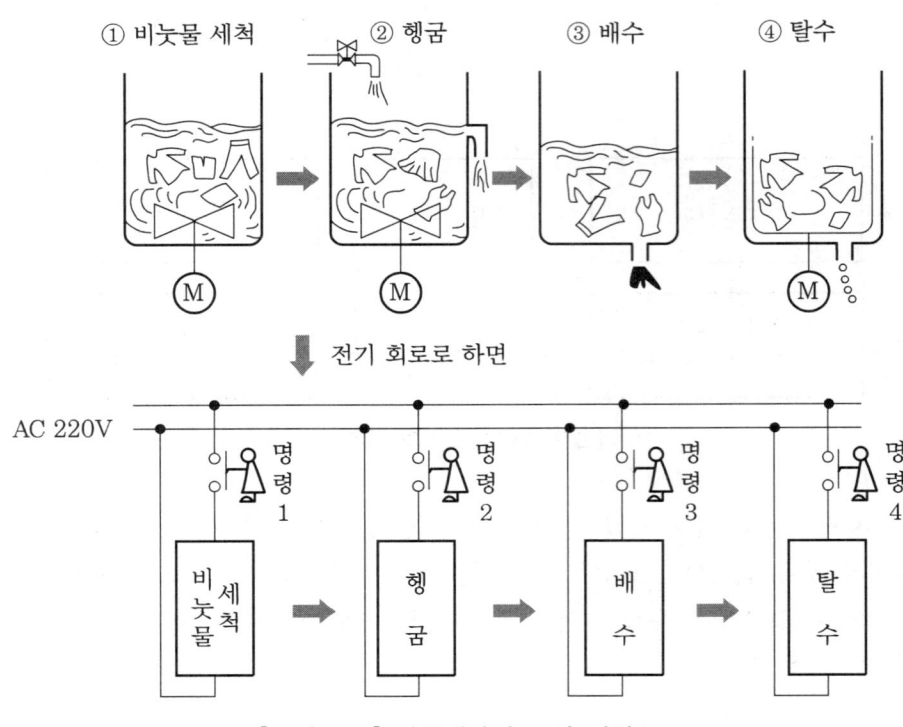

[그림 7-4] 자동세탁기 모의 시퀀스

1-2 시퀀스 제어의 필요성

오늘날 많은 현장, 사업장에서 시퀀스 제어 또는 PLC(programmable logic controller)를 병행하여 생산 시스템을 구축함으로써 작업 인원이 줄고 생산율이 향상되고 있다. 또한 근로자의 안전 작업과 작업 환경 측면에서도 많은 진보가 이루어져, 경제적으로 경영의 합리화를 기할 수 있게 되었다.

시퀀스 제어로 인한 효과적인 이점은 다음과 같다.
① 제품의 품질이 균일화되고 향상되어 불량품이 감소된다.
② 생산 속도를 증가시킨다.

③ 생산 능률이 향상된다.
④ 작업의 확실성이 보장된다.
⑤ 생산 설비의 수명이 연장된다.
⑥ 작업 인원이 감소되어 인건비가 절감되고, 경제성이 향상된다.
⑦ 노동 조건이 향상된다.
⑧ 작업자의 위험을 방지하여 작업 환경이 개선된다.

1-3 시퀀스 제어의 적용

시퀀스 제어 회로에 사용되는 부품들은 반도체 기술의 혁신으로 소형화되고 기능이 향상되어 최근 대부분의 산업 현장에서 각종 공업 프로세스 및 공장 전체 시스템 등에 시퀀스 제어 회로가 응용 및 적용되고 있다.

(1) 각종 기계에 응용

공작 기계, 트랜스퍼 머신, 컨베이어, 크레인, 압연기, 인쇄기, 용접기, 펌프, 발전기, 보일러, 통신기, 전자계산기, 선박의 운항 및 기타 전동기를 응용하는 각종 기계 등

(2) 일상생활에 응용

전화교환기, 교통신호등, 엘리베이터, 광고탑, 자동판매기, 가정용 기기(세탁기, 전기밥솥, 냉장고 등), 기타 운동용 기구

(3) 조업 관리에 대한 응용

물품 운송 관리, 창고 관리, 생산 수량 관리, 자동차 조립 라인 관리, 송·배전 관리, 열차의 운전 관리, 선박의 운항 및 하역, 항공 제어의 제반 장치 등

(4) 각종 공업 프로세서에 응용

원심분리기, 여과기, 염색조, 각종 노, 이온 교환 장치, 분뇨 처리 장치, 발효조, 각종 원료 혼합 장치 등

(5) 기타

로켓, 인공위성의 발사 및 추적, 병기, 의료 관계, 과학용 측정 장치, 원자로 관계 제반 장치

1-4 시퀀스 제어의 구성

시퀀스를 구성하는 부분은 크게 입력부, 제어부, 출력부로 분류할 수 있는데 입력부(input)는 입력 요소에 따라 수동과 자동으로 분류할 수 있고, 제어부(control)는 입력 신호를 이용하여 우리가 원하는 동작을 만들어 출력에 내보내는 역할을 하고 있는 제어의 가장 중요한 부분이다. 출력부(output)는 크게 어떠한 동작 상태를 알려주는 표시부와 직접 움직이는 전동기(motor), 솔레노이드 밸브(solenoid valve) 등의 구동부로 나눌 수 있다.

(1) 시퀀스 제어를 구성하는 주요 부분

① 조작부 : 푸시 버튼 스위치와 같이 조작자가 조작할 수 있는 곳이다.
② 검출부 : 구동부가 행한 일이 정해진 조건을 만족한 경우, 그것을 검출하여 제어부에 신호를 보내는 것으로서 기계적 변위와 전기적 변위를 리밋 스위치(limit switch) 등으로 검출한다.
③ 제어부 : 전자 릴레이, 전자 접촉기, 타이머 등으로 구분된다.
④ 구동부 : 모터, 전자 클러치, 솔레노이드 등으로 제어부로부터의 신호에 따라 실제의 동작을 수행하는 부분이다.
⑤ 표시부 : 표시 램프와 카운터 등으로 제어의 진행 상태를 나타내는 부분이다. [그림 7-5]는 시퀀스 제어계의 기본 구성, [그림 7-6]은 시퀀스 제어의 신호 흐름을 나타낸 것이다.

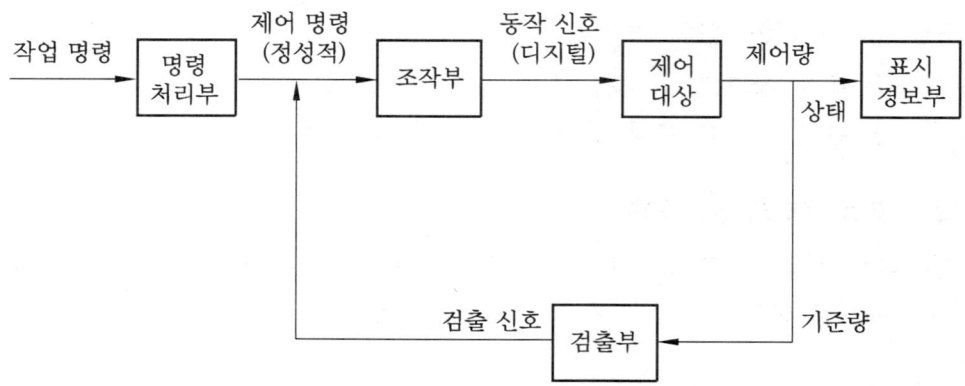

[그림 7-5] 시퀀스 제어계의 기본 구성

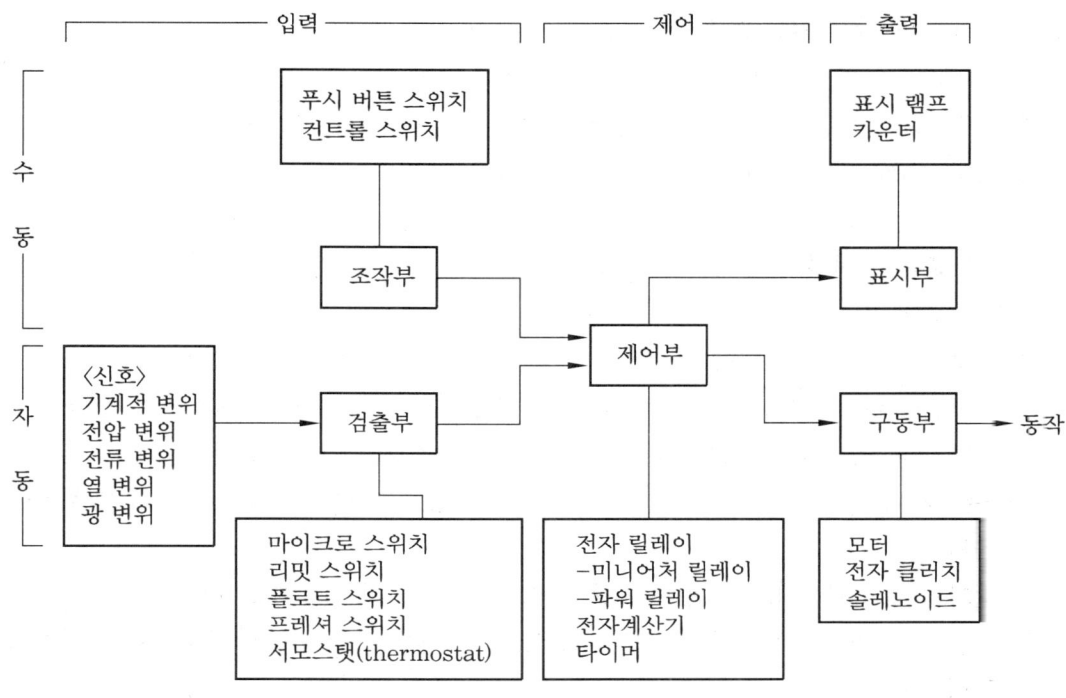

[그림 7-6] 시퀀스 제어의 신호 흐름

(2) 시퀀스 제어계의 구성 요소

① 제어 대상 : 기계, 프로세스, 시스템의 대상이 되는 전체 또는 일부분(전동기 밸브 등)이다.
② 제어 장치 : 제어하기 위하여 제어 대상에 부가되는 장치(자동 전압 조정 장치 등)이다.
③ 제어 요소 : 동작 신호를 조작량으로 변환하는 요소이며, 조절부와 조작부로 구성된다.
④ 목표값 : 입력 신호이며 보통 기준 입력과 같은 경우가 많다.
⑤ 제어량 : 제어되어야 할 제어 대상의 양으로서 보통 출력(회전수, 온도)이라 한다.
⑥ 기준 입력 : 제어계를 동작시키는 기준으로서 직접 폐회로에 가해지는 입력 신호이며 목표값에 대해 일정한 관계를 가진다.
⑦ 되먹임 신호 : 제어량을 목표값과 비교하기 위하여 궤환되는 신호이다.
⑧ 조작량 : 제어 장치로부터 제어 대상에 가해지는 양이다.
⑨ 동작 신호 : 기준 입력과 주 피드백 신호와의 차이로서 제어 동작을 일으키는 신호이다.
⑩ 외란 : 설정값 이외의 제어량을 변화시키는 모든 외적 인자들이다.

(3) 시퀀스 제어의 사용 용어

① 개로(open, off) : 전기 회로의 일부를 스위치, 릴레이 접점 등에 의해 여는 것
② 폐로(close, on) : 전기 회로의 일부를 스위치, 릴레이 접점 등으로 닫는 것
③ 동작(actuation) : 어떤 원인을 주어서 소정의 동작을 하도록 하는 것
④ 복귀(resetting) : 동작 이전의 상태로 되돌리는 것
⑤ 여자(勵磁) : 전자 릴레이, 전자 접촉기, 타이머 등의 코일에 전류가 흘러서 전자석으로 되는 것
⑥ 소자(消磁) : 전자 코일에 흐르고 있는 전류를 차단하여 자력을 잃게 하는 것
⑦ 기동(starting) : 기기 또는 장치가 정지 상태에서 운전 상태로 되기까지의 과정
⑧ 운전(running) : 기기 또는 장치가 소정의 동작을 하고 있는 상태
⑨ 제동(braking) : 기기의 운전 상태를 억제하는 것으로 전기적 제동과 기계적 제동이 있다.
⑩ 정지(stopping) : 기기 또는 장치를 운전 상태에서 정지 상태로 하는 것
⑪ 인칭(inching) : 기계의 순간 동작 운동을 얻기 위해 미소 시간의 조작을 1회 반복해서 행하는 것
⑫ 보호(protect) : 피제어 대상품의 이상 상태를 검출하여 기기의 손상을 막아 피해를 줄이는 것
⑬ 조작(operating) : 인력 또는 기타의 방법으로 소정의 운전을 하도록 하는 것
⑭ 차단(breaking) : 개폐기류를 조작하여 전기 회로를 열어 전류가 통하지 않는 상태로 하는 것
⑮ 투입(closing) : 개폐기류를 조작하여 전기 회로를 닫아 전류가 통하는 상태로 만드는 것
⑯ 트리핑(tripping) : 유지 기구를 분리하여 개폐기 등을 개로하는 것
⑰ 쇄정(inter locking) : 복수의 동작을 관련시키는 것으로 어떤 조건을 갖추기까지의 동작을 정지시키는 것
⑱ 연동(連動) : 복수의 동작을 관련시키는 것으로 어떤 조건이 갖추어졌을 때 동작을 진행시키는 것
⑲ 조정(adjusttment) : 양 또는 상태를 일정하게 유지하거나 또는 일정한 기준을 따라 변화시켜 주는 것
⑳ 경보(warning) : 제어 대상의 고장 또는 위험 상태를 램프, 벨, 버저 등으로 표시하여 조작자에게 알리는 것

1-5 시퀀스 제어의 분류

시퀀스 제어는 제어 명령에 따라 정성적 제어(qualitative control)와 정량적 제어(quantitative control)로 분류된다.

(1) 정성적 제어

정성적 제어란 전열기를 사용할 때 온도가 높거나 낮음, 열량이 많거나 적음에 관계없이 전류를 흐르게 하거나 흐르지 않게 하는 제어 명령만을 자동적으로 행하는 제어로서 제어 명령은 두 가지 상태로 이를 2값 신호(binary signal)라 한다.

정성적 제어는 목표값과 제어량의 오차를 정정할 수 있는 부분을 갖지 않는 것이 특징이다. [그림 7-7]에서 전원 스위치 S_c를 투입하면 전자 계전기 C_m이 여자되어 S_m 접점이 붙음으로써 전류가 흘러 전열기가 가열된다.

이는 단지 전열기의 발열량에는 관계없이 스위치를 개폐하여 전류를 흐르게 하거나 차단시키는 두 동작 가운데 어느 한 동작에 의해 제어 명령이 내려지는 것으로 정성적 제어의 예에 해당한다.

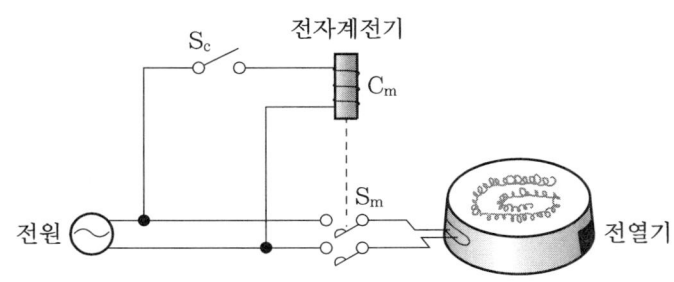

[그림 7-7] 정성적 제어의 예

(2) 정량적 제어

전기로와 같이 발열량의 많고 적음이나, 온도의 높고 낮음, 즉 크기 및 양에 대하여 제어 명령이 내려지는 것을 정량적 제어라 하는데, 제어 명령은 온도가 낮은 값으로부터 높은 값에 이르기까지 여러 상태를 구별해야 한다. 즉, 크기를 연속적으로 나타낼 수 있어 이를 아날로그 신호(analog signal)라 한다. [그림 7-8]은 정량적 제어의 예이다.

[그림 7-8]은 전기로 안의 온도를 일정하게 유지하기 위한 전압 조정기 사용 예이다.

이 제어계의 제어 명령인 목표값이 미리 정해졌을 때, 이에 따라 제어하려면 전압 조정기의 손잡이 위치를 목표값에 대응하여 움직이면 되지만 경우에 따라서는 주위 온도나 전원 전압의 변화 또는 가열 물질의 크기에 따라 손잡이를 어느 위치에 고정시켜도

노 안의 온도가 변하는 때가 있다.

이와 같이 목표값에 따라 제어하기 위해서는 노 안의 온도, 즉 제어량의 지시와 목표값의 지시를 비교해야 한다.

그 결과, 제어량의 목표값에 이르지 못한 때는 노의 온도를 높이고, 목표값보다 클 때는 온도를 내리도록 손잡이를 움직여서 항상 조정해야 한다. 이는 양의 조절을 의미하여 정량적 제어라 하고, 정량적 제어는 오차를 자동적으로 정정할 수 있어 피드백 제어라 하며, 폐회로 제어(closed loop control)라고도 한다.

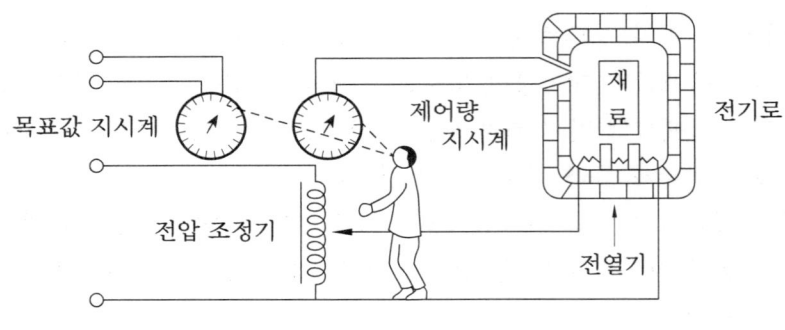

[그림 7-8] 정량적 제어의 예

1-6 시퀀스 제어의 종류

시퀀스 제어는 사용하는 소자에 따라 크게 유접점, 무접점, 프로그램 제어로 분류할 수 있다.

(1) 유접점 제어

유접점 제어는 전자 릴레이(magnetic relay)를 주로 사용하여 제어하는 방식으로 [표 7-1]과 같은 장단점이 있으며, [그림 7-9]와 같은 외형과 회로도로 나타낸다.

[표 7-1] 유접점 제어 방식의 장단점

장 점	단 점
• 개폐 부하 용량이 크다. • 과부하에 견디는 힘이 크다. • 전기적 노이즈에 대하여 안정하다. • 온도 특성이 양호하다. • 입력과 출력을 분리하여 사용할 수 있다.	• 소비 전력이 비교적 크다. • 접점이 소모되므로 수명에 한계가 있다. • 동작 속도가 늦다. • 기계적 진동, 충격 등에 비교적 약하다. • 외형의 소형화에 한계가 있다.

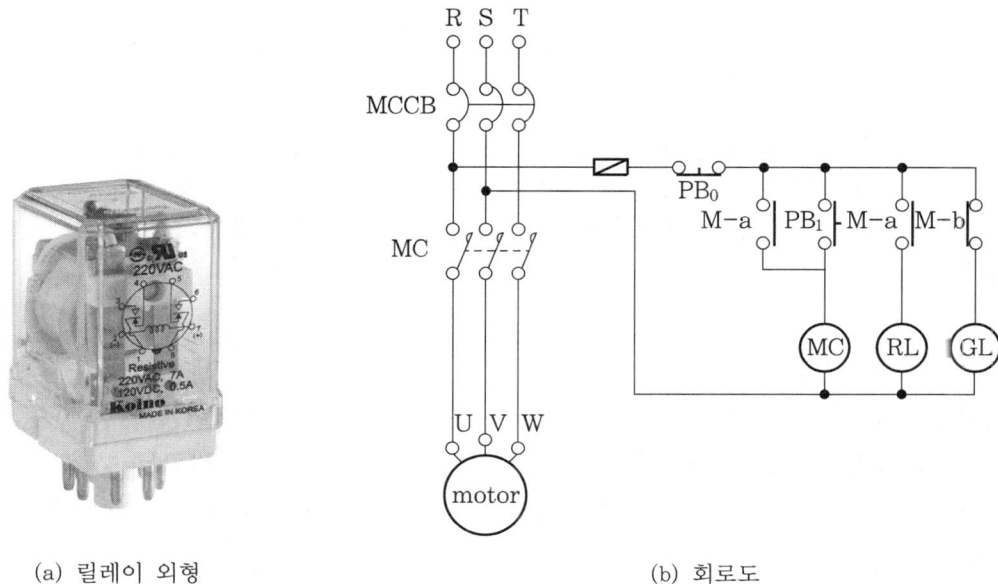

(a) 릴레이 외형　　　　　　　　　　(b) 회로도

[그림 7-9] 릴레이 및 유접점 회로

(2) 무접점 제어

[그림 7-10] 무접점 소자 및 논리 회로와 같이 무접점 제어는 트랜지스터나 IC 등의 반도체를 사용한 논리 소자를 스위치로 이용하여 제어하는 방식으로 로직 시퀀스(logic squence)라고도 하며, 논리 회로를 사용하여 표현한다.

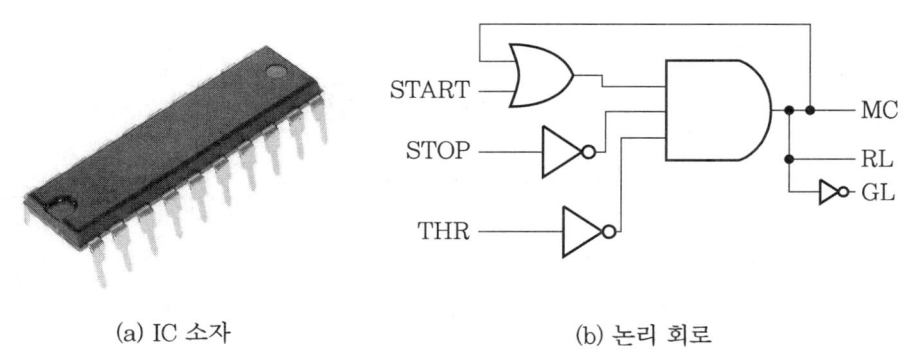

(a) IC 소자　　　　　　　　　　(b) 논리 회로

[그림 7-10] 무접점 소자 및 논리 회로

[표 7-2]는 무접점 제어 방식의 장단점을 나타낸 것이다.

[표 7-2] 무접점 제어의 장단점

장 점	단 점
• 동작 속도가 빠르다. • 고빈도 사용에 견디며 수명이 길다. • 고정밀도로서 동작 시간, 감도에 분산이 적다. • 진동, 충격에 대한 불량 동작의 우려가 없다. • 장치의 소형화가 가능하다.	• 전기적 노이즈, 서지에 약하다. • 온도 변화에 약하다. • 신뢰성이 떨어진다. • 별도의 전원을 필요로 한다.

(3) 프로그램 제어

[그림 7-11]의 (a)는 시퀀스 제어 전용의 마이크로컴퓨터를 이용한 제어 장치로 PLC(programmable logic controller)라고 하며, 프로그램 제어 장치라고도 부른다.

[그림 7-11]의 (b) 프로그램 방법은 니모닉(mnemonic) 또는 래더도(ladder diagram) 등이 사용된다.

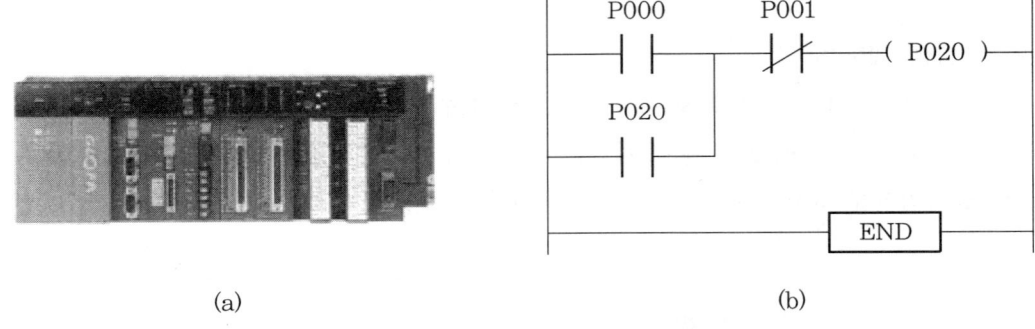

(a)   (b)

[그림 7-11] PLC 장치 및 래더도

[표 7-3] 프로그램 제어의 특징

특 징	성 능
기능	프로그램으로 어떠한 복잡한 제어도 쉽게 가능하다.
제어 내용의 가변성	프로그램 변경만으로도 가능하다.
신뢰성	높다(반도체).
범용성	많다.
장치의 확장성	자유롭게 확장 가능하다.
보수의 용이도	유닛 교환만으로 수리한다.
기술적인 이해도	프로그램 규칙의 습득이 필요하다.
장치의 크기	상대적으로 작다.
설계/제작 기간	짧다.

1-7 시퀀스 회로도

[그림 7-12]는 릴레이를 사용하여 램프를 동작시키는 회로이다. PBS를 누르면 전자 릴레이 X가 동작하여 전자 릴레이의 a 접점이 연동되어 닫힌 회로가 되고 전자 릴레이 a 접점이 닫히면 램프 L이 점등하는 유접점 회로이다.

이와 같은 시퀀스 회로를 실체 배선도, 실제 배선도, 타임 차트, 플로 차트 등으로 표시할 수 있다.

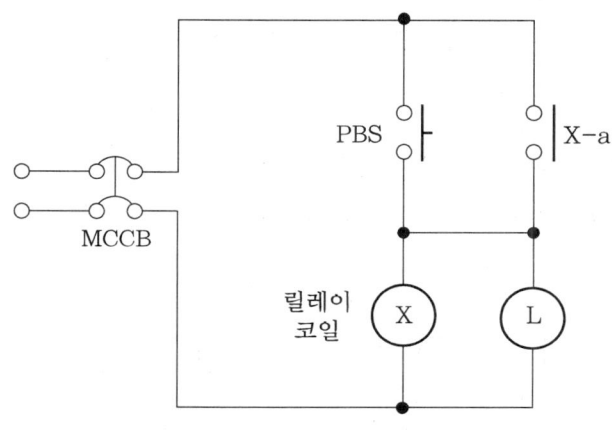

[그림 7-12] 시퀀스 회로도

(1) 실체 배선도

실체 배선도는 부품의 배치 또는 배선 상태 등을 실제의 구성에 맞추어 그리고 기구는 전기용 심벌로 표시한 배선도이다.

실체 배선도에는 기기의 구조와 배선 등이 정확히 기입되어 있기 때문에 실제로 장치를 제작하거나 보수 점검할 때 편리하다. 그러나 복잡한 회로에서는 계통의 동작 원리 및 순서를 이해하는 데 어려운 경우가 있기 때문에 간단한 시퀀스 회로 이외에는 사용하지 않는다.

(2) 실제 배선도

실제 배선도란 기구나 배선의 상태를 실제의 실물과 동일한 모양으로 그린 배선도로 [그림 7-13]과 같다.

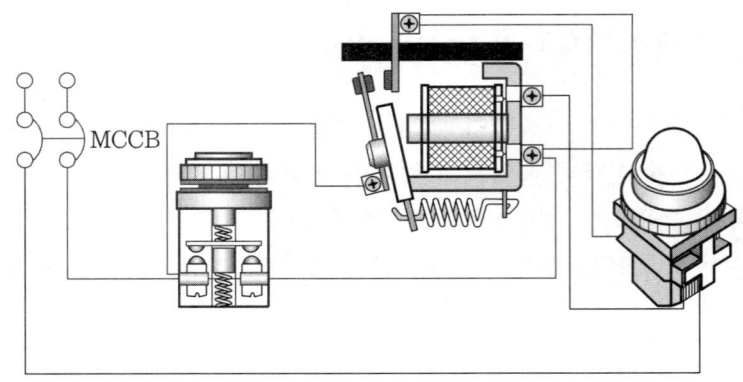

[그림 7-13] 실제 배선도

(3) 타임 차트

타임 차트는 시퀀스 제어에 있어서 입력 동작에 따라 출력의 동작이 시간에 따라 어떻게 변화하는가 하는 것을 그래프, 도표로 나타내는 그림이다.

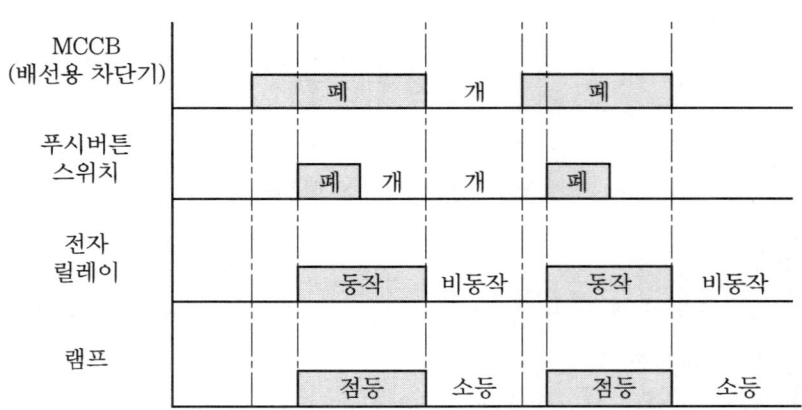

[그림 7-14] 타임 차트

※ 그리는 순서와 방법

① 세로축에 제어 기기를 동작 순서에 따라 그린다.
② 가로축에 이들의 시간적 변화를 선으로 표현한다. 제어 기기의 동작이 다른 어느 기기의 동작과 어떤 관계가 있는가를 점선으로 나타내는 수도 있다.
③ 기동, 정지, 누르다, 떼다, 닫힌 회로(OFF), 개회로(ON), 점등, 소등 등의 동작 상태를 타임 차트 위 또는 아래에 그려서 표시한다.

(4) 플로 차트

시퀀스 제어에서는 각종 기기가 결합되어 복잡한 회로가 구성되므로 각 구성 기기 간의 작동 순서를 상세하게 그리면 복잡하여 오히려 전체를 이해하기 어렵게 되는 수가 있다.

이러한 경우 회로의 이해를 돕기 위하여 기호와 화살표로 간단하게 표시하여 동작 순서를 나타낸 것이 플로 차트이다. 플로 차트에 사용되는 기호는 [표 7-4]와 같고, 플로 차트의 예는 [그림 7-15]와 같다.

[표 7-4] 플로 차트 기호

기 호	명 칭	설 명
―	흐름선 (flow line)	기호끼리의 연결을 나타내며, 교차와 결합의 2가지 상태가 있다.
=	병행 처리 (parallel mode)	둘 이상의 동시 조작 개시 또는 종료를 나타낸다.
○	결합자 (connector)	플로 차트 다른 부분으로부터의 입구 또는 다른 부분의 출구를 나타낸다.
⬭	단자 (terminal interrupt)	플로 차트의 단자를 표시하며 개시, 종료, 정지, 중단 등을 나타낸다.
□	처리 (process)	모드 종류의 작동 조작 등 처리 기능을 나타낸다.
◇	판단 (decision)	몇 개의 경로에서 어느 것을 선택하는가의 판단 또는 YES/NO 중의 선택 등을 나타낸다.
⬡	준비 (preparation)	프로그램 자체를 바꾸는 등의 명령 또는 변경을 나타낸다.
▽	병합 (merge)	두 개 이상의 집합을 하나의 집합으로 결합하는 것을 나타낸다.
△	추출 (extract)	하나의 집합 중에서 한 개 이상의 특정 집합을 빼내는 것을 나타낸다.
▱	입·출력 (input/output)	입·출력 기능을 0과 1로 나타낸다. 즉, 정도의 처리를 가능하게 한다.
⌂	카드 (punched card)	펀칭 카드를 매개체로 하는 입·출력 기능을 나타낸다.

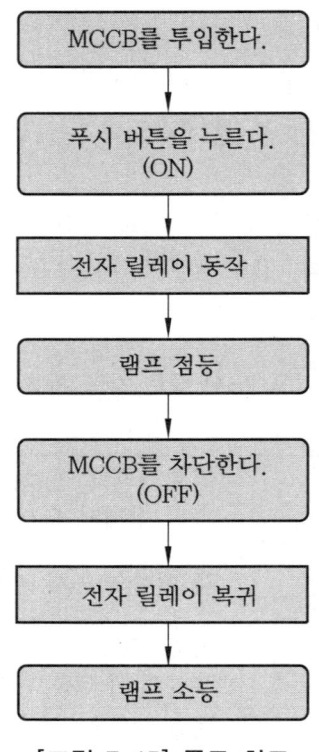

[그림 7-15] 플로 차트

1-8 시퀀스 제어도 작성법

(1) 시퀀스도 그리기

각종 장치가 사용되는 복잡한 제어 회로에서 기기 상호간의 접속을 표시할 때 단선 접속도나 복선 접속도, 배치도 등을 보아서는 동작이 어떻게 이루어지는지 또는 어떤 형태로 제어 회로가 이루어지는지 이해하기 어려울 때가 많다. 이러한 경우에 제어 방식이나 동작 순서를 알기 쉽게 표시한 접속도의 필요성이 요구된다. 시퀀스도를 작성할 때 주의 사항은 다음과 같다.

① 제어 전원 모선은 전원 도선으로 도면 상하에 가로선으로 또는 도면 좌우에 세로 선으로 표시한다.
② 제어 기기를 연결하는 접속선은 상하 전원선 사이에 가로선으로 또는 좌우 전원 모선 사이에 세로선으로 표시한다.
③ 접속선은 작동 순서에 따라 좌측에서 우측으로 또는 위에서 아래로 그린다.
④ 제어 기기는 비작동 상태로 하며 모든 전원은 차단한 상태로 표현한다.

⑤ 개폐 접점을 가진 제어 기기는 그 기구 부분이나 지지 보호 부분 등의 기계적 관련 상태를 생략하고 접점 및 코일 등으로 표시하며, 접속선에서 분리하여 표시한다.

⑥ 제어 기기가 분산된 각 부분에는 그 제어 기기 명칭을 표시한 문자 기호를 첨가하여 기기의 관련 상태를 표시한다.

(2) 세로로 시퀀스도 그리기

[그림 7-16]의 시퀀스 제어도를 그리는 순서를 알아보자.
① 제어 전원 모선은 도면의 좌우 방향으로 세로선으로 그린다.
② 접속선은 제어 전원 모선 사이의 가로선으로 그린다.
③ 접속선은 작동 순서에 따라 위에서 아래로 그린다.

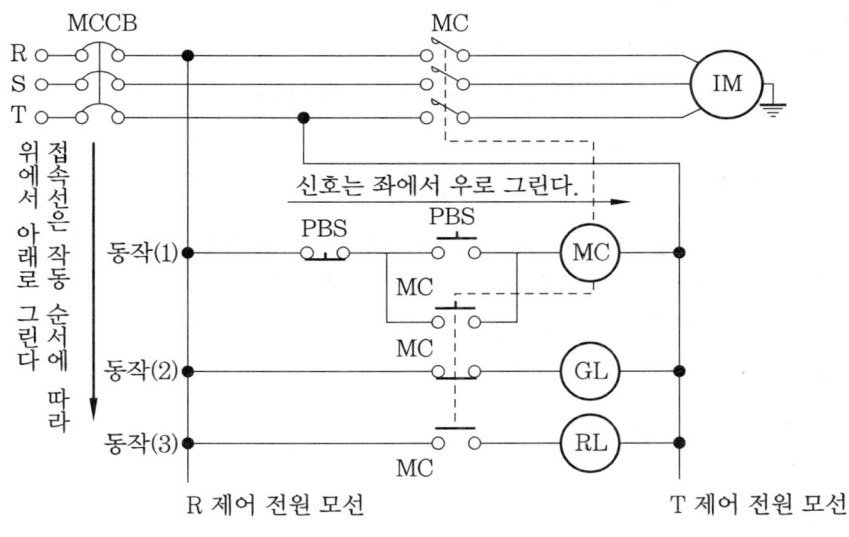

[그림 7-16] 세로로 그리는 방법

(3) 가로로 시퀀스도 그리기

[그림 7-17]의 시퀀스 제어도를 그리는 순서를 알아보자.
① 제어 전원 모선은 도면의 상하 방향으로 가로선으로 그린다.
② 접속선은 제어 전원 모선 사이의 세로선으로 그린다.
③ 접속선은 작동 순서에 따라 좌측에서 우측으로 그린다.

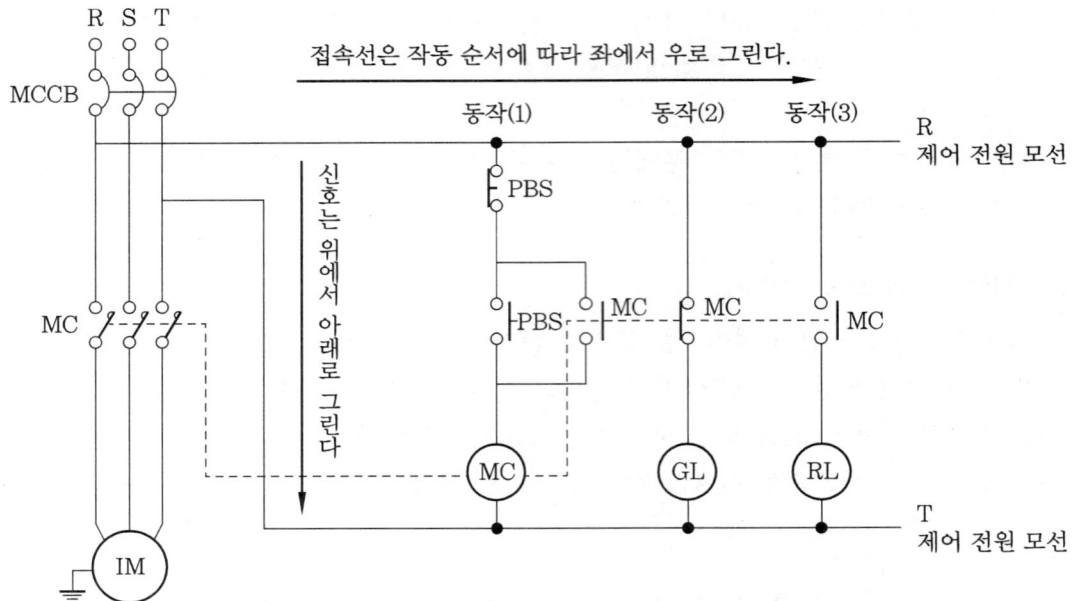

[그림 7-17] 가로로 그리는 방법

(4) 직류 및 교류 제어 전원 모선의 표시법

[그림 7-18], [그림 7-19]의 직류 및 교류 제어 모선의 시퀀스 제어도를 그리는 순서를 알아보자. 직류 전원 모선은 종서에는 위쪽에, 횡서에는 왼쪽으로 그리고, 교류 전원 모선은 종서에는 아래쪽, 횡서에는 오른쪽으로 그린다.

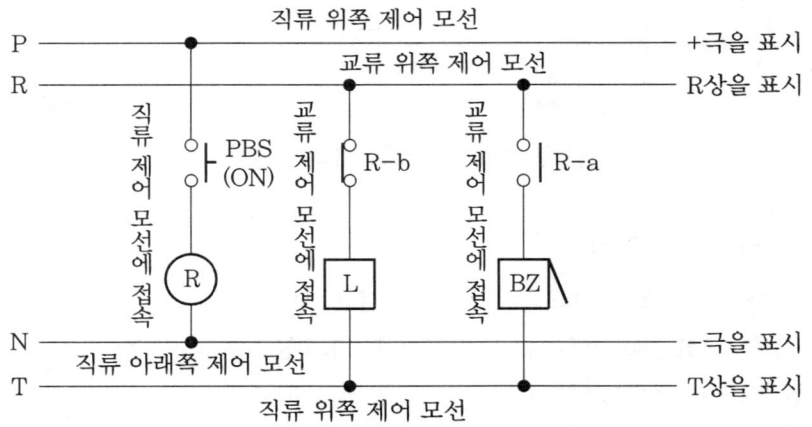

[그림 7-18] 직류·교류 전원 모선의 표시법(종서)

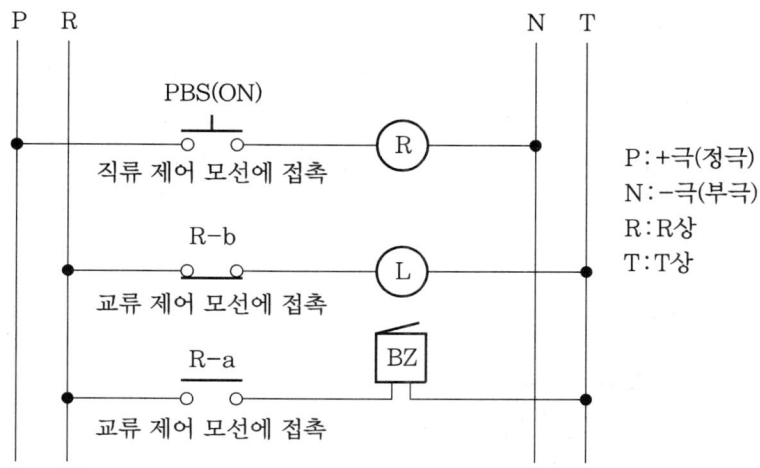

[그림 7-19] 직류·교류 전원 모선의 표시법(횡서)

2. 시퀀스 제어 회로의 구성 기구

2-1 접점의 종류

(1) 접점의 종류

접점(contact)이란 회로를 접속하거나, 차단하는 것으로 a 접점, b 접점, c 접점이 있다. [표 7-5]는 접점의 종류를 나타낸 것이다.

[표 7-5] 접점의 종류

접점의 종류	접점의 상태	별 칭
a 접점	열려 있는 접점 (arbeit contact)	• 메이크 접점(make contact) • 상개 접점(normally open contact) (NO 접점 : 항상 열려 있는 접점)
b 접점	닫혀 있는 접점 (break contact)	• 브레이크 접점(break contact) • 상폐 접점(normally close contact) (NC 접점 : 항상 닫혀 있는 접점)
c 접점	전환 접점 (change-over contact)	• 브레이크 메이크 접점(break make contact) • 트랜스퍼 접점(transfer contact)

① a 접점(arbeit contact)

a 접점이란 [그림 7-20]과 같이 스위치를 조작하기 전에는 열려 있다가 조작하면 닫히는 접점으로 일하는 접점 또는 메이크 접점(make contact), 상시 개로 접점(NO 접점 : normally open contact)이라고도 한다. 영어의 머리글자를 따서 a로 표시한다.

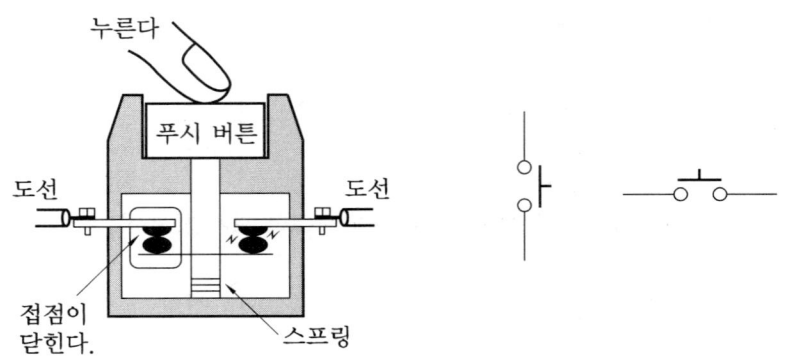

[그림 7-20] a 접점의 동작 원리 및 기호

② b 접점(break contact)

b 접점이란 [그림 7-21]과 같이 스위치를 조작하기 전에는 닫혀 있다가 조작하면 열리는 접점으로 브레이크 접점(break contact) 또는 상시 폐로 접점(NC 접점 : normally closed contact)이라고도 한다. 영어의 머리글자를 따서 b로 표시한다.

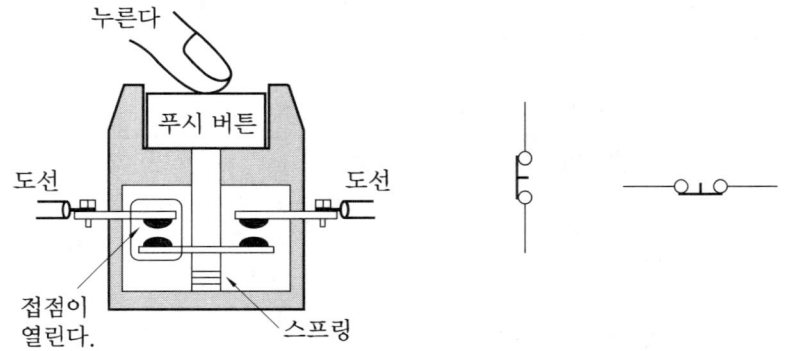

[그림 7-21] b 접점의 동작 원리 및 기호

③ c 접점(change-over contact)

절환 접점이라는 뜻으로 [그림 7-22]와 같이 고정 a 접점과 b 접점을 공유하고 있으며, 조작 전 b 접점에 가동부가 접촉되어 있다가 누르면 a 접점으로 절환되는 접점을 말하고 트랜스퍼 접점(transfer contact)이라고도 한다.

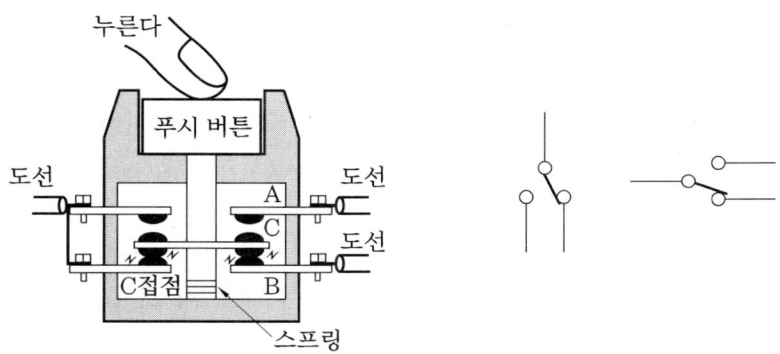

[그림 7-22] c접점의 동작 원리 및 기호

(2) 접점의 기호

[표 7-6]은 일반적으로 시퀀스 제어 회로에 많이 사용되고 있는 접점의 기호들이다.

[표 7-6] 접점의 기호

항목		a 접점		b 접점		c 접점	
		횡서	종서	횡서	종서	횡서	종서
수동 조작 접점	수동 복귀						
	자동 복귀						
릴레이 접점	수동 복귀						
	자동 복귀						
타이머 접점	한시 동작						
	한시 복귀						
기계적 접점							

2-2 조작용 스위치의 종류

조작용 스위치는 사람이 손으로 조작하여 작업 명령을 주거나 명령 처리의 방법을 변경 또는 수동·자동으로 변환되는 스위치를 말하며, 수동 조작 스위치란 인위적인 조작에 의해서 신호의 변환을 제어 장치에 주는 기구이다. 제작 시 절연 내력, 전기적인 수명 시험, 과부하 시험, 기계적 시험 등의 각종 시험을 거쳐서 기기를 제작한다.

(1) 푸시 버튼 스위치(push button switch)

버튼을 누르는 것에 의하여 접점 기구부가 개폐되는 동작에 의하여 전기 회로를 개로(open) 또는 폐로(close)하는데 손을 떼면 스프링의 힘에 의하여 자동으로 원래의 상태로 되돌아오는 복귀형과 한번 누르고 손을 떼어도 그대로 유지하는 유지형이 있으며, 그 외형은 [그림 7-23]과 같다.

(a) 복귀형

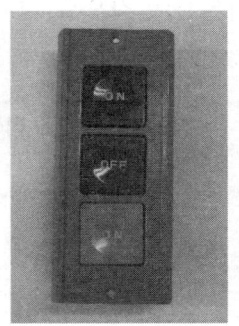
(b) 유지형

[그림 7-23] 푸시 버튼 스위치의 종류

[표 7-7]에 버튼의 색상에 의한 기능의 분류와 적용을 나타내었다.

[표 7-7] 버튼의 색상에 의한 기능의 분류와 적용

색 상	기 능	적 용
녹 색	기 동	시퀀스의 기동, 전동기의 기동
적 색	정 지	전동기의 정지
	비상 정지	모든 시스템의 정지
황 색	리 셋	부분적인 동작
백 색	상기 색상에서 규정되지 않은 이외의 동작	

[그림 7-24]는 푸시 버튼 스위치의 a 접점, b 접점의 동작 원리를 나타낸 것이다.

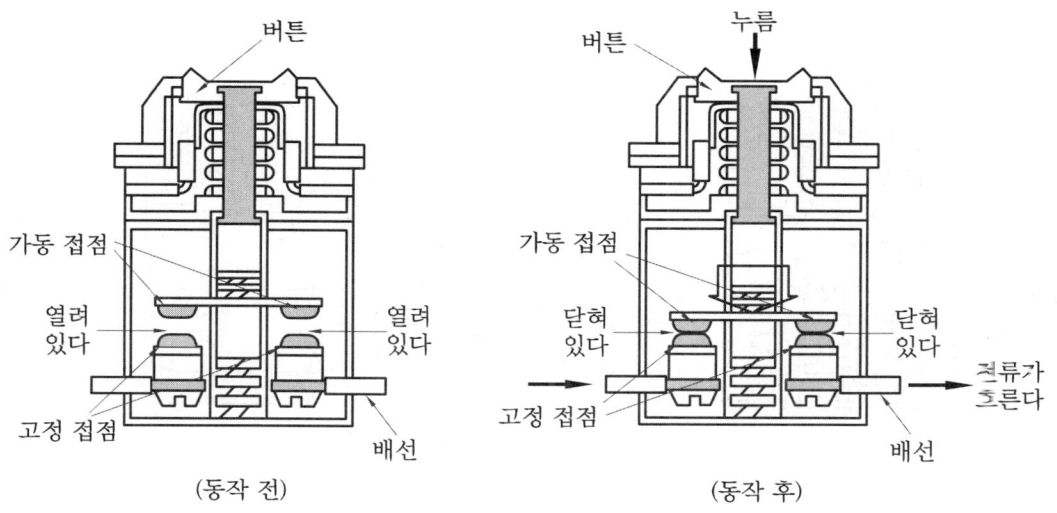

(a) a 접점

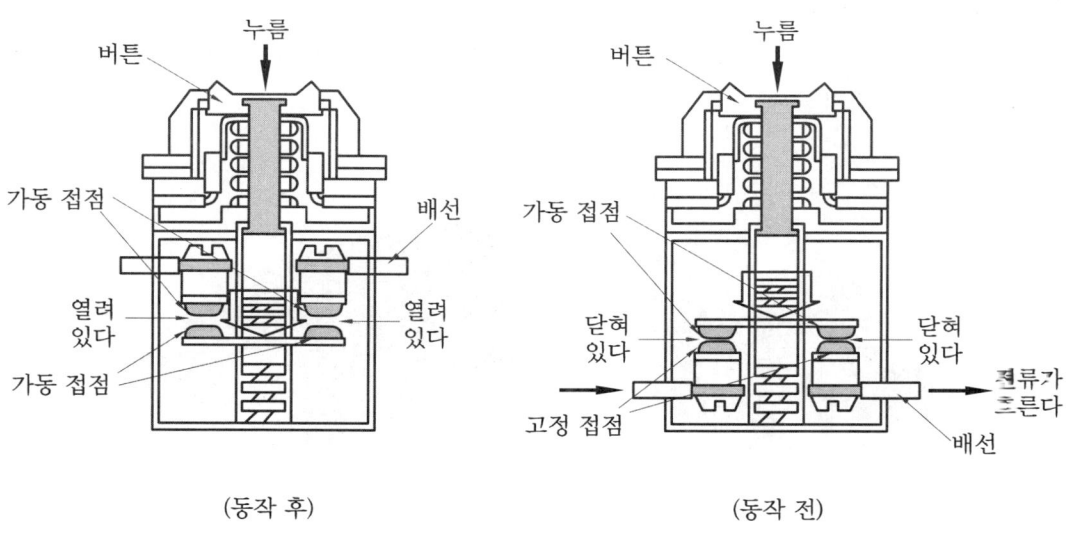

(b) b 접점

[그림 7-24] 푸시 버튼 스위치의 a, b 접점의 동작 원리

[그림 7-25]는 푸시 버튼 스위치 c 접점의 동작 원리를 나타낸 것이다.

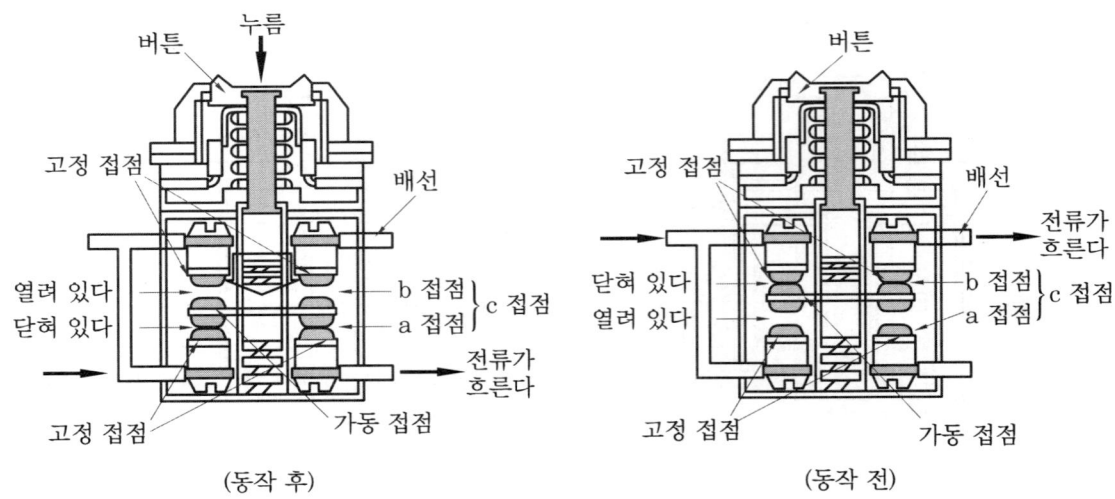

[그림 7-25] 푸시 버튼 스위치의 c 접점의 동작 원리

(2) 조광형 푸시 버튼 스위치

조광형 푸시 버튼 스위치는 [그림 7-26]과 같이 스위치 기능과 램프의 역할을 함께 가지고 있는 스위치이다.

[그림 7-26] 조광형 푸시 버튼

(3) 실렉터 스위치(selector switch)

실렉터 스위치는 조작을 가하면 반대 조작이 있을 때까지 조작 접점 상태를 유지하는 유지형 스위치로서 운전/정지, 자동/수동, 연동/단동 등과 같이 조작 방법의 절환 스위치로 사용한다.

실렉터 스위치는 1단, 2단, 3단 등 여러 종류가 있으며 용도에 맞게 사용한다. 그리고 회로에 표시된 기호를 확인하여 a 접점, b 접점을 연결한다.

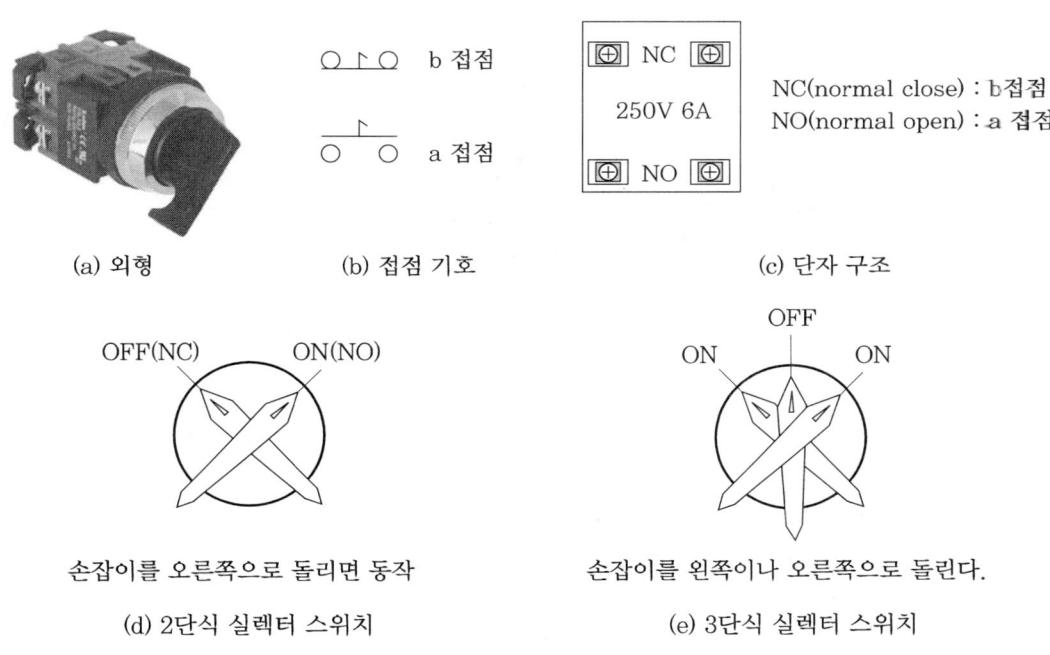

[그림 7-27] 실렉터 스위치

(4) 로터리 스위치(rotary switch)

로터리 스위치는 접점부의 회전 작동에 의하여 접점을 변환하는 스위치이며, 원주상으로 접촉 단자를 배열하고 회전축과 연결된 중심 단자와의 접속으로 회로가 연결된다. 감도의 전환이나 주파수의 선택 등 측정기에 사용하기 편리하고, 접점 구성에 따라 여러 가지 종류가 있다.

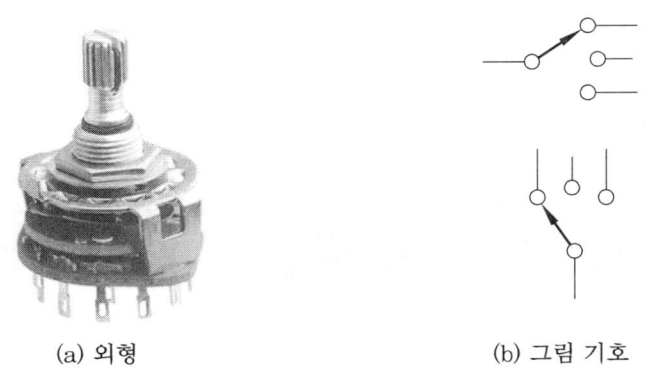

[그림 7-28] 로터리 스위치

(5) 토글 스위치(toggle switch)

텀블러 스위치의 일종으로 핸들 조작에 의해 회로의 개폐를 하는 것이며, 전원 스위치 등으로 쓰인다. [그림 7-29]는 토글 스위치의 외형과 동작 원리 및 기호를 나타낸 것이다.

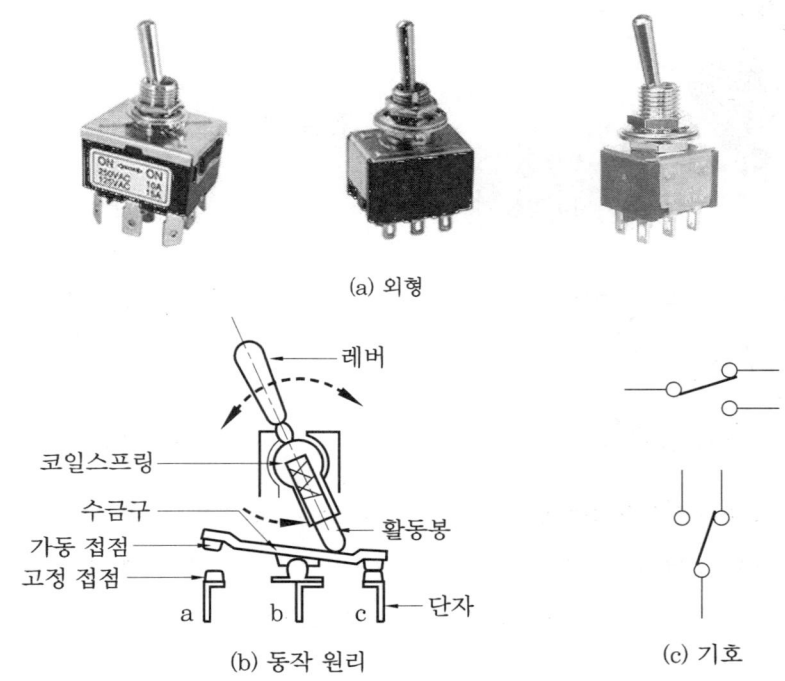

[그림 7-29] 토글 스위치의 구조

(6) 전압 절환용 스위치(voltage selector switch)

전압 절환용 스위치는 [그림 7-30]과 같이 슬라이드 스위치의 일종으로 사용 전압에 적당한 전압을 절환하는 유지형 스위치로서 특별한 경우에는 변압기(trans)를 내장하는 경우도 있다.

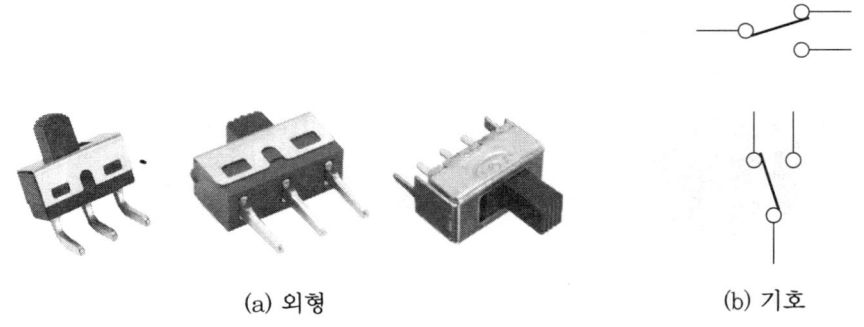

[그림 7-30] 전압 절환용 스위치

(7) 정역 스위치

전동기의 정역 스위치로 많이 사용된다. [그림 7-31]과 (a), (b)와 같이 전동기를 정역으로 조작할 수도 있으며, 순서는 FOR(정회전), STOP(정지), REV(역회전) 순이다.

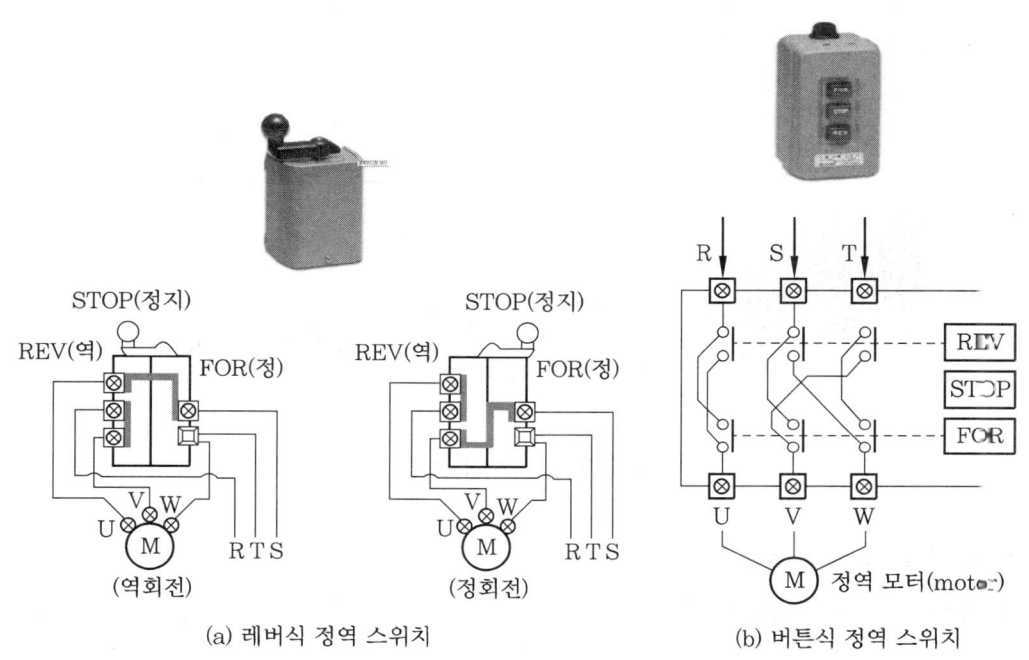

[그림 7-31] 정역 스위치의 종류 및 내부 구조

(8) 캠 스위치(cam switch)

캠 스위치는 캠과 접점으로 구성된 플러그로서 여러 단수를 연결하여 한 몸체로 만든 것으로 드럼 스위치보다 이용도가 많으며 고형이다. [그림 7-32]와 같이 밀폐형이기 때문에 접점부에 먼지 등이 침입되지 않고 산화가 일어나지 않는 특징이 있다. 주로 전류계, 전압계의 절환용으로 이용되고 있다.

[그림 7-32] 캠 스위치

(9) 비상 스위치

비상시 전 회로를 긴급히 차단할 때 사용하는 적색의 돌출형 스위치로서, 한 번 누르면 버튼을 놓아도 메커니즘적으로 계속 접점이 붙어 있는 스위치이며, 비상을 해제할 때 화살표 방향으로 돌리면 스위치가 튀어나오면서 OFF가 된다. [그림 7-33]과 같이 차단 시 눌러서 유지시키고, 복귀 시에는 우측으로 돌린다.

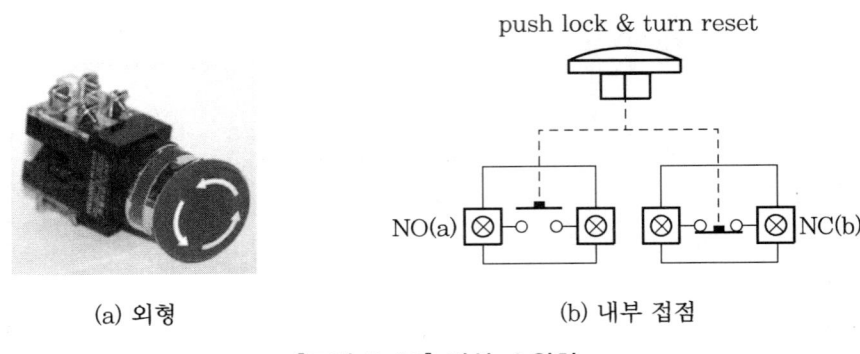

(a) 외형　　　　　　　　　　　(b) 내부 접점

[그림 7-33] 비상 스위치

(10) 풋 스위치(foot switch)

풋 스위치는 양손으로 작업할 때 기계 장치의 운전 및 정지의 조작을 발로 할 수 있는 스위치로서 전동 재봉틀, 프레스 기계 등 산업 현장에서 널리 사용되며, [그림 7-34]는 풋 스위치의 외형 및 접점을 나타낸 것이다.

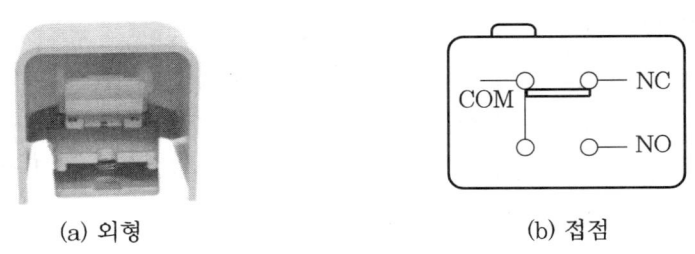

(a) 외형　　　　　　　　　　　(b) 접점

[그림 7-34] 풋 스위치

(11) 커버 나이프 스위치(cover knife switch)

나이프 스위치의 전면에 베이클라이트 또는 도자기 외피를 입힌 것이며, 단투와 쌍투 커버 나이프 스위치가 있고 밑부분에는 퓨즈가 달려 있는 것이 대부분이다. [그림 7-35]는 커버 나이프 스위치의 외형과 기호를 나타낸 것이다.

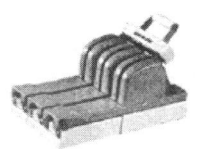  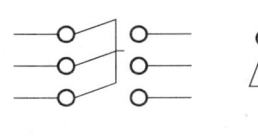 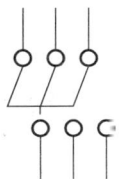

(a) 외형　　　　　　　　　(b) 기호

[그림 7-35] 커버 나이프 스위치

2-3　검출용 스위치의 종류

검출용 스위치(detect switch)는 제어 대상의 상태나 변화를 검출하기 위한 것으로 어떤 물체의 위치나 액체의 높이, 압력, 빛, 온도, 전압, 자계 등을 검출하여 조작 기기를 작동시키는 스위치이다.

따라서 검출용 스위치는 사람의 눈이나 귀 등의 감각에 대응하는 작용을 하며, 구조에 따라 리밋 스위치, 마이크로 스위치, 근접 스위치, 광전 스위치, 온도 스위치, 압력 스위치, 레벨 스위치, 플로트 스위치, 플로트리스 스위치 등이 있다.

(1) 접촉식 스위치

① 리밋 스위치(limit switch)

제어 대상의 위치 및 동작 상태 또는 변화를 검출하는 스위치로서 공작기계 등 모든 산업 현장에서 검출용 스위치로 많이 사용되고 있다. 구조는 접촉자(actuator), 접점(contact block), 외장(encloser)으로 구성되어 있다.

(a) 표준 롤러　　(b) 조절 롤러　　(c) 양레버 걸림형　(d) 조절 로드　　(e) 코일 스프링형
　　레버형　　　　　레버형　　　　　　　　　　　　　　레버형

[그림 7-36] 리밋 스위치의 종류

[그림 7-37]은 리밋 스위치의 외형과 단자 구조이다.

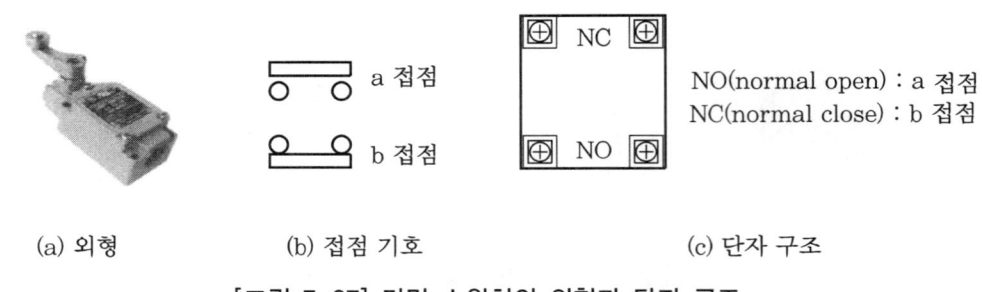

(a) 외형　　　　(b) 접점 기호　　　　(c) 단자 구조

[그림 7-37] 리밋 스위치의 외형과 단자 구조

② 마이크로 스위치(micro switch)

　마이크로 스위치는 [그림 7-38]과 같이 성형 케이스에 접점 기구를 내장하고 있는 소형 스위치를 말하며 압력 검출, 액면 검출, 바이메탈을 이용한 온도 조절, 중량 검출 등 여러 곳에 사용된다. 미소 접점 기구를 절연 물질인 케이스(case)에 내장하고 그 외부에 액추에이터를 갖춘 소형의 스위치로 리밋 스위치와 같은 용도로 사용된다. [표 7-8]은 마이크로 스위치 단자 기호를 나타낸 것이다.

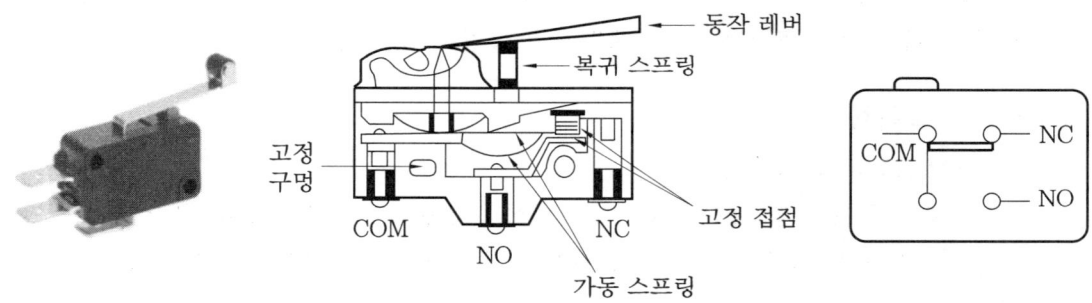

[그림 7-38] 마이크로 스위치의 구조와 기호

[표 7-8] 마이크로 스위치 단자 기호

표시명	영문	명칭
COM	common	공통 단자
NO	normally open	상시 개로(a 접점)
NC	normally closed	상시 폐로(b 접점)

③ 액면 스위치(float switch)

　레벨 스위치(level switch) 또는 액면 스위치는 여러 가지 물질의 표면과 기준면과의 거리를 검출하는 스위치를 말한다. [그림 7-39] 액면 스위치의 종류와 같이 주로 액체의 레벨을 검출하기 때문에 액면 스위치라고 한다. 검출용 전극이 있고 액체나

분체에 의한 정전 용량, 저항값의 변화를 검출하여 출력을 나타낸다. 또 검출 방법에 따라 플로트를 사용하는 플로트(float)식과 액체가 전극에 접촉했을 때 전극 간의 저항의 변화를 검출하는 전극식으로 분류된다. 플로트 스위치는 구조상 액체가 낮아지거나 높아지면 장치에 의해 플로트가 리밋 스위치의 가동부를 당기거나 밀어 올려서 접점을 개폐하는 장치이다.

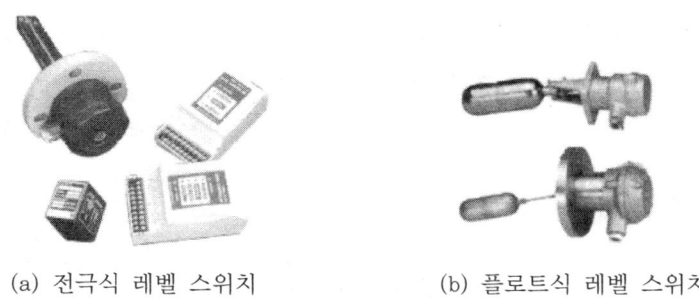

(a) 전극식 레벨 스위치   (b) 플로트식 레벨 스위치

[그림 7-39] 액면 스위치의 종류

(2) 비접촉식 스위치

① 근접 스위치

근접 스위치(proximity switch)는 [그림 7-40]과 같이 대상 물체와의 직접 접촉에 의해 동작하는 것이 아니라 물체가 접근하는 것을 무접촉으로 검출하는 정지형 스위치로서 반도체 소자를 응용하여 기계적인 힘이 전혀 불필요하다. 이것은 전류 개폐의 접점이 없기 때문에 응답 속도가 빠르고 전자 회로와 직접 결합할 수 있는 이점을 가진다.

㈎ 고주파 발진형 : 검출 코일의 인덕턴스의 변화를 이용하여 개폐하는 스위치

㈏ 정전 용량형 : 도체 전극 간의 정전 용량의 변화를 이용하여 개폐하는 스위치

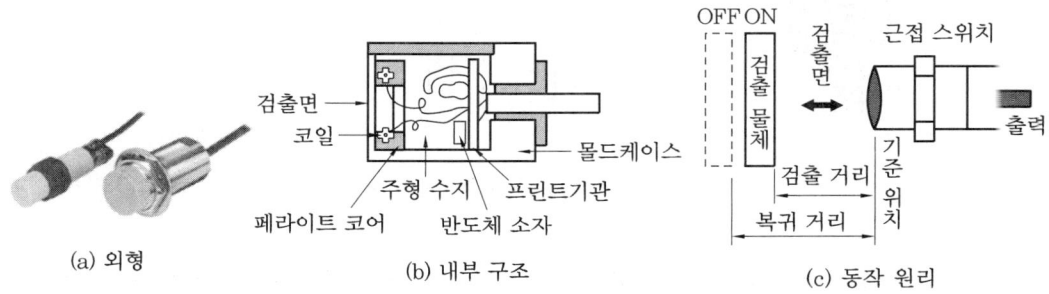

(a) 외형   (b) 내부 구조   (c) 동작 원리

[그림 7-40] 고주파 발진형 근접 스위치

② 광전 스위치

대상 물체에 빛을 투과한 후 반사, 투과, 차광되는 원리를 이용하여 수광부에서 출력을 제어하는 원리이다. 검출물이 금속일 필요는 없고 비교적 원거리로부터 검출이 가능한 것이 장점이다. 광의 검출 형태에 따라 투과형과 반사형으로 구분하고 반사형에는 직접 반사형과 간접 반사형이 있다.

(가) 투과형 광전 스위치 : 투과형 광전 스위치는 [그림 7-41]과 같이 투광기와 수광기를 수평으로 배치하여 빛을 차광하거나 또는 감쇠시킴으로써 검출하는 방식으로 가장 일반적으로 사용되고 있다.

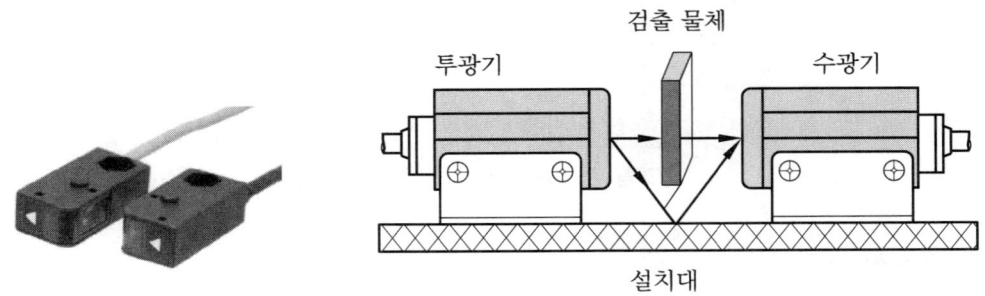

[그림 7-41] 투과형 광전 스위치

(나) 직접 반사형 광전 스위치 : 직접 반사형은 [그림 7-42]와 같이 투광기와 수광기가 하나로 구성된 복합형이며, 투광부에서 방사된 빛이 직접 대상 물체에 닿으면 그 반사 광을 수광부가 받아서 검출하는 방식이다.

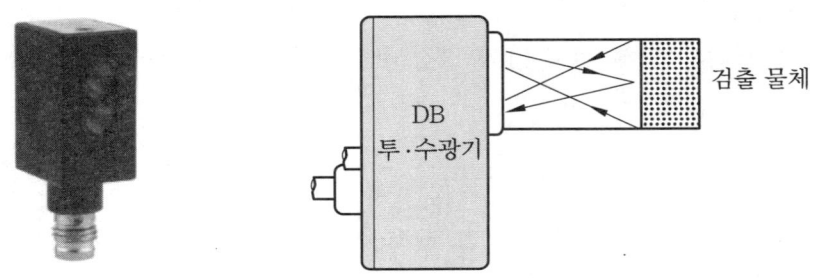

[그림 7-42] 직접 반사형 광전 스위치

(다) 거울 반사형 광전 스위치 : 거울 반사형은 [그림 7-43]과 같이 투광기와 수광기가 하나로 구성된 투·수광기와 반사경으로 구성되어 있으며, 투·수광기와 반사경 사이의 대상 물체를 검출하는 방식이다.

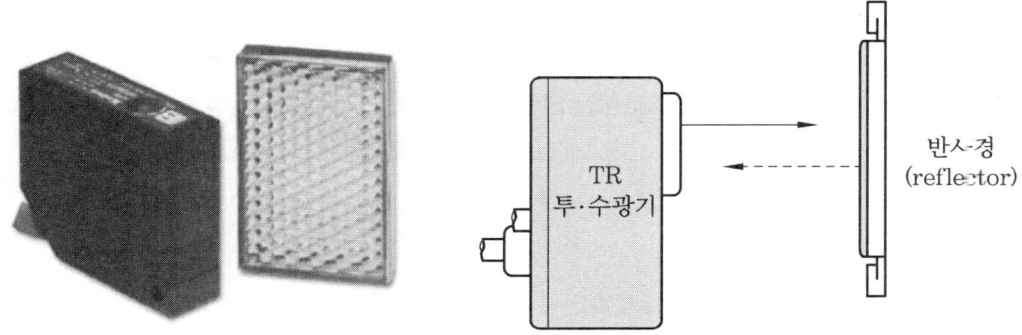

[그림 7-43] 거울 반사형 광전 스위치

2-4 계전기의 종류

(1) 계전기(relay)

계전기는 전자 코일에 전류가 흐르면 전자석이 되어 그 전자력에 의해 접점을 개폐하는 기능을 가진 장치를 말하며, 일반 시퀀스 회로, 회로의 분기나 접속, 저압 전원의 투입이나 차단 등에 사용된다.

[그림 7-44]는 전자 계전기의 외형과 구조를 나타낸 것이다. 전자 계전기에서 코일에 전류가 흘러 전자력을 갖는 상태를 여자라 하고, 전류가 흐르지 않아 전자력을 잃어 원래의 위치로 되는 상태를 소자라 한다.

 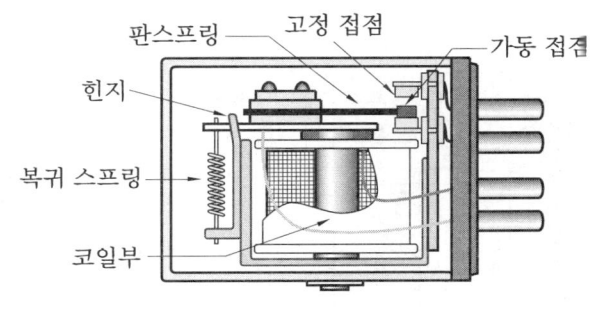

(a) 외형 (b) 구조

[그림 7-44] 전자 계전기

① 계전기의 a접점

[그림 7-45]에서 계전기의 코일에 전류가 흐르지 않은 상태(복귀 상태)에서는 가동 접점과 고정 접점이 떨어져 개로(open)되고, 계전기의 코일에 전류가 흐르는 상태(동작 상태)에서는 가동 접점이 고정 접점에 접촉하게 되어 폐로(close)된다.

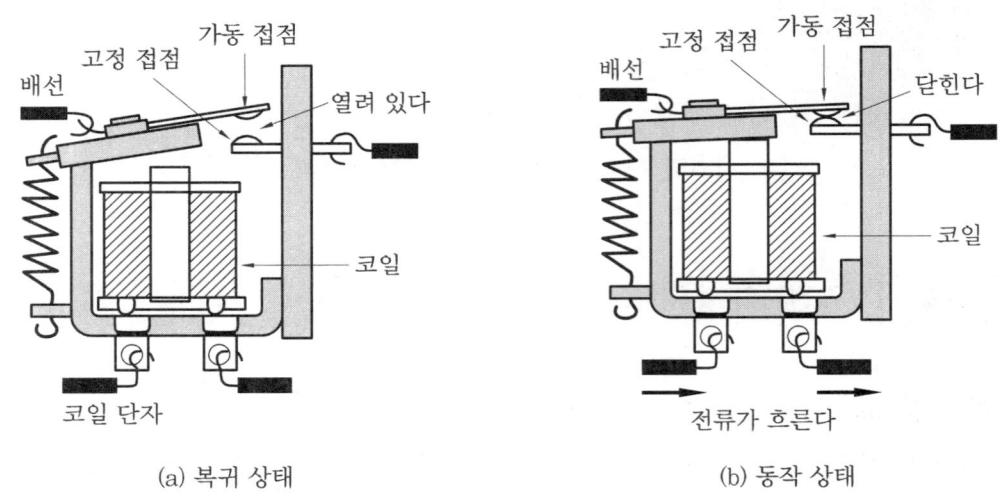

[그림 7-45] 계전기의 a 접점 동작 원리

② 계전기의 b접점

[그림 7-46]에서 계전기의 코일에 전류가 흐르지 않는 상태(복귀 상태)에서는 가동 접점이 고정 접점에 접촉하고 있어 폐로(close)되고, 계전기의 코일에 전류가 흐르는 상태(동작 상태)에서는 가동 접점과 고정 접점이 떨어져 개로(open)된다.

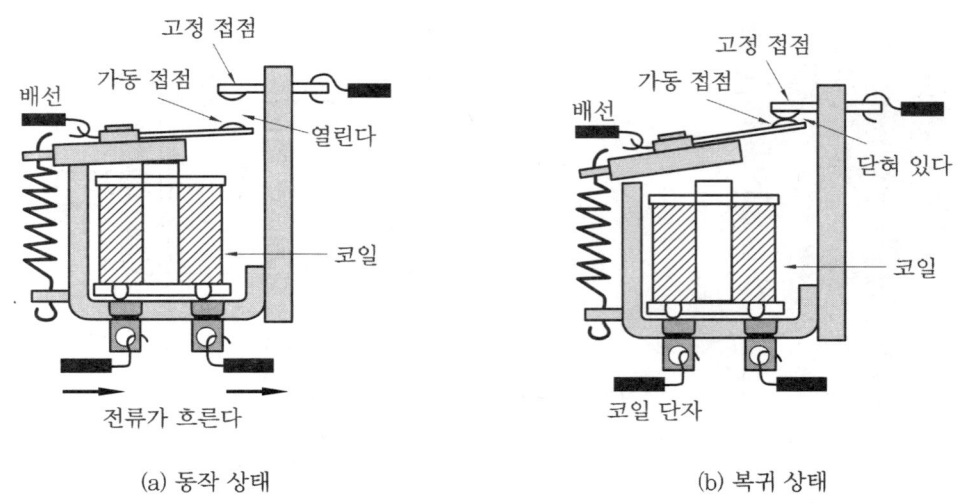

[그림 7-46] 계전기의 b접점 동작 원리

③ 계전기의 c접점

[그림 7-47]과 같이 고정 a 접점과 b 접점 사이에 가동 접점이 있는 구조로 복귀 상태에서는 가동 접점이 상부의 고정 접점에 접촉하여 b 접점이 폐로 상태(close), 하부 a 접점은 떨어져 개로 상태(open)가 되며, 동작 상태에서는 가동 접점이 상부 b 접점의 고정 접점에서 떨어져 개로(open) 상태, 하부 a 접점은 접촉하여 폐로(close) 상태가 된다.

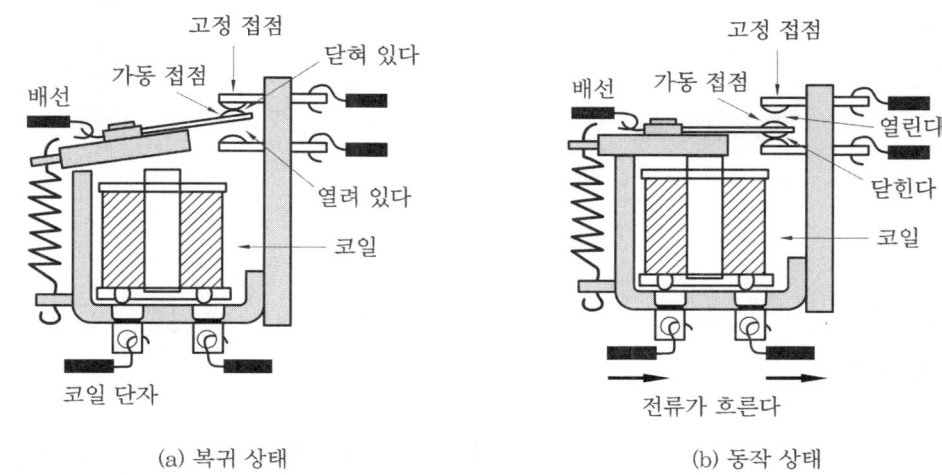

(a) 복귀 상태   (b) 동작 상태

[그림 7-47] 계전기의 c접점 동작 원리

④ 계전기의 종류

계전기는 힌지형과 플런저형이 있으며, 전원 방식으로는 코일에 공급되는 전압에 따라 직류용과 교류용이 있다. 릴레이 핀수는 8핀(2c), 11핀(3c), 14핀(4c)이 있으며, 베이스를 사용하여 배선하고 계전기 핀을 베이스에 삽입하여 사용할 때는 가운데 홈 방향이 아래로 오도록 고정시켜야 하고, 계전기를 꽂아서 사용할 때는 홈에 맞도록 하여 사용해야 한다.

(가) 8핀 계전기 : [그림 7-48]은 8핀 계전기의 외형, 내부 접속도, 소켓을 나타낸 것이다.

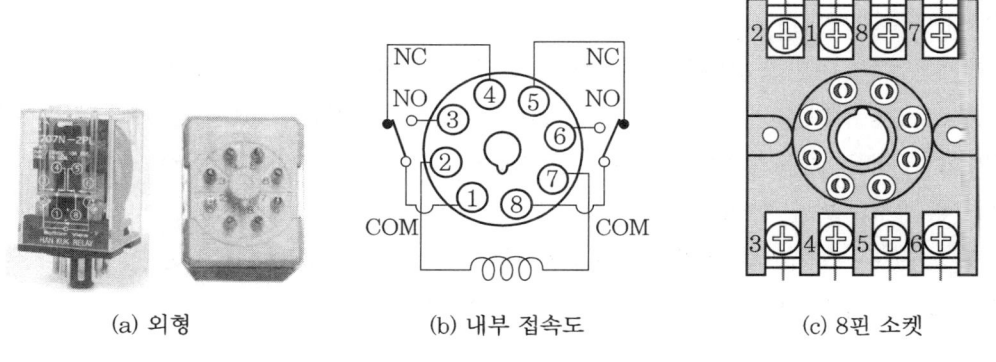

(a) 외형   (b) 내부 접속도   (c) 8핀 소켓

[그림 7-48] 8핀 계전기

(나) **11핀 계전기** : [그림 7-49]는 11핀 계전기의 외관, 내부 접속도, 소켓을 나타낸 것이다.

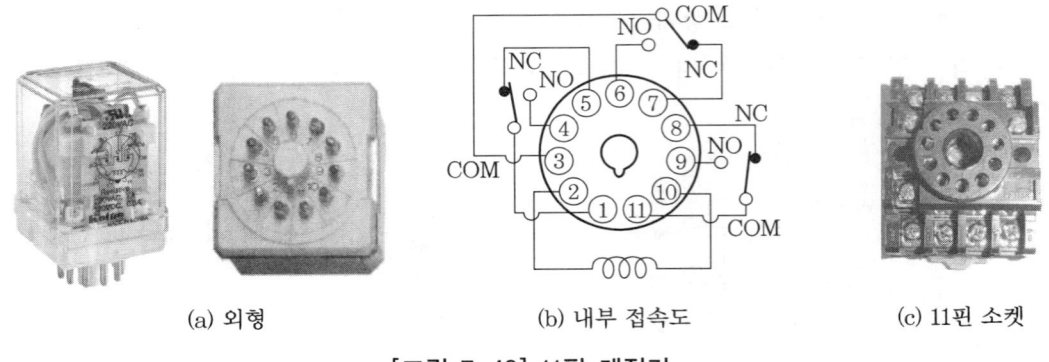

(a) 외형   (b) 내부 접속도   (c) 11핀 소켓

[그림 7-49] 11핀 계전기

(다) **14핀 계전기** : [그림 7-50]은 14핀 계전기의 외형, 내부 접속도, 소켓을 나타낸 것이다.

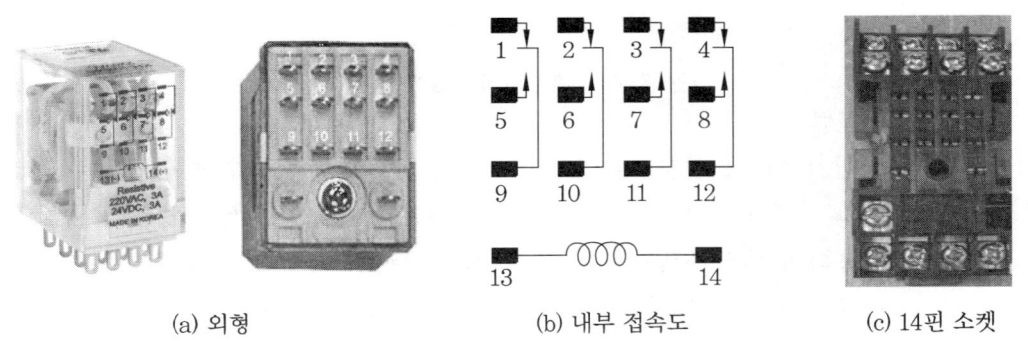

(a) 외형   (b) 내부 접속도   (c) 14핀 소켓

[그림 7-50] 14핀 계전기

(2) 타이머(timer)

타이머는 전기적 또는 기계적 입력을 부여하면, 정해진 시한이 경과한 후에 그 접점이 폐로(close) 또는 개로(open)하는 장치를 말한다. 타이머의 종류에는 모터식 타이머, 전자식 타이머, 제동식 타이머 등이 있고 타이머의 출력 접점에는 동작 시에 시간 지연이 있는 것과 복귀 시에 시간 지연이 있는 것이 있다.

[표 7-9]는 타이머의 종류 및 특징을 나타낸 것이고, [그림 7-51]은 타이머의 외관, 접점 표시, 내부 접속도, 동작도를 나타낸 것이다.

[표 7-9] 타이머의 종류 및 특징

종 류	작동 원리	특 징
모터식 타이머	전기적인 입력 신호에 의해 동기 전동기를 회전시켜, 그 기계적인 동작에 의해 소정의 시간이 경과한 후 개폐시킨다.	• 단시간부터 장시간에 이르기까지 가능하다. • 동작 시간의 경과 표시가 가동 지침에 의해 가능하다. • 온도 변화, 전압 변동의 영향이 크다.
전자식 타이머	콘덴서와 저항의 결합에 의해 충·방전 특성을 이용하여 소정의 시간 뒤짐을 취하고 전자 릴레이의 접점을 개폐시킨다.	• 미소 시간 세트가 가능하다. • 고빈도의 동작이 가능하다. • 무접점 출력 방식이다.
제동 타이머	공기, 기름 등의 유체에 의한 제동을 이용하여 시간의 뒤짐을 취하고, 이것과 전자 코일을 결합시켜 접점을 개폐시킨다.	• 공기식에서는 조작 회로가 개방된 다음 한시 동작하는 방식이 가능하다. • 동작 시간의 정밀도가 떨어진다.

(a) 외관

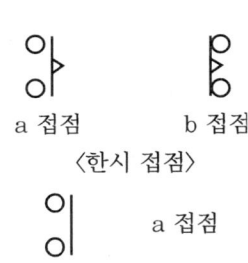

〈한시 접점〉

〈순시 접점〉

(b) 접점 표시

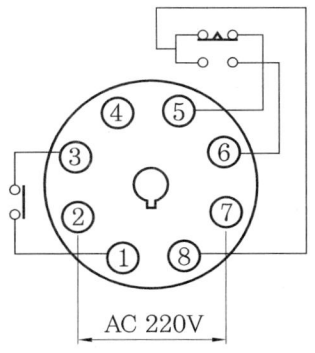

(c) 내부 접속도

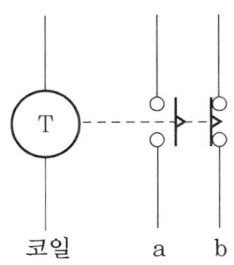

(d) 동작도

[그림 7-51] 타이머

① 한시 동작 순시 복귀형(on delay timer)

입력 신호가 들어오고 설정 시간이 지난 후 접점이 동작하며 신호 차단 시 접점이 순시 복귀되는 형태이다. [그림 7-52]는 한시 동작 순시 복귀형 타이머의 접점과 타임 차트를 나타낸 것이다.

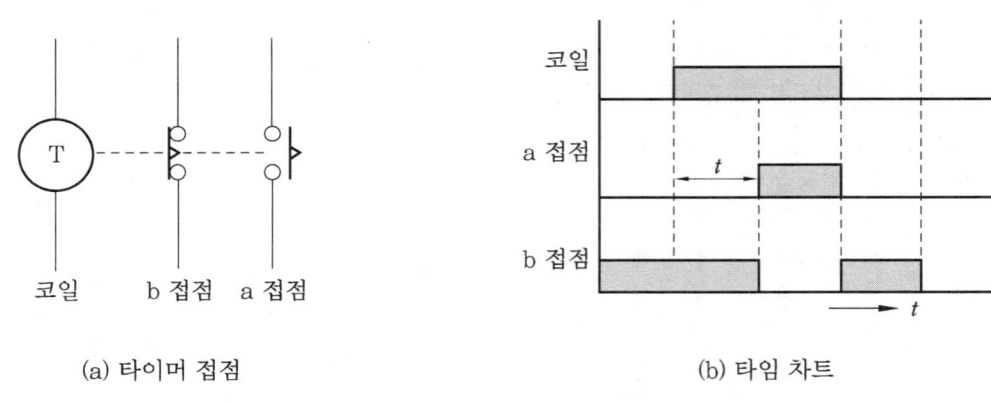

[그림 7-52] 한시 동작 순시 복귀형

② 순시 동작 한시 복귀형(off delay timer)

입력 신호가 들어오면 순간적으로 접점이 동작하며 입력 신호가 소자하면 접점이 설정 시간 후 동작되는 형태이다. [그림 7-53]은 순시 동작 한시 복귀형 타이머의 접점과 타임 차트를 나타낸 것이다.

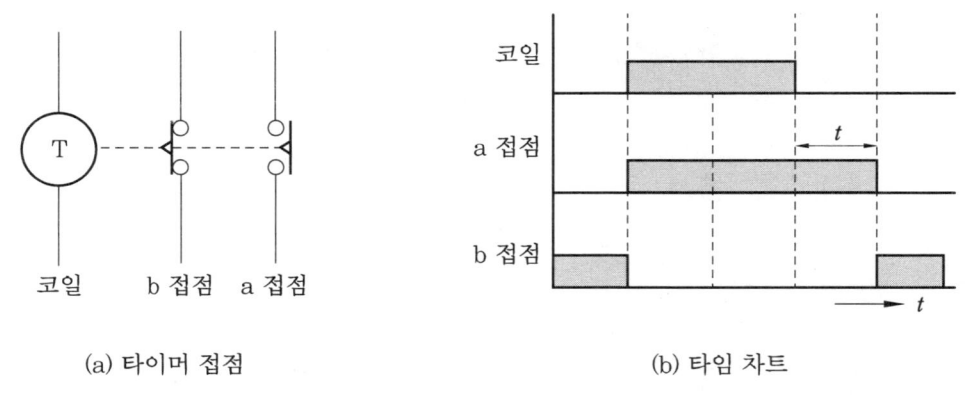

[그림 7-53] 순시 동작 한시 복귀형

③ 한시 동작 한시 복귀형

한시 동작 순시 복귀형과 순시 동작 한시 복귀형을 합성한 형태로 동작하는 타이머를 말한다. [그림 7-54]는 한시 동작 한시 복귀형 타이머의 접점과 타임 차트를 나타낸 것이다.

2. 시퀀스 제어 회로의 구성 기구 | 287

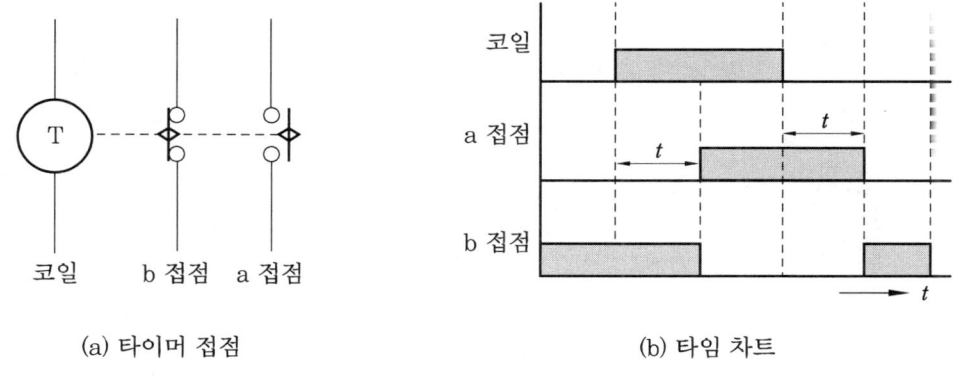

(a) 타이머 접점   (b) 타임 차트

[그림 7-54] 한시 동작 한시 복귀형

(3) 플리커 릴레이(flicker relay)

전원이 투입되면 a 접점과 b 접점이 교대로 점멸되며 점멸 시간을 사용자가 조절할 수 있고 경보 신호용 및 교대 점멸 등에 사용된다. [그림 7-55]는 플리커 릴레이의 외형과 내부 회로도 및 접점 표시를 나타낸 것이다.

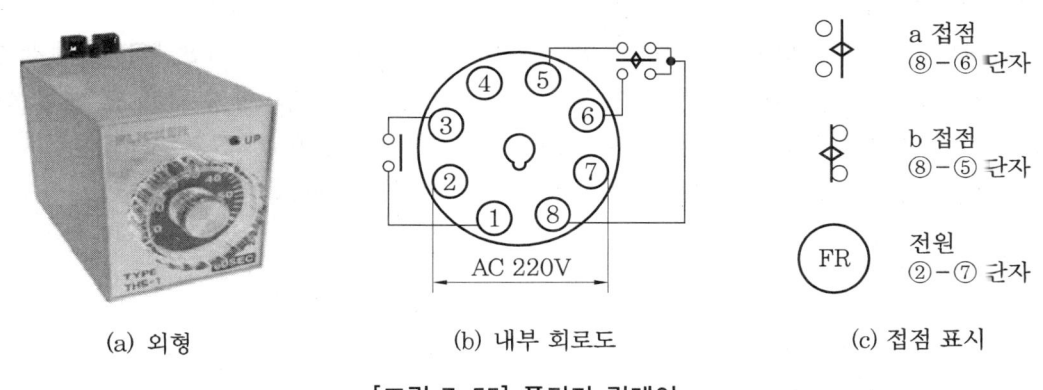

(a) 외형   (b) 내부 회로도   (c) 접점 표시

[그림 7-55] 플리커 릴레이

(4) 온도 릴레이(temperature relay)

온도가 일정한 값에 도달하였을 때 동작 검출하는 계전기로서 온도 변화에 대해 전기적 특성이 변화하는 소자, 즉 서미스터, 백금 등의 저항이 변화하거나 열기전력을 일으키는 열전쌍 등을 측온체에 이용하여 그 변화에서 미리 설정된 온도를 검출하여 동작하는 계전기이다.

[그림 7-56]은 온도 릴레이의 외형, 접점 표시, 내부 접속도를 나타낸 것이다. 온도 계전기의 종류에는 무지시형, 미터지시형, 디지털형 등이 있으며 8핀, 10핀, 18핀 베이스에 끼워 사용하기도 한다.

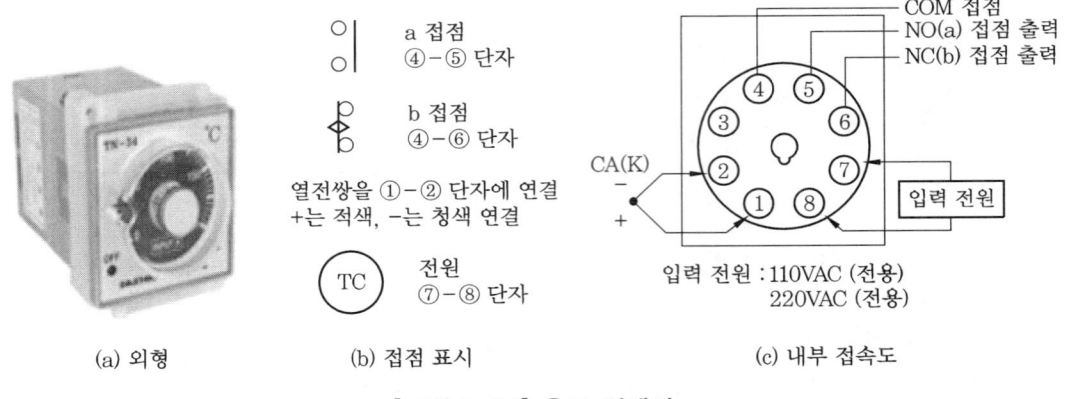

[그림 7-56] 온도 릴레이

(5) 카운터(counter)

각종 센서와 연결하여 길이 및 생산 수량 등의 숫자를 셀 때 사용되고, 가산(up), 감산(down), 가·감산(up, down)이 있으며 입력 신호가 들어오면 출력으로 수치를 표시한다. 카운터 내부 회로 입력이 되는 펄스 신호를 가하는 것을 셋(set), 취소(복귀) 신호에 해당되는 것을 리셋(reset)이라고 한다. 계수 방식에 따라 수를 적산하여 그 결과를 표시하는 적산 카운터와 처음부터 설정한 수와 입력한 수를 비교하여 같을 때 출력 신호를 내는 프리셋 카운터(free set counter)가 있으며, 출력 방법으로는 계수식과 디지털식 있다. [그림 7-57]은 카운터의 외형과 내부 회로를 나타낸 것이다.

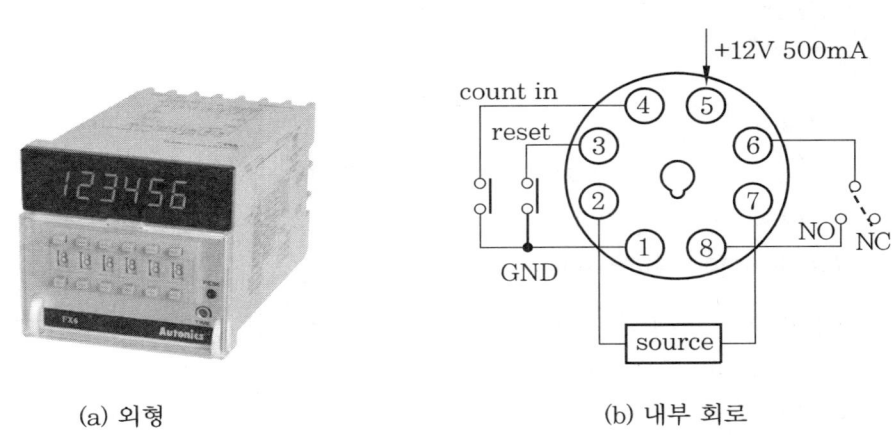

[그림 7-57] 카운터의 외형 및 내부 회로

(6) 플로트리스 스위치(floatless switch)

플로트리스 계전기라고도 하며, 공장 등에서 각종 액면 제어를 할 때 사용하고, 농업용수, 정수장, 오수처리장 및 일반 가정의 상하수도 등 다목적으로 사용된다. 소형 경량화되어 설치가 편리하며, 입력 전압은 주로 220V이고 전극 전압(2차 전압)은 8V로 동작된다. 종류로는 압력식, 전극식, 전자식 등이 있으며, 베이스에 삽입하여 사용하도록 8핀과 11핀 등이 있다.

① 플로트리스 스위치의 구조 및 회로

[그림 7-58]은 플로트리스 스위치의 외형, 내부 회로도, 핀 배선도를 나타낸 것이다.

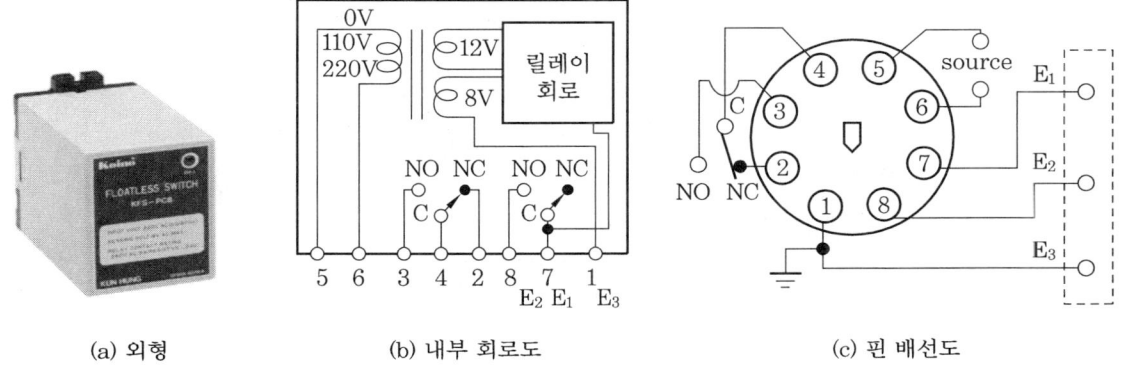

(a) 외형　　　(b) 내부 회로도　　　(c) 핀 배선도

[그림 7-58] 플로트리스 스위치의 외형 및 내부 회로

② 동작 원리

[그림 7-59]는 플로트리스 스위치의 급수 회로 결선도이다. 급수 시 수면이 E_1에 도달하면 모터 펌프가 자동 정지되며, E_2 이하로 되면 모터 펌프는 자동 동작된다.

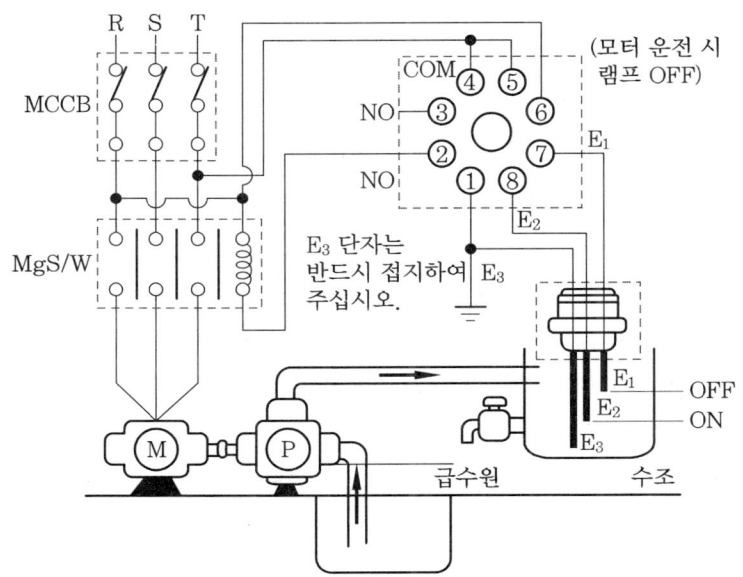

[그림 7-59] 급수 회로 결선도

전극 스위치 E_3 단자는 반드시 접지하여 사용한다.

[그림 7-60]은 플로트리스 스위치의 배수 회로 결선도이다. 배수 시 수면이 E_1에 도달하면 모터 펌프가 자동 기동되며 E_2 이하로 되면 모터 펌프는 자동 정지된다. 전극 스위치 E_3 단자는 반드시 접지하여 사용한다.

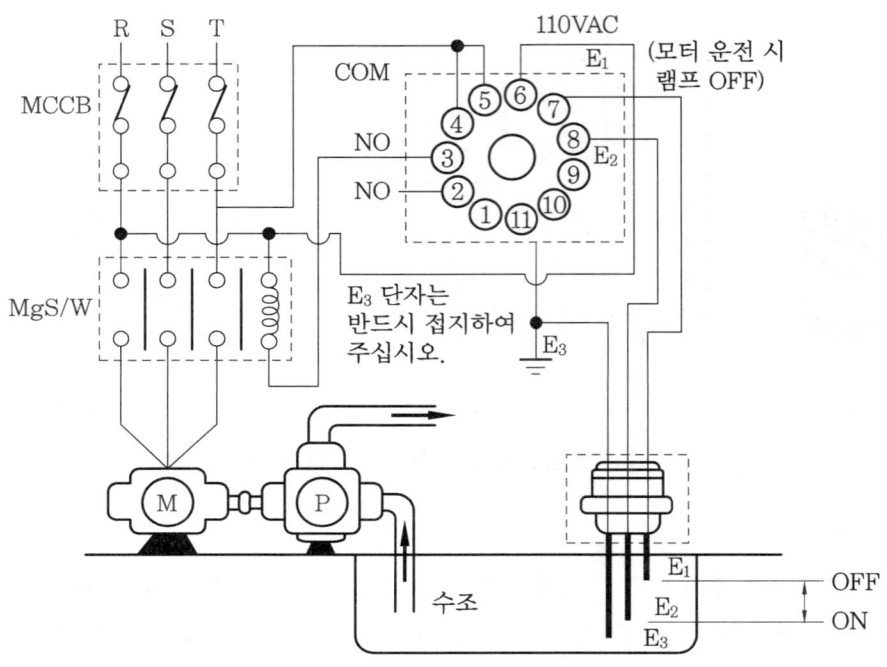

[그림 7-60] 배수 회로 결선도

(7) SR 릴레이(set-reset relay)

SR 릴레이는 set & reset 시킬 수 있는 릴레이라는 의미로 2개의 c 접점 구조의 릴레이와 정류 회로로 구성되어 있다. c 접점 구조의 릴레이는 set 코일의 전압에 의한 신호가 가해지면 set되고 전기를 off하여도 reset을 시키지 않으면 스스로 복귀하지 않는 유지형 계전기이다. 일반 릴레이에서 자기 유지를 구성하는 것과 같은 구조라 볼 수 있다.

정류 회로는 소용량 직류 전원(12V, 24V)을 자체적으로 공급할 수 있는 구조로서, 자체에 부착되어 있는 LED로 동작 상태를 확인할 수 있으며, 퓨즈가 내장되어 과부하나 결선 잘못으로부터 기기를 보호할 수 있다.

[그림 7-61]은 SR 릴레이의 외형, 접점 표시, 내부 구조도를 나타낸 것이다.

2. 시퀀스 제어 회로의 구성 기구   291

SET 전원 단자 ⑤-⑩
접점 ⑧-⑨, ⑫-⑥

RESET 전원 단자 ⑤-①
접점 ⑧-⑦, ⑫-⑪

정류회로 전원 단자 ⑤-②
직류 출력 ③-④
(12V 또는 24V)

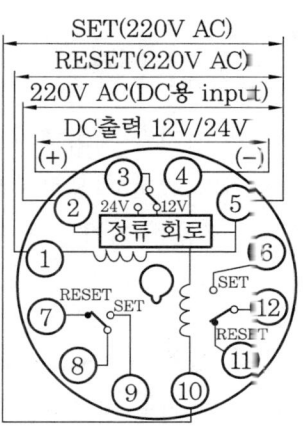

(a) 외형   (b) 접점 표시   (c) 내부 구조도

[그림 7-61] SR 릴레이

(8) 파워 릴레이

파워 릴레이(power relay)는 전자 접촉기 대신 전력 회로의 개폐가 가능하도록 제작된 것으로 릴레이처럼 일체형으로서 취급이 간단하다.

베이스에 삽입하여 사용하므로 전자 접촉기가 고장 시 점검이 어려운 점에 비하 컨트롤 박스 제작 시 또는 고장 수리 시에 빼내어 점검할 수 있어 수리 시간이 단축되는 장점이 있고 가격이 비싸다는 단점이 있다. [그림 7-62]는 파워 릴레이의 외형, 내부 결선도를 나타낸 것이다.

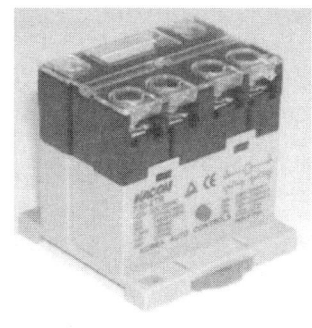 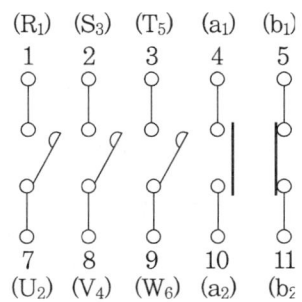

(a) 외형   (b) 내부 결선도

[그림 7-62] 파워 릴레이

2-5 구동용 기기

구동용 기기란 제어계의 명령 처리부에서 명령에 따라 기계 본체를 제어 목적에 맞게 동작시키기 위한 것으로, 명령에 따라 운전할 수 있도록 중계 역할을 하는 제어 기기를 말한다. 구동용 기기는 동작시키는 동력원의 종류에 따라 전기식, 공압식, 유압식 등으로 분류된다.

(1) 전자 접촉기(electromagnetic contactor)

전자 접촉기란 전자석의 동작에 의하여 부하 회로를 빈번하게 개폐하는 접촉기를 말하며, 일명 플런저형 전자 계전기라 한다. 접점에는 주 접점과 보조 접점이 있으며, 주 접점은 전동기를 기동하는 접점으로 접점의 용량이 크고 a 접점만으로 구성되어 있다. 보조 접점은 보조 계전기와 같이 작은 전류 및 제어 회로에 사용하며, a 접점과 b 접점으로 구성되어 있다. [그림 7-63]은 전자 접촉기의 외형, 기호 및 구조를 나타낸 것이다.

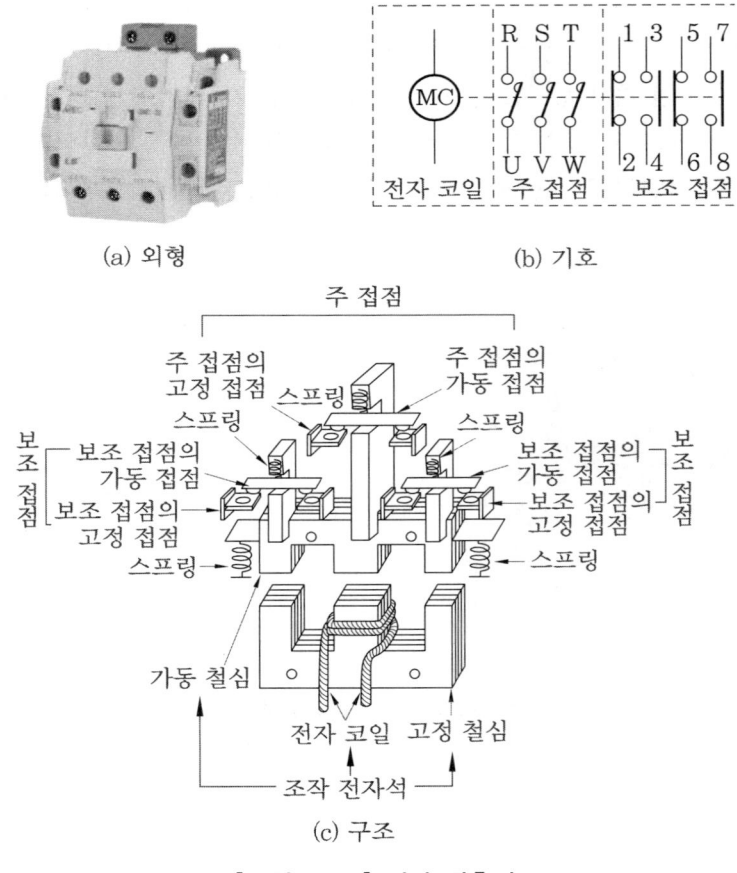

[그림 7-63] 전자 접촉기

(2) 전자 개폐기(electromagnatic switch)

전자 개폐기는 전자 접촉기에 전동기 보호 장치인 열동형 과전류 계전기를 조합한 주회로용 개폐기이다. 전자 개폐기는 전동기 회로를 개폐하는 것을 목적으로 사용되며, 정격 전류 이상의 과전류가 흐르면 자동으로 차단하여 전동기를 보호할 수 있다. [그림 7-64]는 전자 개폐기의 외형, 기호 및 구조를 나타낸 것이다.

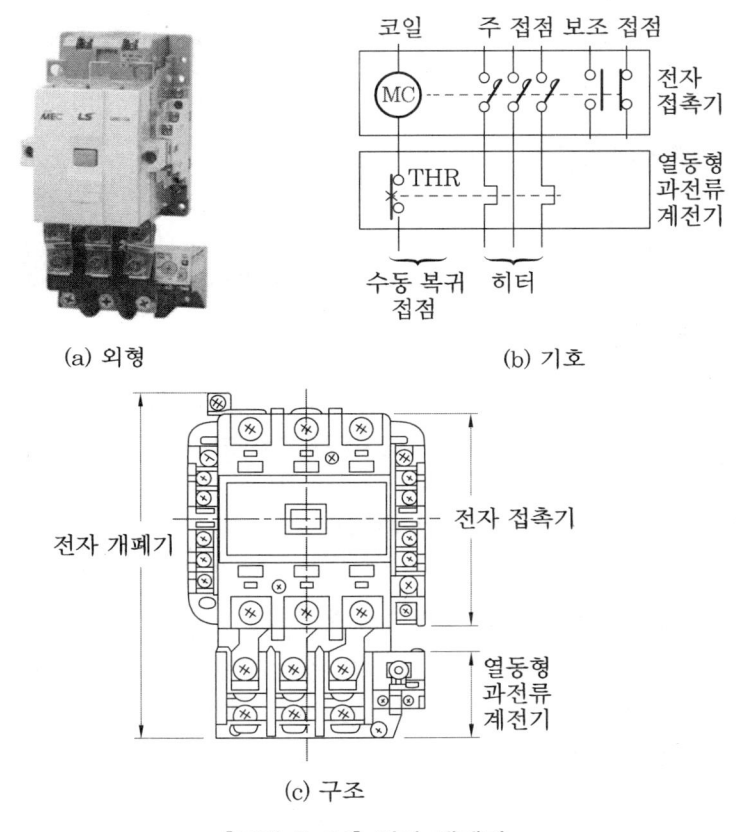

[그림 7-64] 전자 개폐기

2-6 차단기 및 퓨즈

(1) 차단기

① 배선용 차단기(MCCB : molded case circuit breaker)

배선용 차단기란 개폐 기구 트립 장치 등을 절연물 용기 속에 일체로 조립한 기중 차단기를 말한다. [그림 7-65]는 배선용 차단기의 외형과 기호를 나타낸 것이다. 배선용 차단기는 부하 전류의 개폐를 하는 전원 스위치로 사용되는 것 외에 과전류 및 단락 시에 열동 트립 기구 또는 전자 트립 기구가 동작하여 자동적으로 회로를 차단한다.

과부하 장치가 있는 장치로써 일명 NFB(no fuse breaker)라고 하고, 전동기 0.2kW 이상의 운전 회로, 주택 배전반용 및 각종 제어반에 사용되고 있으며, 전원의 상수와 정격 전류에 따라 구분하여 사용하고 주변의 온도는 40℃를 기준으로 한다.

배선용 차단기를 극수에 따라 분류하면 빌딩 등의 분전반에 사용되는 1극, 가정 분전반에 사용되는 2극, 3상 동력에 사용되는 3극, 3상 4선식 회로에 사용되는 4극 등이 있다.

　　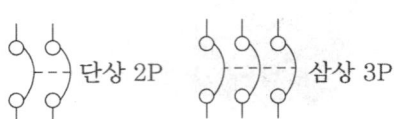

(a) 외형　　　　　　　　　　　　(b) 기호

[그림 7-65] 배선용 차단기

② 누전 차단기(earth leakage circuit breaker)

교류 600V 이하의 전로에서 인체에 대한 감전 사고 및 누전에 의한 화재, 아크에 의한 기구 손상을 방지하기 위한 목적으로 사용되는 차단기이다. 누전 차단기는 개폐 기구, 트립 장치 등을 절연물 용기 내에 일체로 조립한 것으로 통전 상태의 전로를 수동 또는 전기 조작에 의해 개폐할 수 있으며, 과부하 및 단락 등의 상태나 누전이 발생할 때 자동적으로 전류를 차단하는 기구를 말한다.

누전 차단기는 전기 기기 등에 발생하기 쉬운 누전, 감전 등의 재해를 방지하기 위하여 누전이 발생하기 쉬운 곳에 설치하며, 이상 발생 시 감지하고 회로를 차단시키는 작용을 한다. [그림 7-66]은 누전 차단기의 외형을 나타낸 것이다.

[그림 7-66] 누전 차단기

[그림 7-67]은 누전 차단기의 동작 원리를 나타낸 것이다.

㈎ **누전이 없는 상태** : 영상 변류기를 통해 들어가는 전류와 같은 수치로 되어 있고, 흐르는 전류에 따라 영상 변류기에 발생하는 자속(ϕ_L)은 서로 상쇄된다.

㈏ **누전이 발생한 상태** : 누전이 발생하면 영상 변류기를 통해 흐르는 전류에 차가 생기며, 이 전류차에 따라 영상 변류기 2차 권선의 누전 검출부에 신호를 보내고, 이 신호에 따라서 누전 검출부가 누전 트립 기구를 작동시켜 누전 차단기가 회로를 차단하게 된다.

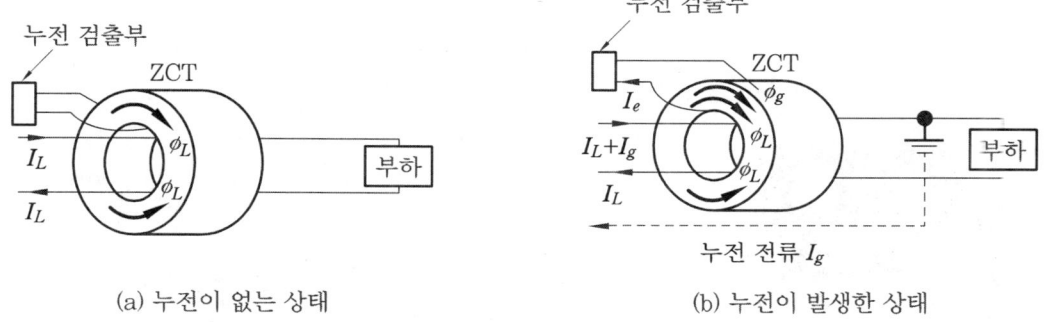

[그림 7-67] 누전 차단기의 동작 원리

[그림 7-68]은 누전 차단기의 회로 결선도이다.

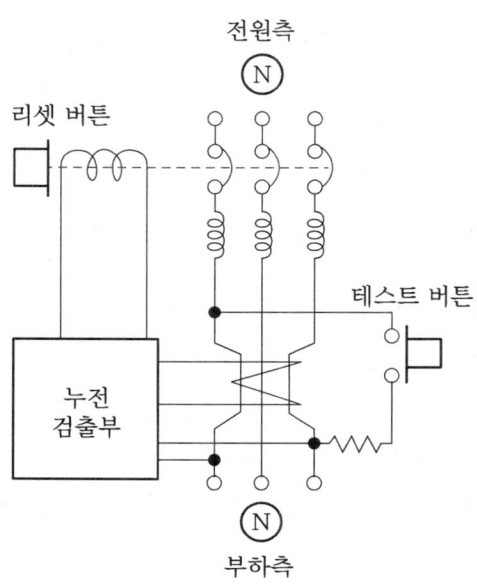

[그림 7-68] 누전 차단기의 회로 결선도

③ 과전류 계전기(over current relay)

(가) 전자식 과전류 계전기(EOCR : electronic over current relay)

전자식 과전류 계전기는 열동식 과전류 계전기에 비해 동작이 확실하고 과전류에 의한 결상 및 단상 운전이 완벽하게 방지된다. 전류 조정 노브(knob)와 램프에 의해 실제 부하 전류의 확인과 전류의 정밀 조정이 가능하고 지연 시간과 동작 시간이 서로 독립되어 있으므로 동작 시간의 선택에 따라 완벽한 보호가 가능하다.

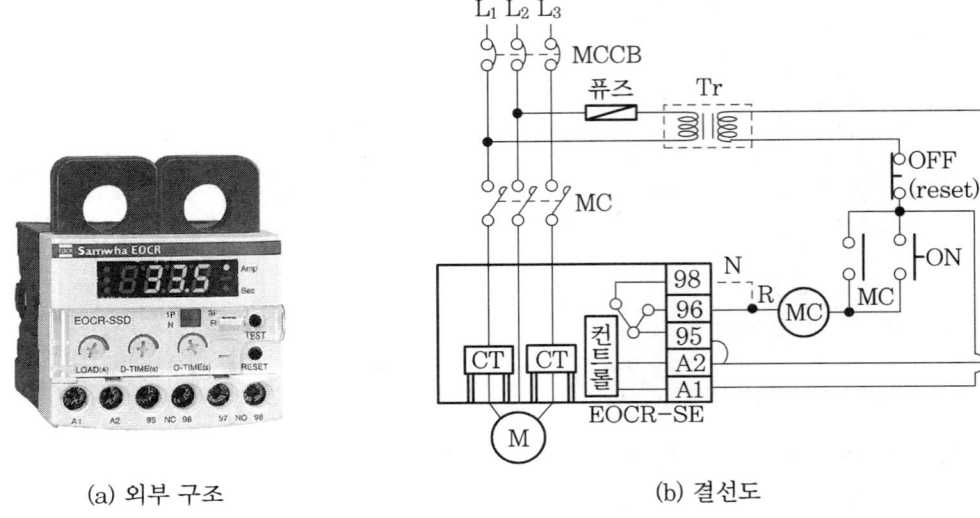

(a) 외부 구조   (b) 결선도

[그림 7-69] EOCR의 외부 구조와 결선도

[그림 7-69]는 EOCR의 외부 구조와 결선도를 나타낸 것이다. 테스트(test) 기능이 내장되어 있어 동작 시험과 회로 시험이 가능하고 전기 회로에 콘덴서 드롭(condenser drop) 방식을 채택하여 전력 소모가 적다.

또한 변류기(CT) 관통식으로 관통 횟수를 가감하여 사용 범위를 확대할 수 있고, 신호 출력 회로가 내장되어 있으므로 촌동 및 파동 부하에도 오동작이 없으며, 온도 보상 회로가 내장되어 있으므로 안전하다.

[그림 7-70] EOCR은 전동기 회로에 과전류가 흘렀을 때 회로를 보호하는 역할을 하고, 전자 개폐기 기능을 하며 12핀 플러그와 베이스에 부착하여 편리하게 사용한다. [그림 7-71]은 EOCR의 눈금 다이얼을 나타낸 것이다.

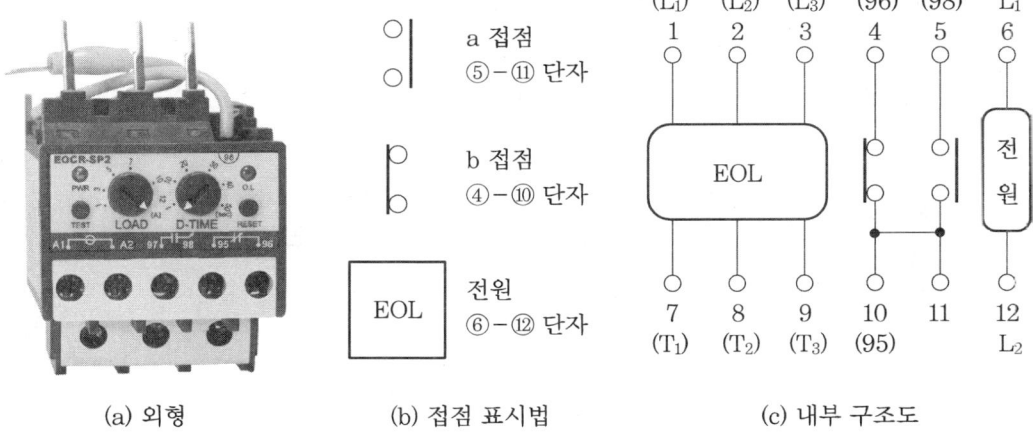

[그림 7-70] EOCR의 외형과 접점 표시법 및 내부 구조도

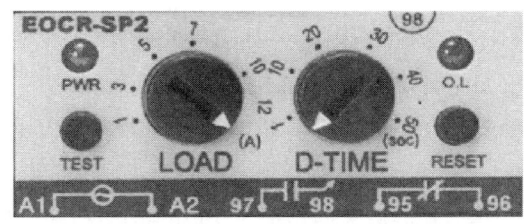

- PWR : 전원을 공급하면 점등된다.
- TEST : 누르면 동작되어 OL 램프 점등
- RESET : 복귀 버튼
- LOAD : 동작 전류 설정
- O-TIME : 동작 지연 시간 설정

[그림 7-71] EOCR의 눈금 다이얼

(나) 열동형 과전류 계전기(THR : thermal heater relay)

[그림 7-72]는 열동형 과전류 계전기(THR)의 외관 및 기호를 나타낸 것이다. 열동형 과전류 계전기는 설정값 이상의 전류가 흐르면 접점을 동작 차단시키는 계전기로서, 전동기의 과부하 보호에 사용된다.

주 회로에 삽입된 히터에 과전류가 흐르면, 열에 의해 바이메탈이 휘어지는 원리

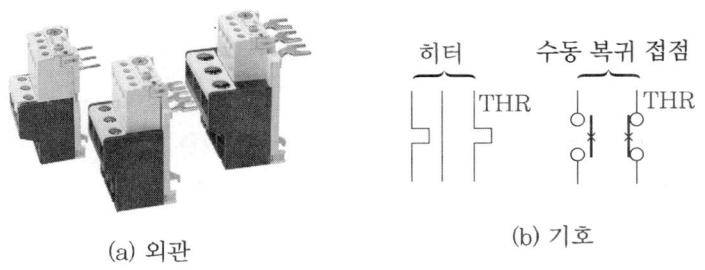

[그림 7-72] 열동형 과전류 계전기의 외관과 기호

를 이용하여 회로를 차단시켜 전동기의 소손을 방지하는 계전기이다. 열전달 방식에 따라 직렬식, 반간접식, 병렬식으로 분류된다. [그림 7-73]은 열동형 과전류 계전기(THR)의 구조와 내부 구조를 나타낸 것이다.

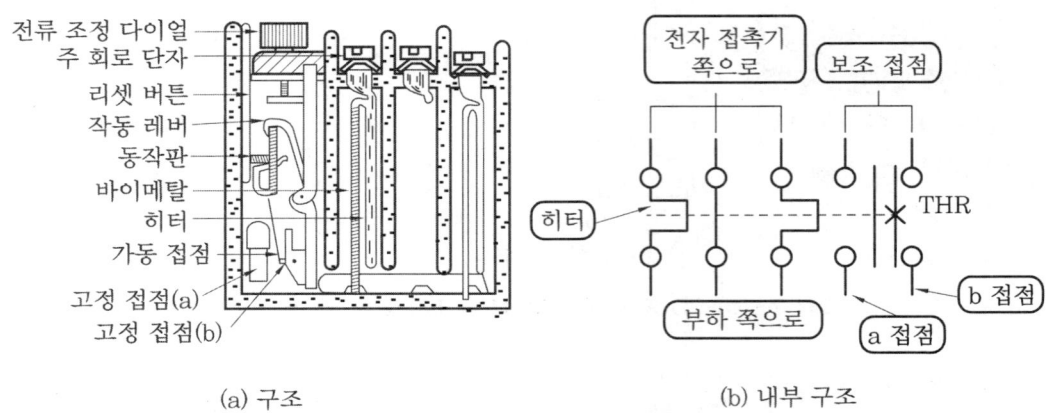

[그림 7-73] 열동형 과전류 계전기의 구조

④ 퓨즈(fuse)

퓨즈는 과전류, 특히 단락 전류가 흘렀을 때, 퓨즈 엘리먼트(element)가 용단되어 회로를 자동적으로 차단시켜 주는 역할을 하고, 퓨즈 홀더는 퓨즈를 고정시키는 것이다. 퓨즈는 납이나 열에 녹기 쉬운 금속(가용체)으로 되어 있으며, 퓨즈의 종류에는 포장형과 비포장형이 있고, 형태에 따라 통형, 걸이형, 실형 등의 여러 가지가 있다. [그림 7-74]는 유리형과 통형 퓨즈를 나타낸 것이다.

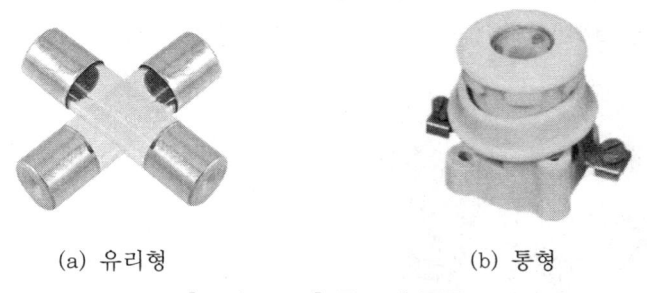

[그림 7-74] 퓨즈의 종류

(가) 퓨즈의 종류

㉮ 실 퓨즈 : 정격 전류 5A 이하에서 사용한다.

㈏ 판 퓨즈 : 경금속제로 그 양끝이 고리 모양으로 되어 있다.

㈐ 통형 퓨즈 : 퓨즈가 통 속에 들어 있다.

⑷ 플러그 퓨즈(plug fuse) : 자동 제어의 배전반용에 가장 많이 사용되고 내부 구조는 [그림 7-75]와 같으며, 퓨즈의 정격 전류는 [표 7-10]과 같이 색상에 의해 구분된다.

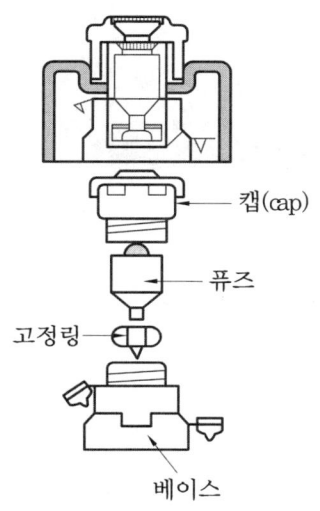

[그림 7-75] 플러그 퓨즈의 구조

[표 7-10] 퓨즈의 색상

정격 전류(A)	색표시
6	녹색
10	적색
16	회색
20	청색
25	황색
35	흑색
50	백색
63	갈색
80	은색
100	적색

⑸ 사용상 주의사항

㉮ 퓨즈의 정격 용량에 적합한 것을 사용해야 한다.(구리선이나 철선을 사용해서는 안 된다.)

㉯ 개방형 퓨즈를 설치할 경우에는 확실하게 고정하고 인장력을 받지 않도록 해야 한다.

⑤ 단자대(therminal block)

단자대는 컨트롤반과 조작반의 연결 등에 사용하는 것으로 터미널 또는 단자라 한다. 단자대를 접속하는 방법에는 압착 단자에 의한 방법, 링 고리에 의한 방법, 누름판 압착 방법 등이 있으며, 단자대는 배선 수와 정격 전류를 감안하여 정격값의 것을 사용한다. [그림 7-76]은 일반적인 단자대의 종류를 나타낸 것으로 고정식, 조립식 등이 있다.

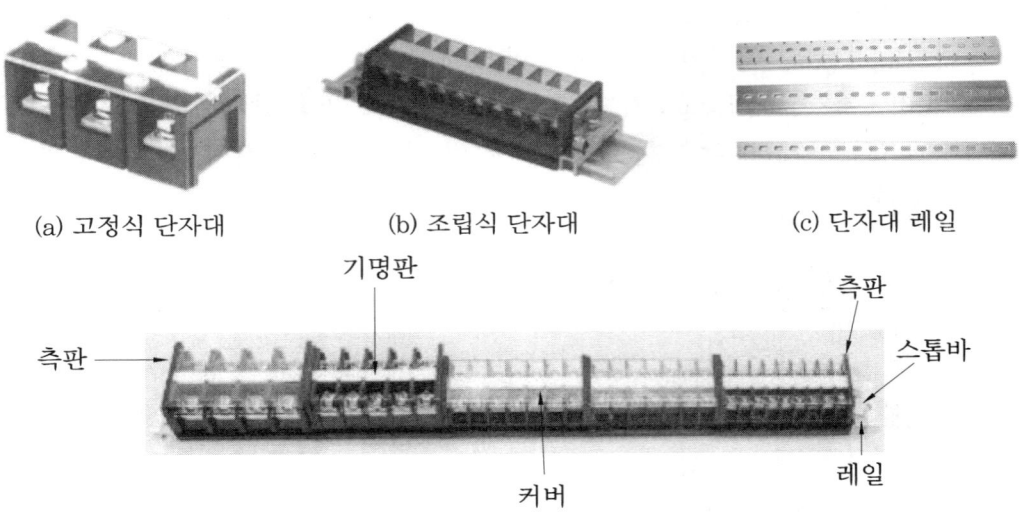

[그림 7-76] 단자대의 종류

㈎ 배선 도체의 상별 색상(3상 교류)

배선 도체의 구분 색은 피복의 색 또는 압착 단자 비닐 캡의 색깔이나 비닐 테이프를 감는 방법 등 여러 가지가 있다.

㉮ 제1상 : 흑색　㉯ 제2상 : 적색　㉰ 제3상 : 청색　㉱ 제4상 : 녹색

㈏ 터미널에 3상 교류 회로를 배치할 경우 전선 배치 방법

㉮ 배선 도체를 상하로 배치할 경우에는 위로부터 제1상, 제2상, 제3상, 접지 순으로 한다.

㉯ 배선 도체를 원근으로 배치할 경우에는 가까운 곳부터 접지, 제1상, 제2상, 제3상 순으로 한다.

㉰ 배선 도체를 좌우로 배치할 경우에는 왼쪽으로부터 접지, 제1상, 제2상, 제3상 순으로 한다.

2-7 표시 및 경보용 기구와 조작용 기기

(1) 표시 및 경보용 기구

시퀀스 제어 회로의 운전 및 정지 상태와 고장 또는 위험한 상태를 알려주는 표시 경보용 기기로서 램프, 버저, 벨 등이 있다.

① 램프(lamp)

㈎ 표시등

표시등은 기기의 동작 상태를 제어반, 감시반 등에 표시하는 것으로 파일럿 램프(pilot lamp) 또는 시그널 램프(signal iamp)라고도 하며, 램프에 커버를 부착하여 커버의 색상에 따라 전원 표시등, 고장 표시등으로 구분한다. [그림 7-77]은 표시등의 종류를 나타낸 것이다.

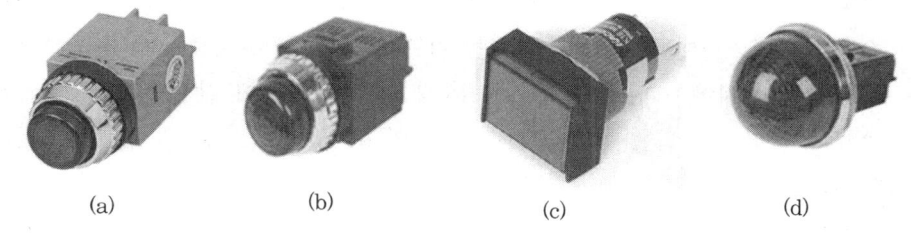

[그림 7-77] 표시등의 종류

[그림 7-78]은 파일럿 램프의 외관, 표시 기호 및 약호, 단자 구조를 나타낸 것이며, (c)에서 단자 L_2는 회로의 공통선에 연결하여 사용한다.

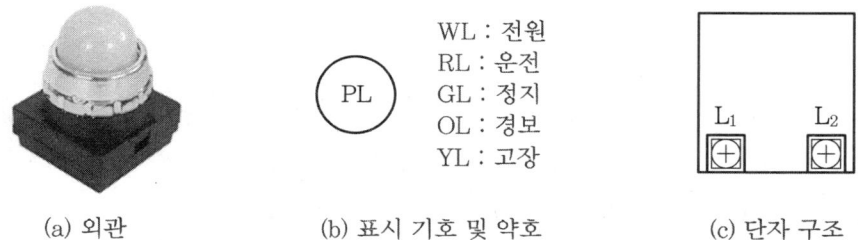

[그림 7-78] 파일럿 램프의 외관 및 단자 구조

㈏ 파일럿 램프의 색상 표시 : 아래와 같이 색상에 맞게 사용해야 한다.

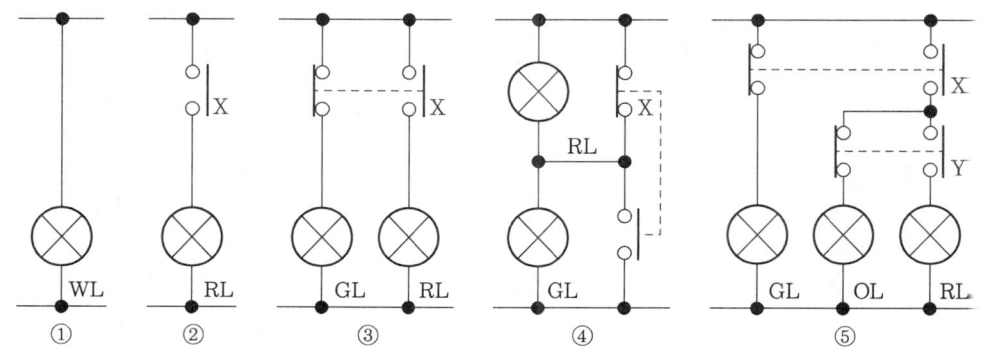

※ WL : 백색 램프 RL : 적색 램프 GL : 녹색 램프 OL : 황적색 램프 X : 계전기 접점 Y : 계전기 램프

[그림 7-79] 상태 표시 회로

㉮ 전원 표시등 : WL(white lamp : 백색) → 제어반 최상부의 중앙에 설치한다.
㉯ 운전 표시등 : RL(red lamp : 적색) → 운전 중임을 표시한다.
㉰ 정지 표시등 : GL(green lamp : 녹색) → 정지 중임을 나타낸다.
㉱ 경보 표시등 : OL(orange lamp : 황적색) → 경보를 표시하는 데 사용한다.
㉲ 고장 표시등 : YL(yellow lamp : 황색) → 시스템이 고장임을 나타낸다.

② 벨, 버저

　벨(bell)이나 버저(buzzer)는 시퀀스 제어 장치에 고장이나 이상이 발생할 때 그 발생을 알리는 경보이며, 보통 고장은 벨, 가벼운 고장은 버저로 경고하고 있다. 일반적으로 자동화 장치에는 안전과 확인을 위해 회로에 이상이 발생한 경우 반드시 버저를 설치해야 한다. [그림 7-80]은 각종 버저의 외형, [표 7-11]은 벨, 버저의 기호를 나타낸 것이다.

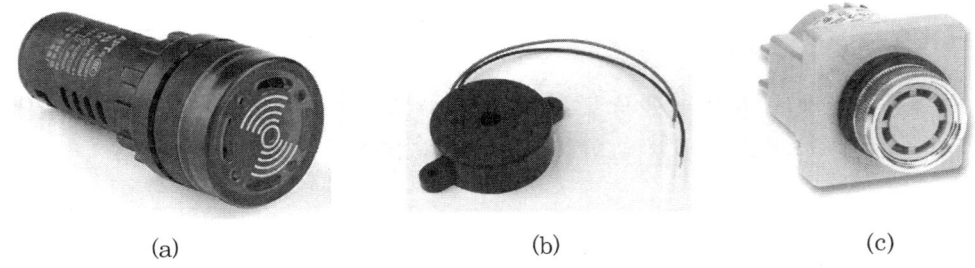

[그림 7-80] 각종 버저의 외형

[표 7-11] 벨, 버저의 기호

명 칭	그림 기호	비 고
벨	⊐─○	단선 그림에서는 사용되지 않는 선을 생략해도 무방하다.
버저	⊐─	단선 그림에서는 사용되지 않는 선을 생략해도 무방하다.

[그림 7-81]은 버저의 외관, 표시 기호, 단자 구조를 나타낸 것이다.

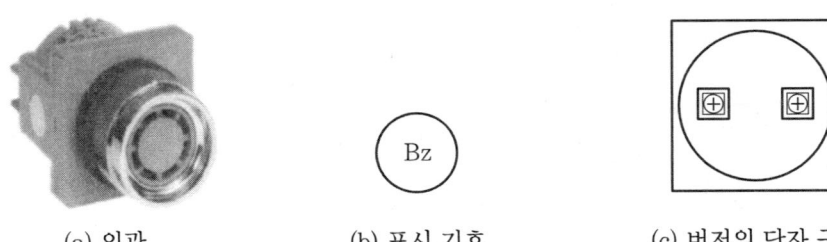

(a) 외관　　　　(b) 표시 기호　　　　(c) 버저의 단자 구조

[그림 7-81] 버저의 외관과 접점 표시

(2) 조작용 기기

① 계측기

표시등은 전기 회로에 이상이 있는가, 또는 정상적으로 운전되고 있는가를 표시하지만 이를 좀 더 구체적으로 어느 정도의 이상이 있는가, 정상인가 등을 나타내는 것이 계측기이다. 계측하는 요소로는 전기량, 온도, 유량, 회전수 등이 있다.

[표 7-12]에 전기 계측기의 종류를 나타내고 시간적 변화를 기록하기 위해 기록계가 이용되는 예도 있다. 기록계는 보통 제어반에 이용되는 지시 계기보다도 정밀도가 높으며, 지시와 기록, 두 기능을 모두 갖고 있는 것도 많이 사용된다. [표 7-13]은 계측기의 기호를 나타내었다.

[표 7-12] 지시 계기

계기의 종류		계 급	용 도	동작 원리형
전류계 전압계		0.2급	일반 계기의 교정용 부표준기(거치형)	• 가동코일형 • 전류력계형
		0.5급	연구실, 실험실, 현장에서의 범용 정밀 측정 사용 표준(휴대용)	• 가동코일형 • 가동철편형 • 전류력계형 • 열전형 • 정류형
		1.0급	0.5급과 동일한 용어의 준정밀 측정(휴대용)	
전력계 무효전력계		1.5급	배전반, 패널에 설치하여 측정한다. 공업용의 보통 측정(배전반용)	• 가동코일형 • 가동철편형 • 전류력계형 • 열전형 • 정류형 • 트랜스듀서 방식
		2.5급	측정기, 패널에 설치하여 정밀도에 중점을 두고 측정(패널용)	• 가동코일형 • 가동철판형 • 열전형 • 정류형 • 트랜스듀서 방식
역률계 위상계		허용차 3	정밀도 측정(휴대용)	• 전류력계 • 가동철편형 • 트랜스듀서 방식
		허용차 4	보통 측정(배전반용)	
주파수계	지침형	0.2급 0.5급 1.0급	정밀 측정(휴대용) 보통 측정(배전반용)	• 전류력계형 • 트랜스듀서 방식
	진동편형	허용차 1%	보통 측정(배전반용, 휴대용)	진동편형

[표 7-13] 계측기의 기호

명 칭	그림 기호	비 고
계기(일반)	◯	◯ 안에 종류를 나타내는 문자를 넣는다. 특히 직류·교류·고주파 등을 구별할 경우에는 다음과 같이 한다. 　　직류　　교류　　고주파 　　⊖　　　⊗　　　⊛ 지침의 한쪽 흔들림 또는 양쪽 흔들림을 표시할 경우에는 다음 예에 따른다. • 한쪽 흔들림일 경우　⊘ • 양쪽 흔들림일 경우　⦿
전류계	Ⓐ	
기록전류계	ⓇⒶ	
적산전류계	ⒶⒽ	
전압계	Ⓥ	
기록전압계	ⓇⓋ	
전력계	Ⓦ	
기록전력계	ⓇⓌ	

② 전자 밸브

전자 밸브(electro magnetic valve)는 전자 코일로 밸브를 개폐함에 의해서 유체의 유입량을 가감하는 밸브를 말한다. 전자 밸브는 [그림 7-82]와 같이 솔레노이드 안에 철심을 넣은 것과 같은 구조로 되어 있다.

솔레노이드에 전류가 흐르면 전자력에 의해 철심을 흡수하는데, 이 철심이 밸브를 닫아서 정지시키기도 하고 열어서 흘리기도 하며, 솔레노이드 밸브는 유압과 공기압의 제어에 사용된다.

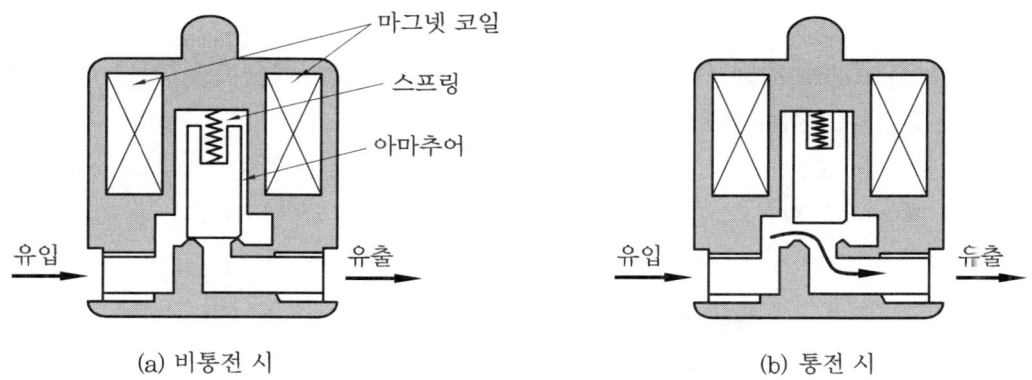

[그림 7-82] 전자 밸브의 동작 원리

③ 전자 클러치(electromagnetic clutch)

동력을 전달하거나 차단할 경우에는 전자 클러치가 사용되고 전자 밸브는 부하의 관성이 큰 경우 정지할 때 갑자기 정지하지 않으므로 정지 위치를 결정할 때 극히 정밀도가 나쁘다. 이를 보완하기 위하여 전자 클러치(electromagnetic clutch), 전자 브레이크(electromagnetic brake)를 전동기 부하의 주축 사이에 사용한다.

[그림 7-83]은 다판식 전자 클러치의 구조와 동작 원리를 나타낸 것이다. 전자 클러치는 코일에 전류가 흐르지 않을 경우에는 구동축과 종동축이 연결되지 않고 동력은 전달되지 않는다. [그림 7-83]의 구조 오른쪽에서 자속이 발생하고, 전자력에 의해 마찰판은 서로 끌어당겨 서로의 마찰력에 의해 동력 전달을 이루게 된다. 그리고 전자 코일의 전류를 끊으면 각 마찰판 자신이 갖고 있는 스프링에 의해 원래의 상태로 복귀하고, 밀착되어 있는 마찰판이 서로 떨어져 동력을 전달하지 않게 된다. 이러한 동작은 전자 브레이크도 마찬가지이다.

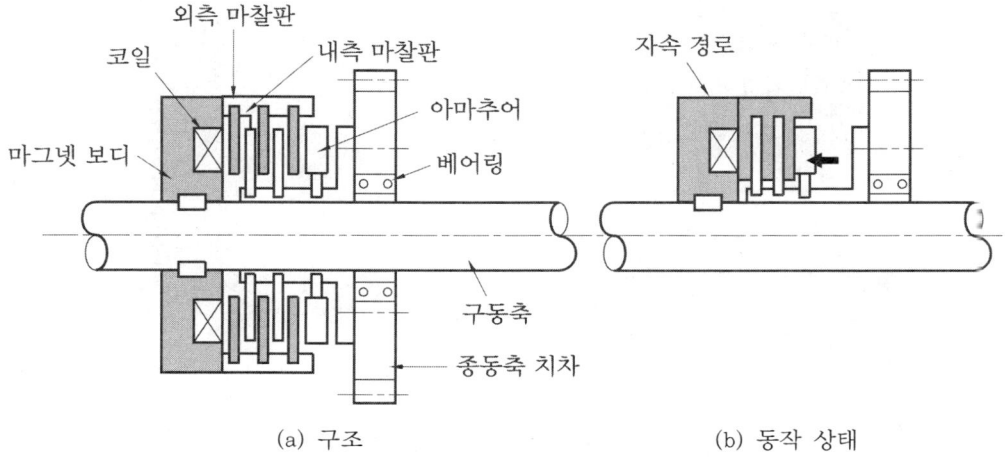

[그림 7-83] 전자 클러치의 구조와 동작

④ 솔레노이드

솔레노이드(solenoid)는 코일에 전류를 흐르게 하여 전자석을 만들고 그 흡인력으로 가동편을 움직이게 하여 당기거나 밀어내는 등의 직선 운동을 수행하는 것이다. 당기는 운동을 하는 것을 풀형, 밀어내기 운동을 하는 것을 푸시형이라고 한다. 일반적으로 제품이나 재료의 압출, 선별 등의 조작에 주로 이용되고 있다.

(a) 외형　　　　　　　　　　(b) 심벌

[그림 7-84] 솔레노이드 외형 및 심벌

⑤ 변압기와 정류기

입력 권선 한쪽에 전압이나 전류를 시간과 더불어 변화시키면 출력 권선의 다른 또 하나의 코일에 유도 전압·전류가 발생한다. 이렇게 유도되는 전압의 발생은 상호 코일의 권수에 비례한다.

이런 장치를 [그림 7-85]에서 변압기(a)라 하며 교류의 전기를 직류로 변환하는 장치를 정류기(b)라 한다.

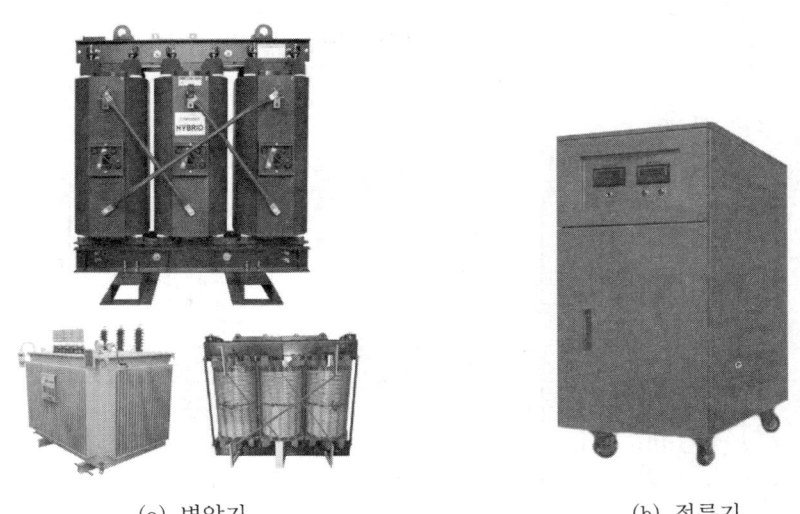

(a) 변압기　　　　　　　　　　(b) 정류기

[그림 7-85] 변압기와 정류기의 외형

3. 시퀀스 기본 제어 회로

3-1 계전기를 이용한 회로

(1) 릴레이(relay) 사용 기본 회로

[그림 7-86]은 계전기를 사용한 기본 회로이다.

※ 동작 설명

① 전원을 인가하면 GL이 점등된다.
② PB_1을 누르면 릴레이가 동작하여 GL이 소등되고 RL이 점등된다.
③ 정지 푸시 버튼 스위치 PB_0을 누르면 RL이 소등되고 처음 상태인 GL이 점등된다.

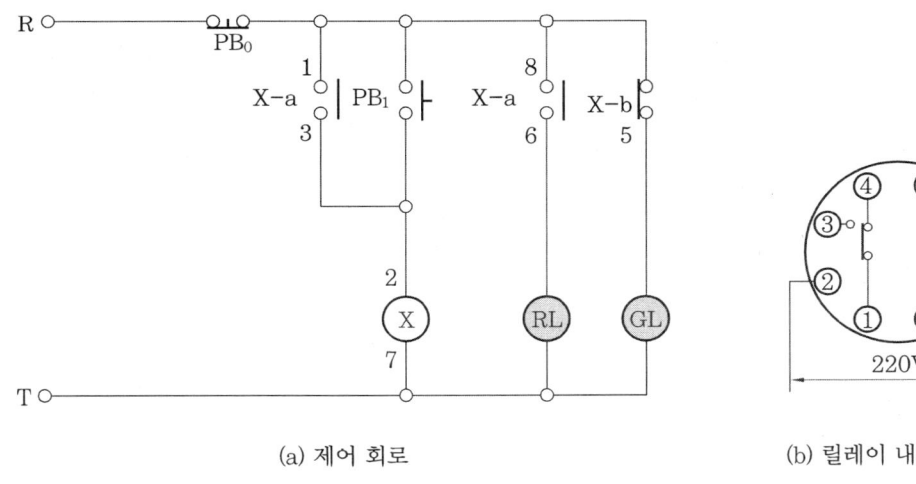

(a) 제어 회로   (b) 릴레이 내부 회트도

[그림 7-86] 릴레이 회로

(2) 타이머(timer) 사용 기본 회로

[그림 7-87]은 타이머를 사용한 기본 회로이다.

※ 동작 설명

① 전원을 인가하면 GL이 점등된다.
② PB_1을 누르면 타이머가 동작하여 L_1이 점등되고 일정한 시간 후에 L_1이 소등되면서 L_2가 점등된다.
③ 정지 푸시 버튼 스위치 PB_0을 누르면 타이머가 동작을 중지하고 L_2도 소등된다.

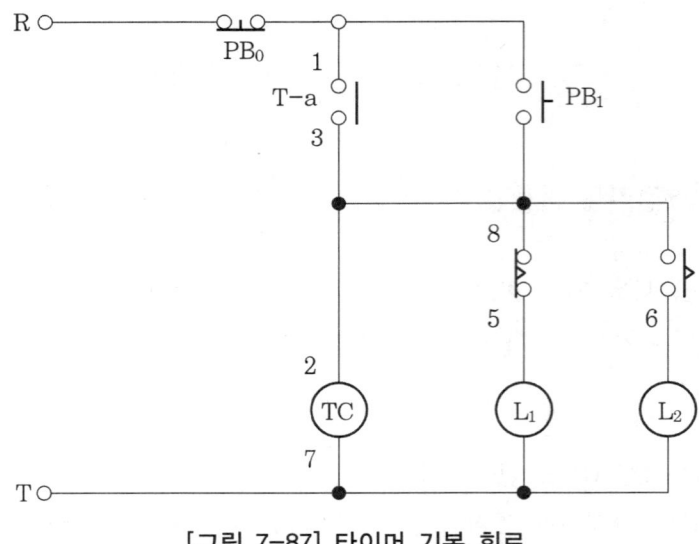

[그림 7-87] 타이머 기본 회로

(3) 플리커 릴레이(flicker relay) 사용 기본 회로

전원이 투입되면 a 접점과 b 접점이 교대로 점멸되며 점멸 시간을 사용자가 조절할 수 있고 경보 신호용 및 교대 점멸 등에 사용된다. [그림 7-88]은 플리커 릴레이를 사용한 기본 회로이다.

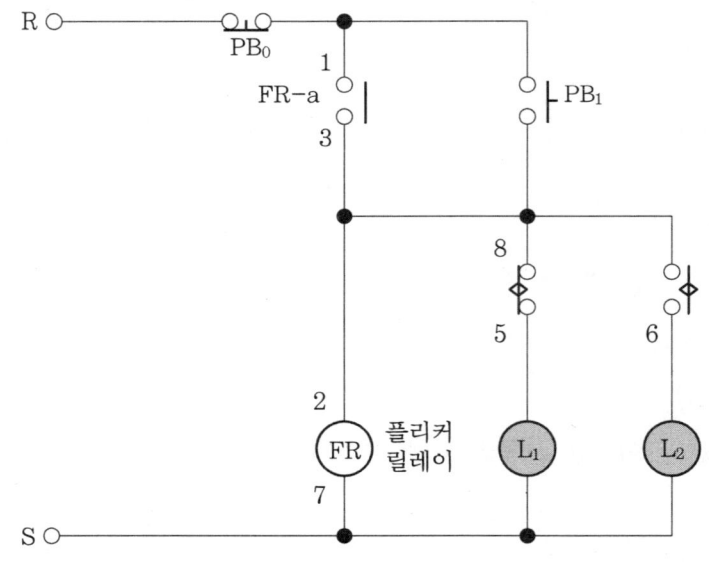

[그림 7-88] 플리커 릴레이 기본 회로

※ 동작 설명

① PB_1을 누르면 플리커 릴레이가 동작하여 L_1과 L_2가 설정된 시간에 따라 교대로 점멸한다.

② 정지 푸시 버튼 스위치 PB_0을 누르면 플리커 릴레이가 동작을 중지하고 L_1과 L_2도 소등된다.

(4) 전자 개폐기 사용 기본 회로

[그림 7-89]는 전자 개폐기(magnetic switch)를 사용한 기본 회로이다.

※ 동작 설명

① 기동용 푸시 버튼 PB_1을 누르면 전자 접촉기(MC) 코일이 여자되면서 MC의 주접점(NO)이 붙어서 전동기가 동작하고 이때 GL이 소등되고, RL이 점등된다.

② 정지 푸시 버튼 스위치 PB_0을 누르면 전자 접촉기(MC) 코일이 소자되면서 MC의 주접점이 떨어져 전동기의 동작이 정지된다. 이때 RL은 소등되고 GL은 점등된다.

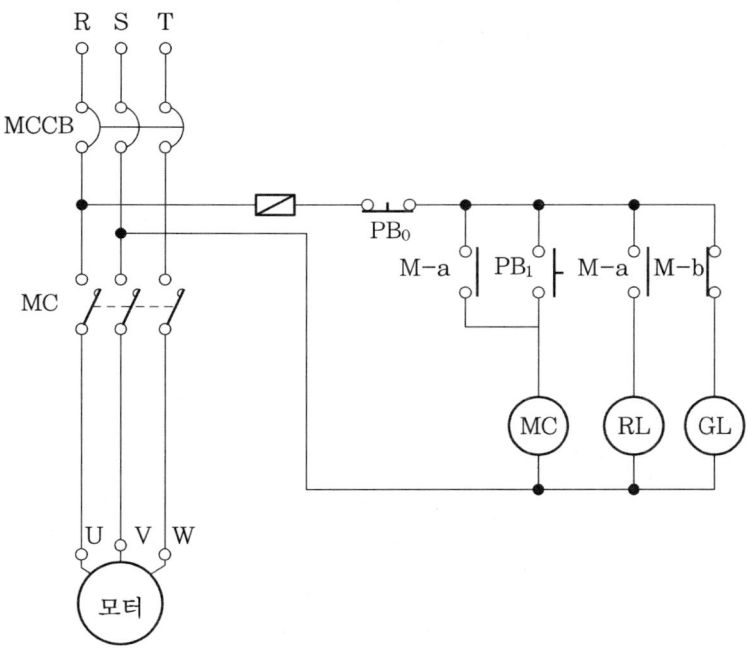

[그림 7-89] 전자 개폐기 기본 회로

3-2 기본 논리 회로

(1) a접점 회로

[그림 7-90]에서 a접점 회로는 릴레이 코일 X에 전류가 흐르면 릴레이 코일이 여자되어 코일 X의 a 접점 X가 닫히고 전류를 끊으면 열리는 회로이다.

※ 동작 설명

① R상과 T상에 전원이 투입되면 릴레이 코일 X가 여자되어 X의 a 접점이 닫힌다.
② R상과 T상에 전원이 차단되면 릴레이 코일 X가 소자되어 X의 a 접점이 열린다.

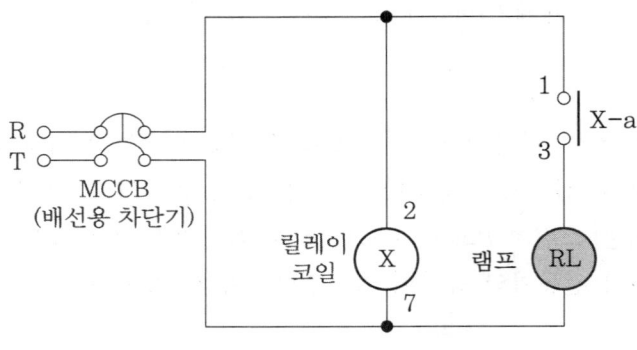

[그림 7-90] a접점 회로

(2) b접점 회로

[그림 7-91]에서 b접점 회로는 a접점 회로와 반대로 릴레이 코일 X에 전류가 흐르면 코일이 여자되어 코일 X의 b접점 X가 열리고 전류를 끊으면 닫히는 회로이다.

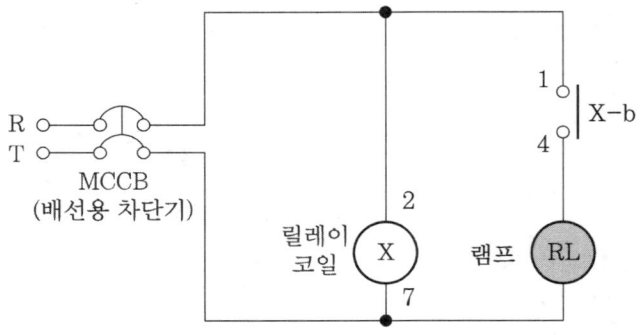

[그림 7-91] b접점 회로

※ 동작 설명

① R상과 T상에 전원이 투입되면 릴레이 코일 X가 여자되어 X의 b 접점이 열린다.
② R상과 T상에 전원이 차단되면 릴레이 코일 X가 소자되어 X의 a 접점이 닫힌다.

(3) c접점 회로

[그림 7-92]는 접점 증폭 회로라고도 하며, 릴레이 코일 X에 전류가 흐르면 b 접점은 열리고 a 접점은 닫힌다.

※ 동작 설명

① 전원이 투입되면 릴레이 코일 X가 여자되어 X의 a 접점은 닫히고, b 접점은 열린다.
② 전원이 차단되면 릴레이 코일 X가 소자되어 X의 a 접점은 열리고, b 접점은 닫힌다.

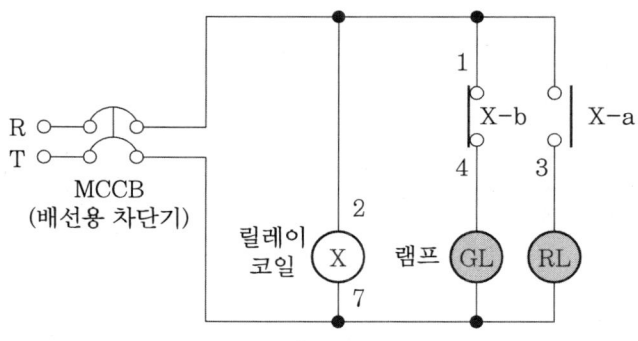

[그림 7-92] c접점 회로

(4) 직렬 회로(AND)

[그림 7-93]는 논리곱 회로라고도 하며 다수의 입력이 직렬로 연결된 것이다. 릴레이 코일 X는 입력이 모두 닫혔을 때만 작동한다.

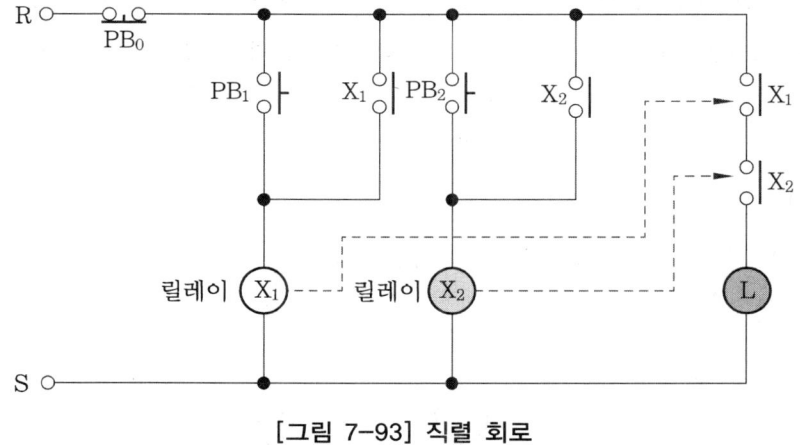

[그림 7-93] 직렬 회로

※ 동작 설명

PB_1, PB_2, PB_3의 스위치를 동시에 누르면 릴레이 코일 X가 동작하여 표시등 RL은 점등된다. 즉, 모든 입력 스위치가 on일 때 출력이 나오는 회로이다.

(5) 병렬 회로

[그림 7-94]는 논리합 회로라고도 하며, 다수의 입력이 병렬로 연결된 회로이다. 릴레이 X는 입력 조건 중 어느 하나만 on되어도 RL이 점등된다.

※ 동작 설명

　누름 버튼 스위치 PB_1, PB_2, PB_3의 접점 중 어느 한 개라도 누르면 릴레이 코일 X가 동작하여 표시등 RL은 점등된다. 즉, 많은 입력 스위치 중 한 개만 on되어도 출력이 나오는 회로이다.

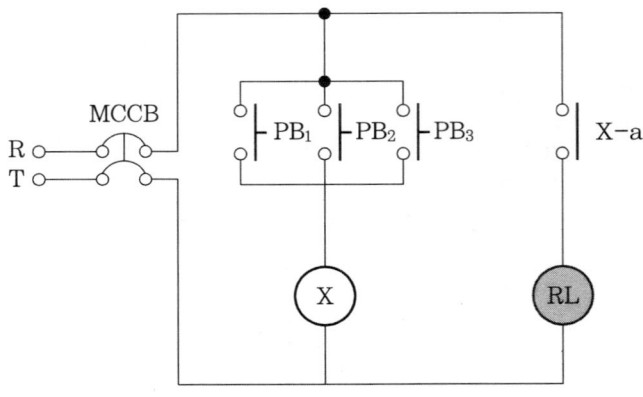

[그림 7-94] 병렬 회로

(6) 부정 회로(NOT)

　[그림 7-95]는 논리 부정 회로라 하며, PB_1을 on하면 릴레이 X가 여자되어 릴레이 코일 X의 b 접점을 여는(off시키는) 회로이다. 즉, 출력의 값이 입력의 반대로 나오는 회로이다.

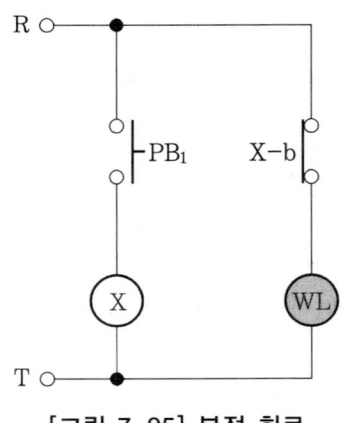

[그림 7-95] 부정 회로

※ 동작 설명

　① 전원는 투입하지 않았을 때(누름 버튼 스위치 PB_1을 누르지 않았을 때) : 릴레이 코일 X는 작동하지 않으므로 X의 b접점 X가 회로를 연결시켜서 표시등 WL은 점등된다.

② 입력인 누름 버튼 스위치 PB₁을 눌러 전원을 공급하였을 때(누름 버튼 스위치 PB₁을 눌렀을 때) : 접점 PB₁이 ON되었을 때 릴레이 코일 X는 작동하고 릴레이 코일 X의 b접점 X도 작동하여 회로가 열리므로 표시등 WL은 점등되지 않는다(소등된다).
③ 위와 같이 PB₁을 누를 때는 WL이 점등되지 않고 PB₁을 누르지 않을 때만 출력이 나온다. 즉, 입력이 없을 때만 출력이 나온다.

(7) 논리곱 부정 회로(NAND)

[그림 7-96]은 AND(논리곱) 회로와 NOT(부정) 회로의 조합이므로 AND 앞에 NOT의 N을 붙여 NAND 회로라고 부르며, 논리적 부정 회로라고도 한다.

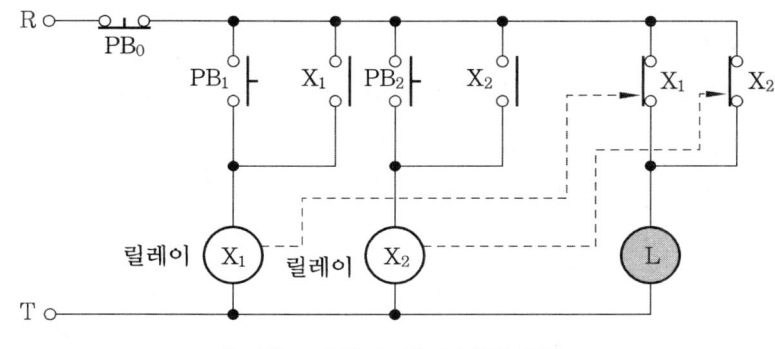

[그림 7-96] 논리곱 부정 회로

※ 동작 설명
① 전원을 투입하면 L이 점등된다.
② PB₁ 그리고 PB₂를 누르면 램프 L이 소등된다.
③ 정지 푸시 버튼 스위치 PB₀을 누르면 X₁, X₂, L이 모두 동작을 중지하고 처음 상태로 된다.

(8) 논리합 부정 회로(NOR)

[그림 7-97]은 OR(논리합) 회로와 NOT(부정) 회로의 조합이므로 OR 앞에 NOT의 N을 붙여 NOR 회로라 부르며, 논리합 부정 회로라고도 한다.

※ 동작 설명
① 전원을 투입하면 L이 점등된다.
② PB₁ 그리고 PB₂를 누르면 램프 L이 소등된다.
③ 정지 푸시 버튼 스위치 PB₀을 누르면 X₁, X₂, L이 모두 동작을 중지하고 처음 상태로 된다.

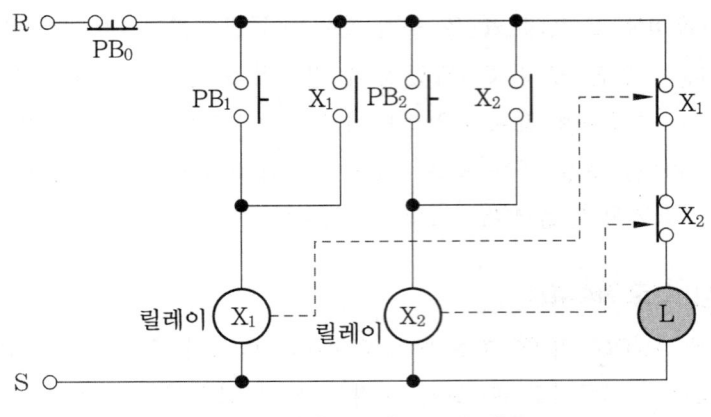

[그림 7-97] 논리합 부정 회로

(9) 일치 회로(EX-NOR)

[그림 7-98]은 두 입력이 모두 같은 상태(on 또는 off)로 일치할 때만 출력이 1이 되는 회로이다. 즉, 두 개의 입력 중 하나만 달라도 출력은 발생하지 않는 회로를 말하며, 일치 회로 또는 배타적 NOR(exclusive NOR) 회로라 부른다.

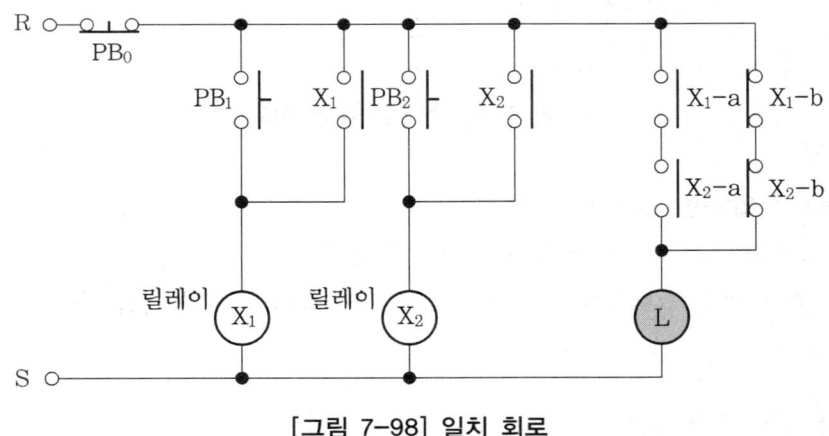

[그림 7-98] 일치 회로

(10) 반일치 회로(EX-OR)

[그림 7-99]는 두 입력 신호가 서로 다른 상태에 있을 때 출력 신호가 1이 되는 회로이며, 반일치 회로 또는 배타적 OR(exclusive OR) 회로라 부른다.

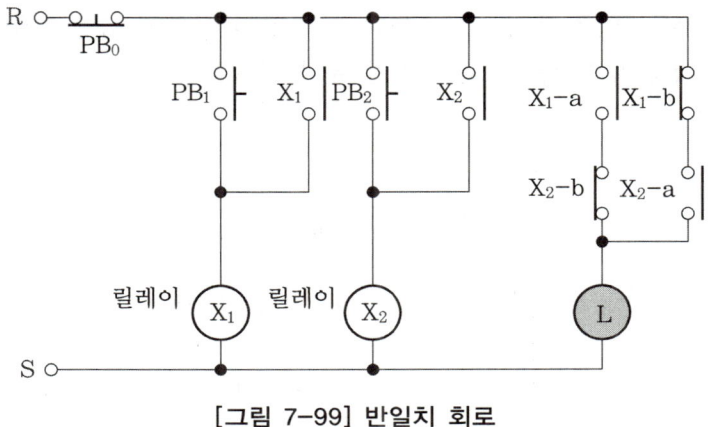

[그림 7-99] 반일치 회로

3-3 자기 유지 회로

유지형 스위치를 사용하면 램프를 켜고 끌 수 있으며, 입력이 있을 때까지 현재의 상태가 계속 유지된다. 그러나 유지형 스위치를 이용해서는 자동 제어를 수행하기 곤란하여 시퀀스 제어에서는 복귀형 푸시 버튼 스위치를 일반적으로 사용한다. 복귀형 스위치는 누를 때만 상태가 유지되고 압력을 가하지 않으면 초기의 상태로 복귀한다.

따라서 푸시 버튼 스위치를 이용하여 그 상태를 계속 유지하기 위해 사용하는 회로가 자기 유지 회로이다.

(1) 자기 유지 기본 회로

[그림 7-100]은 기억 회로라고도 하며, 누름 버튼 스위치 PB_1 접점을 on하면 릴레이 작동 후 X-a 접점이 붙어 누름 버튼 스위치 PB_1 접점을 off하여도 X-a 접점은 계속 붙어 있어 X-a 접점을 통하여 회로를 유지시켜(코일이 계속 여자되도록) 계속 동작되는 회로이다.

코일이 소자되도록 하려면 자기 유지 접점을 통하여 릴레이에 공급하는 전원을 차단시켜야 한다. 즉 입력을 상실하도록 해야 한다.

※ 동작 설명

① PB_1을 눌러 전원을 공급하였을 때 코일 X는 동작하고, X-a 접점도 닫힌다. 따라서 코일 X에 전류가 흐른다.(자기 유지 회로)

② 입력 PB_1을 off하여도 회로는 X-a 접점을 통하여 회로에는 계속 전류가 흐르므로 코일은 동작을 계속한다. 자기 유지 접점인 X-a 접점을 통하여 회로에는 계속 전

류가 흐르므로 코일은 동작을 계속한다(자기 유지 접점인 X-a 접점을 통하여 회로의 동작이 계속 유지되는 회로를 자기 유지 회로라 한다).

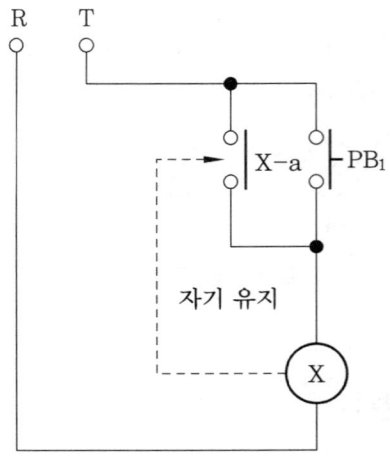

[그림 7-100] 자기 유지 기본 회로

(2) ON 우선 동작 회로

[그림 7-101]은 입력의 차단 방법을 말하는 것이며, 누름 버튼 스위치 PB₁과 PB₂를 동시에 누르면 릴레이가 여자되어 동작하는 회로이다.

※ 동작 설명

누름 버튼 스위치 PB₁과 PB₂를 동시에 눌렀을 때 누름 버튼 스위치 PB₁에 의해서 회로가 연결되어 릴레이 X가 동작되므로 on이 우선인 회로라고 한다.

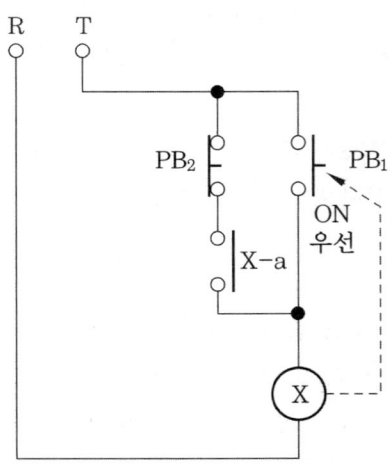

[그림 7-101] ON 우선 동작 회로

(3) OFF 우선 동작 회로

[그림 7-102]는 입력을 차단하는 방법의 한 가지이며, 누름 버튼 스위치 PB_1과 PB_2를 동시에 누르면 PB_2에 의해서 회로가 차단되는(b접점 입력이 열리면 릴레이 동작이 정지되는) 회로이다.

※ 동작 설명

누름 버튼 스위치 PB_1과 PB_2를 동시에 눌렀을 때 입력 PB_2는 b 접점이기 때문에 회로를 차단하여 릴레이가 동작하지 않는다.

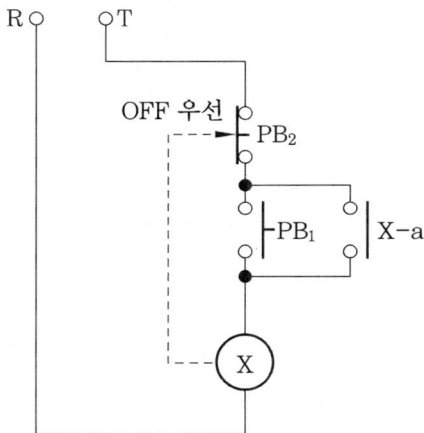

[그림 7-102] OFF 우선 동작 회로

(4) 2중 코일 회로

[그림 7-103]은 큰 전류가 흘러서 릴레이의 접점을 동작시키는 동작 코일 X_1과 동작 후 작은 전류로 동작 상태를 유지시키는 유지 코일 X_2를 가지고 있으며, 각각의 동작 상태를 이용하여 자기 유지시키는 회로이다.

※ 동작 설명

① 누름 버튼 스위치 PB_1을 눌러 코일 X_1에 전원을 공급하였을 때(PB_1만 눌렀을 때 코일 X_1이 여자되어 회로가 구성되어 릴레이 X_1의 a 접점이 닫히고, 누름 버튼 스위치 PB_2의 b 접점과 X_1 접점을 통하여 회로가 구성되어 코일 X_2도 동작한다(자기 유지 회로).

② 누름 버튼 스위치 PB_1에서 손을 떼었을 때 동작 코일 X_1은 소자되어 동작이 정지되고, 코일 X_2는 작동을 계속한다(자기 유지된다.).

③ 누름 버튼 스위치 PB_2를 눌렀을 때 유지 회로도 차단되고 X_2가 소자되어 모든 동작이 중지된다.

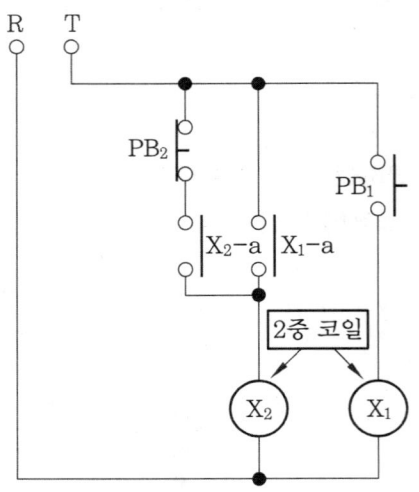

[그림 7-103] 2중 코일 회로

(5) 쌍안정 회로

[그림 7-104]는 기계적 접점인 유지형 접점(한 동작이 완료되면 그 상태를 계속 기계적으로 유지하는 것)을 사용한 릴레이로서 작동 코일과 복귀 코일의 2개의 코일이 있으며, 접점은 기계적으로 유지되고, 단일 접점을 한 방향에서 다른 쪽으로 이동시키는 일을 한다(전기와 관계없이 자기 유지가 되는 것이다).

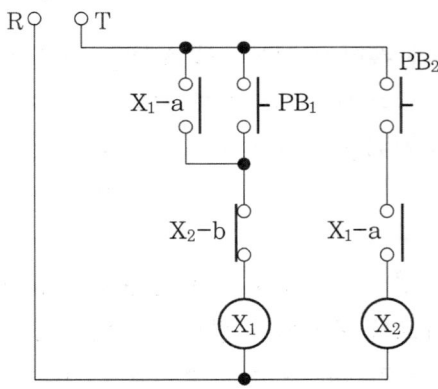

[그림 7-104] 쌍안정 회로

※ 동작 설명

① PB_1을 눌러 전원을 공급하였을 때 릴레이 코일 X_1이 작동하고 릴레이 코일 a 접점 X_1이 닫혀, 입력 PB_1을 제거해도 그 상태를 계속 유지한다.

② PB_2를 눌렀을 때 기계적 a 접점 X_1이 작동 상태를 유지하고 있기 때문에 입력 PB_2를 누르면 릴레이 코일 a 접점 X_1이 닫혀 있는 상태이므로 릴레이 코일 X_2가 동작하고 따라서 릴레이 코일 b 접점 X_2가 열려 릴레이 코일 X_1이 동작을 하지 않아 릴레이 코일 X_2도 동작을 정지한다.

(6) 수동 복귀 회로

[그림 7-105]는 일반적으로 열동형 과전류 계전기(THR), 전자식 과전류 계전기(EOCR) 등에 사용되는 회로로서, 한 번 작동하면 기계적으로 작동 상태를 계속 유지하며, 회로의 복귀는 손으로 조작하는 회로이다.

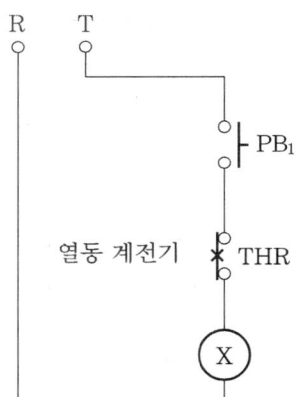

[그림 7-105] 수동 복귀 회로

※ 동작 설명

① THR 비동작 시 입력인 누름 버튼 스위치 PB_1을 주었을 때(입력 PB_1을 눌렀을 때) 릴레이 코일 X가 동작된다.

② THR 작동 시 입력인 누름 버튼 스위치 PB_1을 주었을 때(입력 PB_1을 눌렀을 때) THR부에서 전원이 차단되어 릴레이 코일 X는 작동하지 않는다.

③ THR 트립 시 복귀시키는 법 : 열이 내려간 후 리셋(reset) 버튼을 손으로 누르면 된다.

3-4 우선 회로

(1) 인터로크 회로

2개의 입력 중 먼저 동작시킨 쪽의 회로가 우선으로 이루어져 기기가 동작하며, 다른 쪽에 입력(신호)이 들어오더라도 동작하지 않는 회로로서 퀴즈 문제, 정·역 회로, 기기의 보호 회로로서 많이 사용하고 있다.

① 선행 우선 회로

여러 개의 입력 신호 중 제일 먼저 들어오는 신호에 의해 동작하고 늦게 들어오는 신호는 동작하지 않는 회로를 선행 우선 회로라 말한다.

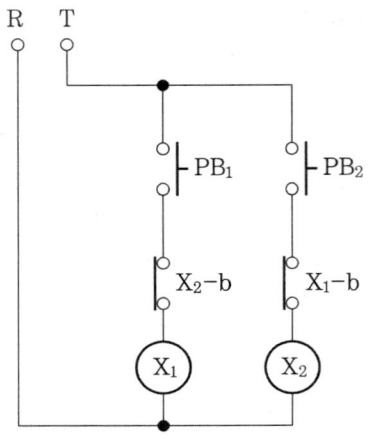

[그림 7-106] 선행 우선 회로

※ 동작 설명

① 누름 버튼 스위치 PB_1을 누르면 릴레이 코일 X_1이 동작한다. 이때 릴레이 코일 X_1의 b 접점은 떨어지며, PB_2를 눌러도 X_2는 동작하지 않는다.

② X_1이 동작하지 않을 때 PB_2를 누르면 릴레이 코일 X_2 코일이 동작한다. 이때 릴레이 코일 X_2가 동작하면 릴레이 코일 X_2 코일의 b 접점은 떨어지며, PB_1을 눌러도 릴레이 코일 X_1 코일의 b 접점에서 차단되어 릴레이 코일 X_2는 동작하지 않는다.

② 우선 동작 순차 회로

여러 개의 입력 조건 중 어느 한 곳의 입력에 최초의 입력이 부여되면 그 입력이 제거될 때까지는 다른 입력을 받아들이지 않고 그 회로 하나만 동작한다.

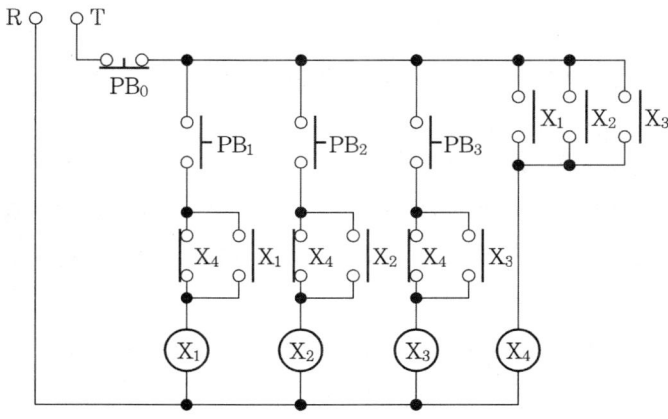

[그림 7-107] 우선 동작 순차 회로

※ 동작 설명

푸시 버튼 PB_1, PB_2, PB_3 중 제일 먼저 누른 스위치에 의해 X_4의 릴레이가 동작한다. 이때 X_4의 b 접점이 각각 회로에 직렬로 연결되어 있어서 다른 푸시 버튼 스위치를 눌러도 릴레이는 동작하지 않는다. 즉, 제일 먼저 누른 신호가 우선이다.

③ 신입 동작 우선 회로

[그림 7-108]은 여러 개의 입력 중 가장 늦은 입력을 준 것이 우선회로이며, 먼저 동작하고 있는 것이 있으면 그 회로를 제거하고 새로 부여된 입력에서만 출력을 내는 회로이다.

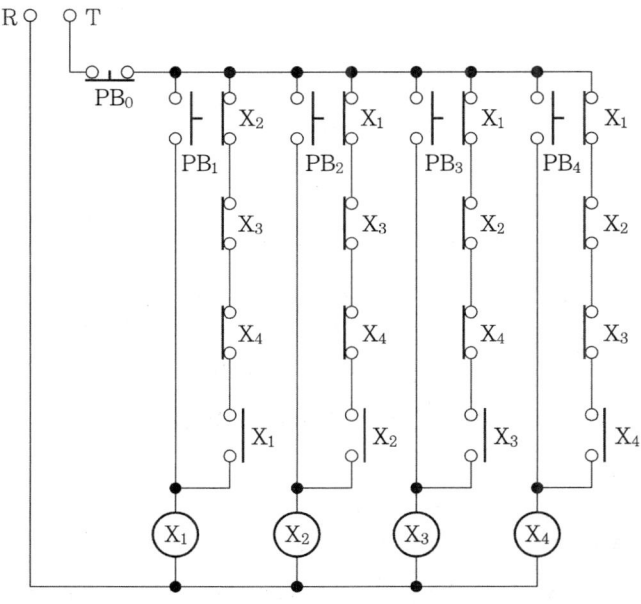

[그림 7-108] 신입 동작 우선회로

※ 동작 설명

① 누름 버튼 스위치 PB_1을 누르면 릴레이 코일 X_1이 동작하여 자기 유지가 이루어진다.

② PB_1을 누른 후 PB_2를 누르면 릴레이 코일 X_1이 자기 유지가 이루어져 작동하고 있었으나 입력 PB_2가 눌려지면 릴레이 코일 X_2가 동작한다. 릴레이 코일 X_2가 동작하면 릴레이 코일 X_1이 자기 유지의 b 접점 X_2가 열려 릴레이 코일 X_1의 동작은 정지된다. 따라서 릴레이 코일 X_2만 동작한다.

③ 어느 입력을 준 후 다른 입력을 또 다시 주면 위와 같은 방법으로 하여 가장 늦게 준 입력의 회로에서만 출력이 나온다.

④ 순위별 우선 회로

[그림 7-109]는 입력 신호에 미리 우선순위를 정하여 우선순위가 높은 입력 신호에서 출력을 내는 회로이며, 입력 순위가 낮은 곳에 입력이 부여되어 있어도 입력 순위가 높은 곳에 입력이 부여되면 낮은 쪽을 제거하고 높은 쪽에서만 출력을 낸다.

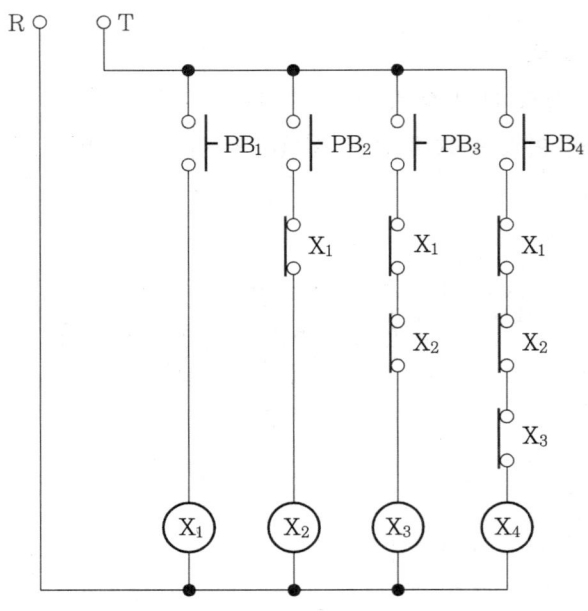

[그림 7-109] 순위별 우선 회로

※ 동작 설명

① 누름 버튼 스위치 PB_1을 눌렀을 때 릴레이 코일 X_1이 동작한다. 릴레이 코일 X_1이 동작하면 릴레이 코일 X_1의 b 접점 X_1을 열어도 릴레이 코일 X_2, 릴레이 코일 X_3,

릴레이 코일 X_4의 회로를 차단한다.

② PB_1을 누른 후 PB_2를 눌렀을 때(연속 입력) 먼저와 같이 되어 릴레이 코일 X_2는 동작하지 않는다.

③ PB_2를 누른 후 PB_1의 입력을 주었을 때도 릴레이 코일 X_2는 동작하지 않는다. 릴레이 코일 X_2가 동작되면 릴레이 코일 X_2의 b 접점 X_2를 열어서 릴레이 코일 X_3, 릴레이 코일 X_4의 회로를 off시킨다. 그러나 입력 PB_1을 누르면 다시 릴레이 코일 X_1은 동작되고 b 접점 X_1에 의해서 릴레이 코일 X_2의 동작은 정지된다.

3-5 타이머 회로

타이머는 전기적 또는 기계적 입력을 부여하면, 이미 정해진 설정 시간이 경과한 후에 그 접점이 개로(open) 또는 폐로(close)하는 장치로서 인위적으로 시간 지연을 만들어 내는 한시 계전기를 말한다.

타이머의 시간차를 만들어 내는 방법에 따라 전자식 타이머, 제동식 타이머, 모터식 타이머 등이 있고, 타이머의 출력 접점에는 동작 시에 시간 지연이 있는 것과 복귀 시에 시간 지연이 있는 것이 있다.

(1) 지연 동작 회로

[그림 7-110]은 가장 기본적인 동작 회로이며, 입력이 주어진 후 설정 시간이 되어야 출력이 나오는(타이머의 한시 동작 순시 복귀 접점이 동작하는) 회로이다.

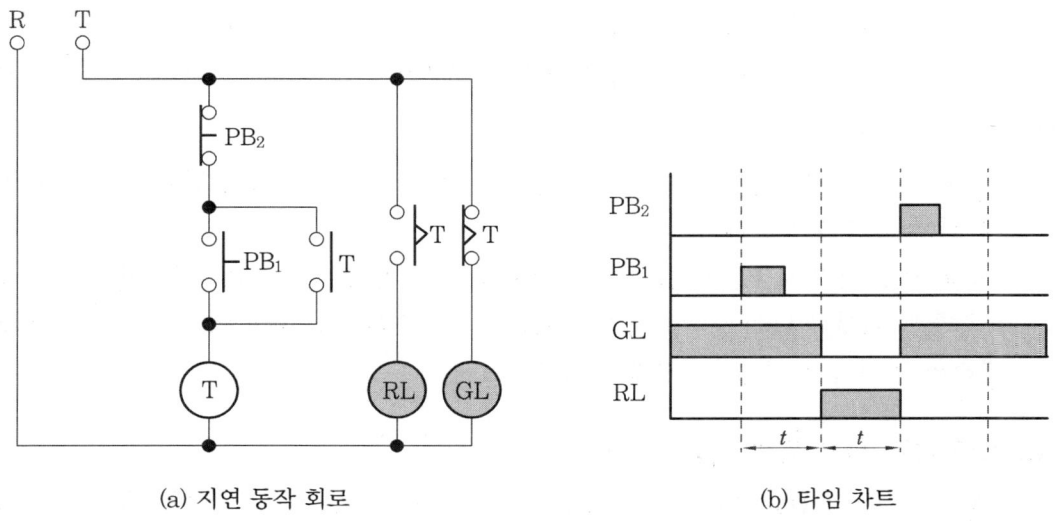

(a) 지연 동작 회로 (b) 타임 차트

[그림 7-110] 지연 동작 회로

※ 동작 설명

① PB$_1$을 눌렀을 때 타이머 코일 T가 동작을 시작한다. 타이머 코일 T가 동작되면 타이머의 순시 접점 a 접점 T가 동작되면 타이머의 순시 a 접점 T가 닫혀서 자기 유지된다.

② 입력인 누름 버튼 스위치 PB$_1$을 off했을 때 자기 유지 회로가 되어 타이머 동작은 계속된다.

③ 입력인 누름 버튼 스위치 PB$_2$를 눌렀을 때 타이머에 전원이 차단되며, 즉시 타이머의 한시 동작 순시 복귀 접점이 원래의 상태로 돌아온다.

(2) 순시 동작 한시 복귀 회로

[그림 7-111]은 입력이 주어진 순시에 출력을 내고 입력을 제거해도 설정 시간까지는 계속 출력을 유지하며, 설정 시간 후 동작이 정지되는 회로이다.

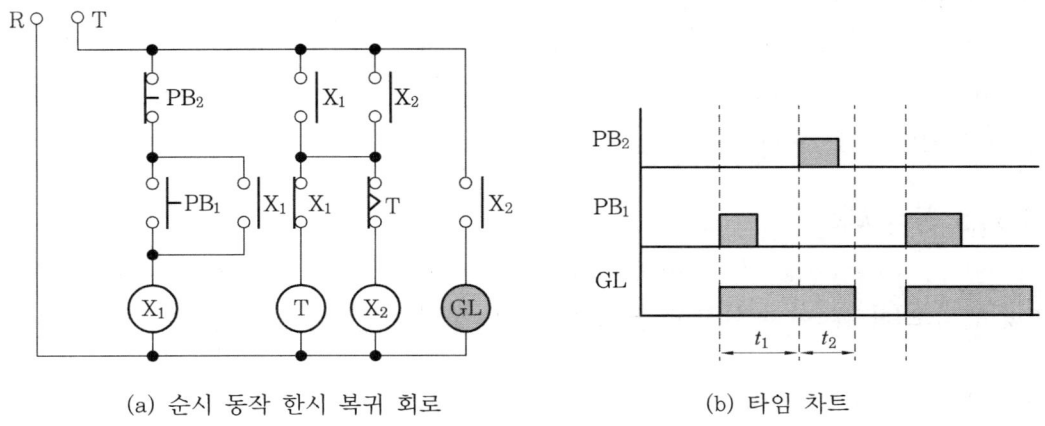

(a) 순시 동작 한시 복귀 회로　　　　(b) 타임 차트

[그림 7-111] 순시 동작 한시 복귀 회로

※ 동작 설명

① 누름 버튼 스위치 PB$_1$을 눌렀을 때 릴레이 코일 X$_1$이 동작하여 릴레이 a 접점 X$_1$에 의해 자기 유지된다.

② 누름 버튼 스위치 PB$_2$를 눌렀을 때 릴레이 코일 X$_1$ 회로가 차단되고 릴레이 X$_1$의 b 접점이 닫혀서 타이머 코일 T가 동작된다. 설정 시간 후 타이머의 한시 접점 T가 열려서 릴레이 코일 X$_2$의 전원도 차단시킨다.

(3) 지연 동작 한시 복귀 회로

[그림 7-112]는 입력 신호가 설정된 후 설정 시간이 지난 다음 출력을 내고 입력이 제거되더라도 계속 출력을 내다가 설정 시간이 지나면 정지되는 회로이다.

※ 동작 설명

① 동작 순서 : 누름 버튼 스위치 PB1을 누르면 T1이 동작하고, t_1초 후에 릴레이 코일 X1이 동작하여 자기 유지된다.

② 정지 순서 : 타이머 T_2에 의해 t_2초 후에 릴레이 코일 X가 소자된다.

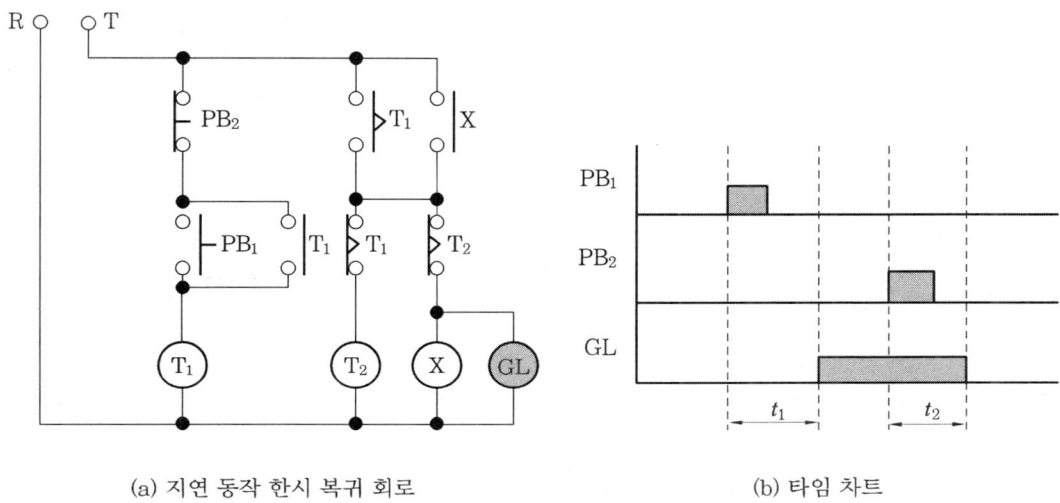

(a) 지연 동작 한시 복귀 회로   (b) 타임 차트

[그림 7-112] 지연 동작 한시 복귀 회로

(4) 지연 간격 동작 회로

[그림 7-113]은 입력 신호를 주면 설정 시간이 지난 후부터 출력을 시작하여 일정 시간 동안 출력을 내는 회로이다.

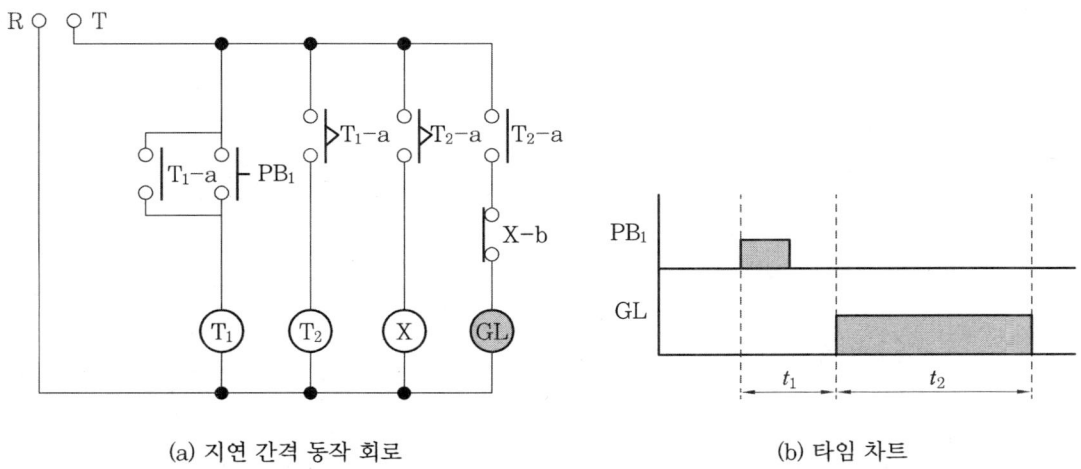

(a) 지연 간격 동작 회로   (b) 타임 차트

[그림 7-113] 지연 간격 동작 회로

(5) 주기 동작 회로

[그림 7-114]는 입력 신호에 의해서 일정 시간 동안 출력을 유지하다가 출력이 정지되고 출력이 정지된 후 다시 일정 시간이 지나면 다시 출력을 내는(출력의 동작과 정지를 반복하는) 회로이다.

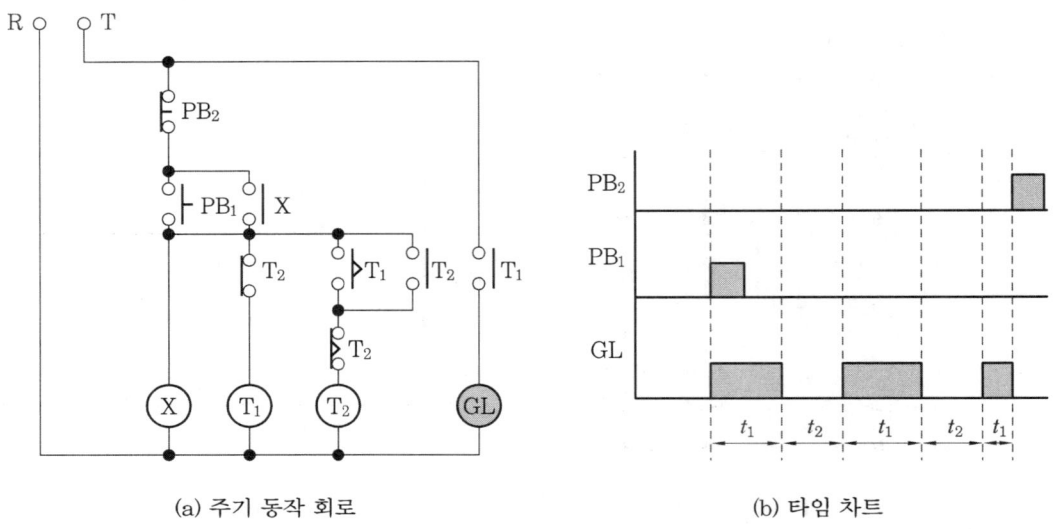

(a) 주기 동작 회로 (b) 타임 차트

[그림 7-114] 주기 동작 회로

(6) 이상 동작 검출 회로

[그림 7-115]는 입력 신호가 설정된 시간보다 길어질 경우에 작동하는 회로이며, 경보를 발생하는 회로에 많이 사용된다. 경보 회로를 만들 때에는 버저나 벨을 사용한다.

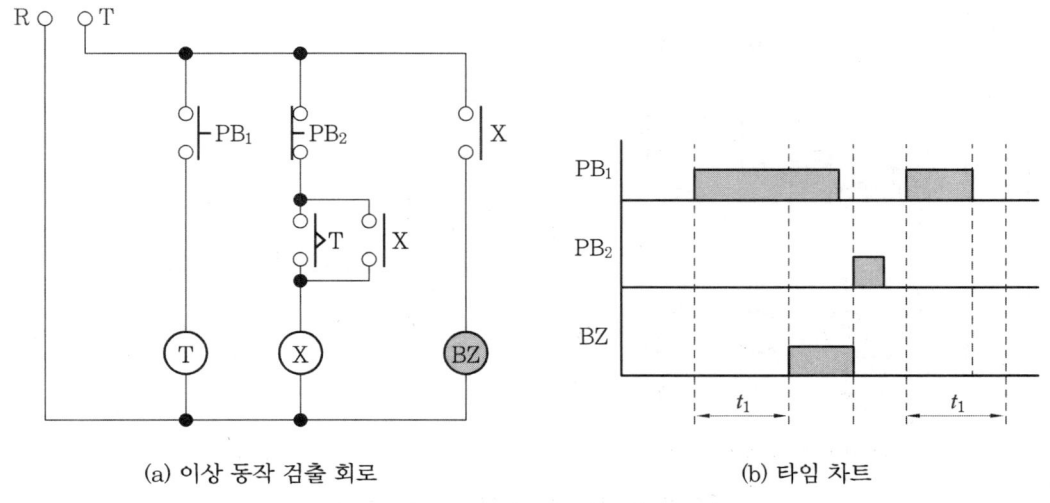

(a) 이상 동작 검출 회로 (b) 타임 차트

[그림 7-115] 이상 동작 검출 회로

3-6 신호 검출 회로

기기의 동작 상태나 신호 및 출력 상태를 나타내는 회로이며, 현재의 상태를 표시하는 방법에 따라 신호 발생 검출 회로, 신호 소멸 검출 회로, 릴레이 동작 개수 검출 회로, 동작 릴레이 검출 회로 등의 여러 가지가 있다. 버저나 신호등을 사용하여 표시할 수도 있다.

(1) 신호 발생 검출 회로

[그림 7-116]은 입력 신호를 수신하였을 때만 검출하는 회로이며, 설정 시간 동안만 출력을 발생시키는 펄스 신호를 발생하는 회로이다.

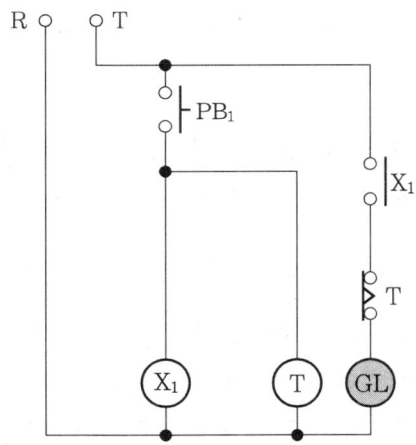

[그림 7-116] 신호 발생 검출 회로

※ 동작 설명
① 입력인 누름 버튼 스위치 PB_1의 신호가 들어오면 릴레이 X_1이 동작하여 램프 GL이 점등된다. 타이머 T에 의해 t초 후에 자동으로 GL은 소등하게 된다.
② 입력인 누름 버튼 스위치 PB_1의 신호가 off되면 다시 원래의 상태로 돌아와서 신호를 대기하게 된다.
③ 입력 신호가 인가되는 동시에 릴레이가 동작하고 출력을 내며, 설정 시간 후 타이머는 on되고 출력은 소멸하게 된다.

(2) 신호 소멸 검출 회로

[그림 7-117]은 입력 신호를 수신하였을 때는 펄스 신호를 발생하지 않고, 입력 신호 수신 후 제거되었을 때만 펄스 신호를 발생하는 회로이다.

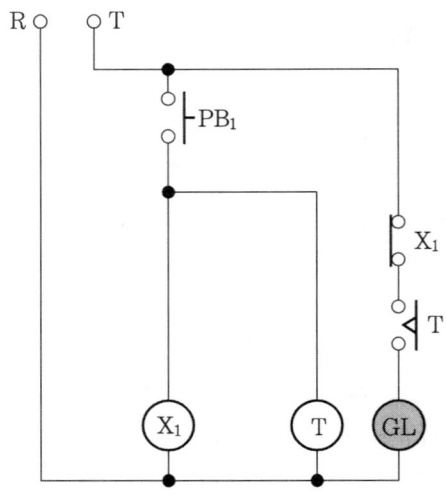

[그림 7-117] 신호 소멸 검출 회로

※ 동작 설명

① 입력인 누름 버튼 스위치 PB_1을 누르면 릴레이 코일 X_1이 동작되고, b접점 X_1이 열려 출력을 차단시킨다. 또한 off 딜레이 타이머 코일 T가 동작 상태를 대기하게 된다.

② 입력 버튼 스위치 PB_1이 눌러진 후 다시 off되면 off 딜레이 타이머 코일 T의 동작이 시작되어 순시 동작 한시 복귀 a 접점 T가 닫힌다. 설정 시간 후에 다시 a 접점 T가 열려 회로를 차단시키고 출력이 정지된다. 입력 신호가 들어오면 릴레이 코일 X_1과 타이머 코일 T는 동시에 동작을 시작하고 출력은 나오지 않는다.

(3) 릴레이 동작 수 검출 회로

[그림 7-118]은 다수의 릴레이 중 동작하고 있는 릴레이의 접점 수를 알거나 회로 상태를 점검하고 계수 회로의 동작 릴레이 수를 검출하는 회로이다.

L[1] 동작되는 릴레이와 동작 릴레이 개수 L_1, L_2, L_3, L_4, L_5는 표시등으로 되어 있으나 동작되는 개수를 나타낸다. 예 L_5-5개

※ 동작 설명

① 동작하는 릴레이가 없을 때 L_1인 WL이 점등된다.
② 릴레이 코일 X_1이 동작할 때 입력인 PB_1을 누르면 릴레이 코일 X_1이 동작하여 접점 X_1이 동작되고 L_2인 RL이 점등된다.
③ 릴레이 코일 X_1과 릴레이 코일 X_2가 동작할 때 입력인 PB_1과 PB_2를 누르면 릴레이 코일 X_1, 릴레이 코일 X_2가 동작하여 접점 X_1, X_2가 동작되고 L_3인 GL이 점등된다.

④ 릴레이 코일 X_2, 릴레이 코일 X_3, 릴레이 코일 X_4가 동작할 때 입력인 PB_2 PB_3, PB_4를 누르면 릴레이 코일 X_2, 릴레이 코일 X_3, 릴레이 코일 X_4가 동작하여 접점 X_2, X_3, X_4가 동작되고 L_4인 OL이 점등된다.

⑤ 릴레이 코일 X_1, 릴레이 코일 X_2, 릴레이 코일 X_3, 릴레이 코일 X_4가 동작할 때 입력인 PB_1, PB_2, PB_3, PB_4를 누르면 릴레이 코일 X_1, 릴레이 코일 X_2, 릴레이 코일 X_3, 릴레이 코일 X_4가 동작하여 접점 X_1, X_2, X_3, X_4가 동작되고 L_5인 YL이 점등된다.

⑥ 같은 방법으로 릴레이 코일 X_1, 릴레이 코일 X_3이 동작되면 램프 L_3이 점등되고, 릴레이 코일 X_2, 릴레이 코일 X_4가 동작되면 램프 L_3이 점등된다.

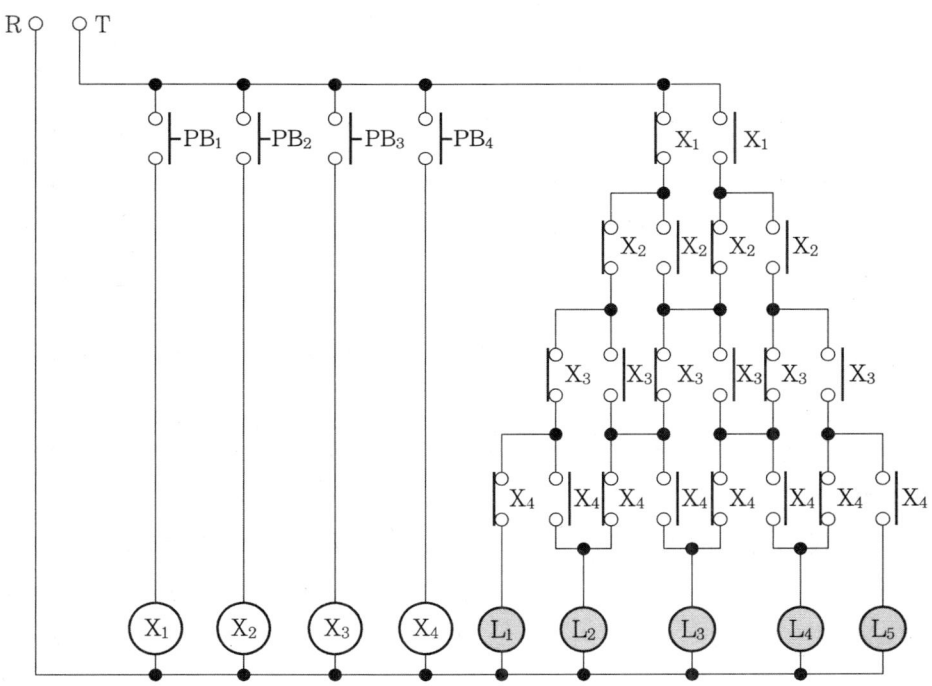

[그림 7-118] 릴레이 동작 수 검출 회로

(4) 동작 릴레이 검출 회로

[그림 7-119]는 다수의 릴레이 중 어느 릴레이가 동작하고 있는가를 검출하는 회로이며, 10진 변환 회로로도 사용할 수 있는 회로이다. 동작되는 릴레이 및 10진수 : PB_1, PB_2, PB_3, PB_4의 입력이나 숫자로 생각할 수도 있다.

  예) $X_1 + X_2 = L_5$, $X_2 + X_4 = L_6$ 등

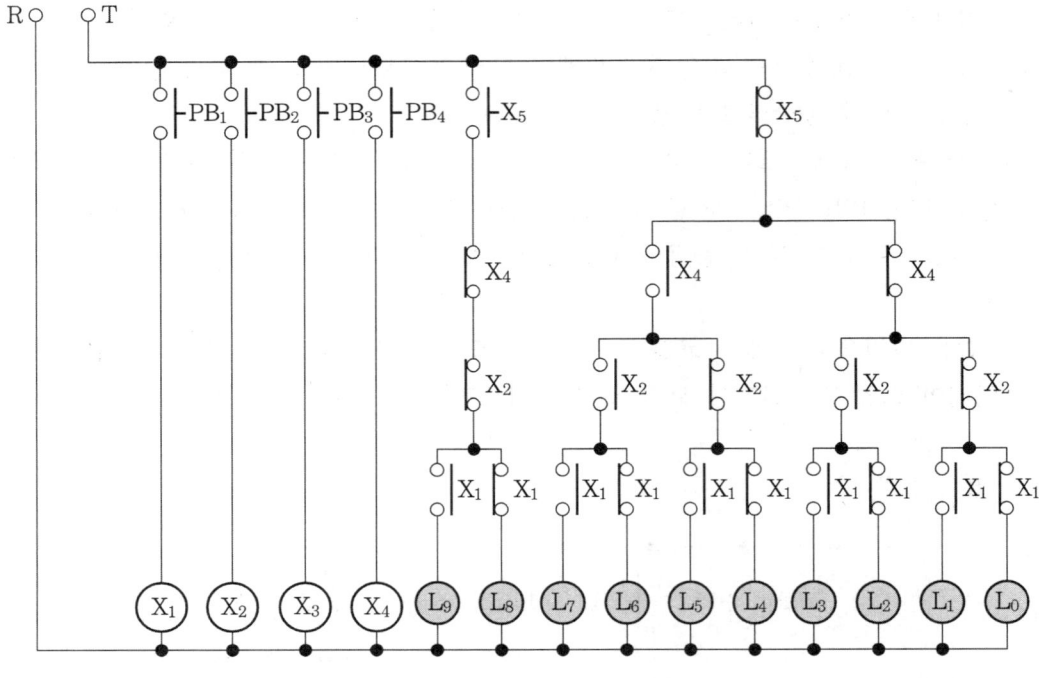

[그림 7-119] 동작 릴레이 검출 회로

※ 동작 설명

① 입력인 조작 스위치 PB_3을 눌렀을 때 릴레이 코일 X_4가 동작하여 L_4인 WL이 점등된다.

② 입력인 조작 스위치 PB_2와 PB_3를 주었을 때($X_2+X_4=L_6$) 릴레이 코일 X_2와 X_4가 동작하여 L_6인 OL이 점등된다.

③ 입력 1개만 주었을 때는 릴레이와 같은 숫자의 표시등이 점등되며, 2개 이상 주었을 때는 합산된 숫자와 같은 숫자의 표시등이 점등되는 회로이다.

Chapter 07 연습 문제

1. 수동 제어와 자동 제어의 차이점을 설명하시오.

2. 자동 제어가 응용되는 것을 예를 들어 설명하시오.

3. 시퀀스 제어의 정의를 설명하시오.

4. 시퀀스 제어 회로를 사용한 경우 장점을 설명하시오.

5. 시퀀스 제어의 일반적인 구성을 블록 선도로 그리고 설명하시오.

6. 시퀀스 제어도에서 세로 그리기와 가로 그리기를 예를 들어 설명하시오.

7. 무접점 제어 방식의 장점 및 단점을 비교하여 설명하시오.

8. 시퀀스 제어의 필요성을 간단히 설명하시오.

9. 시퀀스도를 그릴 때 주의 사항을 설명하시오.

10. 유접점 제어 방식의 장점과 단점을 비교하여 설명하시오.

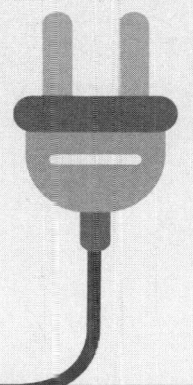

부록 연습 문제 정답 및 해설

연습 문제 정답 및 해설

제1장 전기의 기초

1. ㉯

$$I = \frac{nE}{\frac{nr}{N}+R} = \frac{3 \times 2}{\frac{3 \times 0.5}{3}+1.5} = \frac{6}{\frac{1.5}{3}+1.5} = \frac{6}{0.5+1.5} = 3\text{A}$$

2. ㉣

전류가 2A이므로 합성 저항은 12Ω이고, R_1과 R_2의 비는 2 : 1이면 된다. 따라서,

$$4 + \frac{R_1 R_2}{R_1 + R_2} = 12 \quad \cdots\cdots\cdots (1)$$

$$R_1 = 2R_2 \quad \cdots\cdots\cdots (2)$$

식 (1), (2)로부터

$$R_1 = 24\,\Omega,\ R_2 = 12\,\Omega$$

3. ㉰

$$I_1 = \frac{E}{R_1} \quad \cdots\cdots\cdots (1)$$

$$I_2 = \frac{E}{R_2} = 1.2 I_1 \quad \cdots\cdots\cdots (2)$$

식 (1), (2)에서

$$E = I_1 R_1 = 1.2 I_1 R_2$$

$$\therefore R_2 = \frac{I_1 R_1}{1.2 I_1} \fallingdotseq 0.83 R_1$$

4. ㉮

병렬로 된 부분 R_2, R_3, R_4의 합성 저항은 $\left(\frac{1}{2}+\frac{1}{4}+\frac{1}{8}\right)^{-1} = \frac{8}{7}\,\Omega$

따라서 총합성 저항 $R_T = 2 + \frac{8}{7} = \frac{22}{7}\,\Omega$

$$I_{R1} = \frac{E}{R} = \frac{12}{\frac{22}{7}} = \frac{42}{11}\,[\text{A}]$$

$$\therefore P_1 = I_{R1}^2 \cdot R_1 = 29.2\,\text{W}$$

$$V_a = 12 - I_{R1} \cdot R_1 = \frac{48}{11}\,\text{V}$$

$$\therefore P_4 = \frac{V_a^2}{R_4} = \left(\frac{48}{11}\right)^2 \times \frac{1}{8} = 2.38\,\text{W}$$

5. ㉰

$$m = 1 + \frac{R_m}{R_s} \quad (R_s : \text{배율기 저항},\ R_m : \text{전압계 저항})$$

$$\frac{R_m}{R_s} = m - 1 = 20 - 1 = 19$$

6. ㉮

$$R = \frac{V^2}{P} = \frac{100^2}{60} \fallingdotseq 167\,\Omega$$

$$\therefore I = \frac{V}{R} = \frac{50}{167} \fallingdotseq 0.3\,\text{A}$$

7. ㉮

$$P' = \frac{E'^2}{R} = \frac{(0.7)^2 E^2}{\dfrac{E^2}{1{,}000}} = 490\,\text{W}$$

8. ㉰

$$Q = \int_0^t i\,dt = \int_0^{30} (3t^2 + 2t)\,dt = 30^3 + 30^2 = 27{,}900\,\text{As} = 7.75\,\text{Ah}$$

9. ㉯

$$I = \frac{V}{R} = \frac{120\,\text{V}}{20\,\Omega} = 6\,\text{A}$$

10. ㉱

$$Q = It = 0.5\,\text{A} \times 3{,}600\,\text{s} = 1{,}800\,\text{C}$$

제 2 장 교류 회로

1. ㉮

$$i = I_m \cos(\omega t - 100°) = I_m \sin\left(\omega t - 100° + \frac{\pi}{2}\right) = I_m \sin(\omega t - 10°)$$

$$\therefore \theta = \theta_1 - \theta_2 = 30° - (-10°) = 40°$$

2. ㉰

문제의 전압식에서 $\omega t = 377t$ 이므로

$\omega = 2\pi f = 377 \quad \therefore f = \dfrac{377}{2\pi} = 60\,\text{Hz}$

3. ㉰

$V_{av} = \dfrac{2}{\pi} V_m \fallingdotseq 0.637\, V_m\,[\text{V}]$

4. ㉲

$V_m = \dfrac{\pi}{2} V_{ab}, \quad V_m = \dfrac{3.14}{2} \times 191 \fallingdotseq 300\,\text{V}$

5. ㉲

6. ㉮

구 분	구형파	3각파	정현파	정류파(전파)	정류파(반파)
파형률	1.0	1.15	1.11	1.11	1.57
파고율	1.0	1.732	1.414	1.414	2.0

7. ㉳

8. ㉲

정현파 전압 또는 전류의 순시값을 구할 때는 복소수의 허수부를 취급해야만 한다.

9. ㉳

10. ㉰

최대값 정지 벡터로 변환하여 계산하면,

$I_{1m} + I_{2m} = 50\angle \dfrac{\pi}{6} + 50\sqrt{3}\angle -\dfrac{\pi}{3} = 50\left(\cos\dfrac{\pi}{6} + j\sin\dfrac{\pi}{6}\right) + 50\sqrt{3}\left(\cos\dfrac{\pi}{3} - j\sin\dfrac{\pi}{3}\right)$

$\qquad\qquad = 50\sqrt{3} - j50 = 100\angle -\dfrac{\pi}{6}$

$\therefore i = i_1 + i_2 = 100\sin\left(\omega t - \dfrac{\pi}{6}\right)$

11. ㉳

V_1과 V_2의 최대값 정지 벡터는 (V_1 기준)

$V_1 = V_1\angle 0 = V_1, \quad V_2 = V_2\angle 30° = \dfrac{\sqrt{3}}{2}V_2 + j\dfrac{1}{2}V_2$

$V = V_1 + \dfrac{\sqrt{3}}{2}V_2 + j\dfrac{V_2}{2}$

$$\therefore |V| = \sqrt{\left(V_1 + \frac{\sqrt{3}}{2}V_2\right)^2 + \frac{1}{4}V_2{}^2}$$

12. ㉯

복소수는 실효값이므로 $10 \angle \frac{\pi}{3}$ 가 된다.

제 3 장 전자 이론

1. n형 반도체에서는 5가의 불순물이 도핑되어 제작되므로, 다수 반송자는 전자이고, 소수 반송자는 정공이다.

2. 다이오드에 순방향 바이어스를 인가하였을 때, 인가 전압이 0.7V 미만일 때에는 전자가 공핍층을 뛰어 넘을 수 있는 에너지를 외부에서 받지 못하므로 전류가 흐르지 않는다. 인가 전압이 0.7V를 넘어서는 순간 전자는 공핍층을 뛰어 넘을 수 있는 에너지를 받아 전류가 급격히 흐르기 시작한다. 이러한 성질을 이용하여 다이오드를 스위칭 회로에 사용할 수 있다.

3. $\beta = \dfrac{I_C}{I_B} = \dfrac{4\text{mA}}{50\mu\text{A}} = 80$

$I_E = I_B + I_C = 50\mu\text{A} + 4\text{mA} = 4.05\text{mA}$

$\alpha = \dfrac{I_C}{I_E} = \dfrac{4\text{mA}}{4.05\text{mA}} = 0.988$

4. ① 무한대의 전압 이득을 갖는다.
② 무한대의 대역폭을 갖는다.
③ 입력 임피던스가 무한대이다.
④ 출력 임피던스가 0이다.
⑤ 동상 신호 제거비가 무한대이다.

5. $V_B \cong \left(\dfrac{R_2}{R_1 + R_2}\right) V_{CC} = \left(\dfrac{4.7\text{k}\Omega}{14.7\text{k}\Omega}\right) 10\text{V} = 3.2\text{V}$

$V_E = V_B - V_{BE} = 3.2\text{V} - 0.7\text{V} = 2.5\text{V}$

$I_E = \dfrac{V_E}{R_E} = \dfrac{2.5\text{V}}{470\Omega} = 5.31\text{mA}$

$I_C \cong 5.31\text{mA}$

$V_{CE} \cong V_{CC} - I_C R_C - I_E R_E \cong V_{CC} - I_C(R_C + R_E)$

$$= 10\text{V} - 5.31\text{mA}\,(1.47\text{k}\Omega) = 2.19\text{V}$$

6. $V_S = I_D R_S = (5\text{mA})(560\,\Omega) = 2.8\text{V}$

   $V_D = V_{DD} - I_D R_D = 15\text{V} - (5\text{mA})(1\text{k}\Omega) = 15\text{V} - 5\text{V} = 10\text{V}$

   $V_{DS} = V_D - V_S = 10\text{V} - 2.8\text{V} = 7.2\text{V}$

   $V_G = 0\text{V}$ 이므로

   $V_{GS} = V_G - V_S = -2.8\text{V}$

7. 비반전 증폭기이므로 이득은 다음과 같다.

   $$A = 1 + \frac{R_f}{R_i} = 1 + \frac{100\text{k}\Omega}{5.6\text{k}\Omega} = 18.86$$

제 4 장 전력 전자 이론

1. 전력 전자는 전력용 반도체 소자를 이용하여 전력을 변환하거나 제어하는 기술이다.

2. 전력 기술, 전자 기술, 제어 기술 등 3가지 요소 기술이 결합된 것으로 전력 기술은 공급 전원부와 정지형 또는 회전형 부하에 관련된 부분이며, 전자 기술은 회로 및 소자로 구성된 부분이다. 그리고 제어 기술은 아날로그 및 디지털 데이터로 처리되는 알고리즘과 소프트웨어적 제어 부분이다.

3. 전력 변환 방식에서 부하가 전동기일 경우에는 가변속 구동(ASD : adjustable speed driver) 분야라고 하며, 전기 자동차, 전기 철도 등에 해당된다. 또한 단순한 전력의 변환 및 제어를 주로 다루는 경우는 정지형 전력 변환(SPC : static power conversion) 분야라고 하며, AVR, SMPS, UPS 등이 속한다.

4. 이상적인 스위치의 조건은 다음과 같다.
   ① 스위치가 ON 상태일 때 스위치 양단의 전압 강하는 0이다.
   ② 스위치가 OFF 상태일 때 정·역 방향 누설 전류는 0이다.

5. 이상적인 스위치 특성에 가장 근접한 스위치는 반도체 소자이다.

6. 본문의 [그림 4-3] 전력용 반도체 소자의 기호와 전압-전류 특성 참조

7. 실제 변압기가 전력 변환의 모델로서 갖추지 못하는 사항은 다음과 같다.
   ① 고정된 입력에 대하여 전압이나 전류의 주파수는 바꿀 수 없다.
   ② 직류에서는 동작하지 않는다.
   ③ 권선비를 전기적으로 조절할 수 없다.

8. ① AC-DC 변환 : 교류 전력을 직류 전력으로 변환하는 것이며, 순변환이라고 한다.
　　㉮ 다이오드 정류기, 위상 제어 정류기
　② DC-DC 변환 : 직류 입력 전력을 크기나 극성이 변환된 다른 직류로 출력하는 것
　　㉮ 초퍼, 스위치 모드 파워서플라이 등
　③ DC-AC 변환 : 직류 전력을 교류 전력으로 변환하는 것이며, 역변환이라고 한다.
　　㉮ 인버터 등
　④ AC-AC 변환 : 교류의 전압과 전류의 크기, 주파수, 위상, 상수 중의 한 가지 또는 그 이상을 변환하여 다른 전력으로 변환하는 것
　　㉮ 사이클로드 컨버터, 교류 초퍼 등

제 5 장 디지털 이론

1. 10진수를 2로 나누어 역순으로 나열하면
　(1) 10011001
　(2) 100010000

2. 16진수 각각을 4개의 2진수로 나열하면
　(1) 011110011111
　(2) 0011000010101110

3. 논리 게이트 각각에 해당 연산을 표시하면 다음과 같다.
　(1)

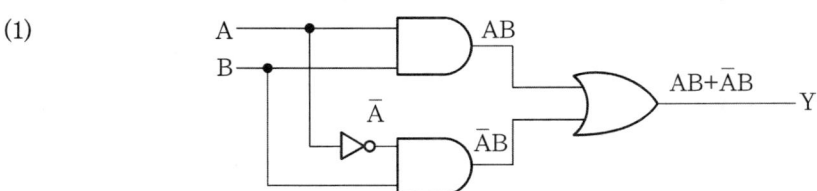

$$Y = AB + \overline{A}B$$

　(2)

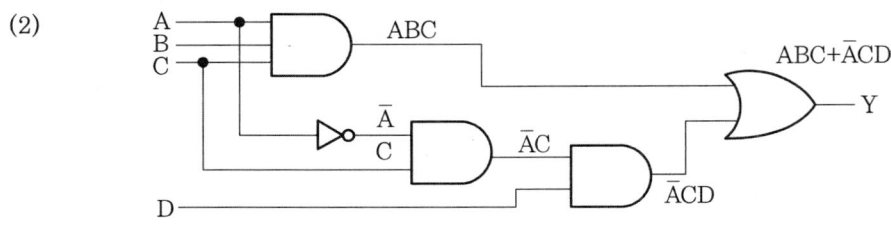

$$Y = ACB + \overline{A}CD$$

4. (1) 3입력 NAND 게이트이므로 모든 입력이 1일 때만 출력은 0이 된다.

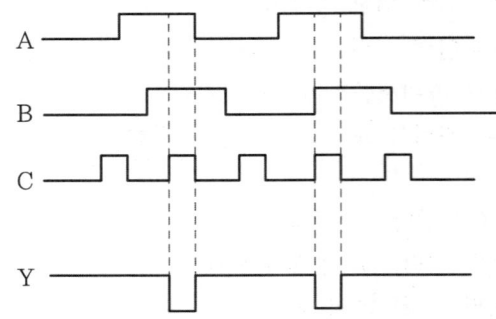

(2) 3입력 NOR 게이트이므로 모든 입력이 0일 때에 출력이 1이 된다.

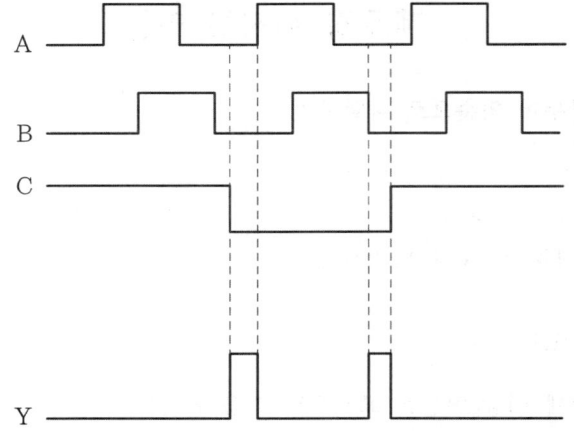

5. 출력식을 그대로 논리 회로로 구성하면 다음 그림과 같다.

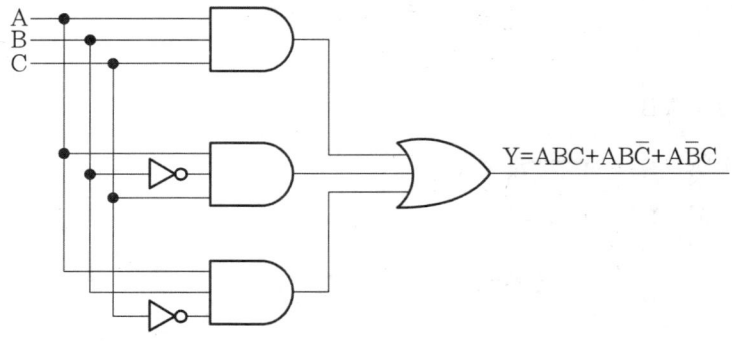

논리식은 다음과 같이 간략화된다.

$$Y = AB(C+\overline{C}) + A\overline{B}C$$
$$= AB + A\overline{B}C$$

$$= A(B + \overline{B}C)$$
$$= A(B + \overline{B})(B + C)$$
$$= A(B + C)$$

간략화된 논리식을 논리 회로로 구성하면 다음 그림과 같다.

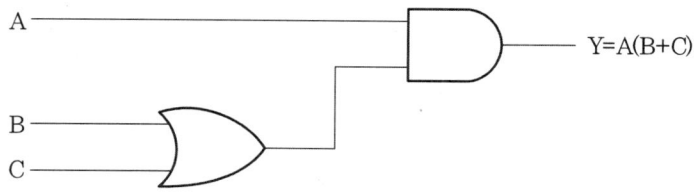

6. JK 플립플롭은 인가된 클록에 트리거되어 JK=00이면 이전 상태값을 그대로 유지하고, JK=01이면 0으로 리셋된다. JK=10이면 1로 셋되고, JK=11이면 이전 상태의 보수를 취하는 토글이 된다. 타이밍 차트에 따른 출력 파형은 다음 그림과 같다.

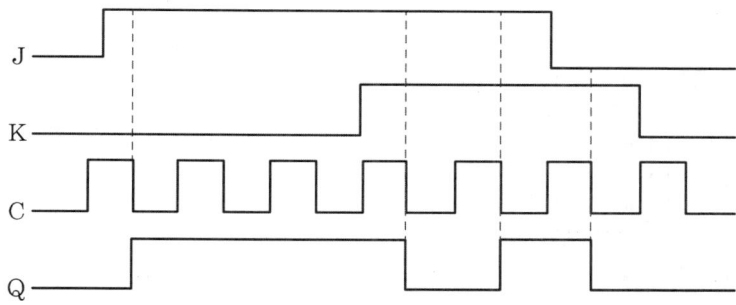

7. 상태도를 고려하여 입력 변수 A, B, C에 대한 JK 플립플롭의 여기표를 작성하면 다음과 같다.

현재 상태			다음 상태			플립플롭 입력					
C	B	A	C	B	A	JC	KC	JB	KB	JA	KA
0	0	1	1	0	0	1	X	0	X	X	1
1	0	0	0	1	0	X	1	1	X	0	X
0	1	0	1	0	1	1	X	X	1	1	X
1	0	1	1	1	0	X	0	1	X	X	1
1	1	0	1	1	1	X	0	X	0	1	X
1	1	1	0	1	1	X	1	X	0	X	0
0	1	1	0	0	1	0	X	X	1	X	0

카르노 맵을 사용하여 플립플롭 입력에 대한 간략화를 수행하면 다음과 같다.

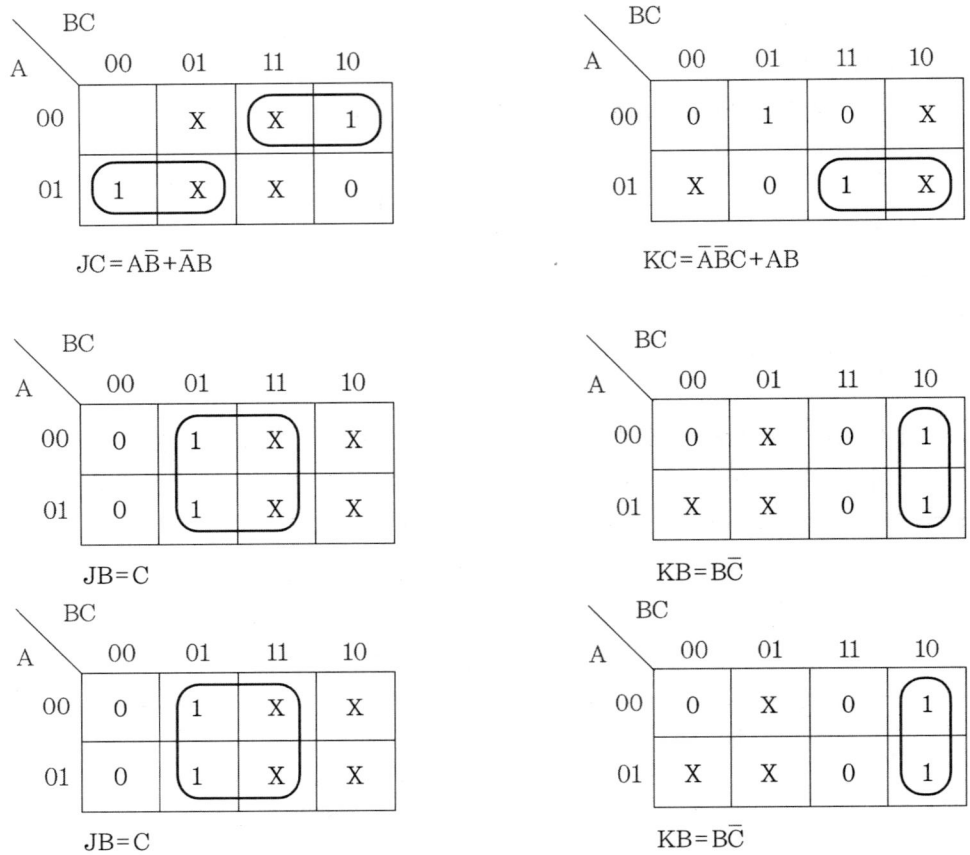

간략화된 입력 함수를 논리 회로로 구성하면 다음 그림과 같다.

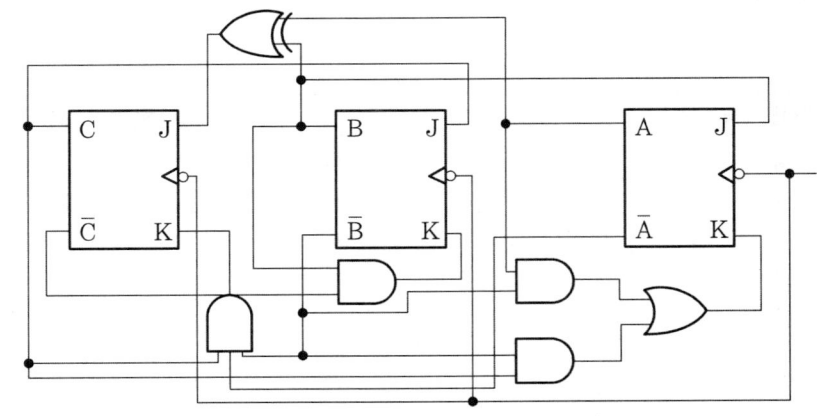

8. 플립플롭의 종류 : RS 플립플롭, JK 플립플롭, D 플립플롭, T 플립플롭

9.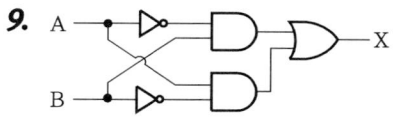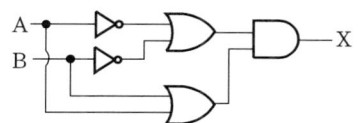

10.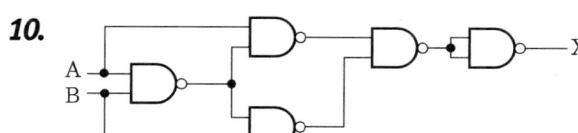

제 6 장 제어 이론

1. 출력 쪽에서 입력 쪽으로 궤환되는 값은 $H(s)C(s)$이다. 목표값과 출력값 사이의 오차 $E(s)$는 기준 입력 $R(s)$와 궤환되는 값 사이의 차로서 다음 식과 같다.
$E(s) = R(s) - H(s)C(s)$
출력 $C(s)$는 오차에 의해 구동되는 값이므로 위의 식을 대입하면
$C(s) = G(s)E(s) = G(s)(R(s) - H(s)C(s))$
$C(s)$에 대해 정리하면
$C(s)(1 + G(s)H(s)) = G(s)R(s)$
따라서 폐루프 시스템의 전달 함수는 다음 식과 같다.
$$G_C(s) = \frac{C(s)}{R(s)} = \frac{G(s)}{1 + G(s)H(s)}$$

2. PID 제어기의 전달 함수는 다음 식과 같다.
$$K(s) = K_P + \frac{K_I}{s} + K_D s$$
비례 이득 K_P는 응답의 크기를 조절하고, 미분 이득 K_D는 응답의 속도를 조절하며 적분 이득 K_I는 응답의 정상 상태 오차를 감소시킨다.

3. 최종값의 63%에 도달하기까지 걸리는 시간 τ를 시상수라 한다. 최종값을 Y_F라 할 때 임의의 시간 t에서의 응답의 순시값은 다음 식에 의해 결정된다.
$$y(t) = Y_F(1 - e^{-\frac{t}{\tau}})$$

4. 조작량

5. 제어

6. 개루프(open loop) 제어 시스템과 폐루프(close loop) 제어 시스템으로 구분된다.

7. 미분 요소

제 7 장 시퀀스 제어

1. 수동 제어(manual control) : 인간이 직접 판단하여 손으로 조작하는 것
자동 제어(automatic control) : 기계에 의하여 자동적으로 조작되는 것

2. 자동 제어는 산업 기술이나 공학적인 이용 분야 외에도 자동 창고 관리, 재고 관리, 농경의 자동화, 각종 경영 업무 및 정보 처리 시스템, 우편 자동화 시스템 등에 응용된다.

3. 시퀀스 제어는 미리 정해진 순서 또는 일정한 논리에 의하여 정해진 순서에 따라서 제어의 각 단계를 순차적으로 진행시켜 나가는 제어를 의미한다.

4. 시퀀스 제어로 인한 효과적인 이점은 다음과 같다.
① 제품의 품질이 균일화되고 향상되어 불량품이 감소된다.
② 생산 속도를 증가시킨다.
③ 생산 능률이 향상된다.
④ 작업의 확실성이 보장된다.
⑤ 생산 설비의 수명이 연장된다.
⑥ 작업 인원이 감소되어 인건비가 절감되고, 경제성이 향상된다.
⑦ 노동 조건이 향상된다.
⑧ 작업자의 위험을 방지하여 작업 환경이 개선된다.

5. 시퀀스 제어를 구성하는 주요 부분은 다음과 같다.
① 조작부 : 푸시 버튼 스위치와 같이 조작자가 조작할 수 있는 곳이다.
② 검출부 : 구동부가 행한 일이 정해진 조건을 만족한 경우, 그것을 검출하여 제어부에 신호를 보내는 것으로서 기계적 변위와 전기적 변위를 리밋 스위치(limit switch) 등으로 검출한다.
③ 제어부 : 전자 릴레이, 전자 접촉기, 타이머 등으로 구분된다.
④ 구동부 : 모터, 전자 클러치, 솔레노이드 등으로 제어부로부터의 신호에 따라 실제의 동작을 수행하는 부분이다.
⑤ 표시부 : 표시 램프와 카운터 등으로 제어의 진행 상태를 나타내는 부분이다.
시퀀스 제어의 일반적인 구성을 블록 선도로 나타내면 다음과 같다.

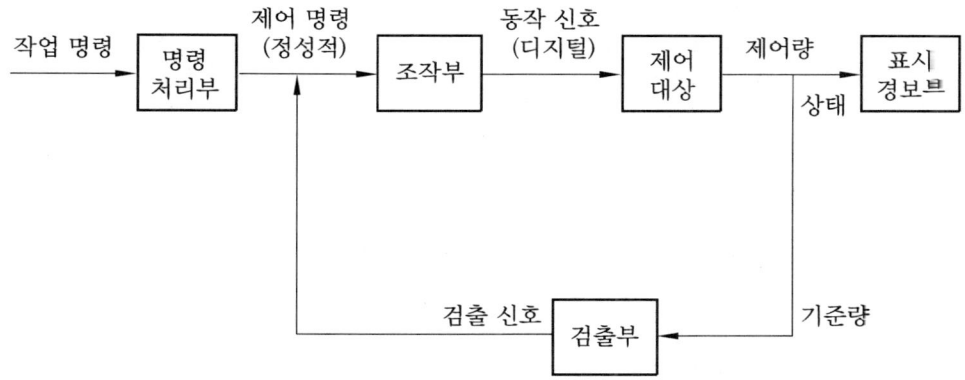

6. (1) 가로로 시퀀스도 그리기
    ① 제어 전원 모선은 도면의 상하 방향으로 가로선으로 그린다.
    ② 접속선은 제어 전원 모선 사이의 세로선으로 그린다.
    ③ 접속선은 작동 순서에 따라 좌측에서 우측으로 그린다.

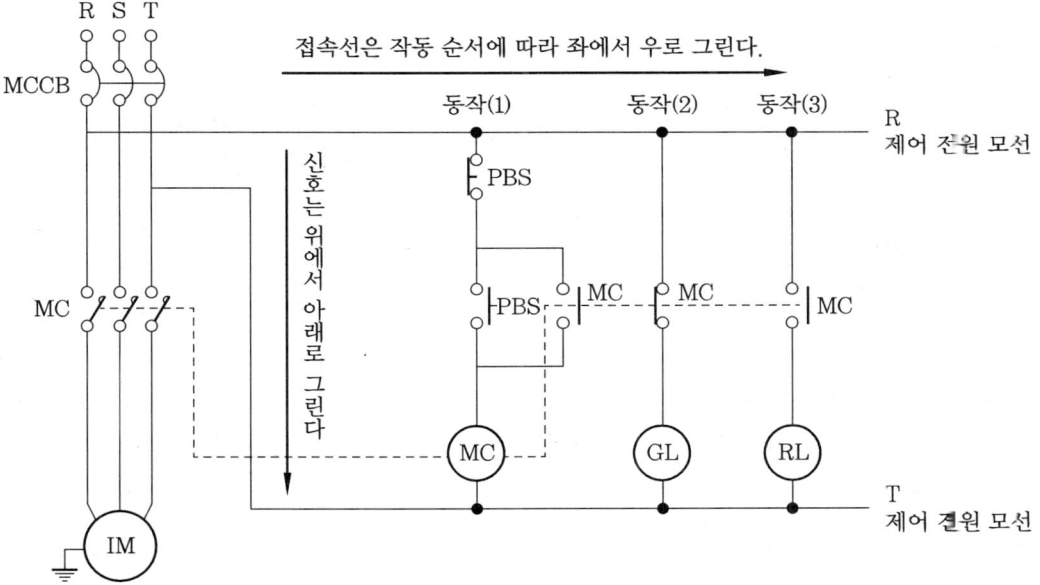

(2) 세로로 시퀀스도 그리기
    ① 제어 전원 모선은 도면의 좌우 방향으로 세로선으로 그린다.
    ② 접속선은 제어 전원 모선 사이의 가로선으로 그린다.
    ③ 접속선은 작동 순서에 따라 위에서 아래로 그린다.

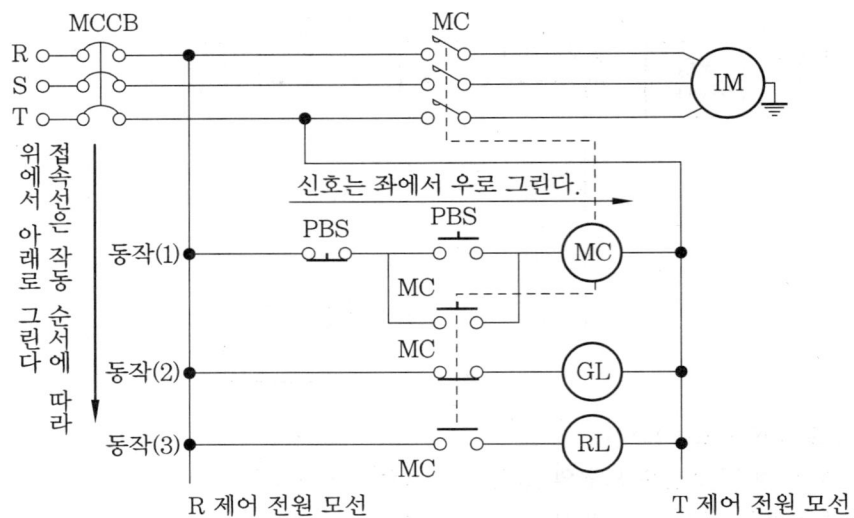

7. 무접점 제어는 로직 시퀀스(logic sequence)라고도 하며, 트랜지스터나 IC 등의 반도체를 사용한 논리 소자를 스위치로 이용하여 제어하는 방식으로 장단점은 다음과 같다.

장 점	단 점
① 동작 속도가 빠르다. ② 고빈도 사용에 견디며 수명이 길다. ③ 고정밀도로서 동작 시간, 감도에 분산이 적다. ④ 진동, 충격에 대한 불량 동작의 우려가 없다. ⑤ 장치의 소형화가 가능하다.	① 전기적 노이즈, 서지에 약하다. ② 온도 변화에 약하다. ③ 신뢰성이 떨어진다. ④ 별도의 전원을 필요로 한다.

8. 산업 현장에서 시퀀스 제어 또는 PLC(programmable logic controller)를 병행하여 생산 시스템을 구축함으로써 작업 인원이 줄고 생산율이 향상되고 있다. 또한 근로자의 안전 작업과 작업 환경 측면에서도 많은 진보가 이루어져 경제적으로 경영의 합리화를 기할 수 있게 되었다.

9. 각종 장치가 사용되는 복잡한 제어 회로에서 기기 상호간의 접속을 표시할 때 단선 접속도나 복선 접속도, 배치도 등을 보아서는 동작이 어떻게 이루어지는지 또는 어떤 형태로 제어 회로가 이루어지는지 이해하기 어려울 때가 많다. 이러한 경우에 제어 방식이나 동작 순서를 알기 쉽게 표시한 접속도의 필요성이 요구된다. 시퀀스도를 작성할 때 주의 사항은 다음과 같다.

① 제어 전원 모선은 전원 도선으로 도면 상하에 가로선으로 또는 도면 좌우에 세로선으로 표시한다.

② 제어 기기를 연결하는 접속선은 상하 전원선 사이에 가로선으로 또는 좌우 전원 모선 사이에 세로선으로 표시한다.

③ 접속선은 작동 순서에 따라 좌측에서 우측으로 또는 위에서 아래로 그린다.
④ 제어 기기는 비동작 상태로 하며 모든 전원은 차단한 상태로 표현한다.
⑤ 개폐 접점을 가진 제어 기기는 그 기구 부분이나 지지 보호 부분 등의 기계적 도련 상태를 생략하고 접점 및 코일 등으로 표시하며, 접속선에서 분리하여 표시한다.
⑥ 제어 기기가 분산된 각 부분에는 그 제어 기기 명칭을 표시한 문자 기호를 첨가하여 기기의 관련 상태를 표시한다.

10. 유접점 제어는 전자 릴레이(magnetic relay)를 사용하여 시퀀스 제어 회로를 동작시키는데 다음과 같은 장단점이 있다.

장 점	단 점
① 개폐 용량이 크다. ② 과부하에 견디는 힘이 크다. ③ 전기적 노이즈에 대하여 양호하다. ④ 온도 특성이 양호하다. ⑤ 입력과 출력을 분리하여 사용할수 있다.	① 소비 전력이 비교적 크다. ② 접점이 소모되므로 수명에 한계가 있다. ③ 동작 속도가 늦다. ④ 기계적 진동, 충격 등에 비교적 약하다. ⑤ 외형의 소형화에 한계가 있다.

[찾아보기]

ㄱ

가법형	195
가변 콘덴서	51
가변속 구동	173
가상 접지	136
가전자	91
간접 변환	153
개방 상태	167
개회로 제어	250
게이트	123
계전기	281
고유 저항	19
고정 콘덴서	51
공간 전하 영역	95
공유 결합	92
공통 베이스	119
공통 이미터	119
공통 컬렉터	119
공핍층	95
공핍형 MOSFET	126, 127
공핍형 모드	127
과전류 계전기	319
교류	59
교류용	283
굽기	227

ㄴ

논리 기호	184
논리 부정 회로	312
논리적 부정 회로	313
논리합 부정 회로	313
누설 전류	23
능률	43

ㄷ

다상 기전력	81
다상방식	81
다수 반송자	94
다운 카운터	220
다이악	159
다이오드	97, 106, 148
다판식 전자 클러치	305
단일 접합	162
단일 접합 트랜지스터	162
대전	11
대칭 n상 교류	82
대칭 전원	82
데이터 분배 회로	206
데이터 선택 회로	205
도체	13, 25
동기 순차 논리 회로	207
동기식	208
동상 신호 제거	135
동상 신호 제거비	135
동상신호 제거비	132
드레인	123
디지털	147

ㄹ

| 리셋 | 288 |

ㅁ

마이너스	11
마이크로 일렉트로닉스	174
메이크 접점	268
미분	245

ㅂ

바이폴라 접합 트랜지스터 ············· 108
바이폴라 트랜지스터 ····················· 123
반도체 ··· 14
반도체 스위치 ································· 148
발광 다이오드 ································· 101
배리캡 ·· 106
배타적 NOR ···································· 314
버랙터 ·· 106
번개 ·· 11
베이스 ·· 108
변환기 ·· 152
볼트 ·· 16
부논리 ·· 178
부호화 ·· 178
불감대 ·· 244
불평형 3상 회로 ······························· 81
불평형 부하 ······································ 82
불평형 n상 회로 ······························ 82
브레이크 접점 ································· 268
브리지형 전파 정류 회로 ············· 164
비대칭 n상 교류 ····························· 82
비대칭 전원 ······································ 82
비동기 순차 논리 회로 ················· 207
비동기식 ·· 208
비례 ·· 245
비유전율 ·· 49
비정현파 ·· 59

ㅅ

사이리스터 ······································ 148
사이클로 컨버터 ····························· 155
산화물 반도체 전계 효과 트랜지스터 ····· 123
상보 관계 ·· 178
상순 ·· 85
상시 개로 접점 ······························· 268
상시 폐로 접점 ······························· 268
상회전 ·· 85

색부호 ·· 20
서미스터 ·· 107
선간 전압 ·· 86
선전류 ·· 86
성능 ·· 147
성형 결선 ·· 82
세라믹 콘덴서 ·································· 51
셋 ·· 288
소거 및 프로그램 가능형 ROM ········ 228
소수 반송자 ······································ 94
소스 ·· 123
솔레노이드 ······································ 306
수동 제어 ······························· 235, 249
순방향 바이어스 ···················· 95, 167
순시값 ······································· 63, 64
순시치 ·· 64
순차 논리 회로 ······························· 200
스위칭 속도 ···································· 150
시상수 ·· 241
시퀀스 제어 ···································· 249
시퀀스(sequence) ··························· 249
시프트 레지스터 ···························· 222
실리콘 제어 정류기 ······················ 157
실효값 ·································· 63, 66, 68
실효치 ·· 66

ㅇ

아날로그 ·· 147
아날로그 신호 ································ 257
안정도 ·· 147
액정 표시기 ···································· 101
양극 ·· 97
양자화 ·· 178
업 카운터 ·· 220
업다운 카운터 ································ 220
여기표 ·· 214
역전류 ·· 96
연산 증폭기 ···································· 131
열동형 과전류 계전기 ········· 297, 298, 319

온도 계수	107	전력계	41
옴의 법칙	25	전력처리기	152
와트	40	전류 반송자	94
와트시	43	전류 법칙	35
와트초	43	전압 가변 커패시턴스	106
왜형파	59	전압 법칙	35
용량성 리액턴스	78	전압계	17
유도성 리액턴스	76	전위	16
유지형 접점	318	전위 장벽	95
음극	97	전위차	16
음이온화	10	전자	10
음전하	14	전자 개폐기	309
이미터	108	전자 계전기	250
인버터	148, 149, 155	전자 릴레이	258
인터페이스	224	전자 밸브	304
일렉트론	9	전자 브레이크	305
입력부	254	전자 소자	250
		전자 클러치	305
		전하	48
		전해 콘덴서	51

ㅈ

		접지	24
자동 제어	235, 249	접합 전계 효과 트랜지스터	123
자리올림	201, 202	정논리	178
자유 전자	10	정량적 제어	257, 258
저지 전압	150	정류기	154
저항	19	정성적 제어	257
저항 영역	124	정전 용량	49, 52
저항기	22	정전기	11
저항률	19	정지형 전력 변환	173
저항소자	20	정현파	59
저항의 직·병렬 연결 회로	32	제어	235
적분	245	제어부	174, 254
전계 효과 트랜지스터	108, 123	조합 논리 회로	200
전기 저항	19	종이 콘덴서	51
전기장	12	주기	61
전동기	254	주파수	61
전력	40	줄의 법칙	42
전력 변환	148	중간 탭형 전파 정류회로	165
전력 변환부	174	중성점	82
전력 전자	146	직렬 연결	26
전력 전자 시스템	146, 152		

직렬 접속 ·· 26
직류 ·· 59
직류용 ·· 283
직접 변환 ·· 153
진리표 ·· 185
진폭 ·· 61, 64

ㅊ

차단 전압 ·· 124
채널 ·· 123
초크 ·· 44
초퍼 ·· 148, 149
최대값 ···································· 61, 63, 64
최대항 ·· 194
최소항 ·· 194
출력부 ·· 254

ㅋ

커패시터 ·· 48
컨버터 ·· 148
컬렉터 ·· 108
코일 ·· 44
콘덴서 ·· 48, 51
콘덴서 드롭 ······································ 296
쿨롱(coulomb)의 법칙 ······················ 12
키르히호프의 법칙 ···························· 35
키르히호프의 전류 법칙 ·················· 35

ㅌ

토크 ·· 69
통전 전류 ·· 150
튜닝 ·· 106
트라이악 ·· 160
트랜스듀서 ·· 148
트랜스퍼 접점 ·································· 269

ㅍ

파워 릴레이 ······································ 291
퍼텐쇼미터 ·· 22
평균값 ·· 63, 65
평균치 ·· 65
평형 3상 회로 ···································· 81
평형 상 회로 ······································ 82
폐루프 시스템 ·································· 147
폐루프 제어 ······································ 237
폐회로 제어 ······································ 258
포토 인터럽터 ·································· 105
포토 인터럽트 소자 ························ 105
푸시풀 ·· 122
프로그램 가능형 ROM ···················· 228
프로그램 제어 장치 ························ 260
프리셋 카운터 ·································· 288
플래시 메모리 ·································· 230
플러스 ·· 11
플런저형 ·· 283
플로트리스 계전기 ·························· 288
플로트리스 스위치 ·························· 289
피드백 제어 ······································ 249
핀치 오프 ·· 124

ㅎ

합 ·· 201
합성 인덕턴스 ······································ 46
항복 전압 ·· 97
허용 전류 ·· 42
헤르츠 ·· 61
헨리 ·· 44
환상 결선 ·· 83
회로망 ·· 34
효율 ·· 43
힌지형 ·· 283

숫자, 영문

10진 카운터 ·· 221
10진수 ·· 180
16진법 ·· 181
2진 셀 ·· 208
2진법 ·· 180
8진법 ·· 180
A/D 변환기 ······························· 178, 224
ASCR ··· 150
ASIC ·· 174
BJT ·· 150
D 플립플롭 ·· 213
D/A 변환기 ································ 223, 224
DC-DC 컨버터 ·································· 155
DEMUX ··· 206
DIP ·· 189
FPGA ··· 190
GATT ··· 150
GTO ··· 150
GTO 사이리스터 ································ 150
IC ··· 174
IGBT ·· 150
LASCR ··· 150
MCT ··· 150
MOSFET ·· 150
MUX ·· 205
NAND 회로 ·· 313
NOR 회로 ·· 313
PAL ·· 190
PID 제어 시스템 ································ 245
PID 제어기 ··· 245
PLC ·· 252
PLC ·· 260
RAM ·· 230
RCT ·· 150
ROM ·· 227
ROM 라이터 ······································ 227
ROM 프로그래밍 ······························· 227
SCR ·· 150
SIT ··· 150
SITh ··· 150
SR 릴레이 ·· 290
TRIAC ·· 150

[참고 문헌]

박현호 외 1인. 산업전기전자. 한국산업인력공단, 2004.
김성래 외 1인. 산업전기전자. 한국산업인력공단, 1994.
강형식 외 1인. 전력전자. 한국산업인력공단, 2003.
오수홍. 시퀀스제어실기. 한국산업인력공단, 2000.
구춘근 외 2인. 디지털공학. 일진사, 2000.

산업전기전자

2015년 3월 20일 1판1쇄
2021년 3월 10일 1판2쇄

저 자 : 김성래 · 임호 · 정수경
펴낸이 : 이정일

펴낸곳 : 도서출판 **일진사**
www.iljinsa.com
(우) 04317 서울시 용산구 효창원로 64길 6
전화 : 704-1616 / 팩스 : 715-3536
등록 : 제1979-000009호 (1979.4.2)

값 15,000 원

ISBN : 978-89-429-1440-1

◉ 불법복사는 지적재산을 훔치는 범죄행위입니다.
　저작권법 제97조의 5(권리의 침해죄)에 따라 위반자는 5년 이하의 징역 또는 5천만원 이하의 벌금에 처하거나 이를 병과할 수 있습니다.